U0296396

中国主要河流水沙态势变化及其影响

王延贵　史红玲　陈吟　陈康　李宁　著

科学出版社

北京

内 容 简 介

本书采用野外调研、资料分析、数学方法、理论研究等方法研究中国主要河流水沙变化态势及影响，摸清了我国主要河流水沙变化态势，揭示了水沙变异的关键影响因素及其响应关系，阐述了水沙变异对河道输沙、演变及功能的影响，提出了河流水沙变异的应对策略。全书共 10 章，包括中国主要河流与水沙分析方法、中国南方河流水沙变化态势、中国北方河流水沙变化态势、中国干旱内陆河流水沙变化态势、中国主要河流水沙变化态势、河流水沙变异影响因素及其作用、水沙变异关键影响因素的响应关系、水沙变异对河道输沙及演变的影响、水沙变异对河流功能的影响、河流水沙变异的应对策略。

本书可供从事水力学及河流动力学、泥沙运动力学、水土保持、河道演变与整治等方面工作的科技人员及高等院校有关专业的师生参考。

图书在版编目（CIP）数据

中国主要河流水沙态势变化及其影响／王延贵等著．—北京：科学出版社，2023.11

ISBN 978-7-03-076728-8

Ⅰ.①中⋯ Ⅱ.①王⋯ Ⅲ.①河流泥沙–研究–中国 Ⅳ.①TV152

中国国家版本馆 CIP 数据核字（2023）第 200925 号

责任编辑：刘 超 杨逢渤／责任校对：周思梦
责任印制：徐晓晨／封面设计：无极书装

科学出版社 出版
北京东黄城根北街 16 号
邮政编码：100717
http://www.sciencep.com

北京建宏印刷有限公司 印刷
科学出版社发行 各地新华书店经销

*

2023 年 11 月第 一 版 开本：787×1092 1/16
2023 年 11 月第一次印刷 印张：25 插页：1
字数：580 000

定价：275.00 元
（如有印装质量问题，我社负责调换）

前　言

　　我国河流众多，水资源总量丰富，为我国工农业发展发挥了不可替代的作用。受流域自然条件和人类活动频繁的综合影响，我国大部分流域水土流失严重，北方部分河流形成了多沙河流。据《中国河流泥沙公报》资料统计，1950～2020年我国长江、黄河、淮河、海河、珠江等11条河流代表水文站总径流量和总输沙量分别约为14 057亿m³和14.41亿t，其中长江和珠江年径流量占总径流量的84.0%，黄河和长江年输沙量占总输沙量的88.3%，并且伴随着降水变化和形成径流的丰枯，江河流域内伴有严重的洪水泛滥和缺水干旱状况，给流域工农业生产带来了巨大损失。中华人民共和国成立以来，我国政府十分重视流域水土流失治理、水资源开发管理和防洪安全工作，不仅在流域及河流上修建了大量的水利工程，为解决我国水资源分布不均和短缺问题发挥了重要作用；而且在流域水土保持工作方面也取得了显著成就，特别是改革开放以来，我国生态建设与保护的力度逐步加大，长江上游、黄河中上游、环京津地区、珠江上游等区域相继实施了国家水土保持重点工程措施，流域水土流失得到有效控制；此外，为满足建筑业和工农业用水的需求，河流上还开展了河道采砂、引水供水等人类活动。这些人类活动不可避免地导致河流径流和输沙过程发生变化，且北方河流和南方河流水沙变化具有一定的差异。主要体现在，我国北方河流径流量和输沙量大幅度减少，甚至出现河道断流。黄河代表水文站潼关站年径流量和年输沙量从20世纪50年代的425.1亿m³和18.06亿t减至2010～2020年的297.5亿m³和1.83亿t；海河流域代表水文站年径流量和年输沙量减少幅度更大，从20世纪50年代的165.8亿m³和16 165万t减至2010～2020年的29.38亿m³和121.5万t。我国南方河流的年径流量减少趋势不明显，而年输沙量显著减少。长江代表水文站大通站年径流量基本上在多年平均值8983亿m³上下波动，没有明显的变化趋势，而年输沙量则从20世纪50年代的50 393万t减至2010～2020年的12 535万t；珠江代表水文站年径流量也没有明显的变化趋势，而年输沙量则从20世纪50年代的7595万t减至2010～2020年的2313万t。

　　人多水少和水资源时空分布不均是我国的基本国情水情，"水多、水少、水脏、水浑"是我国水利水资源曾存在的四大问题。据统计，全国包括黄河、海河、辽河、塔里木河等大江大河在内的90多条河流曾经发生过断流，河流功能衰减，部分河流功能基本消失，对我国经济发展产生过重要影响。为了有效地解决我国四大水资源问题和合理开发水资源问题，我国十分重视河流水沙资料的测验工作，卓有成效地开展了大量的水文泥沙观测工作，获得了大量宝贵的第一手水沙资料，并通过《中国河流泥沙公报》向社会公布我国主要河流的水沙信息，为我国河流水沙资源量的变化分析提供了基础。

　　河流水沙态势变化不仅关系到河道萎缩与稳定、河流功能衰退与恢复、河道水沙调控效果等，直接影响河流防洪安全和水沙资源利用与发展，而且也反映了流域的环境特性、水土流失程度及人类活动的影响。在水利规划、防洪减灾、水资源的利用和保护、水土保持及生态环境建设等工作中，河流水沙态势变化及影响也是必须考虑的主要问题，将直接影响我国水资源开发利用进程与效果，成为我国经济建设的制约因素。因此，在新的流域环境、河道边界和社会发展等形势下，利用《中国河流泥沙公报》公布的水沙资料，结合中国水利水电科学研究院专项项目"我国主要河流水沙态势变化及其对策"（水集 1230）和国家自然科学基金项目"水系连通性对河流水沙变异的响应机理与预测模式研究"（51679259），深入分析了我国主要河流的水沙变化态势及其成因，探讨了我国主要河流水沙变化的影响，提出了河流水沙变化的应对策略，这些成果将为我国民生水利建设提供技术支撑，产生显著的经济和社会效益。

本书系作者近几年有关我国主要河流水沙变化及影响的研究成果，全书共分 10 章，各章节主要内容如下：第 1 章为中国主要河流与水沙分析方法，包括中国河流基本状况与分类、中国主要河流水文站与水沙资料、中国主要河流水沙状况与变化、水沙态势分析方法与有关物理参数；第 2 章为中国南方河流水沙变化态势，包括长江、珠江、钱塘江、闽江四条河流的水沙变化态势；第 3 章为中国北方河流水沙变化态势，包括黄河、淮河、海河、松花江、辽河五条河流的水沙变化态势；第 4 章为中国干旱内陆河流水沙变化态势，包括干旱内陆河流的基本特征、塔里木河水沙变化、黑河水沙变化；第 5 章为中国主要河流水沙变化态势，包括中国主要河流水沙总量变化、中国主要河流水沙变化特征、中国主要河流近期水沙变化特征、中国主要河流未来水沙变化趋势等；第 6 章为河流水沙变异影响因素及其作用，包括主要影响因素及影响机理、南方河流水沙变化的主要影响因素、北方河流水沙变化的主要影响因素、干旱内陆河流水沙变化的主要影响因素、河流减沙影响因素的层次分析；第 7 章为水沙变异关键影响因素的响应关系，包括流域降水对河流水沙变化的影响、水库建设对河流水沙变化的作用、流域水土保持对典型河流水沙变化的影响、典型河流主要影响因素的减沙作用；第 8 章为水沙变异对河道输沙及演变的影响，包括典型流域侵蚀与河道输沙量的变化、河道水沙搭配关系和输沙能力的变化、水沙变化对河道冲淤与侧向演变的影响、对河口河势变化和滩涂塑造的影响等；第 9 章为水沙变异对河流功能的影响，包括河流功能变异及其成因、对水系连通性的影响、对河口咸潮入侵的影响、对河流泥沙资源化的影响；第 10 章为河流水沙变异的应对策略，包括河道冲刷和岸滩崩塌防控技术、维持和加强水系连通性的主要思路、河口咸潮入侵与滩涂塑造的应对思路、河流泥沙资源化的应对思路、中国河流水沙变异问题的应对策略。

本书由王延贵、史红玲、陈吟、陈康、李宁等执笔完成，刘茜、刘焕永、王俊乐、李胤渊、吴钰川等参加了编写工作，全书由王延贵负责统稿。此外，作者在现场考察的基础上，还从一些网站和图书材料中搜集了有关的资料，保证了我国主要河流水沙资料的完整性，在此一并表示诚挚的感谢。

限于作者的水平和时间仓促，书中不足之处在所难免，敬请读者批评指正。

作　者

2021 年 12 月

目　录

前言
第1章　中国主要河流与水沙分析方法 ·· 1
　1.1　中国河流基本状况与分类 ·· 1
　1.2　中国主要河流水文站与水沙资料 ·· 3
　1.3　中国主要河流水沙状况与变化 ·· 5
　1.4　水沙态势分析方法与有关物理参数 ·· 7
　　参考文献 ·· 9
第2章　中国南方河流水沙变化态势 ·· 12
　2.1　长江 ·· 12
　2.2　珠江 ·· 27
　2.3　钱塘江 ·· 38
　2.4　闽江 ·· 46
　　参考文献 ·· 55
第3章　中国北方河流水沙变化态势 ·· 56
　3.1　黄河 ·· 56
　3.2　淮河 ·· 73
　3.3　海河 ·· 81
　3.4　松花江 ·· 98
　3.5　辽河 ·· 103
　　参考文献 ·· 111
第4章　中国干旱内陆河流水沙变化态势 ·· 113
　4.1　干旱内陆河流的基本特征 ·· 113
　4.2　塔里木河水沙变化 ·· 115
　4.3　黑河水沙变化 ·· 125
　　参考文献 ·· 129
第5章　中国主要河流水沙变化态势 ·· 130
　5.1　中国主要河流水沙总量变化 ·· 130
　5.2　中国主要河流水沙变化特征 ·· 132
　5.3　中国主要河流近期水沙变化特征 ·· 138
　5.4　中国主要河流未来水沙变化趋势 ·· 140
　5.5　小结 ·· 143
　　参考文献 ·· 143

第 6 章　河流水沙变异影响因素及其作用 ……………………………………… 145
　　6.1　主要影响因素及影响机理 …………………………………………… 145
　　6.2　南方河流水沙变化的主要影响因素 ………………………………… 151
　　6.3　北方河流水沙变化的主要影响因素 ………………………………… 159
　　6.4　干旱内陆河流水沙变化的主要影响因素 …………………………… 171
　　6.5　河流减沙影响因素的层次分析 ……………………………………… 177
　　参考文献 …………………………………………………………………… 182

第 7 章　水沙变异关键影响因素的响应关系 ………………………………… 187
　　7.1　流域降水对河流水沙变化的影响 …………………………………… 187
　　7.2　水库建设对河流水沙变化的作用 …………………………………… 197
　　7.3　流域水土保持对典型河流水沙变化的影响 ………………………… 225
　　7.4　典型河流主要影响因素的减沙作用 ………………………………… 235
　　参考文献 …………………………………………………………………… 244

第 8 章　水沙变异对河道输沙及演变的影响 ………………………………… 248
　　8.1　典型流域侵蚀与河道输沙量的变化 ………………………………… 248
　　8.2　河道水沙搭配关系和输沙能力的变化 ……………………………… 264
　　8.3　水沙变化对河道冲淤与侧向演变的影响 …………………………… 290
　　8.4　对河口河势变化和滩涂塑造的影响 ………………………………… 307
　　参考文献 …………………………………………………………………… 319

第 9 章　水沙变异对河流功能的影响 ………………………………………… 322
　　9.1　河流功能变异及其成因 ……………………………………………… 322
　　9.2　对水系连通性的影响 ………………………………………………… 337
　　9.3　对河口咸潮入侵的影响 ……………………………………………… 358
　　9.4　对河流泥沙资源化的影响 …………………………………………… 366
　　参考文献 …………………………………………………………………… 374

第 10 章　河流水沙变异的应对策略 ………………………………………… 377
　　10.1　河道冲刷和岸滩崩塌防控技术 ……………………………………… 377
　　10.2　维持和加强水系连通性的主要思路 ………………………………… 378
　　10.3　河口咸潮入侵与滩涂塑造的应对思路 ……………………………… 380
　　10.4　河流泥沙资源化的应对思路 ………………………………………… 384
　　10.5　中国河流水沙变异问题的应对策略 ………………………………… 386
　　参考文献 …………………………………………………………………… 390

第1章 中国主要河流与水沙分析方法

1.1 中国河流基本状况与分类

1.1.1 中国主要河流

中国河流众多，河流总长度达 43 万 km。其中，流域面积在 100km² 以上的河流有 5 万多条，流域面积在 1000km² 以上的河流有 1580 条，流域面积大于 10 000km² 的河流有 79 条，长度在 1000km 以上的河流有 20 多条。按照河流径流的循环形式，注入海洋的河流称为外流河；与海洋不相连通的河流称为内流河，或内陆河。除发源于西藏的雅鲁藏布江（境外称布拉马普特拉河）、怒江（境外称萨尔温江）向南流出国境最终注入印度洋，发源于新疆的额尔齐斯河向北注入北冰洋外，中国大部分外流河由西向东注入太平洋，如长江、黄河、珠江、钱塘江、澜沧江（境外称湄公河）、海河、淮河、辽河、黑龙江、松花江等；中国的内陆河主要位于西北地区，包括塔里木河、黑河及青海湖区河流。其中，掌握的黑龙江、雅鲁藏布江、澜沧江、额尔齐斯河等国际河流和中国港澳台地区河流实测水沙资料相对较少，难以系统分析这些河流的水沙变化趋势，因此国际河流与港澳台地区河流不在本书研究范围之内。以《中国河流泥沙公报》为基础，本书所涉及的河流主要包括长江、黄河、淮河、海河、珠江、松花江、辽河、钱塘江、闽江、塔里木河和黑河 11 条，如图 1-1 所示。

1.1.2 河流分类

一个地区气候的干湿程度与当地的降水量和蒸发量有关，我国干湿地区划分与降水量分布高度吻合，可根据地区的年降水量来划分。根据地区年降水量（P）与判别标准（200mm、400mm 和 800mm）的对比，可分为湿润区（$P>800$mm）、半湿润区（400mm$<P$$<800$mm）、半干旱区（200mm$<P<400$mm）和干旱区（$P<200$mm）。各区域的基本特征见表 1-1[1]。根据河流所在地区，可将河流分为湿润地区河流、半湿润半干旱地区河流、干旱地区河流和内陆河流（合称干旱内陆河流）[2]。其中，湿润地区河流主要是位于秦岭—淮河以南地区的河流，包括长江、珠江、钱塘江、闽江等，或称南方河流；南方河流流经湿润地区，降水多，汛期较长，河流水量丰富，其流域内的植物生长茂盛，水土流失较轻，河流含沙量小。半湿润半干旱地区河流主要是位于秦岭—淮河以北地区的河流，包括黄河、淮河、海河、辽河、松花江等，或称北方河流；北方河流大多数处于暖温带和中温

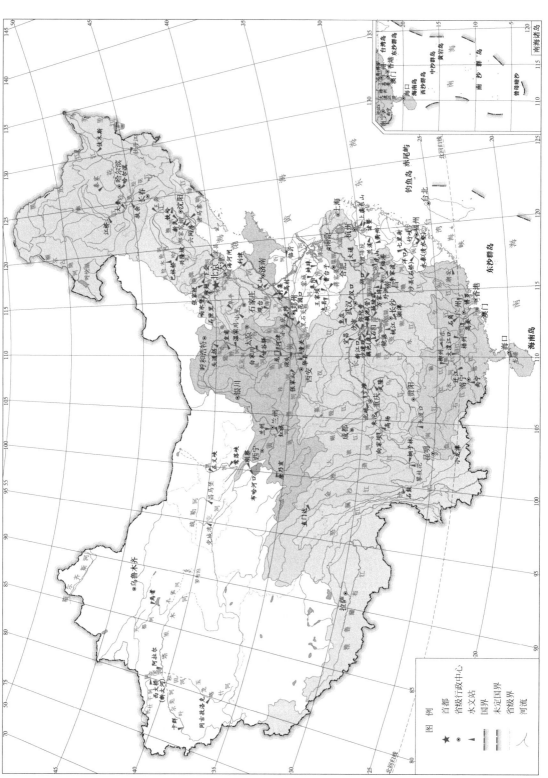

图1-1 中国主要河流水文控制站分布示意图

带，冬季寒冷，河流都有结冰现象，越往北方，河流结冰期越长，冰层越厚；北方河流多流经半湿润半干旱地区，降水不太丰富，雨季较短，因此河流水量不大，汛期较短；北方河流流域内天然植被不够茂盛或已遭破坏，水土流失严重，河流含沙量很大。干旱内陆河流主要位于中国新疆、青海、甘肃等西北地区，主要包括塔里木河、黑河等，这些地区长期干旱少雨，河道径流主要来自冰雪融水。

表 1-1 干湿地区的划分[1]

干湿地区类型	年降水量/mm	干湿状况	分布地区（中国）	植被	土地利用
湿润区	$P>800$	降水量>蒸发量	秦岭–淮河以南、青藏高原南部、内蒙古东北部、东北三省东部	森林	水田为主的农业
半湿润区	$400<P<800$	降水量>蒸发量	东北平原、华北平原、黄土高原大部、青藏高原东南部	森林–草原	旱地为主的农业
半干旱区	$200<P<400$	降水量<蒸发量	内蒙古高原、黄土高原的一部分、青藏高原大部	草原	草原牧业、灌溉农业
干旱区	$P<200$	降水量<蒸发量	新疆、内蒙古高原西部、青藏高原西北部	荒漠	高山牧业、绿洲灌溉农业

1.2 中国主要河流水文站与水沙资料

1.2.1 河流主要水文控制站与代表水文站

中国主要河流流域均布置了大量的水文站，监测和掌握了河流控制范围内的水沙变化过程。本书涉及的河流主要包括长江、黄河、淮河、海河、珠江、松花江、辽河、钱塘江、闽江、塔里木河和黑河共 11 条，其主要水沙资料来源于《中国河流泥沙公报》发布的实测数据和信息。本书各主要河流采用的水文控制站和代表水文站如表 1-2 所示，分布位置如图 1-1 所示。

表 1-2 中国主要河流水文控制站和代表水文站水沙特征值

流域	水文控制站	代表水文站				
		名称	控制流域面积/万 km²	多年平均径流量/亿 m³	多年平均输沙量/万 t	多年平均含沙量/（kg/m³）
长江流域	支流：北碚站、高场站、武隆站、皇庄站、外洲站；湖泊：湖口站、城陵矶站；干流：向家坝（屏山）站、朱沱站、宜昌站、汉口站、大通站	大通站	170.54	8 983	35 100	0.391

流域	水文控制站	代表水文站				
		名称	控制流域面积/万 km²	多年平均径流量/亿 m³	多年平均输沙量/万 t	多年平均含沙量/(kg/m³)
黄河流域	支流：红旗站、皇甫站、温家川站、白家川站、甘谷驿站、张家山站、状头站、华县站、河津站、黑石关站、武陟站；干流：唐乃亥站、兰州站、头道拐站、龙门站、潼关站、花园口站、高村站、艾山站、利津站	潼关站	68.22	335.3	92 100	27.47
淮河流域	息县站、鲁台子站、蚌埠站、阜阳站、临沂站	蚌埠站+临沂站	13.16	282.0	996.8	0.354
海河流域	石匣里站、响水堡站、雁翅站、滦县站、张家坟站、下会站、阜平站、小觉站、观台站、元村集站	石闸里站+响水堡站+滦县站+下会站+张家坟站+阜平站+小觉站+观台站+元村集站	14.43	73.68	3 776	5.125
珠江流域	柳州站、南宁站、迁江站、大湟江口站、高要站、石角站、博罗站	高要站+石角站+博罗站	41.52	2 836	6 392	0.225
松花江流域	大赉站、扶余站、佳木斯站	佳木斯站	52.83	643.4	1 260	0.196
辽河流域	兴隆坡站、新民站、铁岭站、六间房站	铁岭站+新民站	12.64	30.61	1 323	4.322
钱塘江流域	衢州站（原为衢县站）、兰溪站、诸暨站、上虞东山站（原为花山站）	兰溪站+诸暨站+上虞东山站	2.43	208.0	290.7	0.140
闽江流域	七里街站、洋口站、沙县站、永泰站、竹岐站	竹岐站+永泰站	5.85	576.0	576	0.100
塔里木河流域	焉耆站、西大桥站、卡群站、同古孜洛克站、阿拉尔站	阿拉尔站+焉耆站	15.04	72.76	2 050	2.817
黑河流域	莺落峡站、正义峡站	莺落峡站	1.00	16.67	193	1.155
合计			397.66	14 057.42	144 057.5	1.025

江河流域总体水沙量的变化可通过其代表性水文控制站（或称代表水文站）多年系列监测数据的变化来反映。流域代表水文站应具有如下特点：①应控制河流流域大部分汇流面积；②应具有长系列的水沙观测资料；③可以选择数个水文站作为流域的综合代表水文站。根据上述原则，结合各流域水系分布特点，基于《中国河流泥沙公报》，就这 11 条

主要河流选定了代表水文站，如表1-2所示。

1.2.2 研究资料与资料处理

对于本书涉及的我国11条主要河流而言，由于各河流的重要性不同，国家对其重视程度和投入也有一定的差异，不同河流和不同水文站水文资料观测的起始年份与观测项目有较大的差异，一些河流水文资料观测的起始年份较晚，甚至有些年份出现缺测现象，特别是在河流泥沙资料的观测方面，缺测现象比较普遍，致使某些河流水文资料系列在系统性和完整性方面存在散乱和缺失现象，如东南河流和内陆河流，给深入研究我国水沙变化趋势带来了一定的困难。为了使河流水文资料系列具有完整性和权威性，同时考虑到资料搜集的方便性，本书涉及的我国主要河流水文控制站年径流量、年输沙量、流域面积等数据主要来源于《中国河流泥沙公报》发布的1950~2020年水文资料。在此需要说明的是，本书主要河流水文控制站多年平均值除另有说明外，一般是指1950~2020年实测值的平均值，如实测起始年份晚于1950年（可参见第2~4章主要河流水文控制站的水沙过程线），则取实测起始年份至2020年的平均值；对于年代平均值，在年代内如遇始测年份晚于年代开始年份，则取实测起始年份至年代结束年份的平均值；近10年和近5年分别为2011~2020年和2016~2020年的时间段；本书提到的基本持平是指水沙量的变化不超过5%。

为了使水沙资料具有连续性，本书对一些年份缺测资料的情况进行了如下处理：对于河流代表水文站缺测的年径流量，利用相近多年平均径流量来代替，以分析我国主要河流年总径流量的变化特征；对于河流代表水文站缺测的年输沙量，利用代表水文站相近年份年输沙量与年径流量的关系估算年输沙量，以进一步分析我国主要河流年总输沙量的变化特征。

1.3 中国主要河流水沙状况与变化

1.3.1 主要河流水沙状况

本书以《中国河流泥沙公报》水沙资料为基础，统计分析了1950~2020年长江、黄河、淮河等11条河流的水沙量平均状况[3-5]，如表1-2所示。从1950~2020年多年平均径流量来讲，长江为多年平均径流量最大的河流，大通站多年平均径流量为8983亿 m^3；其次为珠江，代表水文站多年平均径流量为2836亿 m^3，长江和珠江多年平均径流量占11条主要河流年总径流量的84.1%。从1950~2020年多年平均输沙量来讲，黄河为多年平均输沙量最大的河流，潼关站多年平均输沙量为92 100万 t，多年平均含沙量达27.47kg/ m^3；其次为长江，大通站多年平均输沙量为35 100万 t，但多年平均含沙量仅为0.391kg/ m^3；黄河和长江多年平均输沙量占11条主要河流多年平均总输沙量的88.3%。

1.3.2 主要河流水沙变化与流域人类活动

中华人民共和国成立以来，中国政府十分重视流域水土流失治理、水资源开发管理和防洪安全工作，不仅在流域及河流上修建大量的水利工程，为解决我国水资源分布不均和短缺问题发挥了重要作用，而且在流域水土保持方面取得了显著成就，特别是改革开放以来，中国生态建设与保护的力度逐步加大，相继在长江上游、黄河中上游、环京津地区、珠江上游实施了国家水土保持重点治理工程，水土流失得到有效控制；此外，为满足建筑业和工农业用水的需求，河流上还开展了河道采砂、引水供水等人类活动。这些人类活动不仅导致河流径流过程发生变化，而且造成江河输沙量的显著变化，同时北方河流和南方河流水沙变化也有一定的差异[3-5]。中国北方河流年径流量和年输沙量大幅度减少，甚至有河道出现断流；南方河流的年径流量变化趋势不明显，而年输沙量减少明显。据统计，全国包括黄河、辽河、塔里木河等大江大河在内的90多条河流曾经发生过断流，河流功能衰退，部分河流功能基本消失，对我国经济发展产生过重要影响。

在长江流域，人类活动频繁，实施了大面积的水土流失治理措施，同时在干支流上修建了大量的水利枢纽工程，改变了主要干支流的水沙过程，直接影响长江流域来水来沙条件。特别是三峡水库2003年开始蓄水运用以来，拦截了大量的泥沙，改变了中下游河道的水沙过程。近年来，许多专家学者针对长江和三峡水库来水来沙变化开展了大量研究[6-11]，并取得一定的研究成果，指出长江上游年径流量变化不大，而年输沙量具有显著减小的趋势，大型水库拦沙作用明显。

在黄河流域，人类活动同样频繁，上中游先后修建了龙羊峡、刘家峡、万家寨、三门峡、小浪底等水利枢纽，中游黄土高原实施了大面积的水土流失治理措施和淤地坝工程，中下游引水引沙十分普遍，致使黄河流域干支流水沙过程发生了变化，黄河干支流年径流量和年输沙量大幅度减少。近年来，许多专家学者对黄河流域水沙变化进行了研究[12-16]，指出黄河龙羊峡水库以上河段年径流量和年输沙量没有明显变化，其他干流河段水沙减少趋势显著；典型支流的年径流量和年输沙量具有显著减小的趋势。

在珠江流域，支流修建了大量的水利枢纽工程，实施了大面积的水土流失治理措施，河道采砂较为普遍，这些人类活动在一定程度上改变了珠江主要支流河道的水沙过程，直接影响珠江入海口来水来沙条件。近年来，不少学者就珠江流域的水沙变化、河口水沙输移规律变化等进行了研究[17-23]，指出珠江流域柳江柳州站和北江石角站年径流量和年输沙量长年来没有明显的变化趋势，郁江南宁站、红水河迁江站、浔江大湟江口站、西江高要站、东江博罗站等水文控制站的年径流量变化趋势不明显，但受流域内人类活动的影响，其年输沙量具有明显的减少趋势。

1.4 水沙态势分析方法与有关物理参数

1.4.1 水沙态势分析方法

关于水沙过程，最常见的分析方法是水沙过程线法，即以年径流量或年输沙量为纵坐标、时间为横坐标，点绘河流年径流量与年输沙量随时间的变化过程，直接反映河流水沙变化的态势。另外，累积曲线法、Mann-Kendall 检验（简称 M-K 检验）法、有序聚类分析法等也是分析河流水文序列变化特点的重要方法，本书采用的方法具体介绍如下[22-25]。

1. 累积曲线法

一般来说，河流水文站年径流量和年输沙量的变化过程是周期性的波动变化，深入分析其变化趋势具有一定的难度。累积曲线法是目前水文气象要素一致性及其长期演变趋势分析中最简单、最直观、应用最广泛的方法之一。假设河流水文站总输沙量（即年输沙量的累积值 W_s）随时间的变化过程用以下函数表示：

$$W_s = f(t) \tag{1-1}$$

其导数（$W_s' = \mathrm{d}W_s/\mathrm{d}t$，年输沙量累积曲线的切线斜率）代表总输沙量随时间的变化速率，当随时间无明显增加或减少（或接近一个常数）时，相应的二阶导数接近于零（$\mathrm{d}^2W_s/\mathrm{d}t^2 \approx 0$），年输沙量累积曲线为直线，表明水文站年输沙量随时间没有明显的增大或减少趋势；当 $\mathrm{d}W_s/\mathrm{d}t$ 随时间逐渐减小（或呈减少趋势）时，相应的二阶导数小于零（$\mathrm{d}^2W_s/\mathrm{d}t^2 < 0$），年输沙量累积曲线为上凸的曲线，表明水文站年输沙量随时间具有明显的减少趋势；当 $\mathrm{d}W_s/\mathrm{d}t$ 随时间逐渐增大（或增大趋势）时，相应的二阶导数大于零（$\mathrm{d}^2W_s/\mathrm{d}t^2 > 0$），年输沙量累积曲线为下凸的曲线，表明水文站年输沙量随时间具有明显的增加趋势。

对于水文站年径流量（或其他水文变量）变化过程及年输沙量与年径流量的变化关系，也可以采用累积曲线法分析。

2. M-K 检验法

M-K 检验法主要是对水文序列 x_i 构建 M-K 秩次相关检验的统计量（简称 M-K 统计量），即

$$U = \frac{\tau}{[\mathrm{Var}(\tau)]^{1/2}} \tag{1-2}$$

式中，U 为 M-K 统计量；$\tau = \frac{4P}{N(N-1)} - 1$；$\mathrm{Var}(\tau) = \frac{2(2N+5)}{9N(N-1)}$；$P$ 为水文序列中所有对偶值（$x_i, x_j, j>i$）中 $x_i > x_j$ 的个数；N 为水文序列的样本数。

当样本数 N 增加时，U 很快收敛于标准化正态分布。U 也可以作为水文序列趋势性大小衡量的标度，$|U|$ 越大（U 为正值或负值），则在一定程度上可以说明序列的趋势性变化（增加或减小）越显著。设置信水平 $\alpha = 0.05$，查正态分布表得临界值 $U_{0.05/2} = 1.96$；

设置信水平 $\alpha = 0.002$，查正态分布表得临界值 $U_{0.002/2} = 3.01$。当统计结果的绝对值大于 1.96 时，存在趋势性变化的可能性高于 95%；当统计结果的绝对值大于 3.01 时，存在趋势性变化的可能性高于 99.8%。初步认为，$|U| \leqslant 1.96$ 时，水文量没有明显变化；$|U| \geqslant 3.01$ 时，水文量显著变化；$1.96 < |U| < 3.01$ 时，水文量发生变化。

3. 有序聚类分析法

采用有序聚类分析法推估水文序列的可能显著干扰点 τ_0，实质上就是推求最优分割点，也就是突变点，使同类之间的离差平方和最小，而类与类之间的离差平方和相对较大。最优分割点计算方法如下：

$$V_\tau = \sum (\alpha_i - \bar{\alpha}_\tau)^2, V_{n-\tau} = \sum (\alpha_i - \bar{\alpha}_{n-\tau})^2, S_n(\tau) = V_\tau + V_{n-\tau} \tag{1-3}$$

式中，V 为离差平方和；α_i 为 i 年的水文变量值；$\bar{\alpha}_\tau$ 为干扰点 τ 前的水文序列均值；$\bar{\alpha}_{n-\tau}$ 为干扰点 τ 后的水文序列均值；$S_n(\tau)$ 为总离差平方和。最优分割使 $S_n^*(\tau) = \min [S_n(\tau)]$，满足该条件的 τ 为突变点。当序列变化趋势明显时，可引入二级突变点进行再分割，即将一级突变点分为前后两段，再次进行有序聚类分析[24]。

1.4.2　有关物理参数

针对搜集的大量河流干支流水文控制站水沙资料，以及水库建设、水土保持实施等人类活动资料，通过引入流域水库调控系数、来沙系数、输沙模数和径流深等参数，利用资料回归分析法研究河流干支流水沙变化与人类活动之间的关系，特别是探讨和建立流域水库调控系数与来沙系数和输沙模数的关系。

1. 流域水库调控系数

水库库容和年径流量分别是反映水库蓄水能力和河流实际来水量的重要参数，二者的比值为水库调控系数，主要反映水库对年径流量的调控作用[26]。在不同时期，河流干流及其主要支流上修建了多个水库，为了反映河流流域水库的共同调控作用，引入流域（区域）水库调控系数[11]，流域水库调控系数定义为流域某年兴建水库的累积库容与流域水文控制站该年度径流量的比值，即

$$\alpha = \frac{V}{W} = \frac{\sum\limits_{i=1}^{N} V_i}{W} \tag{1-4}$$

式中，α 为某年流域水库调控系数，无量纲值，用于反映流域水库的开发程度和调控能力；V 为流域某年兴建水库的累积库容，亿 m^3；W 为流域水文控制站某年的径流量，亿 m^3；N 为流域水文控制站集水面积内修建水库的数量，V_i 为流域水文控制站集水面积内第 i 个水库的库容，亿 m^3。

2. 来沙系数

来沙系数是反映河流来沙输沙强度的参数，定义为河流来水含沙量与来水流量的比

值，即

$$\lambda = \frac{S}{Q} \tag{1-5}$$

式中，λ 为来沙系数，$(kg \cdot s)/m^6$；S 为河流来水含沙量，kg/m^3；Q 为河流来水流量，m^3/s。来沙系数作为一个重要的水沙参数，在很多河流的泥沙研究中得到了广泛的应用，主要反映河道的来沙输沙强度、水沙搭配关系和冲淤判别数。若河道来沙系数较大，河道水沙搭配关系失调，河道多会发生淤积；若河道来沙系数较小，河道输沙潜力较大，河道多会处于冲刷状态。吴保生和申冠卿[27]从不同角度对来沙系数的物理意义进行了进一步探讨。

3. 输沙模数与区域输沙模数

输沙模数指河流某断面以上单位集水面积上的年输沙量，即

$$M = \frac{W_s}{A} \tag{1-6}$$

式中，M 为输沙模数，$t/(km^2 \cdot a)$；W_s 为河道某一水文站断面的年输沙量；A 为水文站断面以上的集水面积。一般说来，输沙模数越大，表示流域水土流失越严重，河道输沙量大；反之，表示流域水土流失越轻，河道输沙量越小[28]。

区域输沙模数 M_j 指某段长度的河道中，单位面积的年输沙量，即

$$M_j = \frac{W_{s_2} - W_{s_1}}{A_2 - A_1} \tag{1-7}$$

式中，W_{s_1}、W_{s_2} 为河段上、下游断面水文站的年输沙量；A_1、A_2 为河段上、下游水文站断面以上的集水面积。若 $M_j>0$，流域区间将有泥沙汇入河道，流域区间产沙；若 $M_j<0$，流域区间将有泥沙引走，河道有引水引沙存在；若 $M_j=0$，流域区间无泥沙量变化，或者区间汇入沙量和引沙量相等。

4. 径流深与区域径流深

径流深指河流某断面以上单位面积上流过的径流量，单位一般以 mm 表示，即

$$R = \frac{W}{A} \tag{1-8}$$

式中，R 为径流深。

径流深能直接表示一个流域地表水资源的生产能力[28]。

区域径流深 R_j 指某段长度的河道中，单位面积的径流量，即

$$R_j = \frac{W_2 - W_1}{A_2 - A_1} \tag{1-9}$$

式中，W_1、W_2 为河段上、下游断面水文站的年径流量。若 $R_j>0$，流域区间将有径流汇入河道，流域区间产流；若 $R_j<0$，流域区间将有径流引走，河道有引水灌溉存在；若 $R_j=0$，流域区间无径流变化，或者区间汇入径流量和引水量相等。

参 考 文 献

[1] 邹维，卢刚. 论干旱半干旱区土壤侵蚀类型分析与划分问题 [J]. 中国水利，2015，(20)：7-

　　10，64．

[2] 财政部项目，全球江河水沙变化与河流演变响应 [R]．中国水科院，国际泥沙研究培训中心，2010．

[3] 王延贵，史红玲．我国江河水沙变化态势及应对策略 [R]．中国水利水电科学研究院，国际泥沙研究培训中心，2015．

[4] 王延贵，史红玲．我国江河水沙态势变化 [R]．中国水利水电科学研究院，国际泥沙研究培训中心，2015．

[5] 王延贵，陈康，陈吟．我国主要河流水沙态势变化及人类活动的影响 [C]．中国水力发电工程学会水文泥沙专业委员会第十一届学术研讨会，2017．

[6] 魏丽，卢金友，刘长波．三峡水库蓄水后长江上游水沙变化分析 [J]．中国农村水利水电，2010，（6）：1-8．

[7] 戴会超，王玲玲，蒋定国．三峡水库蓄水前后长江上游近期水沙变化趋势 [J]．水利学报，2007，38（10）：226-231．

[8] 张信宝，文安邦，Walling D E，等．大型水库对长江上游主要干支流河流输沙量的影响 [J]．泥沙研究，2011，（4）：59-66．

[9] 王延贵，刘茜，史红玲．长江中下游水沙态势变异及主要影响因素 [J]．泥沙研究，2014，（5）：38-47．

[10] 王延贵，胡春宏，刘茜，等．长江上游水沙特性变化与人类活动的影响 [J]．泥沙研究，2016，（1）：1-8．

[11] 王延贵，史红玲，刘茜．水库拦沙对长江水沙态势变化的影响 [J]．水科学进展，2014，25（4）：467-476．

[12] 王延贵，胡春宏，史红玲．黄河流域水沙资源量变化及其对泥沙资源化的影响 [J]．中国水利水电科学研究院学报，2010，8（4）：237-245．

[13] 刘成，王兆印，隋觉义，等．黄河干流沿程水沙变化及其影响因素分析 [J]．水利水电科技进展，2008，28（3）：1-7．

[14] 高航，姚文艺，张晓华，等．黄河上中游近期水沙变化分析 [J]．华北水利水电学院学报，2009，30（5）：8-12．

[15] 楚纯洁，李亚丽．近60年黄河干流水沙变化及其驱动因素 [J]．水土保持学报，2013，27（5）：41-47．

[16] 陈康，苏佳林，王延贵，等．黄河干流水沙关系变化及其成因分析 [J]．泥沙研究，2019，44（6）：19-26．

[17] 路海亭，戴志军，张小玲，等．珠江入海水沙通量变化特征 [J]．世界科技研究与发展，2009，31（2）：316-319．

[18] 廖小龙，王贤平，黎开志，等．珠江河口水沙情势变化及响应对策研究 [J]．人民珠江，2010，（2）：6-9．

[19] 何用，胡晓张，孙倩文．以"05·6"洪水看珠江河口水沙输移 [J]．人民珠江，2008，（3）：10-14．

[20] 黄镇国，张伟强．珠江三角洲近期水沙分配的变化及其影响与对策 [J]．云南地理环境研究，2006，18（2）：21-27．

[21] 胡德礼，杨清书，吴超，等．珠江网河水沙分配变化及其对伶仃洋水沙场的影响 [J]．水科学进展，2010，21（1）：69-76．

[22] 胡春宏，王延贵，张燕菁，等．我国江河水沙变化趋势与主要影响因素 [J]．水科学进展，2010，

21（4）：524-532.

［23］王延贵，胡春宏，史红玲，等．近 60 年大陆地区主要河流水沙变化特征［C］．第 14 届海峡两岸水利科技交流研讨会论文集，2010.

［24］刘茜，王延贵．江河水沙突变与周期性变化分析方法与比较［J］．水利水电科技进展，2015，35（2）：17-23.

［25］王延贵，刘茜，史红玲．江河水沙变化趋势分析方法与比较［J］．中国水利水电科学研究院学报，2014，12（2）：190-195.

［26］师长兴，杜俊．长江上游输沙量阶段性变化和原因分析［J］．泥沙研究，2009，（4）：17-24.

［27］吴保生，申冠卿．来沙系数物理意义的探讨［J］．人民黄河，2008，30（4）：15-16.

［28］中国水利学会泥沙专业委员会．泥沙手册［M］．北京：中国环境科学出版社，1989.

第 2 章　中国南方河流水沙变化态势

中国南方河流主要包括长江、珠江、钱塘江与闽江，都位于秦岭—淮河以南的湿润地区，降水多，雨季长，河流年径流量大；南方河流流域内的植物生长茂盛，水土流失程度较轻，河流含沙量小；而且南方河流各流域内具有类似的人类活动，相应的年径流量和年输沙量变化具有一定的共性[1,2]。

2.1　长　　江

长江是中国的第一大河，干流流经青海、西藏、四川、云南、重庆、湖北、湖南、江西、安徽、江苏、上海 11 省（自治区、直辖市）。流域面积为 180 万 km^2，约占全国陆地总面积的 20%。下游大通站 1950～2020 年的多年平均径流量和多年平均输沙量分别为 8983 亿 m^3 和 3.51 亿 t，分别占全国主要河流的 63.85% 和 24.37%。干流全长约为 6300km，自河源至宜昌（4504km）通称上游，宜昌至湖口（955km）为中游，湖口至大通（338km）为下游，大通以下为河口段（600km）。

长江水系主要由干流、支流、湖泊等组成。干流河道主要是指长江上游的金沙江河段及其以下的干流河段；湖泊主要是指洞庭湖和鄱阳湖；支流包括两类，一类直接汇入长江，包括雅砻江、嘉陵江、岷江、乌江、沱江、汉江等，另一类通过洞庭湖和鄱阳湖汇入长江，洞庭湖主要支流包括湘江、资水、沅江和澧水，称为"四水"，鄱阳湖主要支流包括赣江、修水、饶河、信江和抚河，称为"五河"。长江流域干支流及主要水文控制站如图 1-1 所示。

2.1.1　主要支流水沙变化

根据长江主要支流分布特征和资料情况，选择上游岷江、嘉陵江、乌江 3 条支流，中游汉江、赣江 2 条典型支流作为研究对象，其水文控制站分别为高场站、北碚站、武隆站、皇庄站、外洲站，对应的多年平均径流量分别为 847.9 亿 m^3、657.4 亿 m^3、485.6 亿 m^3、458.6 亿 m^3、683.7 亿 m^3，多年平均输沙量分别为 4191 万 t、9220 万 t、2102 万 t、4120 万 t、759 万 t，对应的平均含沙量分别为 0.494kg/m^3、1.402kg/m^3、0.433kg/m^3、0.898kg/m^3、0.111kg/m^3，由此说明，岷江、嘉陵江和汉江是长江的主要沙源。长江主要支流水文控制站年径流量和年输沙量的变化趋势如表 2-1 所示；各支流水文控制站年径流量和年输沙量的变化过程如图 2-1 所示；利用 M-K 检验对水沙变化的趋势性进行检验[3,4]，其 M-K 统计量的变化过程如图 2-2 所示，对应的累积曲线如图 2-3 所示。

表 2-1 长江主要支流水文控制站水沙量年代特征值及趋势分析

时段		岷江		嘉陵江		乌江		汉江		赣江	
		高场站		北碚站		武隆站		皇庄站		外洲站	
		年径流量 /亿 m³	年输沙量 /万 t	年径流量 /亿 m³	年输沙量 /万 t	年径流量 /亿 m³	年输沙量 /万 t	年径流量 /亿 m³	年输沙量 /万 t	年径流量 /亿 m³	年输沙量 /万 t
1950~1959 年		856.7	5 225	651.5	15 228	432.2	2610	534.2	13 337	579.5	1 074
1960~1969 年		909.7	6 226	750.3	18 200	501.5	2 810	511.1	9 810	615.4	1 154
1970~1979 年		822.0	3 389	603.3	10 734	509.4	3 961	437.1	3 475	708.9	1 100
1980~1989 年		896.9	5 708	765.0	14 036	480.1	2 467	562.4	2 242	657.9	1 068
1990~1999 年		845.2	4 145	555.9	4 620	516.3	2 103	376.6	767	773.0	613
2000~2009 年		775.8	3 051	577.9	2 369	461.1	954	420.7	775	636.3	324
2010~2020 年		850.1	2 394	687.6	2 119	468.5	295	383.4	365	746.0	224
多年平均*		847.9	4 191	657.4	9 220	485.6	2102	458.6	4120	683.7	759
M-K 检验	U 值	-1.70	-4.09	-1.23	-7.28	-0.20	-6.11	-2.65	-8.40	1.30	-7.10
	趋势判断	无	显著减少	无	显著减少	无	显著减少	减少	显著减少	无	显著减少
突变年			1968 年、 1993 年、 2004 年		1968 年、 1984 年、 1998 年		1984 年、 2000 年		1967 年、 1973 年、 1989 年		1984 年、 1990 年

　　*各水文站测量起始年份并不都是 1950 年，或者有缺测年份，多年平均值和 1950~1959 年平均值按实际测量年份进行。下同

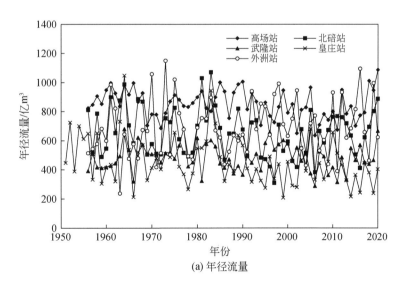

(a) 年径流量

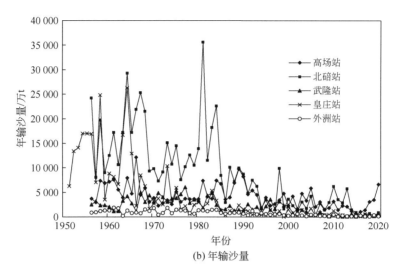

(b) 年输沙量

图 2-1   长江主要支流水文控制站水沙变化过程

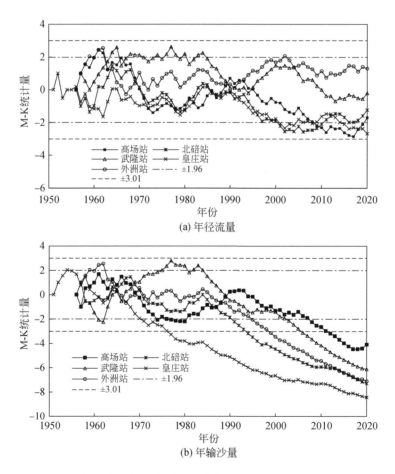

图 2-2   长江主要支流水文控制站水沙量 M-K 统计量变化过程

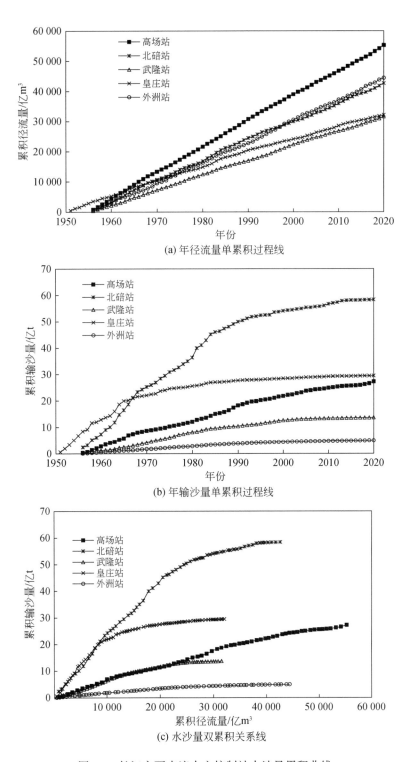

(a) 年径流量单累积过程线

(b) 年输沙量单累积过程线

(c) 水沙量双累积关系线

图2-3 长江主要支流水文控制站水沙量累积曲线

（1）岷江高场站年径流量和年输沙量的 M-K 统计量的绝对值分别在 2008 年和 2007 年之前基本上不大于 1.96，其单累积过程线也基本上为直线，表明年径流量和年输沙量无变化趋势；2008 年后，年径流量 M-K 统计量减至 2017 年的 –2.85，而后回升至 2020 年的 –1.70，其绝对值小于 1.96，对应的单累积过程线总体呈直线形态，表明高场站年径流量无显著的变化趋势，各年代平均径流量在多年平均值上下波动；2007 年后，高场站年输沙量的 M-K 统计量持续减小至 2020 年 –4.09，其绝对值大于 3.01，且相应的单累积过程线呈上凸形态，说明岷江年输沙量具有显著的减少趋势，特别是 20 世纪 90 年代中期以来减少比较明显，年输沙量从 20 世纪 60 年代的 6226 万 t 减至 80 年代的 5708 万 t，21 世纪前十年减至 3051 万 t，2010～2020 年仅为 2394 万 t。其中，1968 年、1993 年和 2004 年是岷江年输沙量的突变年份，主要是由岷江流域水电站陆续修建所致。

（2）嘉陵江北碚站年径流量在 1997 年之前的 M-K 统计量绝对值都不大于 1.96，其单累积过程线呈直线状态，表明年径流量在 1997 年前无变化趋势；1997 年后，年径流量的 M-K 统计量值既有增加也有减小，但多小于 –1.96，2020 年最终为 –1.23，其单累积过程线总体呈直线形态，表明嘉陵江年径流量总体变化趋势不明显，略有减小。北碚站年输沙量的 M-K 统计量的绝对值在 1990 年之前都不大于 1.96，其单累积过程线总体呈直线形态，表明北碚站年输沙量在 1990 年之前无变化趋势；1990 年后，北碚站年输沙量持续减少，2020 年的 M-K 统计量为 –7.28，其单累积过程线 1990 年后向右偏离，整体呈明显的上凸形态，表明嘉陵江年输沙量具有显著的减少趋势，特别是 20 世纪 80 年代初中期以来，年输沙量减小幅度明显。嘉陵江站年输沙量从 20 世纪 50 年代的 15 228 万 t 减至 70 年代的 10 734 万 t，90 年代减至为 4620 万 t，2010～2020 年仅为 2119 万 t。1968 年、1984 年和 1998 年是嘉陵江年输沙量的突变年份，这些突变年份与流域水电站的运用相对应。

（3）乌江武隆站年径流量的 M-K 统计量在 20 世纪 60 年代初期增加，1964～1985 年在 1.96 上下波动，1985 年后经历减小—增加—减小的过程，2020 年最终值为 –0.20，其绝对值小于 1.96，对应的单累积过程线总体上呈直线形态，表明乌江年径流量总体变化趋势不明显，在多年平均值上下波动。乌江武隆站年输沙量的 M-K 统计量值在 1977 年之前增加至 2.79，之后持续减小，2020 年最后减为 –6.11，其绝对值皆远大于 3.01，且年输沙量单累积过程线 1977 年前略有下凸形态，之后明显向右偏离，累积过程线总体呈上凸形态，表明乌江年输沙量 1977 年前不断增加，之后持续大幅度减小，总体呈显著减少的态势，特别是 20 世纪 80 年代初中期以来，年输沙量减小幅度明显。武隆站年输沙量从 20 世纪 50 年代的 2610 万 t 增至 70 年代的 3961 万 t，80 年代减为 2467 万 t，21 世纪前十年和 2010～2020 年分别仅为 954 万 t 和 295 万 t。1984 年和 2000 年是乌江年输沙量的突变年份，主要由流域水电站运用造成。

（4）汉江皇庄站年径流量的 M-K 统计量的绝对值在 2000 年之前基本上小于 1.96，2000 年后在 –1.96 上下波动，2020 年减至 –2.65，对应的单累积过程线略呈上凸形态，表明汉江的年径流量变化有减小趋势，其年径流量从 20 世纪 50 年代的 534.2 亿 m^3 增至 80 年代的 562.4 亿 m^3，21 世纪前十年减至 420.7 亿 m^3，2010～2020 年继续减至 383.4 亿 m^3，在多年平均值上下波动，近期略有减少，这与南水北调有一定的关系。汉江皇庄站年输沙量的 M-K 统计量总体处于持续减小过程中，2020 年最终值为 –8.40，其绝对值远大于

3.01，且单累积过程线呈明显的上凸形态，表明汉江年输沙量呈现显著的减少趋势，特别是从 20 世纪 60 年代中期以后，皇庄站年输沙量大幅度减小。皇庄站年输沙量从 20 世纪 50 年代的 13 337 万 t 减至 21 世纪前十年的 775 万 t，2010～2020 年仅为 365 万 t。汉江来水含沙量呈逐渐减小的趋势，且从 20 世纪 60 年代中期开始，来水含沙量大幅度减少，主要原因为丹江口水库开始蓄水运用。

（5）赣江外洲站年径流量的 M-K 统计量值基本上小于 1.96，2020 年最终值为 1.30；其单累积过程线基本上呈直线形态，表明赣江年径流量基本上没有明显的变化趋势，在多年平均值上下波动。赣江外洲站年输沙量的 M-K 统计量绝对值在 1994 年前基本上小于 1.96，1994 年后统计量持续减小，至 2020 年减小–7.10，其绝对值远大于 3.01；外洲站年输沙量单累积过程线呈明显上凸形态，表明外洲站年输沙量具有显著的减小趋势，但年输沙量 1985 年前变化较小，1985 年后减少明显，从 1985 年前的 1157 万 t 减至 20 世纪 90 年代的 613 万 t 和 21 世纪前十年的 324 万 t，2010～2020 年仅为 224 万 t。

（6）长江典型支流水文控制站的水沙量双累积关系线都呈现上凸形态，表明支流水沙变化是不同步的，输沙量减小幅度大于径流量的变化幅度，来水含沙量呈逐渐减小的趋势，但不同支流变化程度有很大的不同，嘉陵江和汉江两支流的水沙量双累积关系线上凸形态十分明显，表明输沙量衰减幅度远大于径流量的变化幅度，来水含沙量减小幅度明显；岷江、乌江和赣江的水沙量双累积关系线皆呈上凸形态，表明输沙量衰减幅度略大于径流量的变化幅度，相应来水含沙量有减小趋势。

2.1.2 洞庭湖和鄱阳湖水沙变化

洞庭湖和鄱阳湖是长江流域最大的两个湖泊，位于长江中下游河道右岸，与长江连通的水文控制站分别为城陵矶站和湖口站，对应的多年平均径流量分别为 2842 亿 m³ 和 1486 亿 m³，多年平均输沙量分别为 3630 万 t 和 983 万 t。图 2-4 为洞庭湖和鄱阳湖水文控制站年径流量和年输沙量的变化过程，对应的 M-K 统计量变化过程和累积曲线分别如图 2-5 和图 2-6 所示。表 2-2 为洞庭湖和鄱阳湖水文控制站年径流量和年输沙量的变化趋势。

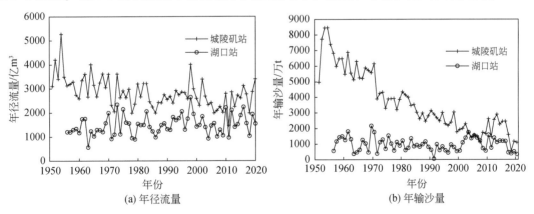

(a) 年径流量　　　　　　　　　　(b) 年输沙量

图 2-4 洞庭湖和鄱阳湖水文控制站水沙变化过程

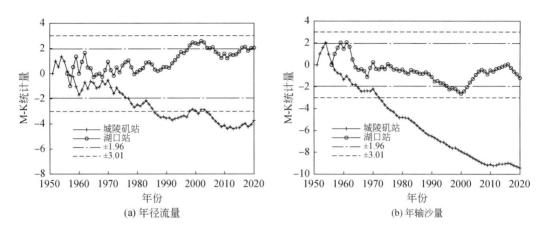

图 2-5 洞庭湖和翻阳湖水文控制站水沙量 M-K 统计量变化过程

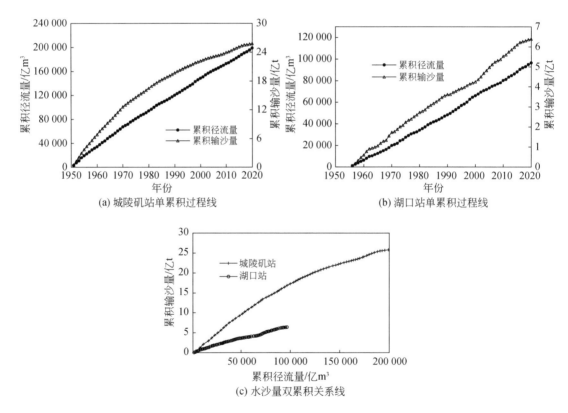

图 2-6 洞庭湖和翻阳湖水文控制站水沙量累积曲线

表 2-2　洞庭湖和鄱阳湖水文控制站水沙量年代特征值及趋势分析

时段		洞庭湖		鄱阳湖	
		城陵矶站		湖口站	
		年径流量/亿 m³	年输沙量/万 t	年径流量/亿 m³	年输沙量/万 t
1950~1959 年		3537	6976	1262	1173
1960~1969 年		3195	5700	1286	1084
1970~1979 年		2709	4064	1463	1044
1980~1989 年		2658	3336	1450	945
1990~1999 年		2854	2593	1760	647
2000~2009 年		2408	1705	1349	1170
2010~2020 年		2626	1925	1677	927
多年平均		2842	3630	1486	983
M-K 检验	U 值	-3.74	-9.42	2.05	-1.19
	趋势判断	显著减少	显著减少	增加	无

（1）洞庭湖汇入长江的水沙态势受制于荆江三口[①]和湖南四水的水沙变化。洞庭湖出口城陵矶站年径流量对应的 M-K 统计量总体上不断减小，2020 年最终值为-3.74，其绝对值大于 3.01，对应的单累积过程线呈上凸形态，表明城陵矶站年径流量具有明显的减少趋势。城陵矶站年径流量从 20 世纪 50 年代的 3537 亿 m³ 持续减至 21 世纪前十年的 2408 亿 m³，2010~2020 年为 2626 亿 m³，其主要原因是荆江三口分流量持续减少，而湖南四水年径流量变化不大。洞庭湖城陵矶站年输沙量的 M-K 统计量总体上处于持续减小的过程中，2020 年最终值为-9.42，其绝对值远大于 3.01，对应的单累积过程线呈明显上凸形态，表明年输沙量呈显著减小趋势，从 20 世纪 50 年代的 6976 万 t 持续减至 21 世纪前十年的 1705 万 t，2010~2020 年略增加至 1925 万 t，较 20 世纪 50 年代，分别减少了 75.6% 和 72.4%。

（2）鄱阳湖出口湖口站年径流量的 M-K 统计量的绝对值在 1997 年前都小于 1.96，而在 1997 年后在 1.96 上下波动，2020 年最终值为 2.05，对应的单累积过程线总体上呈直线形态，但在 20 世纪 90 年代中后期向上偏离，略有下凸形态，表明湖口站年径流量总体上变化不显著，但在 1996 年后有所增加，略有增加态势，年径流量从 20 世纪 50 年代的 1262 亿 m³ 增至 80 年代的 1450 亿 m³，2010~2020 年增至 1677 亿 m³。湖口站年输沙量的 M-K 统计量在 2000 年之前逐渐减小至-2.64，2000 年之后又持续增加，2020 年最终值为 -1.19，对应的单累积过程线 1990 年向右下偏离，2000~2007 年向上偏离，总体呈直线形态，表明湖口站年输沙量在 1990 年之前变化不大，在 1990~1999 年减少，在 1999~2006 年增加恢复到 1990 年前的水平，总体变化不显著。鄱阳湖湖口站年输沙量从 20 世纪 50

① 荆江三口由松滋口、太平口和藕池口组成（调弦口于 1959 年封堵）。

年代的 1173 万 t 减至 80 年代的 954 万 t，到 90 年代明显减至 647 万 t，21 世纪前十年又增至 1170 万 t。

（3）洞庭湖和鄱阳湖出口水文控制站年径流量和年输沙量的变化并不同步，而是有一定的差异。洞庭湖城陵矶站水沙量双累积关系线呈上凸形态，表明洞庭湖年径流量和年输沙量虽然皆有减少趋势，但年输沙量减小速率大于年径流量的减小速率，相应的来水含沙量具有减小趋势。与洞庭湖相比，鄱阳湖湖口站水沙量双累积关系线具有很大的不同，1990 年之前基本上呈直线状态，至 1999 年向下偏离，2006 年后又恢复到 1990 年前的状态，也就是说 1990～2006 年年输沙量经历从快速减小到快速增加的过程，对应的来水含沙量经历变化不大—减小—增大—恢复以前的变化过程。

2.1.3 干流河道水沙变化

长江干流主要水文控制站为屏山站、朱沱站、寸滩站、宜昌站、汉口站和大通站，其中屏山站是金沙江下游出口水文控制站，向家坝水库 2012 年蓄水运用后，启用向家坝站代替屏山站，后文统一用向家坝站；朱沱站主要控制金沙江、岷江、沱江、赤水河等河流的水沙变化；朱沱站与北碚站和武隆站一起控制着三峡工程的入库水沙条件，即朱沱站、北碚站和武隆站径流量和输沙量之和为三峡水库入库站（简称三峡入库站，为虚拟站名）的水沙量，三峡水库蓄水运用后，一般用三峡入库站代替寸滩站，后文统一用三峡入库站；宜昌站为三峡水库出库和中下游河道水沙的水文控制站；汉口站作为中游河道的重要水文控制站，其上河段先后汇入洞庭湖水系和汉江等重要支流；大通站作为下游河道和入海水文控制站，其上河段汇入鄱阳湖水系，是长江流域的代表性水文站，将单独分析其水沙变化。长江干流主要水文控制站水沙变化实际上是流域范围内支流水沙态势变化的综合与平均，反映了流域水沙变化的总体态势[3,4]。长江干流向家坝站、朱沱站、三峡入库站、宜昌站和汉口站的年径流量和年输沙量的变化过程如图 2-7 所示，对应的 M-K 统计量变化过程和累积曲线如图 2-8 和图 2-9 所示，不同年代的水沙量特征值和趋势分析如表 2-3 所示。

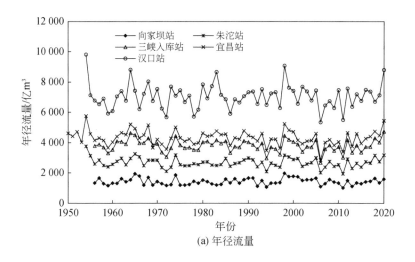

（a）年径流量

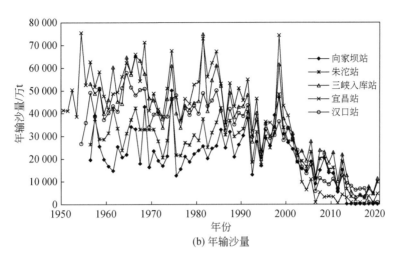

(b) 年输沙量

图 2-7 长江干流主要水文控制站水沙变化过程

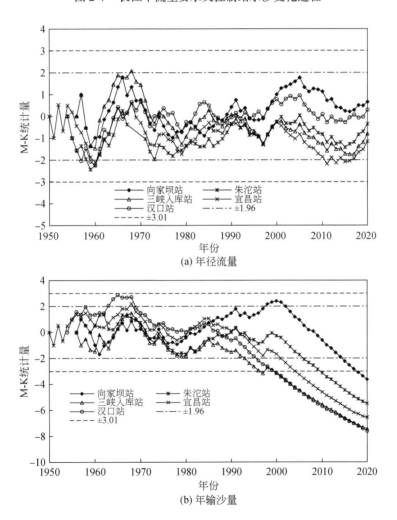

(a) 年径流量

(b) 年输沙量

图 2-8 长江干流主要水文控制站水沙量 M-K 统计量变化过程

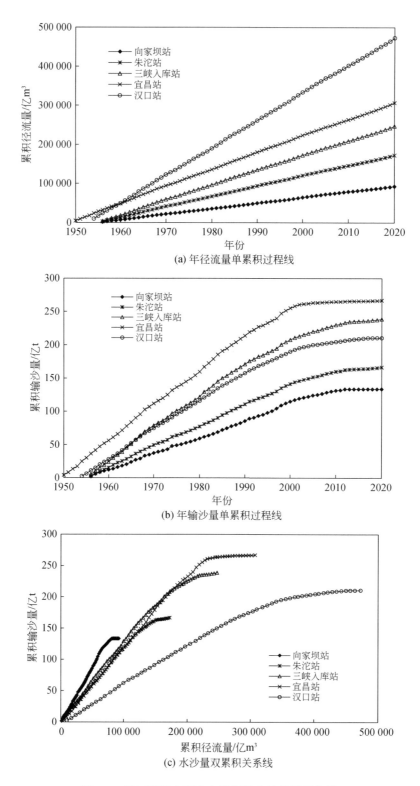

(a) 年径流量单累积过程线

(b) 年输沙量单累积过程线

(c) 水沙量双累积关系线

图 2-9   长江干流主要水文控制站水沙量累积曲线

表 2-3　长江干流主要水文控制站水沙量年代特征值及趋势分析

时段	金沙江		长江		长江		长江		长江	
	向家坝站		朱沱站		三峡入库站		宜昌站		汉口站	
	年径流量/亿 m³	年输沙量/万 t	年径流量/亿 m³	年输沙量/万 t	年径流量/亿 m³	年输沙量/万 t	年径流量/亿 m³	年输沙量/万 t	年径流量/亿 m³	年输沙量/万 t
1950～1959 年	1 358	26 000	2 581	30 350	3 664	48 188	4 435	51 980	7 174	39 800
1960～1969 年	1 501	24 370	2 828	34 022	4 079	55 040	4 535	54 880	7 171	46 810
1970～1979 年	1332	22 100	2 548	28 795	3 660	42 975	4 145	47 470	6 734	41 200
1980～1989 年	1 406	25 650	2 655	32 920	3 900	49 423	4 448	54 870	7 159	41 830
1990～1999 年	1 471	29 760	2 679	31 050	3 751	37 773	4 312	42 380	7 279	32 960
2000～2009 年	1 509	17 773	2 610	20 100	3 649	23 423	4 049	13 175	6 805	16 950
2010～2020 年	1 362	3 211	2 665	7 411	3 810	9 825	4 335	2 076	7 121	6 383
多年平均	1 425	20 552	2 668	25 100	3 800	36 726	4 330	37 628	7 074	31 700
M-K 检验　U 值	0.65	−3.65	−0.36	−5.49	−0.80	−7.44	−1.16	−6.56	0.29	−7.59
M-K 检验　趋势判断	无	显著减少	无	显著减少	无	显著减少	无	显著减少	无	显著减少
突变年		2000 年、2013 年		2001 年、2013 年		1991 年、2013 年		1968 年、1985 年、1991 年、2003 年		1968 年、1985 年、1993 年、2003 年

（1）金沙江水文控制站向家坝站多年平均径流量和多年平均输沙量分别为 1425 亿 m³ 和 20 552 万 t，是长江上游河段水量和沙量的主要来源，其中金沙江下游（雅砻江至屏山河段）区域是金沙江的主要产沙区[5]。向家坝站年径流量的 M-K 统计量的绝对值一直小于 1.96，2020 年值为 0.65，对应的单累积过程线总体为直线，表明向家坝站年径流量总体没有明显的变化趋势，年径流量基本上在多年平均值上下波动。向家坝站年输沙量的 M-K 统计量在 2000 年之前增至 2.41，2000 年之后持续减小，2020 年减至−3.65，且年输沙量单累积过程线在 1990 年前基本上是一条直线，在 1990～1999 年向上偏离，在 2000 年后又开始向右下偏离，特别是 2013 年后进一步向右下偏离，表明金沙江向家坝站年输沙量总体在减少，但变化程度不同，20 世纪 80 年代中后期和 90 年代年输沙量随年径流量的略增和植被破坏、工程建设等频繁的人类活动而略有增大，2000 年后年输沙量因 1998 年二滩水电站蓄水运用而明显减少，特别是向家坝水库和溪洛渡水库分别于 2012 年和 2013 年蓄水运用后，向家坝站年输沙量进一步大幅减少。向家坝站年输沙量从 20 世纪 50 年代的 26 000 万 t 减至 70 年代的 22 100 万 t，到 90 年代又增至 29 760 万 t，21 世纪前十年又减至 17 773 万 t，2010～2020 年大幅减至 3211 万 t，其中 2013～2020 年向家坝站年平均输沙量为 153 万 t，2015 年和 2019 年年输沙量分别仅为 60 万 t 和 70 万 t。

（2）长江上游朱沱站和三峡入库站的水沙变化规律基本上是一致的。朱沱站和三峡入库站年径流量的 M-K 统计量的绝对值基本上小于 1.96，2020 年最终值分别为−0.36 和 −0.80，且单累积过程线皆呈直线形态，表明朱沱站和三峡入库站年径流量没有明显的变化趋势，年径流量在多年平均值上下波动。朱沱站和三峡入库站年输沙量的 M-K 统计量的绝对值分别在 2005 年和 1992 年之前皆小于 1.96，之后分别持续减小至 −5.49 和 −7.44，其绝对值皆远大于 3.01，而且相应的单累积过程线皆呈上凸状态，表明其年输沙量呈显著减少趋势，特别是朱沱站和三峡入库站年输沙量分别在 2000 年和 1985 年后呈明显的持续减少趋势。例如，三峡入库站年输沙量从 20 世纪 50 年代的 48 188 万 t 减至 70 年代的 42 975 万 t，90 年代减为 37 773 万 t，21 世纪前十年进一步减至 23 423 万 t，2010 ~ 2020 年仅为 9825 万 t。

（3）宜昌站是三峡水库出库和进入中下游河道的水文控制站，其多年平均径流量和多年平均输沙量分别为 4330 亿 m³ 和 37 628 万 t。宜昌站年径流量的 M-K 统计量的绝对值在 2010 年之前基本上小于 1.96，之后在 −1.96 上下波动，2020 年最终值为 −1.16，对应的单累积过程线呈直线形态，表明宜昌站年径流量总体上无明显变化趋势，近期略有减小。宜昌站年输沙量的 M-K 统计量的绝对值在 2000 年之前基本上小于 1.96，之后 M-K 统计量持续减小，2020 年最终值为 −6.56，其绝对值远大于 3.01，相应的单累积过程线呈明显上凸形态，表明宜昌站年输沙量具有显著的减少趋势；特别是在三峡水库 2003 年蓄水运用后，宜昌站年输沙量显著减少，从 2000 年之前的 50 094 万 t 减至 2003 年后的 3580 万 t，减幅高达 92.9%。

（4）汉口站多年平均径流量和多年平均输沙量分别为 7074 亿 m³ 和 31 700 万 t。汉口站年径流量的 M-K 统计量的绝对值基本上小于 1.96，2020 年最终值为 0.29，且年径流量单累积过程线呈直线状态，表明汉口站年径流量没有显著的变化趋势，在多年平均值上下波动。汉口站年输沙量的 M-K 统计量的绝对值在 1995 年之前其他时期（除 20 世纪 60 年代中期大于 1.96 外）基本上小于 1.96，在 1995 年之后持续减小，2020 年最终值为 −7.59，其绝对值远大于 3.01，且年输沙量单累积过程线明显呈上凸状态，表明年输沙量呈显著的减少趋势，其中在 20 世纪 60 年代中期有所增加，其后不断减小，特别是 2003 年以来，年输沙量明显减小。汉口站年输沙量从 20 世纪 60 年代的 46 810 万 t 减至 21 世纪前十年的 16 950 万 t，2010 ~ 2020 年仅为 6383 万 t，其中 2003 ~ 2020 年年均输沙量为 8540 万 t。

（5）向家坝站和朱沱站的水沙量双累积关系线基本上具有类似的变化特点，在 2001 年之前，两站水沙量双累积关系线基本上呈直线状态，表明两站年径流量和输沙量呈同步变化，来水含沙量变化不大；2001 年之后，两站水沙量双累积关系线开始向右偏离，表明年输沙量的减少幅度大于年径流量，对应的含沙量逐渐减小。三峡入库站和宜昌站承载上游诸多支流水沙量的汇入，其水沙变化关系取决于上游干流与各支流水沙关系的综合，三峡入库站和宜昌站水沙量双累积关系线呈明显的上凸状态，1985 年以后水沙量双累积关系线开始向右偏离，2000 年以来偏离更加明显，特别是三峡水库 2003 年蓄水运用后，宜昌站累积曲线偏离程度远大于三峡入库站，表明三峡入库站和宜昌站年输沙量减小幅度大于年径流量减小幅度，相应的含沙量逐渐减小，特别是 2000 年以后，来水含沙量减少幅度加大，2003 年以后宜昌站含沙量大幅度减小，远大于三峡入库站。汉口站水沙量双累积关系线具有明显的上凸形态，特别是 2003 年三峡水库蓄水以来，水沙量双累积关系线偏离程度加大，表明汉口站年输沙量的减小幅度大于年径流量的减小幅度，相应的来水含沙量逐渐减小，特别是三峡水库蓄水运用以来，汉口站年输沙量和含沙量大幅度减小。

2.1.4 代表水文站水沙变化

1. 水沙变化过程

长江流域水沙变化分析的代表水文站选用下游大通站，大通站多年平均径流量和多年平均输沙量分别为 8983 亿 m³ 和 35100 万 t。长江流域代表水文站（大通站）1950～2020 年水沙量年代特征值如表 2-4 所示，历年水沙量变化过程如图 2-10 所示。长江流域代表水文站（大通站）年径流量年际具有一定的变化幅度，基本上在多年平均值上下波动，最大和最小年径流量分别为 13 600 亿 m³ 和 6671 亿 m³，分别发生在 1954 年和 2011 年，最大和最小年径流量比值为 2.04。大通站年输沙量具有较大的年际变化，而且具有明显的递减趋势，特别是 2003 年后减小趋势明显，最大和最小年输沙量分别为 6.78 亿 t 和 0.718 亿 t，分别发生在 1964 年和 2011 年，最大和最小年输沙量比值达到 9.44。

表 2-4 长江流域代表水文站（大通站）水沙量年代特征值及趋势分析

时段\项目	1950～1959 年	1960～1969 年	1970～1979 年	1980～1989 年	1990～1999 年	2000～2009 年	2010～2020 年	2011～2020 年	多年均值	M-K 检验 U 值	M-K 检验 趋势判断
年径流量/亿 m³	9 373	8 765	8 511	8 988	9 595	8 429	9 202	9 100	8 983	0.24	无
年输沙量/万 t	50 393	50 860	42 440	43 475	34 276	19 228	12 535	11 939	35 100	-8.32	显著减少
含沙量/(kg/m³)	0.538	0.580	0.499	0.484	0.357	0.228	0.136	0.131	0.391		

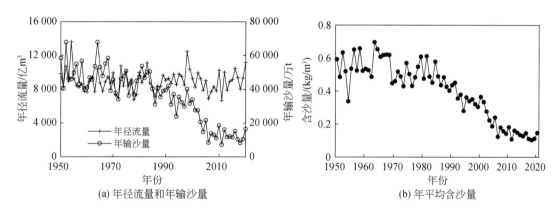

图 2-10 长江流域代表水文站（大通站）水沙变化过程

长江流域代表水文站（大通站）近 10 年（2011～2020 年）平均径流量和平均输沙量分别为 9100 亿 m³ 和 11 939 万 t，近 10 年平均径流量与多年平均值基本持平，近 10 年平均输沙量较多年平均值偏小 65.99%，较 2000 年前的平均值 44 085 万 t 减小 72.92%。在近 10 年中，2011 年、2013 年和 2018 年径流量较多年平均值分别偏小 25.74%、12.30%

和 10.63%，2012 年、2016 年和 2020 年径流量较多年平均值偏大 11.54%、16.33% 和 24.46%，其他年份与多年平均值基本持平；近 10 年各年输沙量较多年平均值偏小 53.28% ~ 79.54%，其中 2011 年和 2020 年分别偏小 79.54% 和 53.28%。

2. 水沙变化趋势分析

图 2-11 为长江流域代表水文站（大通站）水沙量 M-K 统计量变化过程，图 2-12 为长江流域代表水文站（大通站）水沙量累积曲线。

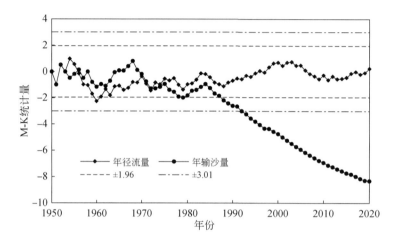

图 2-11　长江流域代表水文站（大通站）水沙量 M-K 统计量变化过程

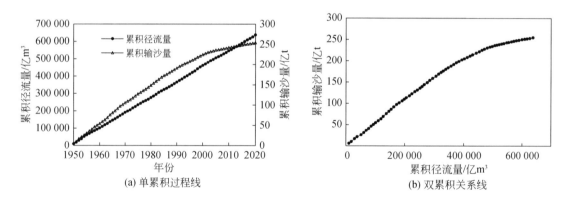

(a) 单累积过程线　　　　　　　　　　(b) 双累积关系线

图 2-12　长江流域代表水文站（大通站）水沙量累积曲线

（1）长江流域代表水文站（大通站）年径流量的 M-K 统计量的绝对值在 1950 ~ 2020 年基本上小于 1.96，2020 年最终值为 0.24，对应的累积过程线呈直线形态，表明大通站径流量没有明显的变化趋势，大通站 20 世纪 50 年代径流量为 9373 亿 m³，20 世纪 70 年代减至 8511 亿 m³，20 世纪 90 年代增至 9595 亿 m³，21 世纪前十年减至 8429 亿 m³，2010 ~ 2020 年增至 9202 亿 m³，历年径流量在多年平均值 8983 亿 m³ 上下波动。

（2）长江流域代表水文站（大通站）年输沙量的 M-K 统计量的绝对值在 1987 年之前小于 1.96，之后持续减小，2020 年最终值为 -8.32，其绝对值远大于 3.01，对应的输沙量单累积过程线呈明显的上凸形态，表明年输沙量呈显著的减少趋势，特别是从 20 世纪 80 年代中期开始，年输沙量持续减少，从 20 世纪 50 年代的 50 393 万 t 减至 70 年代的 42 440 万 t，90 年代减至 34 276 万 t，2000 年以后更是持续减少，尤其 2010 ~ 2020 年大通站年输沙量减小为 12 535 万 t。其中，累积输沙量曲线在 2003 年出现明显拐点，在 2003 年以后明显减小。

（3）长江流域代表水文站（大通站）径流量和输沙量的双累积关系线呈明显的上凸形态，表明年输沙量的减小速率大于年径流量的减小速率，大通站年平均含沙量也呈逐渐减小趋势，特别是 1990 年后含沙量明显减小，从 20 世纪 50 年代的 0.538kg/m³ 减至 80 年代的 0.484kg/m³，21 世纪前十年继续减 0.228kg/m³，2010 ~ 2020 年仅为 0.131kg/m³。

2.2 珠 江

珠江全长为 2320km，是中国境内第三长河流；按多年平均径流量排序为中国第二大河流，代表水文站多年平均径流量达 2836 亿 m³，仅次于长江；多年平均输沙量为 6392 万 t，位于全国第三位。珠江流域由西江、北江、东江及珠江三角洲诸河四个水系组成，流经云南、贵州、广西、广东、湖南、江西六省（自治区），流域面积为 45.36 万 km²，其中在我国境内流域面积为 44.21 万 km²。西江是珠江的主干流，由上游的南盘江和红水河、中游的黔江和浔江及下游河段等组成，主要支流包括柳江、郁江、桂江、贺江等，源流南盘江发源于云南曲靖市马雄山，流经云南、贵州、广西、广东四省（自治区）至磨刀门（广东珠海市）流入南海，全长 2214km，流域总面积为 30.49 万 km²，西江主要水文控制站包括柳江柳州站、郁江南宁站、红水河迁江站、浔江大湟江口站、西江高要站等，其中水文控制站为高要站。北江发源于江西信丰县石碣大茅山，主流流经广东南雄县、始兴县、曲江县、韶关市、英德市、清远市至三水县思贤滘，与西江相汇后流入珠江三角洲，全程总长度为 582km，流域面积为 47 853km²，其代表水文控制站为石角站。东江发源于江西寻乌县桠髻钵山，源流为三桐河，向西南流经广东龙川县、东源县、紫金县、惠城区、博罗县，至东莞市石龙镇附近进入珠江三角洲，后经虎门、磨刀门等八大口门注入南海，长度为 523km，流域面积为 25 325km²，其水文控制站为博罗站。珠江主要水文控制站分布如图 1-1 所示。表 2-5 和表 2-6 分别为珠江流域主要水文控制站各年代年径流量和年输沙量的变化趋势。

表 2-5　珠江流域主要水文控制站各年代年径流量与变化趋势　（单位：亿 m³）

时段	柳江	郁江	红水河	浔江	西江	北江	东江
	柳州站	南宁站	迁江站	大湟江口站	高要站	石角站	博罗站
1950 ~ 1959 年	412.5	361.4	632.0	1685	2090	400.5	223.7
1960 ~ 1969 年	385.3	357.4	701.0	1666	2125	379.7	216.8
1970 ~ 1979 年	400.8	416.2	714.7	1792	2354	455.8	245.0

时段		柳江	郁江	红水河	浔江	西江	北江	东江
		柳州站	南宁站	迁江站	大湟江口站	高要站	石角站	博罗站
1980~1989年		345.7	368.8	609.7	1572	2033	408.1	247.9
1990~1999年		451.5	382.9	699.1	1865	2399	451.8	235.6
2000~2009年		381.3	339.9	587.1	1661	2052	394.8	229.1
2010~2020年		417.3	349.8	584.7	1690	2186	425.4	223.2
多年平均		398.7	368.2	646.9	1706	2186	417.8	232.0
M-K 检验	U值	0.36	−0.80	−1.83	0.19	−0.06	0.35	−0.07
	趋势判断	无	无	无	无	无	无	无
突变点分析		2002年	2002年	1999年	2002年	2002年	1972年、2002年	1972年、2008年

表 2-6　珠江流域主要水文控制站各年代年输沙量与变化趋势　（单位：万 t）

时段		柳江	郁江	红水河	浔江	西江	北江	东江
		柳州站	南宁站	迁江站	大湟江口站	高要站	石角站	博罗站
1950~1959年		441	882	3305	5828	6777	477	341
1960~1969年		485	860	4781	5775	6781	538	303
1970~1979年		447	1047	5268	6460	7517	565	257
1980~1989年		432	784	5918	6992	7774	673	264
1990~1999年		709	994	3264	5401	7076	563	161
2000~2009年		573	649	639	2214	3088	370	165
2010~2020年		887	256	99.2	1412	1734	487	92.3
多年平均		570	768	3278	4760	5650	525	217
M-K 检验	U值	1.30	−4.10	−5.80	−4.92	−5.02	−1.24	−5.41
	趋势判断	无	显著减少	显著减少	显著减少	显著减少	无	显著减少
突变年		1991年	1986年、1997年、2002年	1997年、2002年	1997年、2001年	1988年、1998年、2002年	1998年	1985年

2.2.1　西江水系水沙变化

1. 典型支流

西江水系主要选择柳江和郁江为典型支流，其中柳江是珠江流域西江水系左岸的重要支流，其水文控制站为柳州站，柳州站多年平均径流量和多年平均输沙量分别为 398.7 亿 m³

和 570 万 t。郁江是珠江流域西江水系最大支流，其水文控制站南宁站的多年平均径流量和多年平均输沙量分别为 368.2 亿 m³ 和 768 万 t。图 2-13 和图 2-14 分别为西江典型支流水文控制站水沙量及 M-K 统计量变化过程和水沙量累积曲线。

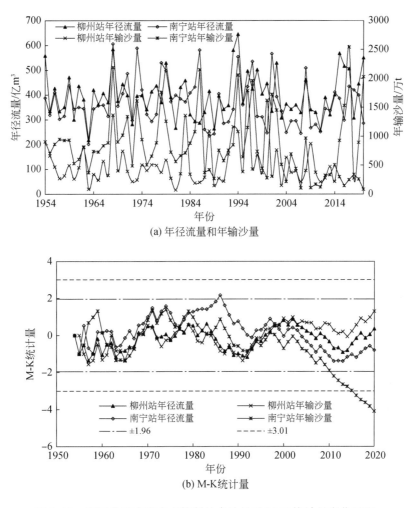

(a) 年径流量和年输沙量

(b) M-K 统计量

图 2-13 西江典型支流水文控制站水沙量及 M-K 统计量变化过程

（1）柳州站和南宁站年径流量的 M-K 统计量的绝对值一般不大于 1.96，2020 年最终值分别为 0.36 和 -0.80，对应的单累积过程线基本上呈直线状态，表明柳江和郁江的年径流量总体没有变化趋势，在多年平均值上下波动。例如，柳州站 20 世纪 50 年代年径流量为 412.5 亿 m³，70 年代略减为 400.8 亿 m³，90 年代增至 451.5 亿 m³，2010～2020 年减为 417.3 亿 m³；南宁站 20 世纪 50 年代年径流量为 361.4 亿 m³，70 年代增至 416.2 亿 m³，90 年代减至 382.9 亿 m³，2010～2020 年为 349.8 亿 m³。

（2）柳州站和南宁站年输沙量变化有较大的差异。柳州站年输沙量的 M-K 统计量的绝对值基本上小于 1.96，2014 年后上升，2020 年为 1.30，且年输沙量单累积过程线在 1990 年前基本上是一条直线，1990～1999 年累积曲线向左上偏离，1999 年后开始向右下

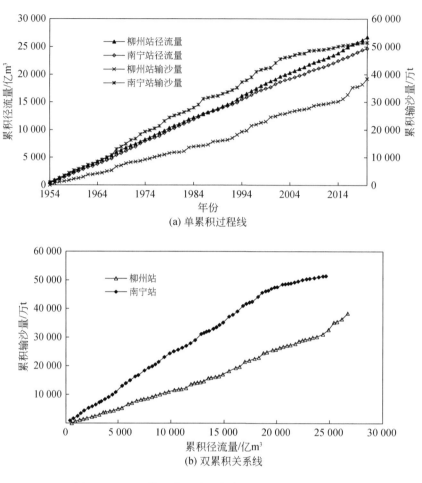

(a) 单累积过程线

(b) 双累积关系线

图 2-14　西江典型支流水文控制站水沙量累积曲线

偏离，2014 年后又向左上偏离，总体呈直线状态，表明柳州站年输沙量没有明显的变化趋势，但近期略有上升态势；柳州站年输沙量从 20 世纪 60 年代的 485 万 t 减至 80 年代的 432 万 t，到 90 年代增至 709 万 t，21 世纪前十年减至 573 万 t，2010～2020 年又增至 887 亿 m³，基本上在多年平均值 570 万 t 上下波动，但近期呈增加态势。南宁站年输沙量的 M-K 统计量的绝对值在 2010 年前基本上小于 1.96，之后持续减小，2020 年最终值为 −4.10，对应的年输沙量单累积过程线呈上凸形态，表明郁江来沙量总体呈显著减少趋势，其中 20 世纪 70 年代中后期和 90 年代初期曾出现年输沙量增加的现象，自 21 世纪前十年中后期以来，南宁站年输沙量大幅度减小。南宁站年输沙量从 20 世纪 50 年代的 882 万 t 增至 70 年代的 1047 万 t，80 年代减至 784 万 t，90 年代增至 994 万 t，2000 年后持续减少，21 世纪前十年减为 649 万 t，2010～2020 年仅为 256 万 t。

（3）柳州站和南宁站水沙量双累积关系线也有一定的差异。柳州站水沙量双累积关系线在 1990 年前呈直线状态，1990～1999 年向上偏离，1999～2014 年略向右下偏离，2014 年后又快速向上偏离，双累积关系线总体呈现略有下凸的形态，表明柳江来水含沙量 1990

年前变化不大，1990～1999 年增大，1999～2014 年减小，2014 年后又增大，总体略呈增加趋势。南宁站水沙量双累积关系线在 2002 年之前呈直线形态，而后开始向右下偏离，总体呈现上凸态势，表明南宁站年径流量和年输沙量在 2002 年之前基本同步变化，而后年输沙量减小速率大于年径流量的减小速率，相应地，郁江来水含沙量呈减小的趋势。

2. 干流水沙变化

西江干流主要选择迁江站、大湟江口站和高要站作为典型水文控制站。其中，迁江站为上游红水河河段的水文控制站，多年平均径流量和多年平均输沙量分别为 646.9 亿 m³ 和 3278 万 t；大湟江口站为中游浔江河段的水文控制站，多年平均径流量和多年平均输沙量分别为 1706 亿 m³ 和 4760 万 t；高要站为下游西江干流的水文控制站，多年平均径流量和多年平均输沙量分别为 2186 亿 m³ 和 5650 万 t。图 2-15 和图 2-16 分别为西江干流典型水文控制站水沙量 M-K 统计量变化过程和水沙量过程线及累积曲线。

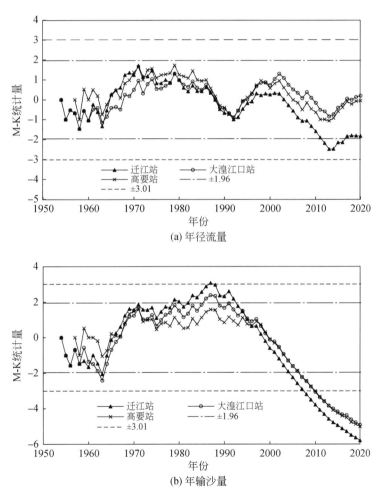

图 2-15　西江干流典型水文控制站水沙量 M-K 统计量变化过程

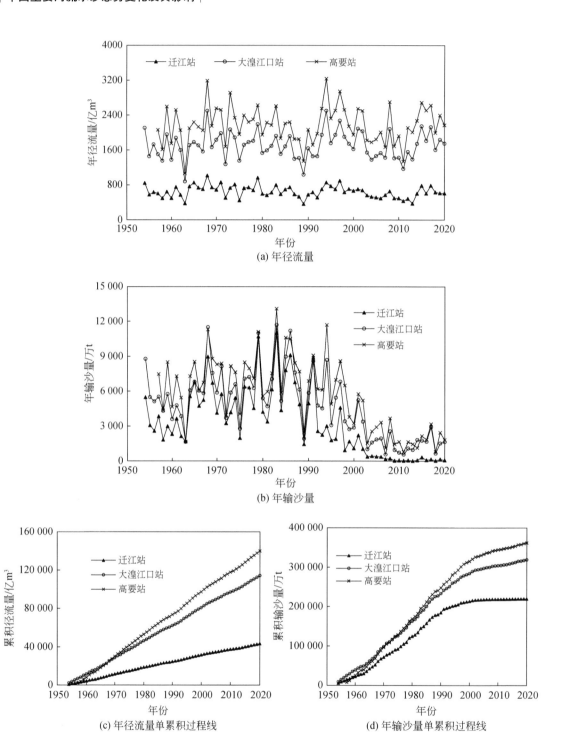

(a) 年径流量

(b) 年输沙量

(c) 年径流量单累积过程线

(d) 年输沙量单累积过程线

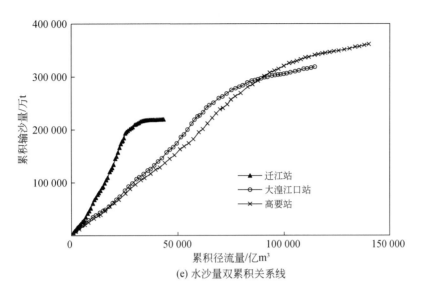

(e) 水沙量双累积关系线

图 2-16　西江干流典型水文控制站水沙量过程线及累积曲线

（1）西江水系干流迁江站年径流量的 M-K 统计量的绝对值在 2011 年之前基本上小于 1.96，之后多小于-1.96，2020 年最终值为-1.83，其单累积过程线在 2003 年前基本上呈直线形态，之后向右偏离，总体呈略有上凸形态，表明迁江站年径流量在 2003 年之前变化不大，在 2003 年之后略有减小的趋势，由 2000 年前的 671.4 亿 m³ 减至 2010～2020 年的 584.7 亿 m³。大湟江口站和高要站年径流量的 M-K 统计量的绝对值基本上小于 1.96，2020 年值分别为 0.19 和-0.06，其单累积过程线总体呈直线形态，表明大湟江口站和高要站的年径流量无变化趋势，基本在多年平均值 1706 亿 m³ 和 2186 亿 m³ 上下波动。例如，高要站 20 世纪 50 年代年径流量为 2090 亿 m³，70 年代增至 2354 亿 m³，80 年代减为 2033 亿 m³，90 年代又增至 2399 亿 m³，21 世纪前十年减至 2052 亿 m³，2010～2020 年为 2186 亿 m³。

（2）迁江站、大湟江口站和高要站年输沙量的 M-K 统计量具有类似的变化过程，但是迁江站和大湟江口站年输沙量的 M-K 统计量分别在 1979～1992 年和 1986～1988 年大于 1.96，最大发生在 1987 年，对应的 M-K 统计量分别为 3.07 和 2.39，1987 年之后其统计量值持续减小，最终分别减至-5.80 和-4.92，对应的单累积过程线在 1987 年之前略处于下凸形态，之后处于明显的上凸形态，总体为上凸形态，也就是说在 1987 年之前，迁江站和大湟江口站年输沙量处于增加态势，而后年输沙量持续不断减小，总体呈显著减小趋势。其中，红水河迁江站年输沙量从 20 世纪 50 年代的 3305 万 t 增加至 80 年代的 5918 万 t，90 年代迅速减至 3264 万 t，21 世纪前十年仅为 639 万 t，2010～2020 年又大幅减至 99.2 万 t；浔江大湟江口站年输沙量从 20 世纪 50 年代的 5828 万 t 增至 80 年代的 6992 万 t，到 90 年代减至 5401 万 t，21 世纪前十年大幅度减至 2214 万 t，2010～2020 年仅为 1412 万 t。

高要站年输沙量的 M-K 统计量在 1971 年之前不断增加至 1.63，1972～1997 年上下波动，1997 年后持续大幅度减小，2020 年最终值为-5.02，对应的单累积过程线在 1971 年之前略呈下凸形态，1972～1997 年呈直线形态，1997 年后又开始快速向右偏离，总体呈上凸形态，也就是说高要站年输沙量在 1971 年前略有增加，而在 1997 年后快速减小，总体呈显著减小趋势。高要站年输沙量从 20 世纪 50 年代的 6777 万 t 增至 80 年代的 7774 万 t，90 年代减为 7076 万 t，21 世纪前十年大幅减至 3088 万 t，2010～2020 年仅为 1734 万 t。

（3）迁江站、大湟江口站和高要站的年径流量和年输沙量的双累积关系线具有类似的变化形态，分别在 1987 年、1987 年和 1971 年之前略呈下凸形态，之后呈显著上凸形态，总体呈上凸状态，表明三个水文站经历了含沙量先增加而后快速减小的过程，总体含沙量显著减小。

2.2.2 北江和东江水沙变化

1. 北江

北江水文控制站为石角站，其多年平均径流量和输沙量分别为 417.8 亿 m³ 和 525 万 t。图 2-17 和图 2-18 分别为北江石角站水沙量及 M-K 统计量过程线和水沙量累积曲线。

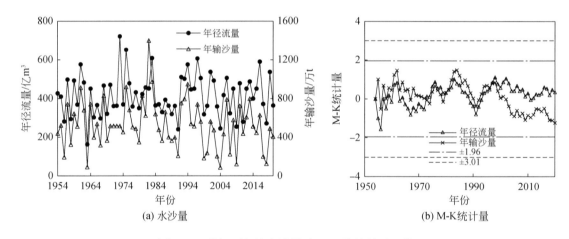

(a) 水沙量　　　　　　　　　　　(b) M-K 统计量

图 2-17　北江石角站水沙量及 M-K 统计量过程线

（1）北江石角站年径流量的 M-K 统计量的绝对值皆小于 1.96，2020 年值为 0.35，同时其年径流量的单累积过程线呈直线形态，表明北江的年径流量没有明显的变化趋势，其年径流量从 20 世纪 50 年代至 2010～2020 年分别为 400.5 亿 m³、379.7 亿 m³、455.8 亿 m³、408.1 亿 m³、451.8 亿 m³、394.8 亿 m³ 和 425.4 亿 m³，在多年平均值 417.8 亿 m³ 上下波动。

（2）石角站年输沙量的 M-K 统计量的绝对值皆小于 1.96，2020 年最终值为 −1.24，且其年输沙量单累积过程线在 1980 年前向上偏离，1980 年后向右下偏离，总体呈直线状态，表明北江年输沙量无明显变化趋势。北江石角站年输沙量从 20 世纪 50 年代的 477 万 t 增至 80 年代的 673 万 t，到 90 年代减至 563 万 t，21 世纪前十年继续减少为 370 万 t，2010～2020 年增至 487 万 t，基本上在多年平均值 525 万 t 上下波动。

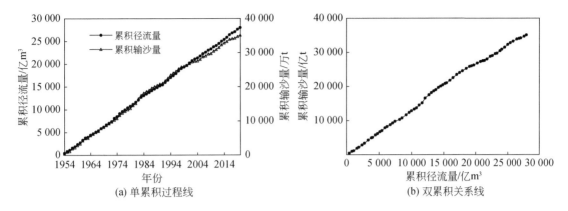

图 2-18　北江石角站水沙量累积曲线

（3）石角站水沙量双累积关系线在 1980 年前呈直线形态，20 世纪 80 年代初向上偏离，1997～2004 年又向右下偏离，总体呈直线状态，表明北江石角站年径流量和年输沙量随时间的变化基本上是同步的，来水含沙量总体变化不大，其中来水含沙量 1980 年前变化不大，20 世纪 80 年代初略增大，1997 年后转为减小。

2. 东江

东江水文控制站为博罗站，其多年平均径流量和多年平均输沙量分别为 232.0 亿 m³ 和 217 万 t。图 2-19 和图 2-20 分别为东江博罗站水沙量及 M-K 统计量过程线和水沙量累积曲线。

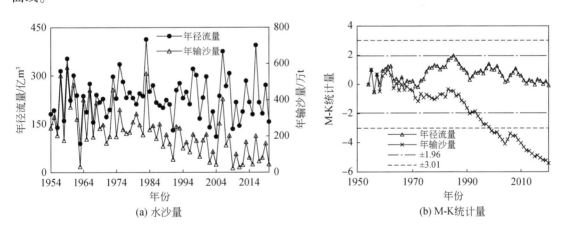

图 2-19　东江博罗站水沙量及 M-K 统计量过程线

（1）东江博罗站年径流量的 M-K 统计量的绝对值基本上小于 1.96，2020 年最终值为 −0.07，对应的年径流量单累积过程线基本上呈直线状态，表明东江的年径流量无变化趋势，其年径流量从 20 世纪 50 年代至 2010～2020 年分别为 223.7 亿 m³、216.8 亿 m³、245.0 亿 m³、247.9 亿 m³、235.6 亿 m³、229.1 亿 m³ 和 223.2 亿 m³，在多年平均值 232.0

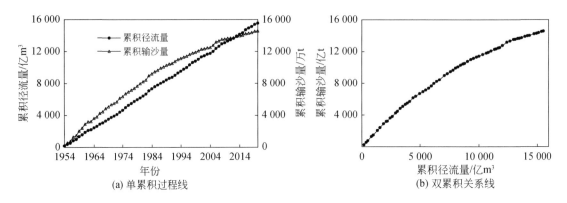

图 2-20　东江博罗站水沙量累积曲线

亿 m^3 上下波动。

（2）博罗站年输沙量的 M-K 统计量从 20 世纪 60 年代初期开始减小，特别是 1985 年以来持续大幅度减小，2020 年最终值为－5.41，其绝对值远大于 1.96 和 3.01，且年输沙量单累积过程线呈明显的上凸形态，表明博罗站年输沙量呈显著减小趋势，其年输沙量从 20 世纪 50 年代至 2010～2020 年分别为 341 万 t、303 万 t、257 万 t、264 万 t、161 万 t、165 万 t 和 92.3 万 t，持续减少。

（3）博罗站年径流量和年输沙量的双累积关系线呈上凸的态势，表明东江博罗站年输沙量的减小速率大于年径流量的减小速率，相应含沙量呈逐渐减小的趋势。

2.2.3　代表水文站水沙变化

1. 水沙变化过程

珠江流域选用高要站、石角站和博罗站分别作为西江、北江和东江的代表水文站，珠江入海年径流量和年输沙量为代表水文站（高要站、石角站和博罗站）之和，代表水文站多年平均径流量和多年平均输沙量分别为 2836 亿 m^3 和 6392 万 t。珠江流域代表水文站1950～2020 年水沙量年代特征值如表 2-7 所示，珠江流域代表水文站历年水沙变化过程如图 2-21 所示。

表 2-7　珠江流域代表水文站水沙量年代特征值及趋势分析

项目	1950～1959 年	1960～1969 年	1970～1979 年	1980～1989 年	1990～1999 年	2000～2009 年	2010～2020 年	2011～2020 年	多年均值	M-K 检验	
										U 值	趋势判断
年径流量/亿 m^3	2 714	2 721	3 055	2 689	3 086	2 676	2 835	2 856	2 836	-0.19	无
年输沙量/万 t	7 595	7 622	8 339	8 711	7 800	3 623	2 313	2 295	6 392	-5.02	显著减少
含沙量/(kg/m^3)	0.280	0.280	0.273	0.324	0.253	0.135	0.082	0.080	0.225		

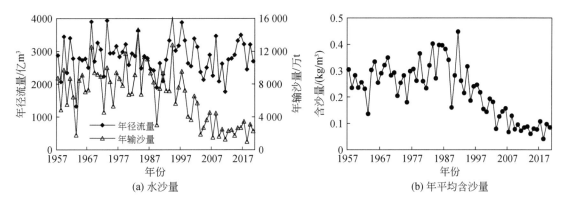

(a) 水沙量 　　　　　　　　　　　　(b) 年平均含沙量

图 2-21　珠江流域代表水文站历年水沙变化过程

　　1957 年以来，珠江代表水文站年径流量在多年平均值上下波动变化，年际具有较大的变化幅度，最大和最小年径流量分别为 4042 亿 m³ 和 1320 亿 m³，分别发生在 1994 年和 1963 年，最大和最小年径流量比值为 3.06；珠江代表水文站年输沙量年际变幅较大，最大和最小年输沙量分别为 14 620 万 t 和 1011 万 t，分别发生在 1983 年和 2018 年，最大和最小年输沙量比值为 14.46，年输沙量 1987 年前变化不大，1987 年后呈减少趋势，2000 以后则开始快速持续减少。

　　珠江代表水文站近 10 年（2011～2020 年）年平均径流量和年平均输沙量分别为 2856 亿 m³ 和 2295 万 t，年径流量与多年平均值持平，年输沙量较多年平均值偏小 64.10%。在近 10 年中，与多年平均值比较，2011 年和 2018 年径流量分别偏小 37.79% 和 13.68%，2015 年、2016 年、2017 年和 2019 年径流量偏大 13.00%～23.17%，其他年份基本持平；近 10 年各年输沙量较多年平均值偏小 46.00%～84.18%，其中 2018 年和 2017 年分别偏小 84.18% 和 46.00%。

2. 水沙变化趋势分析

　　图 2-22 为珠江流域代表水文站历年水沙量 M-K 统计量的变化过程，代表水文站年径流量和年输沙量单累积过程线和双累积关系线如图 2-23 所示。

　　（1）珠江代表水文站年径流量的 M-K 统计量的绝对值都小于 1.96，2020 年最终统计量值为 -0.19，对应的代表水文站年径流量单累积过程线基本呈直线形态，表明珠江流域年径流量没有显著的变化趋势，20 世纪 60 年代至 2010～2020 年的年平均径流量分别为 2721 亿 m³、3054 亿 m³、2689 亿 m³、3086 亿 m³、2675 亿 m³ 和 2835 亿 m³，基本上在多年平均值上下波动。

　　（2）珠江代表水文站年输沙量的 M-K 统计量在 1987 年之前处于增加态势，1987 年为 1.72，1988 年之后不断减小，特别是 1998 年后持续大幅度减小，2020 年最终值为 -5.02，其绝对值大于 3.01，且代表水文站年输沙量单累积过程线在 1987 年前略有下凸态势，1988 年后开始向右偏离，特别是在 1998 年后向右明显偏离，总体呈明显上凸形态，表明珠江代表水文站年输沙量 1987 年前略有增加，1988 年后明显减少，特别是 1998 年后呈显

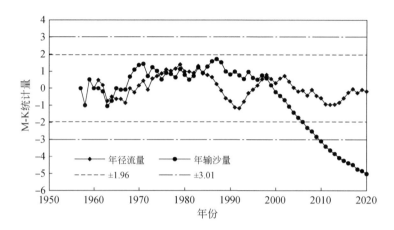

图 2-22　珠江流域代表水文站水沙量 M-K 统计量的变化过程

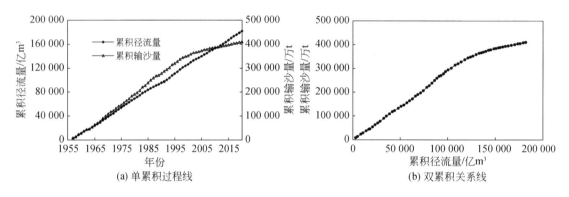

图 2-23　珠江流域代表水文站水沙量累积曲线

著减少趋势，代表水文站年输沙量从 20 世纪 60 年代的 7622 万 t 增至 80 年代的 8711 万 t，21 世纪前十年减至 3623 万 t，2010～2020 年仅为 2313 万 t。

（3）珠江代表水文站水沙量双累积关系线 1983 年之前呈直线形态，而后向上略有偏离，1988 年后开始向右下偏离，特别是 1998 年后显著向右下偏离，总体呈明显的上凸形态，表明珠江代表水文站年输沙量 1983 年前与年径流量呈同步变化，含沙量变化不大，1983～1987 年年输沙量增加幅度较大，含沙量略有增加，1988 年后年输沙量减少幅度较年径流量减少幅度偏大，相应的含沙量呈递减趋势，1998 年后减少明显。代表水文站含沙量从 20 世纪 60 年代的 0.280kg/m³ 增至 80 年代的 0.324kg/m³，21 世纪前十年减至 0.135kg/m³，2010～2020 年仅为 0.082kg/m³。

2.3　钱　塘　江

钱塘江有南北两源，均源于安徽休宁县。北源从上而下称大源、率水、渐江和新安江，南源自上而下称齐溪、马金溪、常山港、衢江和兰江，两源在建德市汇合后称富春江。下游有浦阳江和曹娥江等汇入，浦阳江汇入后，至出海口河段称为钱塘江，经口门注入东海。北源源头至口门河长为 668km，流域面积为 5.56 万 km²。代表水文站多年平均径流量为 218.3 亿 m³，多年平均输沙量为 275 万 t。钱塘江流域主要水文控制站有衢江衢州站、兰江兰溪站、曹娥江上虞东山站、浦阳江诸暨站。钱塘江流域水文控制站分布见图 1-1。

钱塘江流域各主要水文控制站年径流量和年输沙量不同年代的特征值和趋势分析见表 2-8，图 2-24 为各水文控制站水沙量及 M-K 统计量变化过程线。

表 2-8 钱塘江流域主要水文控制站水沙量年代特征值及趋势分析

时段		衢江		兰江		浦阳江		曹娥江	
		衢州站		兰溪站		诸暨站		上虞东山站	
		年径流量/亿 m³	年输沙量/万 t	年径流量/亿 m³	年输沙量/万 t	年径流量/亿 m³	年输沙量/万 t	年径流量/亿 m³	年输沙量/万 t
1950~1959 年		54.03	112.7			11.36	25.2	23.99	81.6
1960~1969 年		54.48	118.8			9.99	17.2	21.93	61.9
1970~1979 年		62.58	141.0	120.4	199.7	11.42	27.4	24.16	71.0
1980~1989 年		59.32	105.0	163.1	219.7	12.22	17.7	24.19	56.1
1990~1999 年		73.71	95.9	187.6	222.0	14.23	13.6	24.66	34.1
2000~2009 年		58.58	60.2	145.3	123.4	9.60	6.62	18.28	24.8
2010~2020 年		69.53	84.7	204.3	338.8	13.99	10.2	30.82	28.5
多年平均		62.91	101.0	172.0	226.7	11.91	16.0	24.11	47.98
M-K 检验	U 值	2.03	-2.35	1.56	0.99	1.52	-4.79	1.06	-5.08
	趋势判断	增加	减少	无	无	无	显著减少	无	显著减少
突变年			1983 年				1984 年		1990 年

注：兰溪站水沙观测资料从 1977 年开始

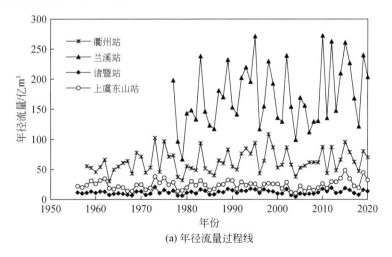

(a) 年径流量过程线

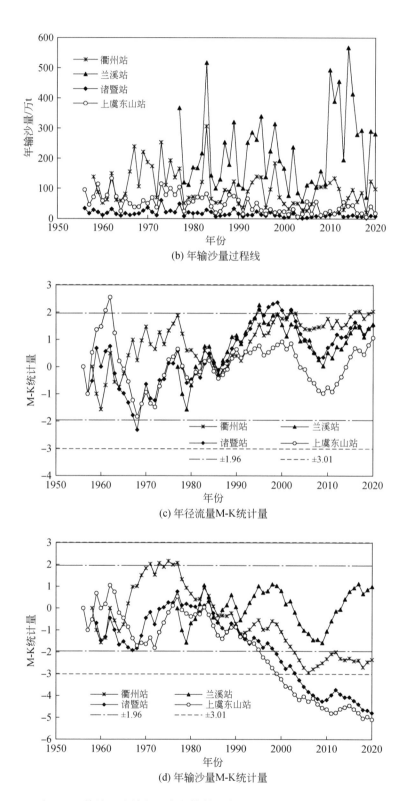

(b) 年输沙量过程线

(c) 年径流量M-K统计量

(d) 年输沙量M-K统计量

图 2-24　钱塘江流域主要水文控制站水沙量和 M-K 统计量过程线

2.3.1　源江水沙变化

1. 衢江

衢江是钱塘江南源支流的中段,其水文控制站为衢县站,后改为衢州站,衢州站多年平均径流量和多年平均输沙量分别为 62.91 亿 m³ 和 101.0 万 t。图 2-25 为衢江衢州站水沙量累积曲线。

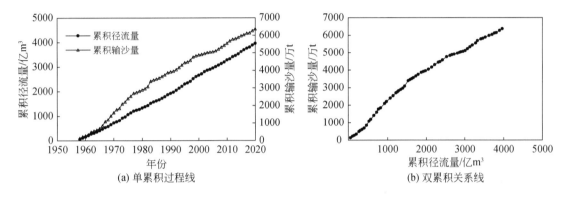

(a) 单累积过程线　　　　　　　　(b) 双累积关系线

图 2-25　衢江衢州站水沙量累积曲线

(1) 衢州站年径流量的 M-K 统计量随时间经历增加—减小—增加—波动的过程,2020 年最终值为 2.03,略大于 1.96,对应的年径流量单累积过程线基本上略呈下凸形态,表明衢江的年径流量总体呈增加态势,如 20 世纪 50 年代为 54.03 亿 m³,70 年代增至 62.58 亿 m³,80 年代略减小为 59.32 亿 m³,90 年代增至 73.71 亿 m³,21 世纪前十年减为 58.58 亿 m³,2010～2020 年增至 69.53 亿 m³。

(2) 衢州站年输沙量的 M-K 统计量在 1971 年前快速增加,且 1971～1977 年在 1.96 上下波动,而后持续快速减小,2020 年最终值为 -2.35,同时年输沙量单累积过程线在 1971 年前向上偏移,1977 年后持续向右偏离,总体呈上凸形态,表明衢江年输沙量 1971 年前略有增加,1977 年后持续减小,总体呈减少趋势,衢州站年输沙量从 20 世纪 50 年代的 112.7 万 t 增至 70 年代的 141.0 万 t;在 1980 年后持续减少,从 80 年代的 105.0 万 t 减至 2010～2020 年的 84.7 万 t。

(3) 衢州站年径流量和年输沙量双累积关系线总体呈现上凸的态势,20 世纪 60 年代中期至 1971 年向上偏离,1977 年后向右偏离,说明衢江来水含沙量 20 世纪 60 年代中期至 70 年代初期呈增加态势,80 年代后呈明显减小态势。

2. 兰江

兰江是钱塘江南源支流的下段,其水文控制站为兰溪站;兰溪站实测水沙资料从 1977 年开始,其多年平均径流量和输沙量分别为 172.0 亿 m³ 和 226.7 万 t。图 2-26 为兰江兰溪站水沙量累积曲线。

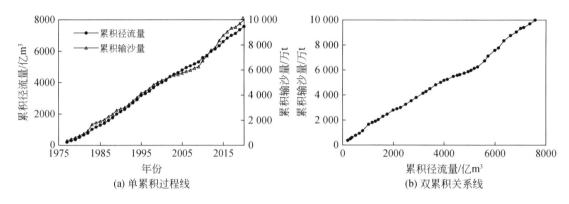

(a) 单累积过程线 (b) 双累积关系线

图 2-26 兰江兰溪站水沙量累积曲线

（1）兰溪站年径流量的 M-K 统计量在 1995 年前处于增加态势，1995 年达 2.27，而后经历先快速减小后增加的过程，2020 年最终值为 1.56，同时该站年径流量的单累积过程线 1995 年前向上偏离，而后向右下偏离，2009 年又开始向上偏离，总体呈直线状态，表明兰江的年径流量经历增加—减少—增加的过程，总体没有明显的变化趋势，其年径流量仍在多年平均值上下波动，如 20 世纪 70 年代为 120.4 亿 m³，90 年代增至 187.6 亿 m³，21 世纪前十年减为 145.3 亿 m³，2010～2020 年又增至 204.3 亿 m³。

（2）兰溪站年输沙量的 M-K 统计量经历减少—增加的波动变化过程，特别是 2000 年以来的快速减小和快速增加，但其绝对值皆小于 1.96，2020 年最终值为 0.99，且年输沙量单累积过程线在 2000 年前基本呈一条直线，2000～2009 年累积曲线向下偏离，2010 年后又开始向上偏离，总体呈直线状态，表明兰江年输沙量总体变化不大，但 2000～2009 年减小，2009～2020 年增加。具体来看，兰溪站年输沙量从 20 世纪 70 年代的 199.7 万 t 增至 90 年代的 222.0 万 t，21 世纪前十年减至 123.4 万 t，2010～2020 年又增至 338.8 万 t，总体上在多年平均值 226.7 万 t 上下波动。

（3）兰溪站水沙量双累积关系线在 2000 年前呈直线状态，2000～2009 年向下偏离，2010 年后又开始向上偏离，总体呈直线状态，表明兰江含沙量 2000 年前变化不大，2000～2009 年减小，2009 年后转为增大，总体变化不大，略有增加态势。

2.3.2 典型支流水沙变化

1. 浦阳江

浦阳江是钱塘江流域的主要支流之一，其水文控制站为诸暨站，诸暨站多年平均径流量和多年平均输沙量分别为 11.91 亿 m³ 和 16.0 万 t。图 2-27 为浦阳江诸暨站水沙量累积曲线。

（1）诸暨站年径流量的 M-K 统计量有比较大的变化，1968 年之前减少，1968 年减至

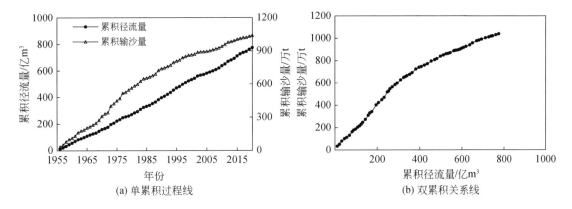

图 2-27　诸暨站水沙量的累积曲线

–2.32，然后增至 1999 年的 2.37，1999 年后虽有变化，但皆小于 1.96，2020 年最终值为 1.52，对应的年径流量的单累积过程线虽然有一定的上下波动，但总体上呈直线状态，表明浦阳江的年径流量总体变化不大，其年径流量在多年平均值上下波动，如 20 世纪 50 年代为 11.36 亿 m³，60 年代减为 9.99 亿 m³，90 年代增至 14.23 亿 m³，21 世纪前十年减为 9.60 亿 m³，2010～2020 年又增至 13.99 亿 m³。

（2）诸暨站年输沙量的 M-K 统计量在 1977 年前经历先减少后增大的过程，此后持续减少，最终值为–4.79，其绝对值大于 3.01，且年输沙量单累积过程线在 1977 年之前向上偏离，然后持续向右下偏离，特别是 1990 年以来向右下偏离明显，总体为明显的上凸状态，表明浦阳江年输沙量总体呈显著的减少趋势，1990 年以来诸暨站年输沙量大幅度减小。诸暨站年输沙量从 20 世纪 50 年代的 25.2 万减至 60 年代的 17.2 万 t，70 年代增至 27.4 万 t，1990 年后持续减少，21 世纪前十年和 2010～2020 年分别为 6.62 万 t 和 10.2 万 t。

（3）诸暨站年径流量和年输沙量双累积关系线在 1977 年之前略呈下凸形态，之后向右下偏离，总体呈上凸的形态，表明浦阳江来水含沙量 1977 年前略有增加，之后逐渐减小，总体呈减小态势。

2. 曹娥江

曹娥江在钱塘江河口入汇，其水文控制站为花山站，后称为上虞东山站，曹娥江上虞东山站多年平均径流量和多年平均输沙量分别为 24.11 亿 m³ 和 47.98 万 t。图 2-28 为曹娥江上虞东山站水沙量累积曲线。

（1）上虞东山站年径流量的 M-K 统计量在 1977 年前和 2002 年后变幅较大。1977 年前，1962 年和 1968 年的 M-K 统计量分别为 2.55 和–1.83；2002 年后，2009 年和 2020 年的 M-K 统计量分别为–0.98 和 1.06，且上虞东山站年径流量的单累积过程线呈现左右摆动态势，总体上呈直线状态，表明曹娥江年径流量变化趋势不明显。

（2）上虞东山站年输沙量的 M-K 统计量在 1990 年前虽然有一定的变化幅度，但其绝对值仍小于 1.96，1990 年后持续减小，2020 年最终值为–5.08，其绝对值远大于 3.01，

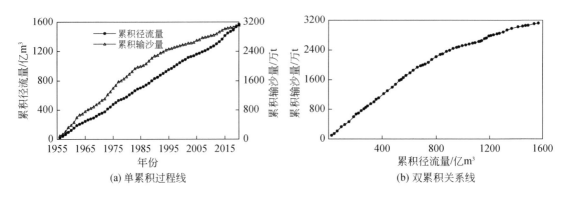

图 2-28　曹娥江上虞东山站水沙量累积曲线

上虞东山站年输沙量单累积过程线在 1990 年前左右摆动，之后显著向右下偏离，总体上呈明显的上凸形态，表明曹娥江年输沙量具有显著的减少趋势。上虞东山站年输沙量从 20 世纪 50 年代的 81.6 万 t 减小至 70 年代的 71.0 万 t，80 年代减至 56.1 万 t，1990 年后持续减少，21 世纪前十年和 2010～2020 年分别为 24.8 万 t 和 28.5 万 t。

（3）上虞东山站年径流量和年输沙量的双累积关系线总体呈上凸形态，表明曹娥江来水含沙量呈减少趋势，且在 1990 年后减小更快。

2.3.3　代表水文站水沙变化

1. 水沙变化过程

钱塘江流域代表水文站年径流量和年输沙量总量取决于兰江兰溪站、曹娥江上虞东山站、浦阳江诸暨站之和。鉴于兰溪站的水沙资料是从 1977 年开始的，而且占流域年径流量的 82.7%，因此，钱塘江代表水文站的水沙资料也只能开始于 1977 年，其水沙量年代特征值及趋势分析见表 2-9，对应的水沙量变化过程如图 2-29 所示。

表 2-9　钱塘江流域代表水文站水沙量年代特征值与趋势分析

项目	1970～1979 年	1980～1989 年	1990～1999 年	2000～2009 年	2010～2020 年	2011～2020 年	多年均值	M-K 检验 U 值	M-K 检验 趋势判断	突变年
年径流量/亿 m³	156.0	199.5	226.5	173.2	249.1	242.5	208.0	1.50	无	
年输沙量/万 t	298.1	293.5	269.7	154.8	377.5	362.1	290.7	0.47	无	2009 年
含沙量/（kg/m³）	0.191	0.147	0.119	0.089	0.152	0.149	0.140			

自从 20 世纪 70 年代以来，钱塘江代表水文站年输沙量与年径流量变化过程较为一致，基本上在多年平均值上下波动。代表水文站年径流量和年输沙量的年际变化较大，代表水文站最大和最小年径流量分别为 2015 年的 327.6 亿 m³ 和 1979 年的 87.89 亿 m³，其比值为 3.73；代表水文站最大和最小年输沙量分别为 1983 年的 627.2 万 t 和 2004 年的

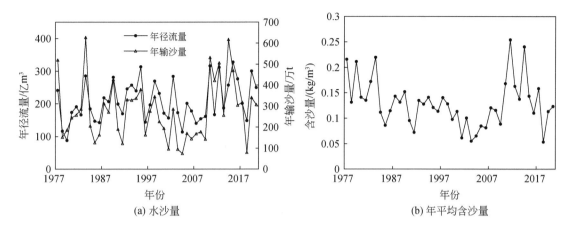

图 2-29　钱塘江流域代表水文站水沙变化过程

74.0 万 t，其比值为 8.48。

　　钱塘江流域代表水文站近 10 年平均径流量和平均输沙量分别为 242.5 亿 m³ 和 362.1 万 t，较多年平均值分别偏大 16.59% 和 24.56%。在近 10 年中，与多年平均值比较，2017 年径流量基本持平，2011 年、2013 年和 2018 年偏小 10.20%～28.70%，其中 2013 年和 2018 年分别偏小 10.20% 和 28.70%；其他年份偏大 19.86%～57.52%，其中 2015 年和 2020 年分别偏大 57.52% 和 19.86%。2016 年输沙量基本持平，2013 和 2018 年分别偏小 11.77% 和 72.72%，其他年份偏大 5.60%～112.32%，其中 2014 年和 2020 年分别偏大 112.32% 和 5.60%。

2. 水沙变化趋势分析

　　钱塘江流域代表水文站水沙量 M-K 统计量变化过程与水沙量累积曲线分别如图 2-30 与图 2-31 所示。

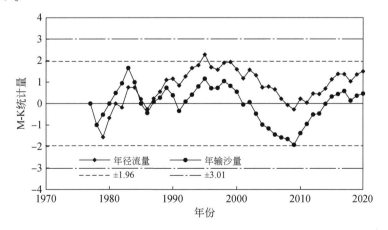

图 2-30　钱塘江代表水文站水沙量 M-K 统计量变化过程

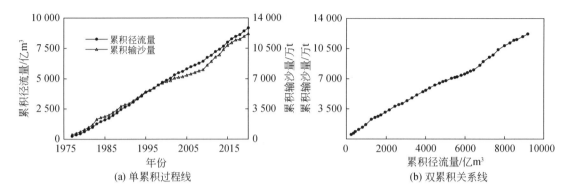

图 2-31　钱塘江代表水文站水沙量累积曲线

（1）钱塘江流域代表水文站年径流量的 M-K 统计量在 1995 年为 2.27，之前处于增加态势，之后又经历先减小后增大的过程，2020 年最终值为 1.50，对应的单累积过程线随年份也经历略有向上—向下—向上的变化，总体呈直线状态，表明钱塘江流域代表水文站年径流量没有明显的变化趋势。代表水文站年径流量从 20 世纪 70 年代的 156.0 亿 m³ 增至90 年代的 226.5 亿 m³，21 世纪前十年减至 173.2 亿 m³，2010～2020 年又增至 249.1 亿 m³，基本上在平均值 208.0 亿 m³ 上下波动。

（2）代表水文站年输沙量的 M-K 统计量在 1998 年前在 0 轴上下波动，其绝对值皆小于 1.96，之后经历了快速减小（最小值为 -1.92）和快速增加的过程，最终值为 0.47，对应的单累积过程线明显在 1998 年后向右下偏离，2009 年开始向上偏离，表明代表水文站年输沙量呈现在 1998 年前变化不大，之后先减小后增加的变化趋势。代表水文站年输沙量从 20 世纪 70 年代的 298.1 万 t 略增至 80 年代的 293.5 万 t，90 年代减至 269.7 万 t，21世纪前十年仅为 154.8 万 t，2010～2020 年快速增至 377.5 万 t，仍在多年平均值 290.7 万t 上下波动。

（3）钱塘江流域代表水文站水沙量双累积关系线在 1998 年前呈直线状态，1998～2009 年向下偏离，2010 年后开始向上偏转，表明代表水文站来水含沙量 1998 年前基本不变，1998 年后略有减小，2010 年后又略有回升。与此相对应，代表水文站年代平均含沙量从 20 世纪 70 年代的 0.191kg/m³ 减至 21 世纪前十年的 0.089kg/m³，然后快速增至2010～2020 年的 0.152kg/m³，近期增加明显。

2.4　闽　　江

闽江是中国福建最大河流，上游有北源建溪、中源富屯溪和正源沙溪，下游最大支流为大樟溪。三大主要源流在南平市附近汇合后称闽江，以沙溪为正源，全长 577km，流域面积 60 992km²。闽江流域降水丰沛，水量居全国主要河流第四位，径流年际变化比较稳定。代表水文站多年平均径流量和多年平均输沙量分别为 539.7 亿 m³ 和 525.0 万 t。闽江流域上游建溪、富屯溪和沙溪分别由七里街站、洋口站和沙县站控制，下游干流由竹岐站控制，支流大樟溪由永泰站控制，闽江流域主要水文控制站见图 1-1。表 2-10 为闽江流域主要水文控制站水沙量年代特征值及趋势分析，各站对应的水沙量及 M-K 统计量过程线如图 2-32 所示。

表 2-10　闽江流域主要水文控制站水沙量年代特征值及趋势分析

时段		建溪		富屯溪		沙溪		大樟溪		闽江	
		七里街站		洋口站		沙县站		永泰站		竹岐站	
		年径流量 /亿 m³	年输沙量 /万 t	年径流量 /亿 m³	年输沙量 /万 t	年径流量 /亿 m³	年输沙量 /万 t	年径流量 /亿 m³	年输沙量 /万 t	年径流量 /亿 m³	年输沙量 /万 t
1950~1959 年		169.5	182.3	143.6	94.7	96.22	106.4	43.22	57.9	579.5	619.1
1960~1969 年		148.8	199.5	126.4	98.2	83.22	110.0	37.24	60.2	497.1	856.6
1970~1979 年		154.0	153.6	134.3	94.1	97.51	118.7	40.67	50.6	529.4	731.9
1980~1989 年		154.0	150.7	130.1	88.4	93.88	92.6	35.31	49.2	524.5	644.7
1990~1999 年		161.1	124.0	151.6	116.5	101.6	126.1	39.16	74.3	560.7	379.4
2000~2009 年		135.9	84.9	130.0	123.6	82.20	64.4	28.35	36.5	497.3	210.9
2010~2020 年		172.3	164.1	159.3	301.0	97.72	138.7	31.74	31.4	584.9	259.5
多年平均		156.8	150.1	139.7	135.6	93.24	108.7	36.35	50.9	539.7	525.0
M-K 检验	U 值	-0.34	-2.52	0.67	-0.04	-0.26	-1.76	-3.28	-2.27	-0.12	-5.11
	趋势判断	无	减少	无	无	无	无	显著减少	减少	无	显著减少
突变年			1983 年								1992 年

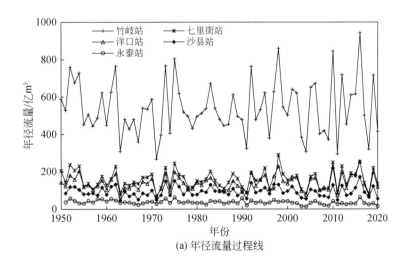

(a) 年径流量过程线

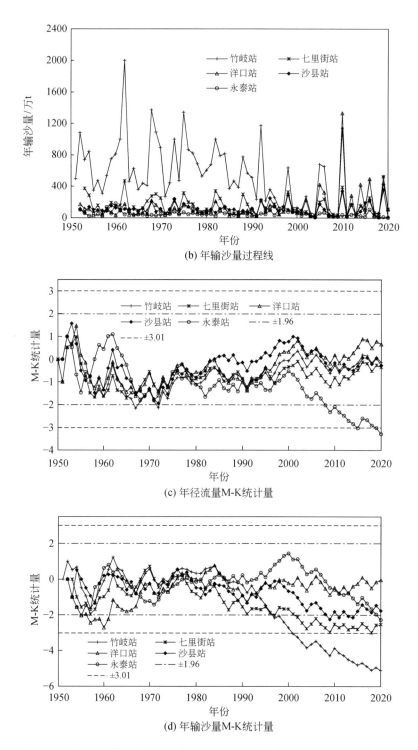

(b) 年输沙量过程线

(c) 年径流量M-K统计量

(d) 年输沙量M-K统计量

图 2-32　闽江流域主要水文控制站水沙量过程线和 M-K 统计量变化过程

2.4.1 主要支（源）流水沙变化

闽江流域建溪七里街站、富屯溪洋口站、沙溪沙县站和大樟溪永泰站年径流量和年输沙量的单累积过程线和双累积关系线如图 2-33 所示。

1. 建溪

建溪作为闽江上游三条源流之一，上游有崇阳溪、南浦溪、松溪三大支流，其中崇阳溪与南浦溪在建瓯市长源汇合后称为建溪，建溪水文控制站七里街站的多年平均径流量和多年平均输沙量分别为 156.8 亿 m³ 和 150.1 万 t。

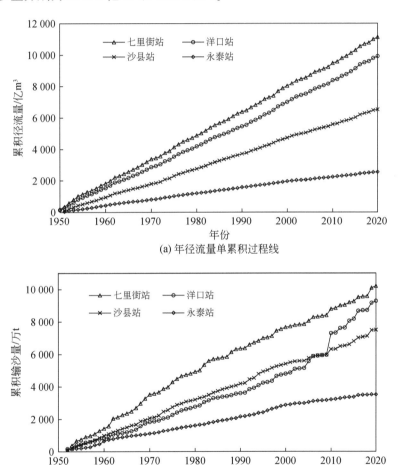

(a) 年径流量单累积过程线

(b) 年输沙量单累积过程线

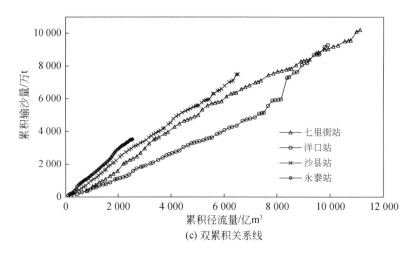

图 2-33　支流水文控制站年径流量和年输沙量的累积曲线

（1）七里街站年径流量的 M-K 统计量多小于 0，且其绝对值皆小于 1.96，2020 年最终值为 -0.34，且年径流量的单累积过程线基本上呈直线状态，表明建溪的年径流量总体变化不大，其年径流量在多年平均值上下波动，20 世纪 50 年代为 169.5 亿 m³，60 年代减为 148.8 亿 m³，90 年代增至 161.1 亿 m³，21 世纪前十年又减为 135.9 亿 m³，2010~2020 年又增至 172.3 亿 m³。

（2）七里街站年输沙量的 M-K 统计量的绝对值在 1983 年之前基本上皆小于 1.96，而后不断减小，2020 年最终值为 -2.52，其绝对值介于 1.96 和 3.01，同时年输沙量单累积过程线呈上凸状态，表明建溪来沙量总体呈现减少趋势。七里街站年输沙量从 20 世纪 50 年代的 182.3 万 t 减至 60 年代的 199.5 万 t，之后持续减少，21 世纪前十年仅为 84.9 万 t，2010~2020 年又增至 164.1 万 t。

（3）七里街站年径流量和年输沙量双累积关系线总体呈现上凸的态势，20 世纪 60 年代初期向上偏离，1970 年后向下偏转，说明建溪来水含沙量在 20 世纪 50~60 年代略呈增加趋势，在 20 世纪 70 年代后减小趋势明显。

2. 富屯溪

富屯溪是闽江的中源，有西溪和北溪两个源头，水文控制站洋口站的多年平均径流量和多年平均输沙量分别为 139.7 亿 m³ 和 135.6 万 t。

（1）洋口站年径流量的 M-K 统计量的绝对值皆小于 1.96，在 1958~1974 年处于较小的状态，而后逐渐增加，在 1997~2020 年总体处于较大的状态，2020 年最终值为 0.67，对应的单累积过程线总体表现为直线，表明富屯溪年径流量总体变化不大，其年径流量从 20 世纪 50 年代的 143.6 亿 m³ 减少至 60 年代的 126.4 m³，随后增加至 90 年代的 151.6 亿 m³，21 世纪前十年又减至 130.0 亿 m³，2010~2020 年增至 159.3 亿 m³，基本上在多年平均值 139.7 亿 m³ 上下波动。

（2）洋口站年输沙量的 M-K 统计量的绝对值虽然皆小于 1.96，2020 年最终值为

−0.04，但是从年输沙量单累积过程线来看，在 2004 年之前，单累积过程线呈直线形态，而后 2005 年、2006 年、2010 年、2014 年、2016 年和 2019 年出现较大的输沙量，表现为单累积过程线在 2004 年后快速向上偏离，总体呈现下凸形态，表明洋口站年输沙量在 2004 年之前无变化态势，2004 年后快速增加，呈增加态势。洋口站年输沙量在 20 世纪 50～70 年代分别为 94.7 万 t、98.2 万 t、94.1 万 t，到 80 年代减至 88.4 万 t，90 年代又增加至 116.5 万 t，21 世纪前十年增至 123.6 万 t，2010～2020 年又快速增至 301.0 万 t，说明富屯溪年输沙量具有在 20 世纪 90 年代前变化不大，之后快速增加的趋势。

（3）富屯溪洋口站水沙量双累积关系线在 2004 年前总体呈直线状态，2005 年后向上快速偏转，表明其来水含沙量在 2004 年前变化不大，在 2005 年后开始快速增加。

3. 沙溪

沙溪是闽江的正源主流，水文控制站沙县站多年平均径流量和多年平均输沙量分别为 93.24 亿 m³ 和 108.7 万 t。

（1）沙县站年径流量的 M-K 统计量的绝对值基本上小于 1.96，最终值为 0.26，同时该站年径流量的单累积过程线基本上呈直线形态，表明沙溪的年径流量总体变化不大。例如，年径流量 20 世纪 50 年代为 96.22 亿 m³，60 年代减为 83.22 亿 m³，90 年代增至 101.60 亿 m³，21 世纪前十年减为 82.20 亿 m³，2010～2020 年增至 97.72 亿 m³，在多年平均值 93.24 亿 m³ 上下波动。

（2）沙县站年输沙量的 M-K 统计量在 2004 年之前在−0.42 上下变化，其绝对值都较小，2004 年后，M-K 统计量总体较小，在−1.78 上下波动，2020 年最终值为−1.76，同时该站年输沙量单累积过程线虽然有一定的波动，但总体上呈直线形态，表明沙溪年输沙量年际有一定的变化，但总体无明显的变化趋势。其年输沙量从 20 世纪 50 年代的 106.4 万 t 增至 70 年代的 118.7 万 t，80 年代减为 92.6 万 t，90 年代又增为 126.1 万 t，21 世纪前十年仅为 64.4 万 t，2010～2020 年又增至 138.7 万 t，在多年平均输沙量 108.7 万 t 上下波动。

（3）沙县站年径流量和年输沙量双累积关系线虽然在中间过程略有变化，但总体呈直线形态，说明沙溪来水含沙量总体变化不大。

4. 大樟溪

大樟溪是闽江下游最大支流，水文控制站永泰站的多年平均径流量和多年平均输沙量分别为 36.35 亿 m³ 和 50.9 万 t。

（1）永泰站年径流量的 M-K 统计量在 2000 年之前呈波动变化，其绝对值皆小于 1.96，2000 年后持续减小，2020 年最终值为−3.28，其年径流量的单累积过程线在 2000 年前基本呈直线形态，2000 年后总体上呈上凸状态，表明大樟溪的年径流量总体呈减小趋势，2000 年之前年径流量变化不大，20 世纪 50～90 年代分别为 43.22 亿 m³、37.24 亿 m³、40.67 亿 m³、35.31 亿 m³ 和 39.16 亿 m³，2000 年后开始减少，21 世纪前十年和 2010～2020 年分别为 28.35 亿 m³ 和 31.74 亿 m³。

（2）永泰站年输沙量的 M-K 统计量随时间不断上下波动，在 2000 年后持续减小，

2020 年最终值为−2.27，其绝对值大于 1.96，同时年输沙量单累积过程线虽随时间有上下变化，但 2000 年后开始向右下方偏离，总体上略呈上凸形态，表明大樟溪来沙量 2000 年前变化不大，2000 年后减小，总体呈减小态势。永泰站年输沙量从 20 世纪 50 年代的 57.9 万 t 略增至 60 年代的 60.2 万 t，至 80 年代减为 49.2 万 t，90 年代增加为 74.3 万 t，21 世纪前十年又减少为 36.5 万 t，2010 ~ 2020 年仅为 31.4 万 t。

（3）永泰站年径流量和年输沙量双累积关系线变化不明显，在 20 世纪 60 年代初略向上偏离，20 世纪 60 年代中期至 70 年代中期略向下偏离，至 90 年代中期为直线形态，90 年代中后期至 2000 年前曲线又略向上偏离，随后向右下回落，总体呈直线，说明大樟溪永泰站年径流量和年输沙量的变化基本上是同步的，相应地，来水含沙量在多年平均值上下波动。

2.4.2　干流河道水沙变化

竹岐站为闽江干流下游的水文控制站，其多年平均径流量和多年平均输沙量分别为 539.7 亿 m³ 和 525.0 万 t。图 2-34 为竹岐站水沙量的单累积过程线和双累积关系线。

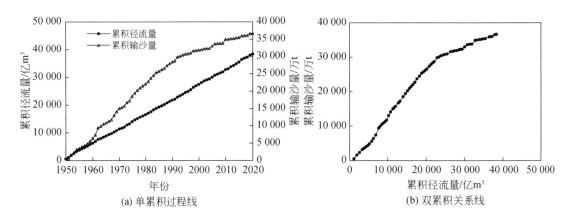

(a) 单累积过程线　　　　　　　(b) 双累积关系线

图 2-34　竹岐站水沙量累积曲线

（1）竹岐站年径流量的 M-K 统计量的绝对值除个别年份（1968 年和 1973 年）超出 1.96 外，一般皆小于 1.96，2020 年最终值为−0.12，同时该站年径流量的单累积过程线基本上呈直线形态，表明闽江干流的年径流量无变化趋势，如 20 世纪 50 年代为 579.5 亿 m³，60 年代减为 497.1 亿 m³，90 年代增至 560.7 亿 m³，21 世纪前十年减为 497.3 亿 m³，2010 ~ 2020 年增至 584.9 亿 m³，基本上在多年平均值 539.7 亿 m³ 上下波动。

（2）竹岐站年输沙量的 M-K 统计量在 1992 年之前上下波动，其绝对值基本上皆小于 1.96，1992 年后持续减小，2020 年最终值为−5.11，其绝对值远大于 3.01，对应的年输沙量单累积过程线在 20 世纪 90 年代后明显向右下偏离，表明竹岐站年输沙量显著减少；其年输沙量从 20 世纪 60 年代的 856.6 万 t，减至 80 年代的 644.7 万 t，90 年代后持续减少，至 21 世纪前十年减少至 210.9 万 t，2010 ~ 2020 年又略微增加至 259.5 万 t。

（3）竹岐站水沙量双累积关系线在 20 世纪 60 年代初向上偏转，70 年代回落，90 年代前基本呈直线形态，1992 年后明显向下偏转，说明闽江干流来水含沙量在 20 世纪 90 年代前略有波动，但基本不变，1990 年后显著减少，2000 年后减小更为明显。

2.4.3 代表水文站水沙变化

1. 水沙变化过程

闽江流域代表水文站选择干流竹岐站和大樟溪永泰站，代表水文站径流量和输沙量为竹岐站和永泰站之和，代表水文站多年平均径流量和多年平均输沙量分别为 576.0 亿 m³ 和 576.0 万 t。闽江流域代表水文站 1950～2020 年水沙量年代特征值及 M-K 趋势分析见表 2-11，图 2-35 为代表水文站年径流量及年输沙量变化过程。闽江流域代表水文站年径流量在多年平均值上下波动变化，年际具有较大的变化幅度，最大和最小年径流量分别为 1006 亿 m³ 和 296.5 亿 m³，分别发生在 2016 年和 1971 年，最大和最小年径流量比值为 3.39；闽江代表水文站年输沙量年际变幅也较大，最大和最小年输沙量分别为 2043 万 t 和 44.8 万 t，分别发生在 1962 年和 2009 年，最大和最小年输沙量比值为 45.60，1984 年前年输沙量变化不大，1987 年后年输沙量则呈减少趋势。

表 2-11　闽江流域代表水文站水沙量年代特征值及趋势分析

项目	1950～1959 年	1960～1969 年	1970～1979 年	1980～1989 年	1990～1999 年	2000～2009 年	2010～2020 年	2011～2020 年	多年均值	M-K 检验 U 值	趋势判断
年径流量/亿 m³	622.7	534.3	570.1	559.8	599.9	525.6	616.7	589.7	576.0	-0.24	无
年输沙量/万 t	677.0	916.8	782.5	693.9	453.7	247.4	290.9	202.1	576.0	-5.19	显著减少
含沙量/（kg/m³）	0.109	0.172	0.137	0.124	0.076	0.047	0.047	0.034	0.100		

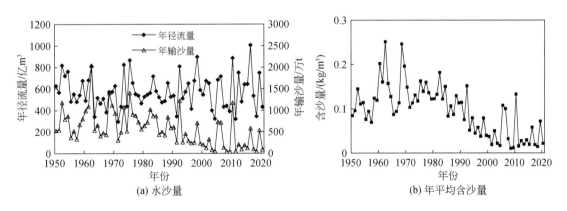

图 2-35　闽江流域代表水文站水沙变化过程

闽江流域代表水文站 2011～2020 年平均径流量和平均输沙量分别为 589.7 亿 m³ 和 202.1 万 t，2011～2020 年平均径流量与多年平均值持平，2011～2020 年平均输沙量较多年平均值偏小 64.91%。2011~2020 年，与多年平均值比较，2011 年、2013 年、2017 年、2018 年和 2020 年代表水文站年径流量偏小 7.39%~44.35%，其中 2017 年和 2011 年分别减少 7.39% 和 44.35%；其他年份偏大 11.25%~74.62%，其中 2014 年和 2016 年分别增加 11.25% 和 74.62%。2016 年代表水文站年输沙量与多年平均值持平，其他年份皆偏小 6.65%~91.50%，其中 2018 年和 2019 年分别偏小 91.50% 和 6.65%。

2. 水沙变化趋势分析

闽江流域代表水文站水沙量 M-K 统计量的过程线和累积曲线分别如图 2-36 和图 2-37 所示。

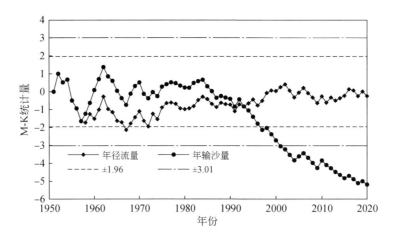

图 2-36　闽江流域代表水文站水沙量 M-K 统计量过程线

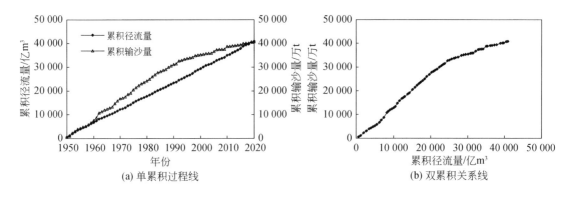

图 2-37　闽江流域代表水文站水沙量累积曲线

（1）闽江流域代表水文站年径流量的 M-K 统计量的绝对值除个别年份（1967 年）超出 1.96 外，一般皆小于 1.96，2020 年最终值为 −0.24，同时代表水文站年径流量的单累积过程线基本上呈直线形态，表明闽江流域的年径流量无变化趋势，如 20 世纪 50 年代为 622.7 亿 m³，70 年代减为 570.1 亿 m³，90 年代增至 599.9 亿 m³，21 世纪前十年减为

525.6 亿 m³，2010 ~ 2020 年增至 616.7 亿 m³，基本上在多年平均值 576.0 亿 m³ 上下波动。

（2）闽江流域代表水文站年输沙量的 M-K 统计量在 1993 年之前上下波动，其绝对值基本上皆小于 1.96，1993 年后持续减小，2020 年值为 -5.19，其绝对值远大于 3.01，且年输沙量单累积过程线在 20 世纪 90 年代后明显向下偏离，总体呈明显的上凸形态，表明代表水文站年输沙量显著减少；其年输沙量从 20 世纪 50 年代的 677.0 万 t 增至 60 年代的 916.8 万 t，之后持续减少至 21 世纪前十年的 247.4 万 t，2010 ~ 2020 年又增加至 290.9 万 t。

（3）闽江流域代表水文站水沙量双累积关系线在 1993 年前呈直线状态，1993 年后开始向下偏离，2000 年后向下偏转明显，21 世纪前十年末又向上偏转，表明闽江流域来水含沙量 1990 年前变化不大，1990 年后减小明显，2010 年左右又开始增加。

参 考 文 献

［1］王延贵，史红玲．我国江河水沙变化态势及应对策略［R］．中国水利水电科学研究院，国际泥沙研究培训中心，2015.

［2］王延贵，史红玲．我国江河水沙态势变化［R］．中国水利水电科学研究院，国际泥沙研究培训中心，2015.

［3］Wang Y G, et al. Study on changes of incoming runoff and sediment laod do the Three Gorges Projext and influence of human activities［C］．第 12 次河流泥沙国际研讨会论文集，京都，日本．2013.

［4］王延贵，胡春宏，刘茜，等．长江上游水沙特性变化与人类活动影响［J］．泥沙研究，2016，（1）：1-8.

［5］国务院三峡工程建设委员会办公室泥沙专家组．金沙江大型水库建设对三峡工程泥沙问题影响的调研报告［R］．2014.

第3章 中国北方河流水沙变化态势

中国北方河流主要包括黄河、淮河、海河、松花江和辽河,都位于秦岭—淮河以北的半湿润半干旱地区,降水不多,雨季较短,河流年径流量相对较小,汛期较短;北方河流流域内天然植被不够茂盛或遭受严重破坏,水土流失严重,许多河流含沙量很大;另外,北方河流流域内具有类似的人类活动,相应的年径流量和年输沙量变化也具有一定的共性。

3.1 黄 河

黄河发源于青海省巴颜喀拉山北麓,流经青海、四川、甘肃、宁夏、内蒙古、陕西、山西、河南、山东九省(自治区),在山东省垦利县(现为山东东营市垦利区)注入渤海。干流全长为5464km,流域面积为79.5万 km²(包括黄河内流区4.23万 km²)。从河道长度和流域面积看,黄河为中国的第二长河。黄河的突出特点是水少沙多,水沙异源,水沙时空分布极不均匀。黄河潼关站多年平均径流量为335.3亿 m³,多年平均输沙量高达92 100万 t,对应的平均含沙量为 27.47kg/m³。黄河上游河段是指河口镇以上的河段(3472km),主要支流包括白河、黑河、洮河、湟水和大黑河等;黄河中游河段是指河口镇至桃花峪间的河段(1206km),横穿黄土高原,有皇甫川、窟野河、无定河、渭河、汾河、伊洛河、沁河等支流汇入;黄河下游河段是指桃花峪至利津间的河段(786km),是著名的地上悬河,基本无支流汇入。黄河干流上的水文控制站包括上游的唐乃亥站、兰州站和头道拐站,中游的龙门站和潼关站,以及下游的花园口站、高村站、艾山站和利津站;主要支流的水文控制站有洮河红旗站、皇甫川皇甫站、窟野河温家川站、无定河白家川站、延河甘谷驿站、泾河张家山站、北洛河㳇头站、渭河华县站、汾河河津站、伊洛河黑石关站、沁河武陟站等。黄河干支流主要水文控制站分布如图1-1所示。

3.1.1 黄河流域水沙量区域分布特点

表3-1为黄河流域不同河段水沙量分布,黄河水沙量分布具有如下特点[1,2]。

(1)上游河段具有水多沙少的特点。头道拐以上的上游河段年径流量约为216.6亿 m³,占黄河花园口站年径流量369.8亿 m³ 的58.57%,其中,兰州以上河段年径流量为314.4亿 m³,而兰州—头道拐河段水量减少(用于引水灌溉)约97.80亿 m³。上游河段年输沙量仅为0.987亿 t,仅占潼关站年输沙量9.21亿 t 的10.72%,其中兰州以上河段年输沙量为0.610亿 t,兰州—头道拐河段年输沙量增加至0.377亿 t,主要是上游河段修建刘家峡、龙羊峡等水库造成该河段的冲刷,引起该河段泥沙量的增加。

表 3-1 黄河流域不同河段水沙量分布（1950～2020 年）

项目	上游河段			中游河段				下游河段				进入河口海洋
	兰州以上	兰州—头道拐	上游河段	头道拐—龙门	龙门—潼关	潼关—花园口	中游河段	花园口—高村	高村—艾山	艾山—利津	下游河段	
年径流量/亿 m³	314.4	-97.80	216.6	42.10	76.60	34.50	153.2	-39.20	-2.800	-39.20	-81.20	288.6
年输沙量/亿 t	0.610	0.377	0.987	5.34	2.88	-1.29	6.93	-0.820	-0.240	-0.480	-1.54	6.38

（2）中游河段具有水少沙多的特点。中游河段区域降水少、植被覆盖度低、土质松散、水土流失严重，是黄河泥沙的主要来源。黄河中游中上段（头道拐—潼关河段）年径流量仅为 118.7 亿 m³，占花园口站年径流量的 32.10%，而年输沙量则高达 8.22 亿 t，约占黄河潼关站年输沙量 9.21 亿 t 的 89.25%。黄河中游下段（潼关—花园口河段）汇入年径流量为 34.50 亿 m³，汇入泥沙很少，由于三门峡水库和小浪底水库泥沙淤积严重，该河段泥沙减少 1.29 亿 t。

（3）下游河段无支流汇入，引黄灌溉造成下游河段水沙量减少。黄河下游河段泥沙淤积严重，形成地上悬河，基本上无支流汇入。由于三门峡水库和小浪底水库的修建、中游来水来沙变化、两岸引黄等因素的共同影响，黄河下游各站的年径流量和年输沙量沿河段减少。黄河下游河段年径流量减少 81.20 亿 m³，年输沙量减少 1.540 亿 t，分别占黄河潼关站年径流量和年输沙量的 24.22% 和 16.72%，其中下游上段（花园口—艾山河段）年径流量和年输沙量分别减少 42.00 亿 m³ 和 1.06 亿 t，下游下段（艾山—利津河段）年径流量和年输沙量分别减少 39.20 亿 m³ 和 0.480 亿 t，年径流量减少主要由两岸引水灌溉造成，而年输沙量减少主要由黄河两岸引沙用沙与河道淤积等造成。

（4）黄河入海水沙量仍占黄河来水来沙量的大部分。据统计，黄河入海年径流量和年输沙量分别为 288.6 亿 m³ 和 6.38 亿 t，分别占黄河来水来沙量的 86.07% 和 69.27%。

综上所述，在整个黄河流域，上游区域产流多产沙少，是黄河产流的主要区域，特别是兰州以上河段；中游区域产流少产沙多，是黄河产沙的主要区域，特别是头道拐—潼关河段的黄土高原；下游区域基本上不产流产沙，是水沙资源的消耗区。黄河流域"水沙异源"现象十分明显，这也是长期以来的共识。

3.1.2 黄河支流水沙变化

表 3-2 为黄河流域主要支流水文控制站水沙量年代特征值及趋势分析，图 3-1 为黄河流域主要支流各站水沙量及 M-K 统计量过程线，图 3-2 为黄河流域主要支流水沙量累积曲线。

（1）黄河上游支流洮河红旗站年径流量的 M-K 统计量的绝对值在 1997 年之前除 1968 年大于 1.96 外，其他年份皆小于 1.96，1997 年后持续减小，2002 年后变化不大，2020 年

表 3-2 黄河流域主要支流水文控制站水沙量年代特征值及趋势分析

支流	水文控制站	年代	1950~1959年	1960~1969年	1970~1979年	1980~1989年	1990~1999年	2000~2009年	2010~2020年	多年均值	M-K检验 U值	M-K检验 趋势判断	M-K检验 突变年
洮河	红旗站	年径流量/亿 m³	45.50	59.15	48.51	49.07	35.05	36.32	44.41	45.41	-2.35	减少	
		年输沙量/亿 t	0.328	0.264	0.296	0.249	0.209	0.094	0.050	0.203	-5.25	显著减少	
皇甫川	皇甫站	年径流量/亿 m³	2.654	1.723	1.758	1.271	0.903	0.361	0.272	1.180	-6.36	显著减少	1986年
		年输沙量/亿 t	0.780	0.504	0.625	0.428	0.255	0.096	0.033	0.360	-6.16	显著减少	1986年
窟野河	温家川站	年径流量/亿 m³	8.233	7.356	7.226	5.205	4.482	1.689	2.961	5.098	-6.19	显著减少	1996年
		年输沙量/亿 t	1.354	1.185	1.399	0.671	0.648	0.052	0.009	0.724	-6.70	显著减少	1996年
无定河	白家川站	年径流量/亿 m³	15.82	15.21	12.10	10.36	9.342	7.543	8.888	10.87	-6.79	显著减少	1973年
		年输沙量/亿 t	2.973	1.867	1.160	0.527	0.841	0.362	0.190	0.947	-6.36	显著减少	1971年
延河	甘谷驿站	年径流量/亿 m³	2.138	2.479	2.062	2.081	2.075	1.467	1.570	1.971	-3.23	显著减少	1996年
		年输沙量/亿 t	0.524	0.636	0.468	0.319	0.429	0.170	0.045	0.361	-5.09	显著减少	1996年、2005年
泾河	张家山站	年径流量/亿 m³	16.24	21.67	17.45	17.12	14.01	9.97	12.35	15.55	-3.83	显著减少	1997年
		年输沙量/亿 t	2.711	2.706	2.596	1.864	2.373	1.119	0.605	1.98	-4.82	显著减少	1997年
北洛河	洑头站	年径流量/亿 m³	7.261	10.12	8.353	9.215	7.107	6.218	5.672	7.678	-3.28	显著减少	1970年、1994年
		年输沙量/亿 t	1.046	1.025	0.888	0.503	0.889	0.222	0.093	0.647	-4.83	显著减少	2002年
渭河	华县站	年径流量/亿 m³	85.53	96.18	59.41	79.13	43.79	45.04	59.16	66.88	-3.64	显著减少	1970年、1993年
		年输沙量/亿 t	4.289	4.361	3.842	2.758	2.764	1.379	0.657	2.85	-6.01	显著减少	1981年、2003年
汾河	河津站	年径流量/亿 m³	17.57	17.87	10.37	6.651	5.083	3.495	7.071	9.691	-5.18	显著减少	1980年
		年输沙量/亿 t	0.700	0.344	0.191	0.045	0.032	0.003	0.002	0.186	-8.39	显著减少	1980年
伊洛河	黑石关站	年径流量/亿 m³	40.36	35.48	20.46	30.16	14.55	17.35	17.07	24.95	-4.95	显著减少	1990年
		年输沙量/亿 t	0.360	0.181	0.069	0.089	0.009	0.007	0.003	0.101	-8.92	显著减少	1970年、1989年、2007年
沁河	武陟站	年径流量/亿 m³	15.89	14.03	6.148	5.466	3.730	5.320	3.518	7.670	-4.92	显著减少	
		年输沙量/亿 t	0.133	0.073	0.041	0.025	0.009	0.009	0.001	0.041	-7.55	显著减少	

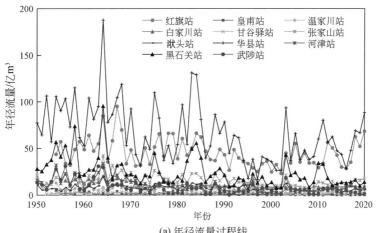

(a) 年径流量过程线

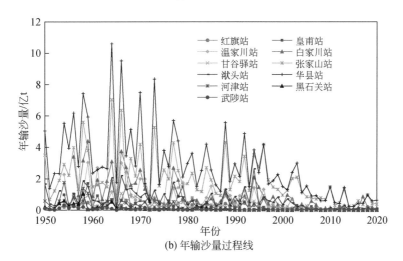

(b) 年输沙量过程线

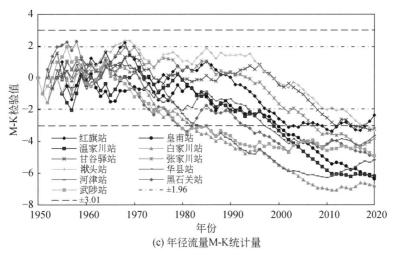

(c) 年径流量M-K统计量

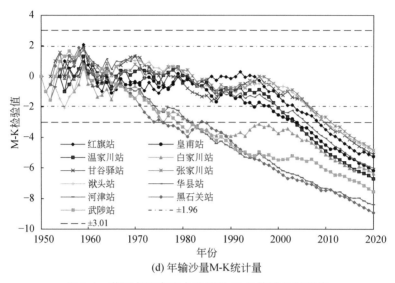

(d) 年输沙量M-K统计量

图 3-1 黄河主要支流水沙量及 M-K 统计量过程线

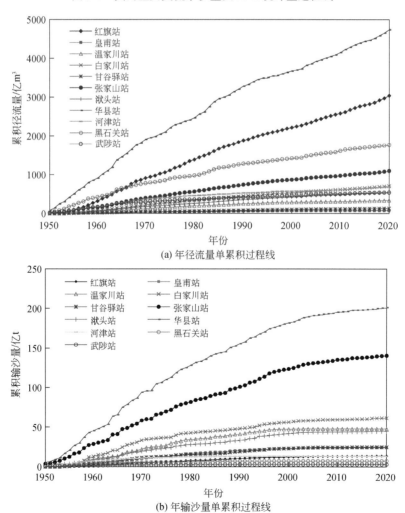

(a) 年径流量单累积过程线

(b) 年输沙量单累积过程线

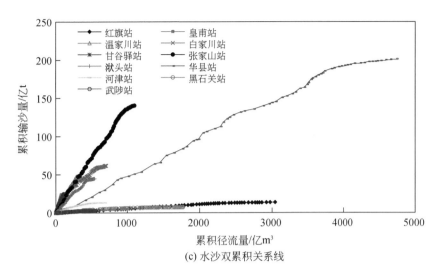

图 3-2　黄河流域主要支流水沙累积曲线

最终值为−2.35，其绝对值大于 1.96，对应的径流量累积曲线 1996 年前基本呈直线形态，1997 年后开始向下偏转，总体略呈上凸形态，说明洮河年径流量呈减少态势，而且是阶梯减小。其中，1996 年前变化趋势不明显，年径流量从 20 世纪 50 年代的 45.50 亿 m³ 增加到 60 年代的 59.15 亿 m³，至 80 年代回落至 49.07 亿 m³，基本在该时期（1990 年前）多年平均值 50.90 亿 m³ 上下波动；1990~2000 年持续显著减少，20 世纪 90 年代减为 35.05 亿 m³，21 世纪前十年为 36.32 亿 m³，2010~2020 年回升至 44.41 亿 m³。洮河红旗站年输沙量的 M-K 统计量的绝对值在 2003 年前除 1959 年大于 1.96 外，其他年份皆小于 1.96，2003 年后 M-K 统计量持续减小，2020 年最终值为−5.25，其绝对值远大于 3.01，其单累积过程线呈明显的上凸形态，表明该站年输沙量呈显著减少趋势；其中，洮河红旗站年输沙量在 2003 年前经过增—减—增—减的波动后，于 2003 年开始持续减少，洮河年输沙量从 20 世纪 90 年代的 0.209 亿 t 减至 2010~2020 年的 0.050 亿 t，显著减小。

　　（2）黄河中游 10 条支流中，泾河张家山站、北洛河㳂头站和延河甘古驿站多年平均径流量分别为 15.55 亿 m³、7.678 亿 m³ 和 1.971 亿 m³，对应的 M-K 统计量的绝对值大多在 1996 年之前皆没有超出 1.96，1996 年后持续减小，2020 年最终值分别为−3.83、−3.28 和−3.23，其单累积过程线基本在 2000 年前呈直线形态，2000 年后向右下偏转，表明泾河、北洛河和延河年径流量有减小趋势，特别是近期减小趋势明显。渭河华县站、窟野河温家川站和皇甫川皇甫站多年平均径流量分别为 66.88 亿 m³、5.098 亿 m³ 和 1.180 亿 m³，其 M-K 统计量的绝对值在 1984 年之前处于增减变化之中，大多小于 1.96，1984 年后持续减小，2020 年最终值分别为−3.64、−6.19 和−6.36，其绝对值均远大于 3.01，对应的年径流量单累积过程线也基本上在 1984 年前呈直线形态，之后向右下偏离，总体呈明显上凸形态，表明这 3 条支流年径流量随时间呈现显著减少的趋势，减少的起始时间为 20 世纪 80 年代，近期略有回升；如渭河华县站年径流量从 20 世纪 50 年代的 85.53 亿 m³ 减至 70 年代的 59.41 亿 m³，90 年代减为 43.79 亿 m³，21 世纪前十年为 45.04 亿 m³，2010~

2020 年回升为 59.16 亿 m³；窟野河温家川站年径流量从 20 世纪 50 年代的 8.233 亿 m³减至 70 年代的 7.226 亿 m³，90 年代减为 4.482 亿 m³，21 世纪前十年仅为 1.689 亿 m³，2010～2020 年为 2.961 亿 m³，同样近期略有回升。无定河白家川站、汾河河津站、伊洛河黑石关站和沁河武陟站多年平均径流量分别为 10.87 亿 m³、9.691 亿 m³、24.95 亿 m³ 和 7.67 亿 m³，其 M-K 统计量的绝对值在 1972 年之前处于增减变化之中，大多小于 1.96，1972 年后持续减小，最终值分别为 -6.79、-5.18、-4.95 和 -4.92，对应的年径流量单累积过程线呈明显的上凸形态，其中无定河白家川站和汾河武陟站近期略有上翘态势，表明这 4 条支流年径流量呈显著减少态势。例如，无定河百家川站和沁河武陟站年径流量分别从 20 世纪 60 年代的 15.21 亿 m³ 和 14.03 亿 m³减至 80 年代的 10.36 亿 m³ 和 5.466 亿 m³，21 世纪前十年仅为 7.543 亿 m³ 和 5.320 亿 m³，2010～2020 年无定河百家川站回升至 8.888 亿 m³，沁河武陟站继续减少至 3.518 亿 m³。

（3）黄河中游 10 条支流年输沙量单累积过程线皆呈明显上凸的形态，2020 年各支流对应的 M-K 统计量范围为 -8.92～-4.82，均远大于 3.01，表明这些支流的年输沙量随时间具有显著的减少趋势，但各支流减少幅度与过程有一定的差异。黄河中游右岸无定河白家川站和左岸汾河河津站、沁河武陟站、伊洛河黑石关站等年输沙量的 M-K 统计量经历先增加后持续减小的过程，基本呈阶梯减少态势，如 1980 年前河津站年输沙量从 20 世纪 50 年代的 0.700 亿 t 逐渐减至 70 年代 0.191 亿 t，80 年代减至 0.045 亿 t，90 年代减至 0.032 亿 t，2010～2020 年减至 0.002 亿 t；黑石关站 20 世纪 50～60 年代的年平均输沙量约为 0.271 亿 t，70 年代～80 年代年平均输沙量约为 0.079 亿 t，20 世纪 90 年代和 21 世纪前十年的年平均输沙量为 0.008 亿 t，2010～2020 年持续减小至 0.003 亿 t。其他支流年输沙量的 M-K 统计量虽然随时间呈不断减小趋势，但在 2000 年左右，其 M-K 统计量的绝对值皆小于 1.96，年输沙量减少趋势不明显，在 2000 年后，其 M-K 统计量持续快速减小，表明这些支流年输沙量随时间显著减少，渭河华县站年输沙量从 20 世纪 50 年代的 4.289 亿 t 减至 70 年代的 3.842 亿 t，90 年代减为 2.764 亿 t，21 世纪前十年仅为 1.379 亿 t，2010～2020 年减为 0.657 亿 m³；窟野河温家川站年输沙量从 20 世纪 50 年代的 1.354 亿 t 略增至 70 年代的 1.399 亿 t，80 年代减为 0.671 亿 t，21 世纪前十年仅为 0.052 亿 t，2010～2020 年又减为 0.009 亿 m³。

（4）洮河红旗站、皇甫川皇甫站、泾河张家山站的水沙量双累积关系线基本呈直线，表明水沙变化是同步的，来水含沙量变化不大；无定河白家川站、延河甘谷驿站、北洛河㳇头站、汾河河津站、伊洛河黑石关站、沁河武陟站的水沙量双累积关系线上凸形态十分明显，表明支流水沙变化是不同步的，年输沙量衰减幅度远大于年径流量衰减幅度，其含沙量减少幅度明显；窟野河温家川站、渭河华县站的水沙量双累积关系线略有上凸，表明年输沙量衰减幅度略大于年径流量衰减幅度，相应的含沙量略有减少趋势。

3.1.3　黄河干流水沙变化态势

1. 上游

表 3-3 为黄河上游干流主要水文控制站水沙量年代特征值及趋势分析，图 3-3 为黄河

上游干流主要水文控制站水沙量和 M-K 统计量过程线，图 3-4 为黄河上游主要水文控制站水沙量累积曲线。

表 3-3 黄河上游干流主要水文控制站水沙量年代特征值及趋势分析

水文控制站	项目	1950～1959年	1960～1969年	1970～1979年	1980～1989年	1990～1999年	2000～2009年	2010～2020年	多年均值	M-K 检验		
										U 值	趋势判断	突变年
唐乃亥站	年径流量/亿 m³	188.1	216.4	203.9	241.3	176.0	174.5	225.6	204.0	-0.24	无	1993 年
	年输沙量/亿 t	0.071	0.118	0.122	0.198	0.109	0.075	0.119	0.120	1.74	无	2000 年
兰州站	年径流量/亿 m³	315.3	357.9	317.9	333.6	259.8	267.6	345.3	314.4	-1.34	无	1981 年
	年输沙量/亿 t	1.333	0.996	0.574	0.447	0.516	0.217	0.228	0.610	-6.35	显著减少	1999 年
头道拐站	年径流量/亿 m³	245.6	271.0	233.2	239.1	156.7	146.8	223.3	216.6	-3.27	显著减少	1985 年
	年输沙量/亿 t	1.53	1.83	1.15	0.978	0.410	0.396	0.648	0.987	-5.30	显著减少	1982 年

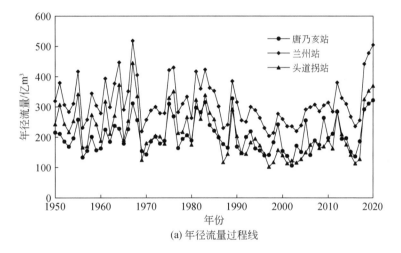

(a) 年径流量过程线

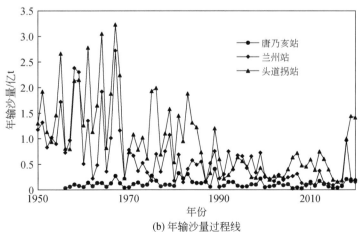

(b) 年输沙量过程线

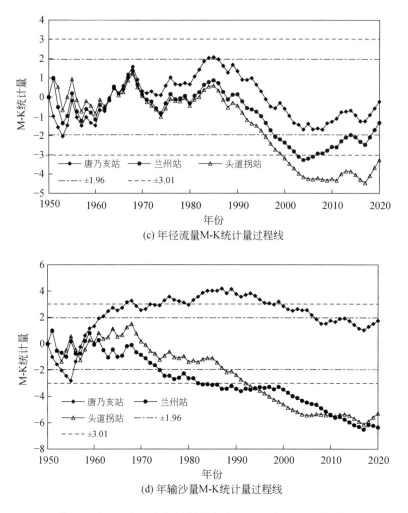

(c) 年径流量M-K统计量过程线

(d) 年输沙量M-K统计量过程线

图 3-3　黄河上游干流主要水文控制站水沙量过程线和 M-K 统计量过程线

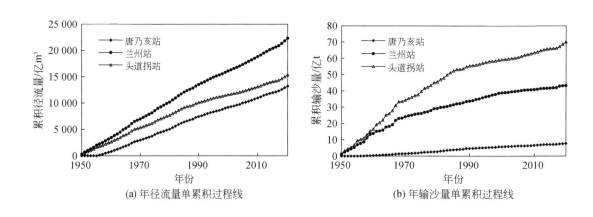

(a) 年径流量单累积过程线　　　　　(b) 年输沙量单累积过程线

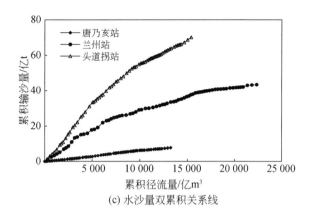

(c) 水沙量双累积关系线

图 3-4 黄河上游干流主要水文控制站水沙量累积曲线

（1）黄河上游唐乃亥站属于源流控制站，其多年平均径流量和多年平均输沙量分别为 204 亿 m³ 和 0.12 亿 t，相应的 M-K 统计量总体经历了先增加后减小的过程，且分别在 1985 年之前和 1987 年之前逐渐增大至最大值 2.07 和 4.19，而后逐渐减小至 2020 年的 −0.24 和 1.74，对应的单累积过程线也经历了先下凸后上凸的形态，总体皆呈直线形态，表明唐乃亥站以上流域人类活动较少，年径流量和年输沙量在 20 世纪 80 年代中期之前增加，之后减小，总体上没有变化趋势，分别从 20 世纪 50 年代的 188.1 亿 m³ 和 0.071 亿 t 增至 80 年代的 241.3 亿 m³ 和 0.198 亿 t，然后减至 21 世纪前十年的 174.5 亿 m³ 和 0.075 亿 t，近期年径流量回升明显，2010～2020 年年径流量和年输沙量分别为 225.6 亿 m³ 和 0.119 亿 t。

（2）兰州站和头道拐站多年平均径流量分别为 314.4 亿 m³ 和 216.6 亿 m³，其 M-K 统计量变化过程基本一致，大约在 1986 年之前经历减小—增大—减小—增大的变化过程，1986 年后又开始减小，分别至 1998 年之前和 1996 年之前，其绝对值皆小于 1.96，之后继续减小，近期略有回升，2020 年最终值分别为 −1.34 和 −3.27，其绝对值分别小于 1.96 和大于 3.01，对应的单累积过程线在 1995 年后持续向右下偏离，近期略有向上偏离，兰州站单累积过程线总体呈直线形态，头道拐站呈明显的上凸形态，表明兰州站年径流量虽略有减小，但变化不显著，而头道拐站年径流量具有明显的减少态势，特别在 20 世纪 90 年代后明显减少，两站年径流量分别从 1990 年前的 330.8 亿 m³ 和 246.2 亿 m³ 减少至 1990 年后的 291.9 亿 m³ 和 176.3 亿 m³，近期略有回升，2010～2020 年分别为 345.3 亿 m³ 和 223.3 亿 m³。

（3）兰州站和头道拐站多年平均输沙量分别为 0.61 亿 t 和 0.987 亿 t，其 M-K 统计量虽然在 20 世纪 60 年代末开始减小，但分别在 1973 年和 1987 年之前，其绝对值仍然小于 1.96，而后持续减小，2020 年分别减至 −6.35 和 −5.30，其绝对值均远大于 3.01，两站年输沙量对应的单累积过程线皆呈上凸状态，说明两站年输沙量具有明显的减少态势。兰州站和头道拐站年输沙量在 1969 年后持续减少，分别从 20 世纪 50 年代的 1.333 亿 t 和 1.530 亿 t 下降到 21 世纪前十年的 0.217 亿 t 和 0.396 亿 t，近期头道拐站回升较多，

2010~2020 年两站年输沙量分别为 0.228 亿 t 和 0.648 亿 t。

（4）唐乃亥站的水沙量双累积关系线基本呈直线，说明唐乃亥站径流量和输沙量的变化基本同步，来水含沙量变化不大；兰州站和头道拐站的水沙量双累积关系线具有类似的变化特点，整体呈上凸状态，两站的水沙量双累积关系线在 1969 年后开始向右偏离，表明输沙量的减少幅度大于径流量的减少幅度，对应的含沙量呈减少趋势。

2. 中游

黄河中游干流选择了龙门站和潼关站两个水文控制站，其中潼关站作为黄河流域的代表水文站，其水沙变化将在后面内容中详细分析，此节仅介绍龙门站的水沙变化。表 3-4 为黄河中游龙门站水沙量年代特征值及趋势分析，图 3-5 为龙门站水沙量及 M-K 统计量过程线，图 3-6 为龙门站水沙量累积曲线。

表 3-4　黄河中游龙门站水沙量年代特征值及趋势分析

项目	1950~1959 年	1960~1969 年	1970~1979 年	1980~1989 年	1990~1999 年	2000~2009 年	2010~2020 年	多年均值	M-K 检验		
									U 值	变化趋势	突变年
年径流量/亿 m³	305.9	336.6	284.6	276.2	198.1	170.5	241.0	258.7	-4.46	显著减少	1974 年、1995 年
年输沙量/亿 t	11.89	11.32	8.68	4.70	5.09	1.77	1.33	6.33	-7.54	显著减少	1979 年、1996 年

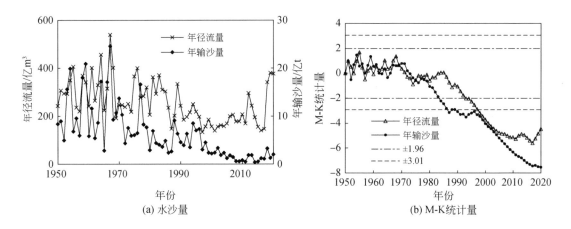

图 3-5　黄河中游龙门站水沙量和 M-K 统计量过程线

（1）龙门站多年平均径流量为 258.7 亿 m³，其 M-K 统计量在 1992 年之前经历阶梯式减小过程，其绝对值皆小于 1.96，1992 年后继续减小，2018 年开始回升，2020 年最终值为 -4.46，其绝对值远大于 3.01，对应的单累积过程线整体呈上凸形态，近期略有向上偏离，表明龙门站年径流量显著减小，从 20 世纪 60 年代的 336.6 亿 m³ 下降至 80 年代的 276.2 亿 m³，21 世纪前十年继续减至 170.5 亿 m³，2010~2020 年增至 241.0 亿 m³。

（2）龙门站多年平均输沙量为 6.33 亿 t，其 M-K 统计量虽然在 20 世纪 70 年代初开始减小，但在 1983 年之前，其绝对值仍然小于 1.96，而在 1983 年后持续减小，于 2020

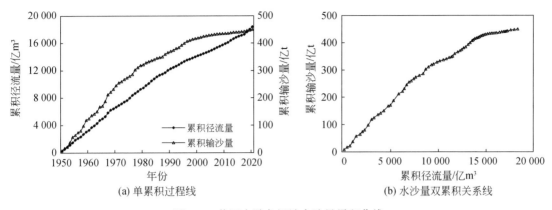

(a) 单累积过程线

(b) 水沙量双累积关系线

图 3-6 黄河中游龙门站水沙量累积曲线

年减至 −7.54，其绝对值远大于 3.01，对应的单累积过程线呈明显上凸形态，特别从 20 世纪 80 年代初开始明显向右下偏离，表明龙门站年输沙量显著减少，20 世纪 80 年代初期以后减幅增加；龙门站年输沙量从 20 世纪 50 年代的 11.89 亿 t 减至 80 年代的 4.70 亿 t，21 世纪前十年仅为 1.77 亿 t，2010～2020 年继续减至 1.33 亿 t。

（3）龙门站 2014 年出现了历史上最小的实测年输沙量，龙门站 2014 年输沙量为 0.378 亿 t。而 2015 年后该站年输沙量不断反弹，龙门站 2017 年和 2018 年输沙量分别为 1.07 亿 t 和 3.24 亿 t，2020 年输沙量为 2.01 亿 t。

（4）龙门站水沙量双累积关系线呈上凸状态，20 世纪 80 年代初开始向右下偏离，2000 年后偏离更加明显，表明黄河中游龙门站年输沙量减少幅度大于年径流量减小幅度，相应的含沙量逐渐减少。

3. 下游

表 3-5 为黄河下游干流主要水文控制站水沙量年代特征值及趋势分析，图 3-7 为黄河下游干流主要水文控制站水沙量及 M-K 统计量过程线，图 3-8 为黄河下游主要水文控制站水沙量累积曲线。

表 3-5 黄河下游干流主要水文控制站水沙量年代特征值及趋势分析

站名	项目	1950～1959 年	1960～1969 年	1970～1979 年	1980～1989 年	1990～1999 年	2000～2009 年	2010～2020 年	多年均值	M-K 检验		
										U 值	变化趋势	突变年
花园口站	年径流量/亿 m³	485.7	506.0	381.5	411.7	256.9	231.6	320.2	369.8	−5.18	显著减少	1994 年、1985 年、2002 年
	年输沙量/亿 t	15.60	11.13	12.36	7.75	6.84	1.03	1.36	7.92	−7.23	显著减少	1996 年、1981 年、1999 年
高村站	年径流量/亿 m³	473.4	497.2	360.2	373.9	222.1	211.2	292.5	330.6	−5.08	显著减少	1968 年、1994 年、1985 年
	年输沙量/亿 t	14.95	11.06	10.86	7.02	4.92	1.42	1.62	7.10	−7.63	显著减少	1996 年、1985 年、1999 年

续表

站名	项目	1950~1959 年	1960~1969 年	1970~1979 年	1980~1989 年	1990~1999 年	2000~2009 年	2010~2020 年	多年均值	M-K 检验		
										U 值	变化趋势	突变年
艾山站	年径流量/亿 m³	485.5	505.2	344.6	344.2	195.5	191.5	266.0	327.8	-5.25	显著减少	1968 年、1985 年
	年输沙量/亿 t	13.73	11.12	9.74	7.08	5.00	1.57	1.66	6.86	-7.30	显著减少	1985 年、1996 年、1999 年
利津站	年径流量/亿 m³	474.0	501.2	311.2	286.0	140.7	140.9	211.1	288.6	-5.68	显著减少	1985 年、1994 年、2002 年
	年输沙量/亿 t	13.68	10.89	8.98	6.39	3.90	1.34	1.43	6.38	-7.22	显著减少	1985 年、1996 年、1999 年

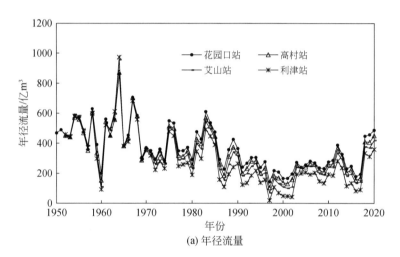

(a) 年径流量

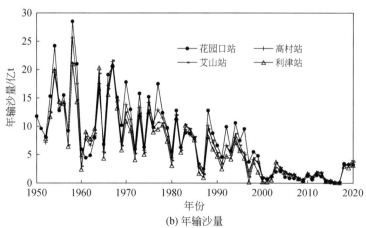

(b) 年输沙量

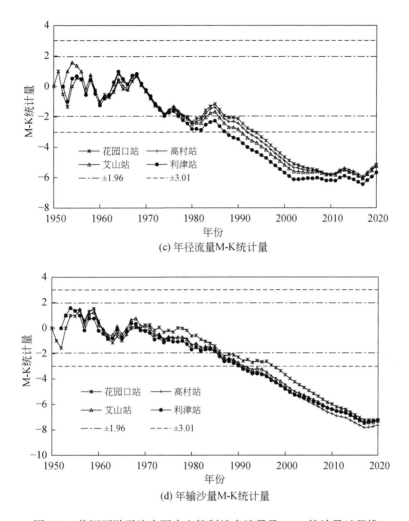

(c) 年径流量M-K统计量

(d) 年输沙量M-K统计量

图 3-7 黄河下游干流主要水文控制站水沙量及 M-K 统计量过程线

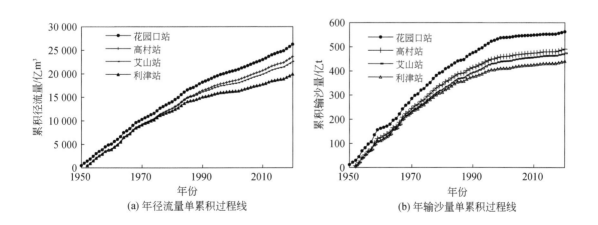

(a) 年径流量单累积过程线

(b) 年输沙量单累积过程线

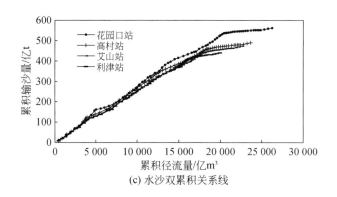

(c) 水沙双累积关系线

图 3-8　黄河下游干流主要水文站水沙量累积曲线

（1）黄河下游花园口站、高村站、艾山站和利津站四站年径流量具有类似的变化特点，四站对应的多年平均径流量分别为 369.8 亿 m^3、330.6 亿 m^3、327.8 亿 m^3 和 288.6 亿 m^3，其 M-K 统计量大约在 1969 年之前变化不大，而后开始减小，大约在 1973 年之前，其 M-K 统计量的绝对值基本上小于 1.96，在 1973 年后总体不断减小，特别是艾山站和利津站，2000 年后持续走平，甚至略有回升，四站 2020 年最终值分别减小为 -5.18、-5.08、-5.25 和 -5.68，其绝对值都远大于 3.01，单累积过程线皆呈明显上凸形态，且在 1969 年、1989 年均有明显向下偏离的现象，2000 年后略有向上偏离，表明四站年径流量显著减少，近期略有回升增加，四站年径流量从 20 世纪 50 年代的 485.7 亿 m^3、473.4 亿 m^3、485.5 亿 m^3 和 474.0 亿 m^3 分别减至 80 年代的 411.7 亿 m^3、373.9 亿 m^3、344.2 亿 m^3 和 286.0 亿 m^3，21 世纪前十年仅为 231.6 亿 m^3、211.2 亿 m^3、191.5 亿 m^3 和 140.9 亿 m^3，2010~2020 年有所增加，分别为 320.2 亿 m^3、292.5 亿 m^3、266.0 亿 m^3 和 211.1 亿 m^3；而且 1969 年和 1990 年是明显减小的年份，2003 年后略有回升。例如，利津站在 1952~1968 年、1969~1990 年、1991~2002 年和 2003~2020 年四个阶段的平均值分别为 500.9 亿 m^3、296.5 亿 m^3、106.7 亿 m^3 和 199.7 亿 m^3，年径流量在前三个时段依次明显减小，在第四个时段增加。

（2）黄河下游花园口站、高村站、艾山站和利津站年输沙量的变化过程和特点也是相似的。黄河下游四站多年平均输沙量分别为 7.92 亿 t、7.1 亿 t、6.86 亿 t 和 6.38 亿 t，其 M-K 统计量大约在 1969 年之前变化不大，而后开始减小，1986 年前 M-K 统计量的绝对值基本小于 1.96，之后大幅减小，2020 年最终值分别减小为 -7.23、-7.63、-7.30 和 -7.22，其绝对值远大于 3.01，对应的单累积过程线呈显著上凸形态，说明下游四站年输沙量皆有显著减小的趋势，其年输沙量从 20 世纪 50 年代的 15.6 亿 t、14.95 亿 t、13.73 亿 t 和 13.68 亿 t 分别减至 80 年代的 7.75 亿 t、7.02 亿 t、7.08 亿 t 和 6.39 亿 t，21 世纪前十年仅为 1.03 亿 t、1.42 亿 t、1.57 亿 t 和 1.34 亿 t，2010~2020 年略有回升，分别为 1.36 亿 t、1.62 亿 t、1.66 亿 t 和 1.43 亿 t；另外，黄河下游各站年输沙量在 1960 年、1980 年和 2000 年明显减小，如利津站在 1952~1959 年、1960~1979 年、1980~1999 年和 2000~2020 年四个阶段的平均值分别为 13.68 亿 t、9.94 亿 t、5.14 亿 t 和 1.39 亿 t，各阶段年输沙量依次减小明显。

（3）黄河下游各站 2014～2017 年的年输沙量处于建站以来最小水平，2015 年首次出现进入黄河下游河道的实测年输沙量为零。2014～2017 年，黄河下游花园口站、高村站、艾山站和利津站的年平均输沙量分别为 0.143 亿 t、0.329 亿 t、0.379 亿 t 和 0.200 亿 t，对应的最小输沙量分别为 0.058 亿 t（2017 年）、0.177 亿 t（2016 年）、0.195 亿 t（2016 年）和 0.077 亿 t（2017 年）。2015 年小浪底站、黑石关站和武陟站实测径流量分别为 236.6 亿 m^3、13.46 亿 m^3 和 2.147 亿 m^3，2016 年各站实测径流量分别为 162.4 亿 m^3、12.78 亿 m^3 和 5.809 亿 m^3，2015 年和 2016 年三站的实测年输沙量皆为零；两年三站进入黄河下游的实测年径流量分别为 252.207 亿 m^3 和 180.989 亿 m^3，进入下游的年输沙量皆为零，连续两年出现进入黄河下游的实测年输沙量为零的现象。

（4）2018～2020 年进入下游的年径流量和年输沙量大幅度增加，花园口站、高村站、艾山站和利津站的年平均径流量分别为 464.23 亿 m^3、422.9 亿 m^3、388.57 亿 m^3 和 335.2 亿 m^3，对应的年平均输沙量分别为 3.32 亿 t、3.49 亿 t、3.35 亿 t 和 2.94 亿 t。

（5）花园口站、高村站、艾山站和利津站的水沙量双累积关系线具有明显的上凸形态，特别是 1999 年小浪底水库蓄水以来，水沙量双累积关系线向右下偏离程度加大，表明四站输沙量的减小幅度大于径流量的减小幅度，相应的含沙量逐渐减小，特别是小浪底水库蓄水运用以来，下游河道输沙量和含沙量大幅度减少。

3.1.4 黄河流域代表水文站水沙变化

黄河流域来沙量主要来源于黄河中游的黄土高原区域，同时考虑水库拦沙的影响，故选取中游潼关站作为流域代表水文站。潼关站 1950～2020 年水沙量年代特征值如表 3-6 所示，历年径流量及输沙量变化过程如图 3-9 所示，潼关站水沙量 M-K 统计量过程线和累积曲线，如图 3-10 所示。

表 3-6　潼关站水沙量年代特征值及趋势分析

项目	1950～1959 年	1960～1969 年	1970～1979 年	1980～1989 年	1990～1999 年	2000～2009 年	2010～2020 年	2011～2020 年	多年均值	M-K 检验		
										U 值	变化趋势	突变年
年径流量/亿 m^3	425.1	451.0	357.4	369.1	248.8	210.4	297.5	301.0	335.3	−5.08	显著减少	1985 年
年输沙量/亿 t	18.06	14.23	13.18	7.80	7.90	3.10	1.83	1.79	9.21	−7.73	显著减少	1979 年、1996 年、2003 年
含沙量/(kg/m^3)	42.70	31.55	36.88	21.14	31.74	14.75	6.15	5.93	27.47			

（1）潼关站年径流量具有较大的年际变化幅度，在 1997～2002 年处于较小的水平，在 1997 年之前呈减小态势，2002 年之后呈恢复增大态势，最大和最小年径流量分别为 699.3 亿 m^3 和 149.4 亿 m^3，分别发生在 1964 年和 1997 年，最大和最小年径流量比值为 4.68；潼关站年输沙量也具有很大的年际变化幅度，最大和最小年输沙量分别为 29.9 亿 t

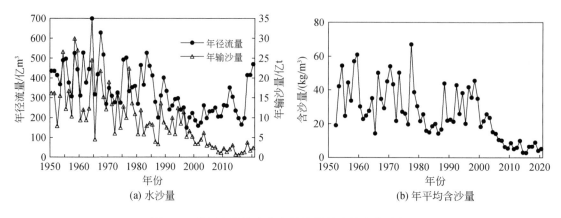

图3-9 黄河流域代表水文站潼关站水沙变化过程

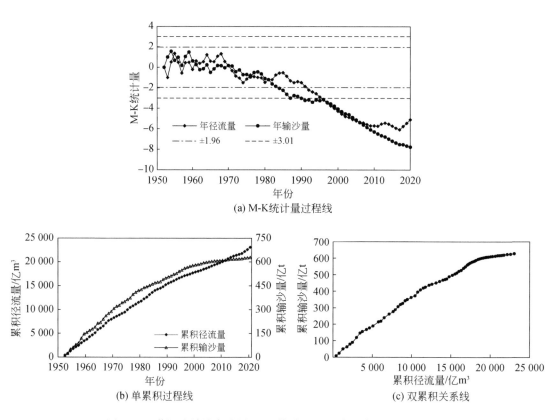

图3-10 黄河潼关站水沙量 M-K 统计量过程线和水沙量累积曲线

和0.550 亿 t，分别发生在 1958 年和 2015 年，其比值为 54.36，年输沙量在 2007 之前处于持续减小态势，2007 年之后处于较低的波动变化阶段，潼关站 2014 年和 2015 年出现了历史上次最小和最小的两个实测年输沙量，2015 年后年输沙量不断反弹回升，潼关站 2017 年和 2018 年输沙量分别为 1.30 亿 t 和 3.73 亿 t，2020 年为 2.40 亿 t。

（2）潼关站年径流量的 M-K 统计量在 1990 年之前经历台阶式减小变化过程，其绝对值皆小于 1.96，1990 年后持续减小，近期走平且略有回升，2020 年最终值为-5.08，其绝对值远大于 3.01，其单累积过程线上凸明显，近期开始向上偏离，表明潼关站年径流量显著减小，近期回升，从 20 世纪 50 年代的 425.1 亿 m³ 减至 80 年代的 369.1 亿 m³，21 世纪前十年减至 210.4 亿 m³，2010~2020 年增加至 297.5 亿 m³。

（3）潼关站年输沙量的 M-K 统计量虽然在 20 世纪 70 年代初开始减小，但在 1983 年之前，其绝对值仍然小于 1.96，而在 1983 年后持续减小，2020 年减至-7.73，其绝对值远大于 3.01，对应的单累积过程线呈明显上凸形态，特别从 20 世纪 80 年代初开始明显向右下偏转，表明潼关站年输沙量显著减少，80 年代初期以后年输沙量减小幅度增加，从 50 年代的 18.06 亿 t 减至 80 年代的 7.80 亿 t，21 世纪前十年仅为 3.10 亿 t，2010~2020 年减至 1.83 亿 t。

（4）黄河流域代表水文站近 10 年（2011~2020 年）平均径流量和平均输沙量分别为 301 亿 m³ 和 1.79 亿 t，较多年平均值分别偏小 10.23% 和 80.56%。2011~2020 年，与多年平均值比较，2012 年径流量基本持平，2018 年、2019 年和 2020 年径流量分别偏大 23.65%、23.95% 和 40.05%，其他年份偏小 9.19%~50.79%，其中 2013 年和 2016 年分别偏小 9.19% 和 50.79%；2011~2020 年输沙量大幅度减小，偏小幅度在 59.50%~94.03%，其中 2015 年和 2018 年分别偏小 94.03% 和 59.50%；显然，2018 年后年径流量和年输沙量都有较大幅度的回升，特别是年径流量回升幅度较大，已超过多年平均径流量 23% 以上。

（5）潼关站水沙量的双累积关系线呈上凸形态，表明潼关站年输沙量的减小幅度大于年径流量的减小幅度，相应的潼关站含沙量不断减小，特别是 1997 年后含沙量明显减小。年平均含沙量从 20 世纪 50 年代的 42.70kg/m³ 减至 70 年代的 36.88kg/m³，90 年代减为 31.74kg/m³，21 世纪前十年减为 14.75kg/m³，2010~2020 年继续减为 6.15kg/m³，其中 2014 年和 2015 年仅为 2.94kg/m³ 和 2.79kg/m³。

3.2 淮 河

淮河位于中国东部，原先东流直接入海，自 1194 年黄河夺淮后，泥沙堵塞淮河下游河道，淮水滞积形成洪泽湖，并改道南去汇入长江。受黄河长期夺淮的影响，以废黄河为界，淮河流域被分为淮河和沂、沭、泗河两大水系，流域面积约为 27 万 km²。淮河水系是淮河流域的主要水系，流域面积约为 19 万 km²，占淮河流域的 70%。淮河发源于河南桐柏山，上、中游山区支流众多，源短流急，东流经豫、皖、苏 3 省，主流在三江营入长江，全长 1000km，总落差 200m。沂、沭、泗水系流域面积约为 8 万 km²，均发源于沂蒙山区，上游均为山区性河道，源短、坡陡，暴雨时易形成山洪。淮河流域干流主要水文控制站包括息县站、鲁台子站和蚌埠站，支流水文控制站包括颍河阜阳站和沂河临沂站，如图 1-1 所示。

3.2.1 淮河流域水沙时空分布

淮河流域汛期（6~9 月）是产流和产沙的集中时期。汛期多年平均径流量占年径流量的 50% ~88%，淮河南岸支流汛期径流量约占全年的 53%；淮河北岸支流汛期径流量较南岸集中，约占全年径流量的 70%；沂、沭、泗水系则更为集中，汛期径流量约占年径流量的 83%。淮河流域输沙量与径流量年内分配基本相对应，汛期更为集中，汛期多年平均输沙量占年输沙量的 72% ~87%，其中，7 月份输沙量占全年输沙量的 34% ~42%[3]。以 2005 年为例，淮河流域各站 6~9 月径流量占全年的 57% ~77%，输沙量占全年的 80% 以上，输沙量年内分布较径流量更为集中。

淮河流域降水量年际变化剧烈，丰水年与枯水年的降水量之比为 2.1，单站最大与最小年降水量之比大多为 2~5[4]。受季风气候及降雨影响，淮河流域年径流量和年输沙量年际变化更为剧烈，淮河水系息县站、鲁台子站、蚌埠站和阜阳各站 1950 年以来最大年径流量与最小年径流量之比为 14~29，临沂站高达 101。上述各站年输沙量年际变化尤为剧烈，最大年输沙量与最小年输沙量之比均在 170 以上。淮河流域主要水文控制站年径流量和年输沙量过程见图 3-11。

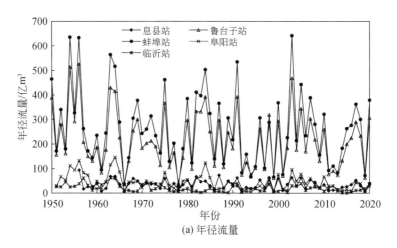

(a) 年径流量

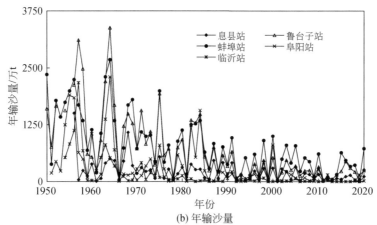

(b) 年输沙量

图 3-11 淮河流域主要水文控制站水沙量变化过程

　　根据淮河流域主要水文控制站实测径流量和输沙量资料，求得淮河流域不同区域多年平均径流量和多年平均输沙量及其分布，如表 3-7 所示。淮河上、中游干流及南、北两岸诸多山区支流汇入的鲁台子以上河段，是淮河流域水沙量的主要来源区，多年平均来水量占流域总量的 75.92%，多年平均输沙量占流域总量的 72.82%。沂、沭、泗水系虽然来水量相对较小，但输沙量相对较高。这与淮河流域地形地势、降水量地区分布和上游地区植被和水土保持状况密切相关。

表 3-7　淮河流域水沙量分布

项目	淮河水系				沂沭泗水系	淮河流域
	息县以上	息县—鲁台子		鲁台子—蚌埠	沂河临沂以上	蚌埠+临沂
		颍河阜阳以上	整个区间			
流域面积/万 km²	1.02	3.52	7.84	3.27	1.05	13.16
多年平均径流量/亿 m³	35.91	43.01	178.19	47.60	20.28	282
区间年径流量占总量比例/%	12.73	15.25	63.19	16.89	7.19	100
多年平均输沙量/万 t	191	240	535	82	189	997
区间输沙量占总量比例/%	19.16	24.07	53.66	8.22	18.96	100

3.2.2　淮河干流水沙变化

　　表 3-8 为淮河干流主要水文控制站水沙量年代特征值及趋势分析[5]，图 3-12 为淮河干流主要水文控制站水沙量 M-K 统计量的变化过程，图 3-13 为淮河干流主要水文控制站水沙量的单累积过程线和双累积关系线。

表 3-8　淮河干流主要水文控制站水沙量年代特征值及趋势分析

站名	项目	1950~1959 年	1960~1969 年	1970~1979 年	1980~1989 年	1990~1999 年	2000~2009 年	2010~2020 年	多年均值	U 值	趋势判断
息县站	年径流量/亿 m³	40.59	39.10	32.41	42.56	32.10	40.00	25.60	35.91	-1.02	无
	年输沙量/万 t	473.3	371.0	211.6	239.7	119.2	156.9	67.3	191.0	-3.51	显著减少
鲁台子站	年径流量/亿 m³	280.2	223.3	172.0	245.6	168.7	235.5	176.9	214.1	-1.39	无
	年输沙量/万 t	1736	1300	864.2	751.6	242.7	252.0	191.0	726.0	-5.35	显著减少
蚌埠站	年径流量/亿 m³	333.2	280.8	221.5	307.4	193.2	303.0	222.2	261.7	-1.35	无
	年输沙量/万 t	1692	1295	839.1	788.7	389.4	478.7	314.3	808.0	-5.91	显著减少

　　（1）息县站、鲁台子站及蚌埠站年径流量的 M-K 统计量的波动变化过程基本上是一致的，其中上游息县站年径流量的 M-K 统计量在 2011 年之前基本上在 0 轴上下波动，2011 年后有所减小；中游鲁台子站及蚌埠站年径流量的 M-K 统计量基本上是同步变化的，自 1956 年开始减少，而后波动变化，除 1999 年、2001 年、2002 年等个别年份外，两站

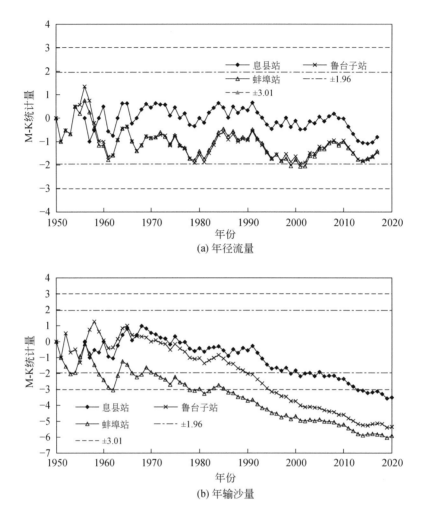

(a) 年径流量

(b) 年输沙量

图 3-12　淮河干流主要水文控制站水沙量 M-K 统计量过程线

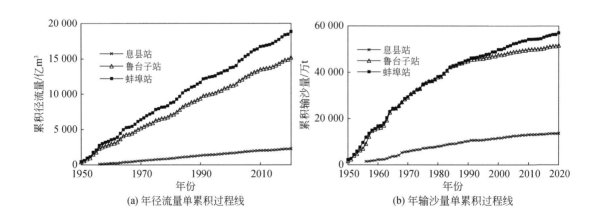

(a) 年径流量单累积过程线

(b) 年输沙量单累积过程线

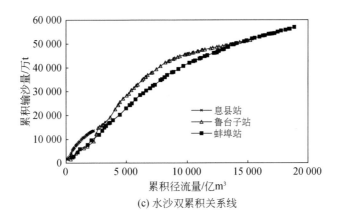

(c) 水沙双累积关系线

图 3-13 淮河干流主要水文控制站水沙量累积曲线

M-K 统计量基本上在-1.96 以上变化；2020 年干流息县站、鲁台子站及蚌埠站年径流量的 M-K 统计量分别为-1.02，-1.39 和-1.35，其绝对值均小于 1.96，各站年径流量单累积过程线基本呈直线形态，说明干流各站年径流量年际变化趋势性不明显。例如，蚌埠站 20 世纪 50 年代至 2010～2020 年的年径流量分别为 333.2 亿 m³、280.8 亿 m³、221.5 亿 m³、307.4 亿 m³、193.2 亿 m³、303.0 亿 m³ 和 222.3 亿 m³，基本在多年平均值 261.7 亿 m³ 上下波动。

（2）淮河干流上游息县站年输沙量的 M-K 统计量自 1968 年开始出现减少的态势，1991 年输沙量减小趋势进一步增强，2001 年以后 M-K 统计量超过 1.96；中游鲁台子站及蚌埠站年输沙量的 M-K 统计量整体上均呈减小趋势，其中鲁台子站 M-K 统计量自 1958 年开始出现减少的趋势，1989 年以后持续超出 1.96；而蚌埠站 M-K 统计量自 1956 年开始出现减少的趋势，1970 年以后持续低于-1.96。统计至 2020 年，干流息县站、鲁台子站和蚌埠站年输沙量的 M-K 统计量均小于零，分别为-3.51、-5.35 和-5.91，其绝对值均大于 3.01，且各站年输沙量单累积过程线明显呈上凸形态，表明年输沙量减小趋势显著，分别从 20 世纪 50 年代的 473.3 万 t、1736 万 t 和 1692 万 t 减至 70 年代的 211.6 万 t、864.2 万 t 和 839.1 万 t，90 年代又分别减至 119.2 万 t、242.7 万 t 和 389.4 万 t，2010～2020 年仅分别为 67.3 万 t、191.0 万 t 和 314.3 万 t。

（3）干流息县站、鲁台子站和蚌埠站水沙量双累积关系线皆呈明显的上凸状态，表明淮河干流各站含沙量随时间逐渐减小，三站年代平均含沙量分别从 20 世纪 50 年代的 1.166kg/m³、0.620kg/m³ 和 0.508kg/m³ 减至 70 年代的 0.653kg/m³、0.502kg/m³ 和 0.379kg/m³，90 年代减为 0.371kg/m³、0.144kg/m³ 和 0.202kg/m³，2010～2020 年仅为 0.263kg/m³、0.108kg/m³ 和 0.141kg/m³。

3.2.3 淮河支流水沙变化

表 3-9 为淮河支流主要水文控制站（颍河阜阳站及沂河临沂站）水沙量年代特征值及

趋势分析，图 3-14 为淮河支流主要水文控制站水沙量 M-K 统计量过程线，图 3-15 为淮河支流主要水文控制站水沙量的单累积过程线和双累积关系线。

表 3-9　淮河支流主要水文控制站水沙量年代特征值及趋势分析

支流	水文控制站	项目	1950～1959 年	1960～1969 年	1970～1979 年	1980～1989 年	1990～1999 年	2000～2009 年	2010～2020 年	多年均值	M-K 检验	
											U 值	趋势判断
颍河	阜阳站	年径流量/亿 m³	73.57	57.41	35.3	47.44	21.63	47.57	25.99	43.01	−3.13	显著减少
		年输沙量/万 t	1091		329.5	308.3	92.1	144.6	32.4	240.0	−4.73	显著减少
沂河	临沂站	年径流量/亿 m³	32.14	31.17	20.41	7.93	17.50	20.17	14.4	20.28	−2.69	减少
		年输沙量/万 t	901.2	381.5	169.1	28.8	71.1	18.9	50.1	188.8	−6.23	显著减少

注：1957～1971 年颍河阜阳站未测输沙量，M-K 分析时用水沙关系插补

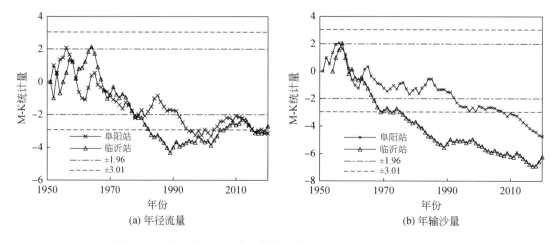

(a) 年径流量　　　　　　　　　　　　　　(b) 年输沙量

图 3-14　淮河支流主要水文控制站水沙量 M-K 统计量变化过程

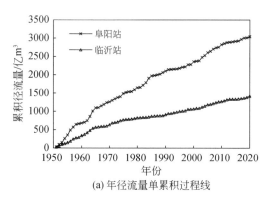

(a) 年径流量单累积过程线

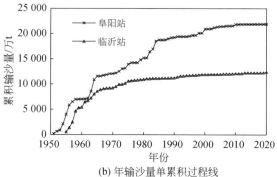

(b) 年输沙量单累积过程线

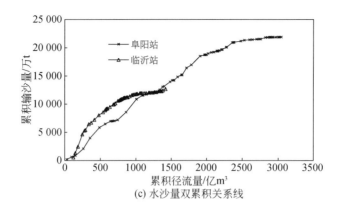

(c) 水沙量双累积关系线

图 3-15　淮河支流主要水文控制站水沙量累积曲线

（1）颍河阜阳站年径流量的 M-K 统计量自 1957 年开始出现减少的趋势，尽管 2002 年以后略有增加，但 1992 年以后，M-K 统计量绝对值持续大于 1.96；临沂站年径流量的 M-K 统计量自 1965 年开始出现减少的趋势，虽然 1990 年后 M-K 统计量有所增加，但 1978 ~ 2020 年 M-K 统计量始终小于 -1.96。统计至 2020 年，阜阳站和临沂站年径流量的 M-K 统计量分别为 -3.13 和 -2.69，其绝对值大于 1.96，同时支流两站年径流量的单累积过程线呈上凸形态，表明阜阳站和临沂站年径流量分别具有显著减小和减小的趋势；年径流量分别从 20 世纪 50 年代的 73.57 亿 m^3 和 32.14 亿 m^3 减至 70 年代的 35.3 亿 m^3 和 20.41 亿 m^3，90 年代减至 21.63 亿 m^3 和 17.50 亿 m^3，2010 ~ 2020 年为 25.99 亿 m^3 和 14.4 亿 m^3。

（2）阜阳站年输沙量的 M-K 统计量自 1957 年开始出现减少的趋势，1992 年以后大于 -1.96；临沂站年输沙量的 M-K 统计量自 1958 年开始出现减少的趋势，且减少趋势明显，1967 年以后持续小于 -1.96。统计至 2020 年，两站年输沙量的 M-K 统计量分别为 -4.73 和 -6.23，其绝对值均大于 3.01，且两站年输沙量累积过程线呈显著上凸形态，表明阜阳站和临沂站均具有显著减小趋势。两站年输沙量分别从 20 世纪 50 年代的 1091 万 t 和 901.2 万 t 减至 70 年代的 329.5 万 t 和 169.1 万 t，90 年代减至 92.1 万 t 和 71.1 万 t，2010 ~ 2020 年为 32.4 万 t 和 50.1 万 t。

（3）阜阳站和临沂站水沙量双累积关系线皆呈明显的上凸状态，表明淮河两支流水文控制站含沙量随时间逐渐减小，两站平均含沙量分别从 20 世纪 50 年代的 1.483kg/m^3 和 2.804kg/m^3 减至 70 年代的 0.933kg/m^3 和 0.829kg/m^3，90 年代分别减为 0.426kg/m^3 和 0.406kg/m^3，2010 ~ 2020 年仅为 0.125kg/m^3 和 0.348kg/m^3。

3.2.4　淮河流域代表水文站水沙变化

淮河流域代表水文站为淮河干流蚌埠站和沂、沭、泗水系临沂站的综合。淮河流域代表水文站 1950 ~ 2020 年水沙量年代特征值及趋势分析如表 3-10 所示，历年径流量及输沙量变化过程如图 3-16 所示，对应的水沙量 M-K 统计量过程线和累积曲线如图 3-17 所示。

表 3-10   淮河流域代表水文站水沙量年代特征值及趋势分析

项目	1950~1959 年	1960~1969 年	1970~1979 年	1980~1989 年	1990~1999 年	2000~2009 年	2010~2020 年	2011~2020 年	多年均值	M-K 检验	
										U 值	趋势判断
年径流量/亿 m³	365.3	312.0	241.9	315.3	210.7	323.2	236.7	227.4	282.0	-1.26	无
年输沙量/万 t	2593	1677	1008	817.5	460.5	497.6	364.4	340.3	996.8	-5.86	显著减少
含沙量/（kg/m³）	0.710	0.537	0.417	0.259	0.219	0.154	0.154	0.150	0.354		

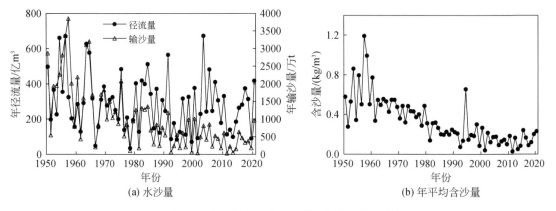

(a) 水沙量　　　　　　　　　　　　　　　　　　　(b) 年平均含沙量

图 3-16   淮河流域代表水文站（蚌埠+临沂）水沙变化过程

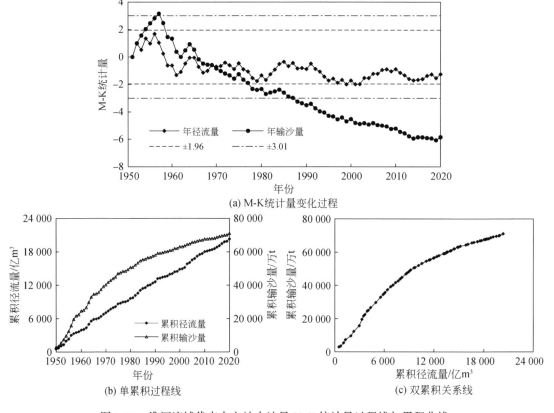

(a) M-K 统计量变化过程

(b) 单累积过程线　　　　　　　　　　　　　　　(c) 双累积关系线

图 3-17   淮河流域代表水文站水沙量 M-K 统计量过程线与累积曲线

（1）淮河流域代表水文站年径流量具有较大的年际变化幅度，最大和最小年径流量分别为 671.56 亿 m³ 和 35.15 亿 m³，分别发生在 2003 年和 1978 年，最大和最小年径流量比值为 19.11；代表水文站年输沙量随时间呈逐渐减小的态势，年际变化幅度很大，年最大和最小年输沙量分别为 3850 万 t 和 30.8 万 t，分别发生在 1957 年和 2011 年，其比值为 125。

（2）淮河流域代表水文站年径流量的 M-K 统计量大约在 1978 年之前经历先增加后减小的变化过程，其绝对值皆小于 1.96，1978 年后也经历了先增加后减小的变化过程，其绝对值基本上在 1.96 以内上下波动，2020 年为 -1.26，其单累积过程曲线在 1960 年前后凹凸略有变化，之后总体上呈直线状态，表明代表水文站年径流量 1960 年前后增减变化幅度较大，而后无明显变化趋势。年径流量从 20 世纪 50 年代的 365.3 亿 m³ 减至 60 年代的 312.0 亿 m³，70 年代、80 年代、90 年代、21 世纪前十年和 2010～2020 年分别为 241.9 亿 m³、315.3 亿 m³、210.7 亿 m³、323.2 亿 m³ 和 236.7 亿 m³，各年代增减相间，无明显变化趋势。

（3）淮河流域代表水文站年输沙量的 M-K 统计量在 1957 年前增至 3.15，之后开始持续减小，至 1977 年减至 -1.90，而后持续减小至 2020 年的 -5.86，其绝对值远大于 3.01，对应的单累积过程线呈明显上凸形态，表明代表水文站年输沙量显著减小，从 20 世纪 50 年代的 2593 万 t 减至 70 年代的 1008 万 t，90 年代减至 460.5 万 t，2010～2020 年仅为 364.4 万 t。

（4）淮河流域代表水文站近 10 年（2011～2020 年）平均径流量和平均输沙量分别为 227.4 亿 m³ 和 340.3 万 t，较多年平均径流量 282.0 亿 m³ 和平均输沙量 996.8 万 t 分别偏小 19.36% 和 65.86%。2011～2020 年，与多年平均值比较，2016 年径流量基本持平，2017 年、2018 年和 2020 年径流量分别偏大 32.64%、10.91% 和 47.96%，其他年份径流量偏小 6.59%～68.06%，其中 2015 年和 2019 年径流量分别偏小 6.59% 和 68.06%；2020 年输沙量基本持平，其他年份输沙量偏小 36.59%～96.89%，其中 2011 年和 2015 年输沙量分别偏小 36.59% 和 96.89%。

（5）淮河流域代表水文站水沙量双累积关系线呈上凸形态，表明代表水文站的年输沙量减小幅度大于年径流量减小幅度，相应的代表水文站的含沙量不断减小，从 20 世纪 50 年代的 0.710kg/m³ 减至 70 年代的 0.417kg/m³，90 年代减为 0.219kg/m³，2010～2020 年减为 0.154kg/m³。

3.3 海　　河

海河流域主要有海河、滦河及徒骇马颊河三大水系，流域面积为 32.06km²。流域地跨北京、天津、河北、山西、山东、河南、辽宁、内蒙古等省（直辖市、自治区）。海河水系包括漳卫南运河、子牙河、大清河、永定河、潮白河、北运河、蓟运河等，水系呈扇形分布。自子牙河与南运河的交汇处以下，横贯天津市区并于塘沽汇入渤海的一段称为海河，全长为 72km。海河在历史上是北运河、永定河、大清河、子牙河和南运河的入海尾闾。20 世纪 60～70 年代海河流域治理后，部分河流另辟入海通道，并取名为新河或减河。

海河水系的泥沙主要来源于西部和北部的山区。20 世纪后半叶，由于水库和引水工程的大量修建，河流水沙条件受人为因素的影响较大，与自然情况有明显不同。其中，以永定河的沙量最大，永定河支流壶流河的南土岭站 1967 年 7 月 6 日实测含沙量高达 $1010kg/m^3$。滦河为渤海独流入海河流，发源于河北丰宁县，流经沽源县、多伦县、隆化县、滦平县、承德县、宽城满族自治县、迁西县、迁安市、卢龙县、滦州、昌黎县，在乐亭县南兜网铺注入渤海。徒骇马颊河水系包括徒骇河和马颊河，其中徒骇河流经河南、河北、山东三省从西南向东北呈窄长带状，发源于河南濮阳市清丰县瓦屋头镇同智营，干流经河南濮阳市南乐的阎村、大清以下入山东境，经山东的莘县、阳谷、聊城、茌平、高唐、禹城、齐河、临邑、济阳、商河、惠民、滨州等县市区，于滨州沾化区套儿河口注入渤海，河长 436km，流域面积为 13 902km²，其在河南流域面积为 602km²，在河北流域面积为 4km²，在山东流域面积为 13 296km²。马颊河起源于河南濮阳县澶州坡，自西向东北流经濮阳县、华龙区、清丰县、南乐县，自南乐县西小楼村南出境进入河北大名县，在莘县沙王庄进入山东境，经莘县、冠县、聊城、茌平、临清市、高唐、夏津、平原、陵县（现德州市陵城区）、临邑、乐陵、庆云、无棣等县市，在无棣县黄瓜岭以下流入渤海，河长 521km，流域面积为 12 239.2km²，其中山东境内有 10 638.4km²，河南境内有 1179.2km²，河北境内有 421.6km²。

鉴于海河流域水系分布广，考虑海河流域水沙观测资料的系统性和分布特性，结合《中国河流泥沙公报》水沙资料，本书仅选取了洋河响水堡站、桑干河石匣里站、永定河雁翅站、滦河滦县站、潮白河下会站、张家坟站，大清河阜平站，子牙河小觉站，以及漳卫河观台站、元村集站等水文控制站进行水沙变化分析，水文控制站分布如图 1-1 所示。

3.3.1 永定河水沙变化

永定河位于北京的西部，是北京地区最大河流，海河七大支流之一。永定河发源于山西宁武县管涔山，流经山西、内蒙古、河北、北京、天津五省（直辖市、自治区），在天津汇于海河，至塘沽注入渤海，全长为 747km，流域面积为 47 016km²，其中山区面积为 45 063km²，平原面积为 1953km²。永定河上游是指官厅水库以上河段，源于山西宁武县的桑干河，在河北怀来县纳入源自内蒙古高原的洋河，流至官厅水库始称永定河；中游是指山峡河段，即从官厅水库至三家店水库之间的河段；下游为三家店水库以下河段[6]，永定河主要支流有壶流河、洋河、妫水河、清水河等，永定河流域选择的典型水文控制站有永定河雁翅站、支流洋河响水堡站、桑干河石匣里站，其水沙量年代特征值及趋势分析如表 3-11 所示。

1. 桑干河

桑干河为永定河的上游，由源子河、恢河在朔城区马邑汇合而成，长为 506km，流域面积为 2.39 万 km²。桑干河水文控制站石匣里站的多年平均径流量和多年平均输沙量分别为 4.009 亿 m³ 和 776.4 万 t，图 3-18 为石匣里站水沙量及 M-K 统计量过程线和累积曲线。

表 3-11　永定河流域典型水文控制站水沙量年代特征值及趋势分析

支流	水文控制站	项目	1950～1959年	1960～1969年	1970～1979年	1980～1989年	1990～1999年	2000～2009年	2010～2020年	多年平均	M-K检验 U值	M-K检验 趋势判断	突变年
桑干河	石匣里站	年径流量/亿m³	12.18	7.886	3.857	2.420	1.846	0.723	1.084	4.009	−8.57	显著减少	1969年
		年输沙量/万t	5119	849.3	184.2	141.6	73.7	10.1	2.76	776.4	−9.48	显著减少	1959年
洋河	响水堡站	年径流量/亿m³	6.438	4.977	4.550	2.603	2.223	0.437	0.301	2.938	−8.75	显著减少	1982年
		年输沙量/万t	1871	800.3	859.8	265.1	249.3	16.5	0	531.3	−9.10	显著减少	1959年、1979年
永定河	雁翅站	年径流量/亿m³	20.00	12.56	8.961	5.307	4.131	1.656	1.320	5.224	−8.74	显著减少	1970年
		年输沙量/万t	3259	58.5	17.1	0.008	0.030	0.065	0.062	10.1	−8.59	显著减少	

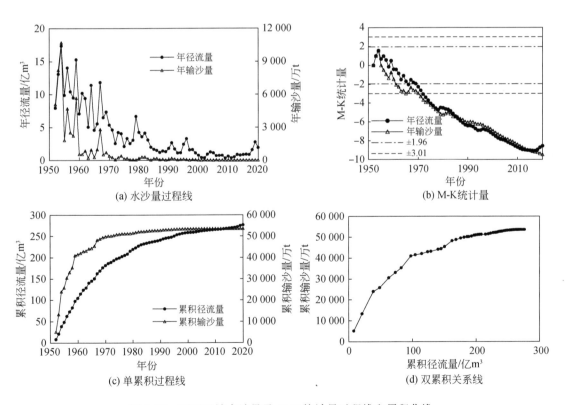

(a) 水沙量过程线　　(b) M-K统计量

(c) 单累积过程线　　(d) 双累积关系线

图 3-18　石匣里站水沙量及 M-K 统计量过程线和累积曲线

（1）桑干河石匣里站年径流量的 M-K 统计量从 1955 年开始持续减小，至 1966 年开始小于-1.96，至 2020 年，M-K 统计量值为-8.57，其绝对值远大于 3.01，而其年径流量的单累积过程线呈明显上凸的状态，表明桑干河的年径流量总体呈显著减少的趋势，20世纪 50 年代至 21 世纪前十年平均径流量分别为 12.18 亿 m³、7.886 亿 m³、3.857 亿 m³、2.420 亿 m³、1.846 亿 m³ 和 0.723 亿 m³，持续减少，2010～2020 年略增至 1.084 亿 m³。

（2）桑干河石匣里站年输沙量的 M-K 统计量从 1955 年开始持续减小，至 1961 年开始小于-1.96，至 2020 年，M-K 统计量值减为-9.48，其绝对值远大于 3.01，同时年输沙量单累积过程线明显上凸，表明桑干河来沙量显著减少。石匣里站年输沙量从 20 世纪 50年代的 5119 万 t 锐减至 60 年代的 849.3 万 t，之后持续减少，21 世纪前十年减至 10.1 万 t，2010～2020 年仅为 2.76 万 t。

（3）桑干河石匣里站水沙量双累积关系线整体呈上凸的形态，在 1960 年后明显向右下偏转，20 世纪 60 年代中期略有向上偏转，70 年代初又开始向右下偏离，说明桑干河年输沙量减小速率大于年径流量减小速率，相应地，桑干河含沙量呈持续减少的状态，仅在 20 世纪 60 年代中后期有一个先增后减的波动，相应的平均含沙量从 20 世纪 50 年代的 42.028kg/m³ 减至 70 年代的 4.776kg/m³，80 年代略增至 5.851kg/m³，21 世纪前十年减至 1.397kg/m³，2010～2020 年仅为 0.255kg/m³。

2. 洋河

洋河为永定河上游两大支流之一，发源于内蒙古兴和县的东洋河，汇合南洋河和西洋河后称洋河，河长为 262km，流域面积为 1.51 万 km²。洋河水文控制站响水堡站的多年平均径流量和多年平均输沙量分别为 2.938 亿 m³ 和 531.3 万 t，图 3-19 为响水堡站水沙量 M-K 统计量过程线及累积曲线。

响水堡站年径流量和年输沙量的 M-K 统计量分别从 1960 年和 1954 年开始持续减小，分别在 1976 年和 1963 年开始小于-1.96，至 2020 年分别减小至-8.75 和-9.10，其绝对值均远大于 3.01，年径流量和年输沙量单累积过程线都为明显的上凸状态，表明洋河年径流量和年输沙量总体呈现显著减少的趋势。洋河年径流量 20 世纪 50 年代为 6.438 亿 m³，经过 50 年的持续减少，21 世纪前十年为 0.437 亿 m³，2010～2020 年仅为 0.301 亿 m³；年输沙量从 20 世纪 50 年代的 1871 万 t 锐减至 60 年代的 800.3 万 t，至 70 年代略回升为 859.8 万 t，80 年代后持续减少，21 世纪前十年减至 16.5 万 t，2010～2020 年年输沙量为零。

响水堡站水沙量双累积关系线总体呈上凸的态势，20 世纪 50 年代中期开始向下偏转，60 年代中后期至 70 年代末曲线向上小幅偏转后又回落，80 年代后基本呈直线，说明洋河年径流量的减少速率小于年输沙量的减少速率，相应的含沙量在 20 世纪 60 年代明显减小，而后经过一个先增后减的变化，80 年代后响水堡站含沙量变化不大，即响水堡站平均含沙量从 20 世纪 50 年代的 29.062kg/m³ 减至 60 年代的 16.080kg/m³，70 年代略增加至 18.897kg/m³，90 年代减至 11.215kg/m³，21 世纪前十年减至 3.776kg/m³，2010～2020 年接近 0kg/m³。

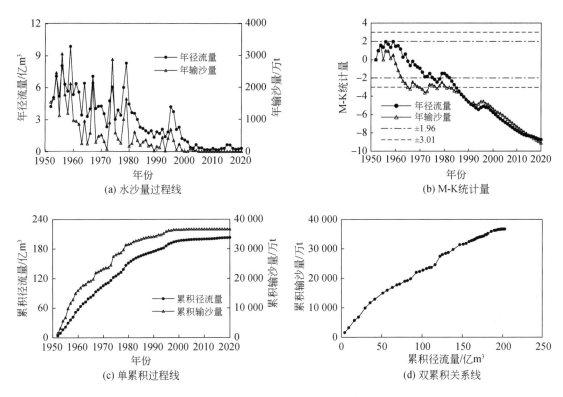

图 3-19　响水堡站水沙量及 M-K 统计量过程线和累积曲线

3. 永定河干流

永定河干流水文控制站雁翅站的多年平均径流量和多年平均输沙量分别为 5.224 亿 m³ 和 10.1 万 t，图 3-20 为雁翅站水沙量及 M-K 统计量过程线和累积曲线。

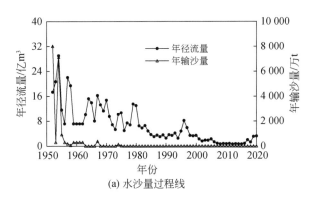

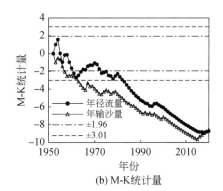

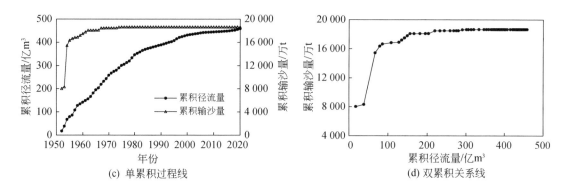

(c) 单累积过程线　　　　　　　　(d) 双累积关系线

图 3-20　雁翅站水沙量及 M-K 统计量过程线及累积曲线

（1）雁翅站年径流量的 M-K 统计量从 1955 年开始减小，20 世纪 60 年代有所回升，而后继续减小，至 1973 年开始小于-1.96，至 2020 年减至-8.74，其绝对值远大于 3.01，且年径流量单累积过程线为明显的上凸状态，表明永定河年径流量总体呈现显著减少的趋势，其年径流量 20 世纪 50 年代为 20.00 亿 m³，经过 50 年的持续减少，21 世纪前十年仅为 1.656 亿 m³。

（2）雁翅站年输沙量的 M-K 统计量基本上一直处于减小的过程中，1957 年开始小于-1.96，至 2020 年减至-8.59，其绝对值远大于 3.01，年输沙量单累积过程线呈明显的上凸状态，表明永定河年输沙量总体呈显著减少的趋势，其年输沙量从 20 世纪 50 年代的 3259 万 t 锐减至 70 年代的 17.1 万 t，80 年代后年输沙量非常小，均小于 0.1 万 t。

（3）雁翅站水沙量双累积关系线在 20 世纪 50 年代急剧向右偏转（输沙量在 1954 年急剧增加），1980 年后几乎呈水平状态，说明永定河的平均含沙量从 20 世纪 50 年代的 16.295kg/m³ 大幅减至 60 年代、70 年代的 0.466kg/m³、0.191kg/m³，80 年代后几乎为 0kg/m³。

3.3.2　滦河水沙变化

滦河古称濡水，发源于河北丰宁县巴彦图古尔山麓骆驼沟乡东部的小梁山（海拔 2206m）南麓大古道沟，向西北流经坝上草原沽源县转北称闪电河，经内蒙古正蓝旗转向东南，经多伦县南流至外沟门子又进入河北丰宁县；在内蒙古境内有黑风河、吐力根河汇入后称大滦河，至隆化县郭家屯与小滦河汇合后称滦河；河流蜿蜒于峡谷之间，至潘家口越长城，经罗家屯龟口峡谷入冀东平原，流经迁西县、迁安市、卢龙县、滦县、昌黎县，至乐亭县南兜网铺注入渤海。河流全长为 888km，流域面积为 4.48 万 km²，其中山区面积为 4.39 万 km²。滦河水文控制站为滦县站，其多年平均径流量和多年平均输沙量分别为 29.12 亿 m³ 和 785.5 万 t。滦县站水沙量年代特征值及趋势分析如表 3-12 所示。滦县站水沙量及 M-K 统计量过程线和累积曲线如图 3-21 所示。

表 3-12 滦河滦县站水沙量年代特征值及趋势分析

项目	1950~1959 年	1960~1969 年	1970~1979 年	1980~1989 年	1990~1999 年	2000~2009 年	2010~2020 年	多年平均	M-K 检验		突变年
									U 值	趋势判断	
年径流量/亿 m³	54.57	40.79	45.15	17.75	29.49	4.998	12.74	29.12	-5.32	显著减少	
年输沙量/万 t	2483	1655	1010	88.2	308.1	4.85	25.2	785.5	-7.83	显著减少	1980 年

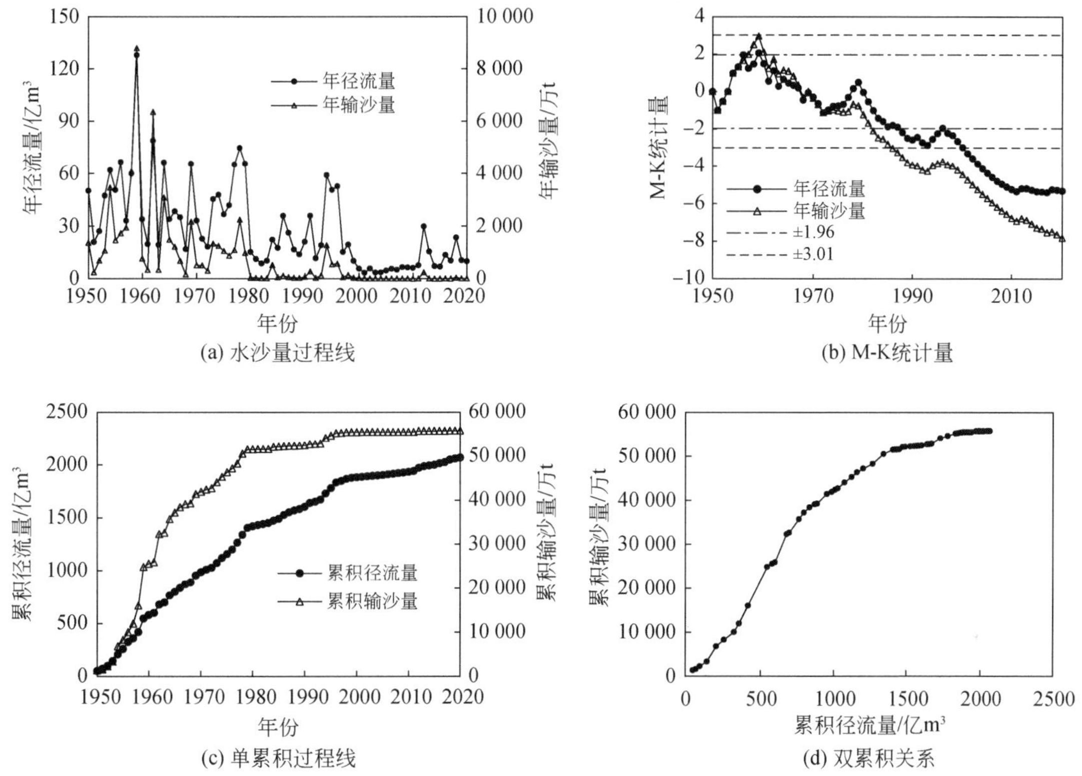

(a) 水沙量过程线

(b) M-K 统计量

(c) 单累积过程线

(d) 双累积关系

图 3-21 滦县站水沙量及 M-K 统计量过程线和累积曲线

（1）滦河滦县站年径流量的 M-K 统计量在 1959 年前处于增加状态，而后持续减小，至 1988 年后小于-1.96，至 2011 年减至-5.35，而后基本不变，2020 年为-5.32，其绝对值远大于 3.01，对应的单累积过程线总体表现为上凸形态，表明滦河的年径流量有显著减少的趋势，从 20 世纪 50 年代的 54.57 亿 m³ 减至 70 年代的 45.15 亿 m³，90 年代持续回落至 29.49 亿 m³，21 世纪前十年仅为 4.998 亿 m³，2010~2020 年略增至 12.74 亿 m³。

（2）滦河滦县站年输沙量的 M-K 统计量在 1959 年前也处于增加状态，而后持续快速减小，至 1982 年后小于-1.96，2020 年减至-7.83，其绝对值远大于 3.01，对应的年输沙量单累积过程线在 1960 年前呈下凸状态，年输沙量具有增加态势，进入 20 世纪 60 年代以来，年输沙量累积曲线呈明显的上凸形态，具有减少态势，年输沙量累积曲线总体呈上凸形态，表明年输沙量总体呈显著减少趋势，从 20 世纪 50 年代的 2483 万 t 减至 70 年代的 1010 万 t，至 90 年代减至 308.1 万 t，21 世纪前十年仅为 4.85 万 t，2010～2020 年增至 25.2 万 t。

（3）滦河滦县站水沙量双累积关系线在 1961 年之前向上偏离，而后持续向右下方偏转，总体呈上凸形态，表明 20 世纪 50 年代年输沙量增大速率大于年径流量增大速率，年平均含沙量呈增加趋势；1960 年后年输沙量减小速率大于年径流量减小速率，年平均含沙量呈减少趋势。

3.3.3　潮白河水沙变化

潮白河是海河水系七大支流之一，贯穿北京、天津和河北三省（直辖市）。潮白河源流主要有潮河与白河，潮河发源于河北丰宁县草碾子沟南山下，经滦平县，南流经古北口进入北京密云区，有安达木河、清水河、红门川等支流汇入，在辛庄附近注入密云水库，水文控制站为下会站；白河发源于河北沽源县，经赤城县，于白河堡进入北京延庆区，东流经怀柔区青石岭入密云区，沿途有黑河、汤河、白马关河等支流汇入，在张家坟附近注入密云水库，水文控制站为张家坟站。潮、白两河出库后，各自排放故道，于密云县城之西南的河漕村汇合后称潮白。南流经怀柔区、顺义区，至通州区，沿途有支流怀河、箭杆河汇入，于通州区牛牧屯出北京入河北，东流汇入海河而注渤海。潮白河全长 200km，流域面积 1.94 万 km^2，是北京和天津的重要水源之一。潮河下会站和白河张家坟站水沙量年代特征值及趋势分析如表 3-13 所示。

表 3-13　潮白河流域水文控制站水沙量年代特征值及趋势分析

支流	水文控制站	项目	1950～1959 年	1960～1969 年	1970～1979 年	1980～1989 年	1990～1999 年	2000～2009 年	2010～2020 年	多年平均	M-K 检验		突变年
											U 值	趋势判断	
潮河	下会站	年径流量/亿 m^3		3.058	3.981	1.894	3.043	0.907	1.078	2.294	-4.59	显著减少	1979 年、1998 年
		年输沙量/万 t		112.2	137.4	40.2	121.1	6.52	0.634	67.8	-6.29	显著减少	1976 年、1998 年
白河	张家坟站	年径流量/亿 m^3	13.35	5.971	6.654	2.937	3.775	1.768	2.136	4.695	-6.50	显著减少	1959 年
		年输沙量/万 t	451.4	247.8	193.3	35.7	44.4	0.500	1.44	108.0	-8.04	显著减少	1974 年

1. 潮河

潮河水文控制站下会站的多年平均径流量和多年平均输沙量分别为 2.294 亿 m^3 和 67.8 万 t。下会站水沙量及 M-K 统计量过程线和累积曲线如图 3-22 所示。

（1）潮河下会站年径流量的 M-K 统计量在 1979 年之前经历增—减—增的过程，1979 年开始逐渐减小，特别是 2003 年后小于-1.96，至 2020 年减至-4.59，其绝对值远大于

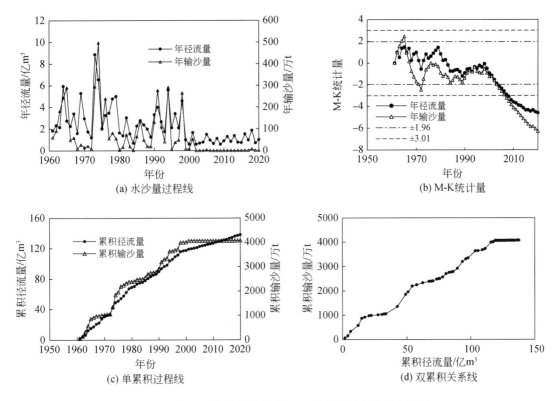

图 3-22　潮河下会站水沙量及 M-K 统计量过程和累积曲线

3.01，对应的单累积过程线总体表现为上凸形态，表明潮河的年径流量有显著减小的趋势，但过程中有波动，其年径流量从 20 世纪 60 年代的 3.058 亿 m³ 增至 70 年代的 3.981亿 m³，80 年代回落至 1.894 亿 m³，20 世纪 90 年代又增为 3.043 亿 m³，21 世纪前十年锐减为 0.907 亿 m³，2010～2020 年仅为 1.078 亿 m³。2000 年前基本上在多年平均值 2.294亿 m³ 上下波动，2000 年后快速减少。

　　（2）潮河下会站年输沙量的 M-K 统计量从 1966 年开始快速减小至 1972 年的-2.47，而后有所回升，特别是 2003 年开始持续小于-1.96，至 2020 年减至-6.29，其绝对值远大于 3.01，年输沙量单累积过程线波动变化，1998 年后向下大幅偏转，总体呈上凸形态，表明年输沙量显著减少。年输沙量从 20 世纪 60 年代的 112.2 万 t 增至 70 年代的 137.4 万 t，到 80 年代回落至 40.2 万 t，90 年代又增加至 121.1 万 t，21 世纪前十年锐减为 6.52 万 t，2010～2020 年减至 0.634 万 t。

　　（3）潮河水沙量双累积关系线在 20 世纪 60 年代中期向下偏离，20 世纪 70 年代初期向上偏离，70 年代中后期向下偏离，80 年代中期又略有向上偏离的趋势，至 1998 年前曲线为波动变化，1998 年后向右下偏转明显，表明潮河 1965～1998 年年径流量和年输沙量总体同步变化，来水含沙量呈减—增—减—增的变化过程，1998 年后年输沙量减小幅度明显大于年径流量减小幅度，来水含沙量减小明显，2010～2020 年平均含沙量仅为0.059kg/m³。

2. 白河

白河张家坟站多年平均径流量和多年平均输沙量分别为 4.695 亿 m³ 和 108.0 万 t，张家坟站水沙量及 M-K 统计量过程线和累积曲线如图 3-23 所示。

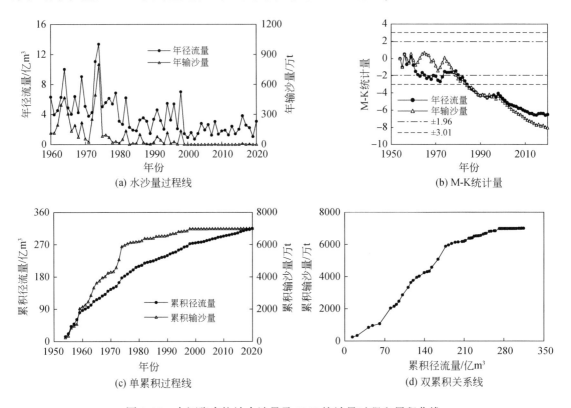

(a) 水沙量过程线

(b) M-K 统计量

(c) 单累积过程线

(d) 双累积关系线

图 3-23　白河张家坟站水沙量及 M-K 统计量过程和累积曲线

（1）白河张家坟站年径流量的 M-K 统计量从 1960 年开始不断减小，1963～1980 年在 -1.96 上下波动，1980 年后继续减小，2020 年减为 -6.50，绝对值远大于 3.01，同时该站年径流量的单累积过程线呈明显上凸形态，表明白河的年径流量显著减少，从 20 世纪 50 年代的 13.35 亿 m³ 减至 70 年代的 6.654 亿 m³，90 年代为 3.775 亿 m³，21 世纪前十年和 2010～2020 年分别为 1.768 亿 m³ 和 2.136 亿 m³。

（2）白河张家坟站年输沙量的 M-K 统计量 1975 年之前处于增减变化过程中，1975 年开始持续减小，1980 年开始小于 -1.96，至 2020 年减至 -8.04，其绝对值远大于 3.01，相应的年输沙量单累积过程线在 20 世纪 70 年代中期开始明显向下偏离，表明张家坟站年输沙量显著减少；张家坟站年输沙量从 20 世纪 50 年代的 451.4 万 t，持续减至 80 年代为 35.7 万 t，21 世纪前十年和 2010～2020 年分别为 0.500 万 t 和 1.44 万 t。

（3）白河张家坟站水沙量双累积关系线在 20 世纪 60 年代至 70 年代中期，经历两次先向上偏转后回落的过程，即 70 年代初期前略有下凸，之后明显向下偏转，表明在 70 年代初期前张家坟站年径流量减小速率略大于年输沙量减小速率，20 世纪 70 年代初期后年输沙量减小速率明显大于年径流量减小速率,进一步说明白河含沙量在 1960 ~ 1974 年为增—减—增—减的波动变化,略有增加态势,1975 年后含沙量持续减小。

3.3.4 大清河与子牙河水沙变化

大清河和子牙河为海河流域内相邻的两个水系,位于海河流域的中部,其中子牙河位于大清河的南部。大清河主要由南、北两支组成,凡流入西淀(白洋淀)的支流为南支,流入东淀的支流为北支,北支主要为拒马河;大清河流经山西、河北、北京和天津四省(直辖市),流域面积为 4.51 万 km² (其中山区占 43%,平原占 57%)。子牙河位于大清河与漳卫南运河之间,由滹沱河和滏阳河两大支流及滏阳新河、子牙新河两条分洪河道组成,流经山西东北部、河北南部,流域面积为 4.69 万 km²。考虑雄安新区建设和水文站资料情况,大清河主要选择南支的沙河,对应的水文控制站为阜平站;子牙河主要选择滹沱河,对应的水文控制站为小觉站。阜平站和小觉站水沙量年代特征值和趋势分析如表 3-14 所示。

表 3-14 大清河和子牙河水文控制站水沙量年代特征值及趋势分析

支流	水文控制站	项目	1950 ~ 1959 年	1960 ~ 1969 年	1970 ~ 1979 年	1980 ~ 1989 年	1990 ~ 1999 年	2000 ~ 2009 年	2010 ~ 2020 年	多年均值	M-K 检验 U 值	M-K 检验 趋势判断
沙河	阜平站	年径流量/亿 m³	10.96	3.527	3.353	2.008	1.997	1.113	1.728	2.419	-2.86	减少
		年输沙量/万 t	284.0	110.3	62.6	45.2	23.5	2.53	30.4	49.4	-5.01	显著减少
滹沱河	小觉站	年径流量/亿 m³	15.78	9.758	7.238	4.951	5.189	1.560	1.405	5.624	-7.09	显著减少
		年输沙量/万 t	2503	1379	905.1	234.4	218.5	5.65	12.6	578.1	-6.97	显著减少

1. 沙河

大清河支流沙河阜平站多年平均径流量和多年平均输沙量分别为 2.42 亿 m³ 和 49.36 万 t。阜平站水沙量及 M-K 统计量过程线和累积曲线如图 3-24 所示。

(1) 阜平站年径流量的 M-K 统计量呈波动减小趋势,1984 年后基本上小于-1.96,2020 年最终值为-2.86,其绝对值大于 1.96,对应的单累积过程线总体表现为上凸形态,表明滹沱河的年径流量有减小趋势,从 20 世纪 50 年代的 10.96 亿 m³,减至 70 年代的 3.353 亿 m³,21 世纪前十年仅为 1.113 亿 m³,2010 ~ 2020 年略增加为 1.728 亿 m³。

(2) 阜平站年输沙量的 M-K 统计量基本上呈减少状态,1992 年后小于-1.96,2015 年减至-5.70,2020 年略回升至-5.01,其绝对值远大于 3.01,表明年输沙量显著减少;年输沙量单累积过程线波动幅度大,1965 年前呈下凸状态,年输沙量具有增加态势,1965 年之后,年输沙量单累积过程线呈明显的上凸态势,2015 年后略有下凸,年输沙量单累积过程线总体呈上凸形态,表明年输沙量总体呈显著减少趋势,从 20 世纪 50 年代的 284.0 万 t 减至 70 年代的 62.6 万 t,90 年代减至 23.5 万 t,21 世纪前十年仅为 2.53 万 t,2010 ~ 2020 年增至 30.4 万 t。

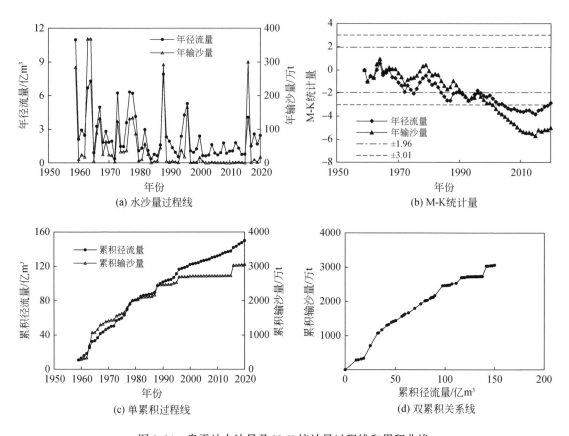

图 3-24　阜平站水沙量及 M-K 统计量过程线和累积曲线

（3）阜平站水沙量双累积关系线在 1965 年之前呈下凸形态，1965 年后持续向右下方偏转，总体呈上凸形态，表明 1965 年前年输沙量增大速率小于年径流量的增大速率，平均含沙量不断增加；1965 年后年输沙量减小速率大于年径流量的减小速率，年平均含沙量呈减少趋势。

2. 滹沱河

子牙河支流滹沱河小觉站多年平均径流量和多年平均输沙量分别为 5.624 亿 m³ 和 578.1 万 t。小觉站水沙量及 M-K 统计量过程线和累积曲线如图 3-25 所示。

（1）小觉站年径流量的 M-K 统计量不断减小，至 1970 年后小于 -1.96，2020 年减至 -7.09，其绝对值远大于 3.01，对应的单累积过程线总体表现为上凸形态，表明滹沱河的年径流量有显著减小的态势，从 20 世纪 50 年代的 15.78 亿 m³，减至 70 年代的 7.238 亿 m³，21 世纪前十年减为 1.560 亿 m³，2010～2020 年仅为 1.405 亿 m³。

（2）小觉站年输沙量的 M-K 统计变基本上呈减小趋势，至 1982 年后小于 -1.96，2020 年减至 -6.97，其绝对值远大于 3.01，表明年输沙量呈显著减少趋势；年输沙量单累积过程线波动幅度较大，1968 年前呈下凸状态，年输沙量具有增加态势，进入 20 世纪 70 年代以来，年输沙量单累积过程线呈明显的上凸态势，年输沙量具有减少态势，年输沙量

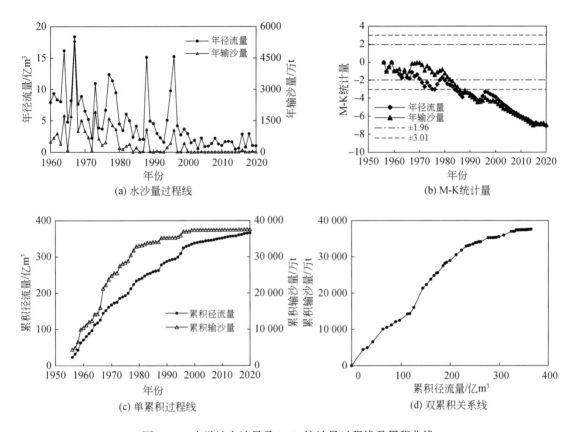

图 3-25　小觉站水沙量及 M-K 统计量过程线及累积曲线

单累积过程线总体呈上凸形态，表明年输沙量总体呈显著减少趋势，从 20 世纪 50 年代的
2503 万 t 减至 70 年代的 905.1 万 t，90 年代减至 218.5 万 t，21 世纪前十年仅为 5.65 万 t，
2010 ~ 2020 年略增至 12.6 万 t。

（3）小觉站水沙量双累积关系线在 1968 年之前向上偏离，而 1968 年后持续向右下方
偏离，总体呈上凸形态，表明 1968 年前年输沙量增大速率大于年径流量增大速率，年平
均含沙量呈增加趋势；1968 年后年输沙量减小速率大于年径流量减小速率，年平均含沙量
呈减少趋势。

3.3.5　漳卫河水沙变化

漳卫河实际上是漳河与卫河在河北邯郸市馆陶县汇合后的河流，也称卫运河，流入南
运河，南运河在天津入海河。其中，漳河为华北地区海河水系的南运河支流，上游由清漳
河和浊漳河汇合而成，均发源于山西长治，下游作为河北与河南两省边界，至河北邯郸市
馆陶县与卫河汇合，流经三省四市 21 县（市、区），漳河长约 412km，流域面积为 1.82
万 km²，水文控制站为观台站。卫河发源于山西太行山脉，流经河南新乡市、鹤壁市、安
阳市，沿途接纳淇河、安阳河等，至河北邯郸市馆陶县与漳河汇合，卫河河道全长

344.5km，流域面积为 14 970km²，水文控制站为元村集站。漳河观台站和卫河元村集站水沙量年代特征值及趋势分析如表 3-15 所示。

表 3-15　卫漳河水文控制站水沙量年代特征值及趋势分析

支流	水文控制站	项目	1950～1959 年	1960～1969 年	1970～1979 年	1980～1989 年	1990～1999 年	2000～2009 年	2010～2020 年	多年均值	M-K 检验	
											U 值	趋势判断
漳河	观台站	年径流量/亿 m³	19.36	17.82	9.773	3.522	3.350	2.773	2.464	8.197	-6.21	显著减少
		年输沙量/万 t	2411	1294	628.8	197.5	416.0	16.2	40.9	681.1	-7.79	显著减少
卫河	元村集站	年径流量/亿 m³	29.73	25.13	19.35	7.614	7.631	9.224	6.442	14.38	-5.34	显著减少
		年输沙量/万 t	923.8	268.7	150.4	97.2	29.0	15.4	7.58	198.0	-8.11	显著减少

1. 漳河

漳河观台站多年平均径流量和多年平均输沙量分别为 8.197 亿 m³ 和 681.1 万 t。观台站水沙量及 M-K 统计量过程线和累积曲线如图 3-26 所示。

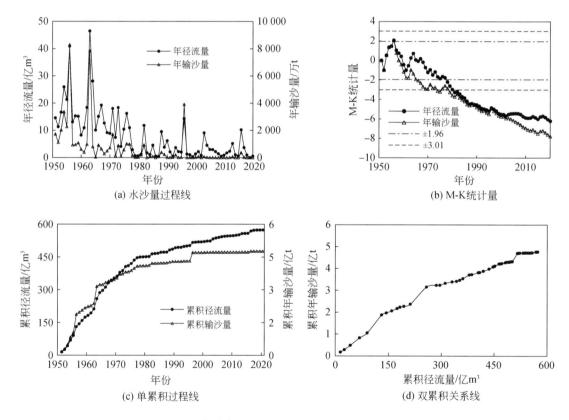

图 3-26　观台站水沙量及 M-K 统计量过程线和累积曲线

（1）漳河观台站年径流量的 M-K 统计量在 1956 年前处于增加状态，而后持续不断减小，至 1977 年后小于 -1.96，2020 年减为 -6.21，其绝对值远大于 3.01，对应的单累积过程线总体表现为上凸形态，表明漳河的年径流量有显著减小的趋势，从 20 世纪 50 年代的 19.36 亿 m³，减至 70 年代的 9.773 亿 m³，90 年代持续回落至 3.350 亿 m³，21 世纪前十年仅为 2.773 亿 m³，2010～2020 年略增至 2.464 亿 m³。

（2）漳河观台站年输沙量的 M-K 统计量在 1956 年前也处于增加状态，而后持续快速减小，至 1965 年后小于 -1.96，2020 年减至 -7.79，其绝对值远大于 3.01，同时年输沙量单累积过程线波动幅度大，1961 年前呈下凸态势，20 世纪 60 年代以来，年输沙量累积过程线明显向右下偏离，总体呈上凸形态，表明年输沙量总体呈显著减少趋势，从 20 世纪 50 年代的 2411 万 t 减至 70 年代的 628.8 万 t，90 年代减至 416.0 万 t，21 世纪前十年仅为 16.2 万 t，2010～2020 年略增至 40.9 万 t。

（3）漳河观台站水沙量双累积关系线在 1961 年之前向上偏离，在 1961 年后持续向右下方偏转，总体呈上凸形态，表明 20 世纪 50 年代年输沙量增大速率大于年径流量增大速率，年平均含沙量有所增加；1961 年后年输沙量减小速率大于年径流量减小速率，年平均含沙量呈减少趋势。

2. 卫河

卫河元村集站多年平均径流量和多年平均输沙量分别为 14.38 亿 m³ 和 198.0 万 t。元村集站水沙量及 M-K 统计量过程线和累积曲线如图 3-27 所示。

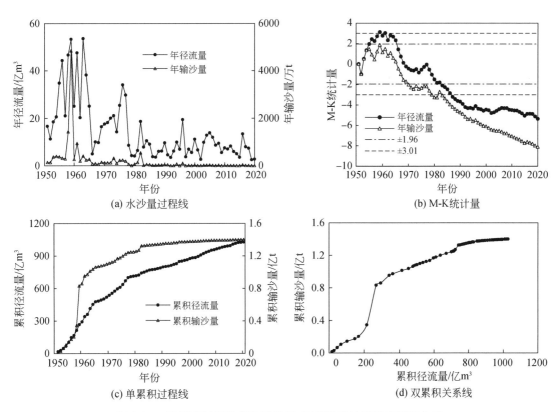

(a) 水沙量过程线

(b) M-K 统计量

(c) 单累积过程线

(d) 双累积关系线

图 3-27　卫河元村集站水沙量及 M-K 统计量过程线和累积曲线

（1）卫河元村集站年径流量的 M-K 统计量在 1959 年前增至 3.13，而后持续减小，至 1983 年后皆小于−1.96，2020 年减为−5.34，其绝对值大于 3.01，对应的单累积过程线在 1959 年前向上偏离，在 1960 年之后明显向右下偏离，总体表现为上凸形态，表明卫河的年径流量呈现先增加后大幅减少的过程，总体显著减少，从 20 世纪 50 年代的 29.73 亿 m³ 减至 70 年代的 19.35 亿 m³，90 年代持续回落至 7.631 亿 m³，21 世纪前十年略增加至 9.224 亿 m³，2010～2020 年减为 6.442 亿 m³。

（2）卫河元村集站年输沙量的 M-K 统计量在 1959 年之前增加至 1.88，1960 年后持续减小，1970 年之后小于−1.96，并持续减小，2020 年减小至−8.11，其绝对值远大于 3.01，年输沙量单累积过程线波动较大，1959 年前呈下凸状态，进入 20 世纪 60 年代以来，年输沙量累积曲线向右下方偏离，总体呈上凸形态，表明年输沙量总体呈显著减少趋势。年输沙量从 20 世纪 50 年代的 923.8 万 t 减至 70 年代的 150.4 万 t，90 年代减为 29.0 万 t，2010～2020 年仅为 7.58 万 t。

（3）卫河水沙量双累积关系线在 1959 年之前向上偏离，在 1960 年后持续向右下方偏离（1959 年输沙量急剧增加），总体呈上凸形态，表明 20 世纪 50 年代年输沙量增大速率大于年径流量增大速率，年平均含沙量呈增加态势；1960 年后年输沙量减小速率大于年径流量减小速率，年平均含沙量呈减少趋势。

3.3.6　海河流域代表水文站水沙变化

海河流域代表水文站选定为桑干河石匣里站、洋河响水堡站、滦河滦县站、潮河下会站、白河张家坟站、沙河阜平站、滹沱河小觉站、漳河观台站和卫河元村集站 9 个水文控制站，9 个水文控制站年径流量和年输沙量之和为海河流域代表水文站的水沙量。代表水文站 1950～2020 年水沙量年代特征值及趋势分析如表 3-16 所示，历年径流量及年输沙量变化过程如图 3-28 所示，对应的水沙量 M-K 统计量过程线和累积曲线如图 3-29 所示。

表 3-16　海河流域代表水文站水沙量年代特征值及趋势分析

项目	1950～1959 年	1960～1969 年	1970～1979 年	1980～1989 年	1990～1999 年	2000～2009 年	2010～2020 年	2011～2020 年	多年均值	M-K 检验 U 值	M-K 检验 趋势判断
年径流量/亿 m³	165.8	118.9	103.9	45.70	58.54	23.50	29.38	30.31	73.68	−7.56	显著减少
年输沙量/万 t	16 165	6 717	4 132	1 145	1 484	78.3	121.5	131.2	3 776	−9.13	显著减少
含沙量/（kg/m³）	9.750	5.649	3.977	2.505	2.535	0.333	0.414	0.433	5.125		

（1）海河流域代表水文站年径流量呈逐渐减小的态势，具有较大的年际变化幅度，最大和最小年径流量分别为 275.0 亿 m³ 和 13.71 亿 m³，分别发生在 1959 年和 2002 年，最大和最小年径流量比值为 20.06；代表水文站年输沙量随时间呈逐渐减小的态势，年际变化幅度很大，年最大和最小年输沙量分别为 27 317 万 t 和 4.20 万 t，分别发生在 1959 年和 2014 年，其比值为 6504.05。

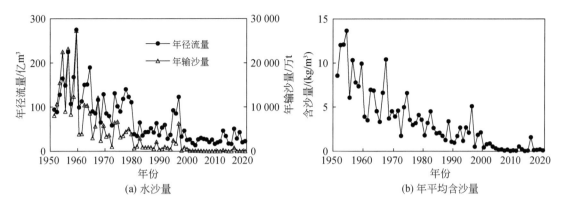

(a) 水沙量　　　　　　　　　　　　(b) 年平均含沙量

图 3-28　海河流域代表水文站水沙变化过程

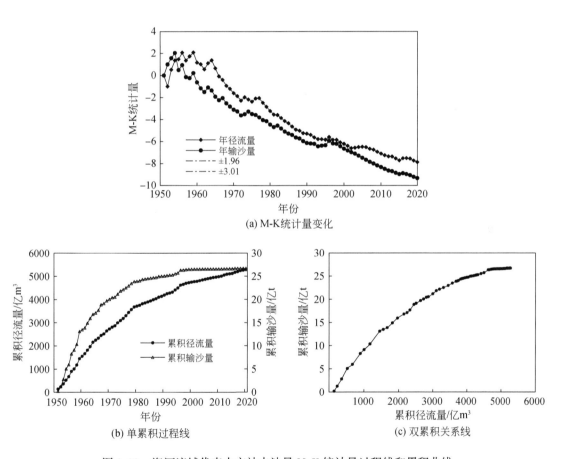

(a) M-K统计量变化

(b) 单累积过程线　　　　　　　　　　(c) 双累积关系线

图 3-29　海河流域代表水文站水沙量 M-K 统计量过程线和累积曲线

（2）海河流域代表水文站年径流量的 M-K 统计量大约在 1980 年之前经历增加—波动—减小的变化过程，其绝对值皆小于 1.96，1980 年后基本上持续减小，2020 年减至 −7.56，其单累积过程曲线呈明显的上凸形态，表明代表水文站年径流量呈显著减少态势。

年径流量由 20 世纪 50 年代的 165.8 亿 m³ 减小至 70 年代的 103.9 亿 m³，90 年代为 58.54 亿 m³，2010～2020 年仅为 29.38 亿 m³。

（3）海河流域代表水文站年输沙量的 M-K 统计量从 1954 年开始持续减小，至 1970 年减至 -1.96 以下，此后继续减小至 2020 年的 -9.13，其绝对值远大于 3.01，对应的单累积过程线呈明显上凸形态，表明代表水文站年输沙量显著减少，从 20 世纪 50 年代的 16 165 万 t 减至 70 年代的 4132 万 t，90 年代减至 1484 万 t，2010～2020 年仅为 121.5 万 t。

（4）海河流域代表水文站近 10 年（2011～2020 年）平均径流量和平均输沙量分别为 30.31 亿 m³ 和 131.2 万 t，较多年平均径流量 73.68 亿 m³ 和多年平均输沙量 3776 万 t 分别偏小 58.86% 和 96.53%。与多年平均值比较，2011～2020 年各年径流量偏小幅度为 31.17%～77.73%，其中 2015 年和 2016 年分别偏小 77.73% 和 31.17%；各年输沙量偏小 78.85%～99.89%，其中 2014 年和 2016 年分别偏小 99.89% 和 78.85%。

（5）海河流域代表水文站水沙量双累积关系线呈明显上凸形态，表明代表水文站的年输沙量减小速率大于年径流量减小速率，相应的代表水文站含沙量不断减小，从 20 世纪 50 年代的 9.750kg/m³ 减至 70 年代的 3.977kg/m³，90 年代减为 2.535kg/m³，21 世纪前十年减为 0.333kg/m³，2010～2020 年略增加至 0.414kg/m³。

3.4　松　花　江

松花江位于中国东北地区北部，是黑龙江最大的支流。松花江全长 2309km，流域面积为 55.7 万 km²，流经黑龙江、内蒙古、吉林、辽宁四省（自治区），有北源嫩江和南源西流松花江，西流松花江与嫩江汇合后，即松花江干流，其自西南流向东北，汇入呼兰河、牡丹江、汤旺河等支流，注入黑龙江。松花江干流长为 939km，流域面积为 18.64 万 km²。北源嫩江发源于大兴安岭，嫩江干流流经黑龙江与内蒙古、吉林的交界，纳入甘河、讷谟尔河、阿伦河、绰尔河和洮儿河等支流，最后在吉林松原市三岔河与西流松花江汇合，河道全长为 1370km，流域面积为 29.7 万 km²；嫩江在嫩江县以上属山区，从嫩江县向下到内蒙古的莫力达瓦达斡尔族自治旗，地形逐渐由山区过渡到丘陵地带，齐齐哈尔以下，嫩江逐渐进入平原区，向南直至松花江干流，形成广阔的松嫩平原区。南源西流松花江，发源于长白山，河道长为 958km，流域面积为 7.34 万 km²；西流松花江整个地形是东南高、西北低，形成一个长条形倾斜面，东南部是高山区和半山区。松花江上游嫩江、西流松花江分别由大赉站、扶余站控制，干流由佳木斯站控制，如图 1-1 所示。表 3-17 为松花江源流水文控制站水沙量年代特征值及趋势分析。

3.4.1　嫩江水沙变化

嫩江大赉站多年平均径流量和多年平均输沙量分别为 207.5 亿 m³ 和 175.9 万 t。图 3-30 为水文控制站大赉站水沙量及 M-K 统计量变化过程和累积曲线。

表 3-17　松花江源流水文控制站水沙量年代特征值及趋势分析

河流	水文控制站	项目	1950~1959年	1960~1969年	1970~1979年	1980~1989年	1990~1999年	2000~2009年	2010~2020年	多年平均	M-K检验		突变年
											U值	趋势判断	
嫩江	大赉站	年径流量/亿 m³	306.4	242.3	136.4	241.6	260	106.9	208.58	207.5	-2.30	减少	1963年、1998年
		年输沙量/万 t	144.7	149.1	94.5	147.8	226.9	107.4	330.1	175.9	0.04	无	—
西流松花江	扶余站	年径流量/亿 m³	0	165	127.6	154.1	139.1	123.1	166.9	148.7	-0.87	无	—
		年输沙量/万 t	263.3	272.7	225.4	226.6	139.4	123.3	120.4	189.0	-4.15	显著减少	1977年、1988年

注：—表示无突变年

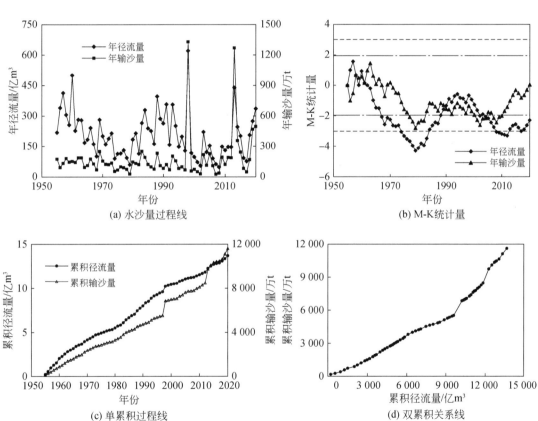

(a) 水沙量过程线　　　　　　(b) M-K统计量

(c) 单累积过程线　　　　　　(d) 双累积关系线

图 3-30　大赉站水沙量及 M-K 统计量变化过程与累积曲线

（1）大赉站年径流量的 M-K 统计量经历了减小—增加—减小—回升的过程，从 1957 年的 1.57 持续不断减小，至 1966 年后小于-1.96，1979 年减至-4.30，而后持续增加，至 1994 年增至-0.58，而后再持续减小至 2012 年的-3.31，2012 年后有所回升，2020 年最终值为-2.30，其绝对值大于 1.96，其年径流量的单累积过程线则经历了上凸—下凸—上凸的过程，总体略呈上凸的波动形态，表明嫩江的年径流量总体呈波动式减小的趋势，如 20 世纪 50～70 年代平均径流量分别为 306. 4 亿 m³、242. 3 亿 m³、136. 4 亿 m³，持续减少，到 80 年代增至 241. 6 亿 m³，到 90 年代又增至 260. 0 亿 m³，21 世纪前十年大幅减为 106. 9 亿 m³，2010～2020 年又增至 208. 58 亿 m³。

（2）大赉站年输沙量的 M-K 统计量经历了平台波动—减小—平台波动—增加的过程，在 1973 年之前处于 0 平台波动阶段，而后减小至下一个 -1. 8 平台波动阶段（1976～2011 年），然后回升至 -0. 6 上下，至 2020 年为 0. 04，其绝对值小于 1. 96，同时年输沙量单累积过程线经历了直线—向右下偏离—直线—快速向上偏离—直线—快速向上偏离的过程，总体呈现波动的下凸形态，表明嫩江来沙量在个别年份较大，在其他年份总体变化趋势不大，其中 1998 年和 2013 年大洪水引起年输沙量突然增大。大赉站年输沙量从 20 世纪 50 年代的 144. 7 万 t 增至 60 年代的 149. 1 万 t，至 70 年代减为 94. 5 万 t，到 80 年代增至 147. 8 万 t，90 年代又增加为 226. 9 万 t，21 世纪前十年又减少为 107. 4 万 t，2010～2020 年增加为 330. 1 万 t。

（3）大赉站水沙量双累积关系线在经历略下凸—略上凸—下凸的形态，总体呈上凹形态，表明大赉站年径流量和年输沙量在 20 世纪 80 年代前总体呈同步变化，水流含沙量基本不变，80 年代后水流含沙量经历一个先减小后增加的波动。年均含沙量由 20 世纪 50 年代的 0. 047kg/m³ 增至 60 年代的 0. 062kg/m³，70 年代略增加至 0. 069kg/m³，80 年代减小至 0. 061kg/m³，而后持续增加，90 年代、21 世纪前十年和 2010～2020 年分别增至 0. 087kg/m³、0. 100kg/m³ 和 0. 158kg/m³。

3.4.2　西流松花江水沙变化

西流松花江扶余站多年平均径流量和多年平均输沙量分别为 148. 7 亿 m³ 和 189. 0 万 t。图 3-31 为西流松花江扶余站水沙量及 M-K 统计量变化过程与累积曲线。

（1）扶余站年径流量的 M-K 统计量除在 1979～1985 年和 2002～2004 年小于 -1. 96 外，在其他年份皆大于 -1. 96，2020 年末为 -0. 87，其绝对值小于 1. 96，且年径流量的单累积过程线基本上呈直线状态，表明西流松花江的年径流量变化不大，在多年平均值上下波动，如 20 世纪 50 年代平均径流量为 177. 0 亿 m³，70 年代减为 127. 6 亿 m³，80 年代增

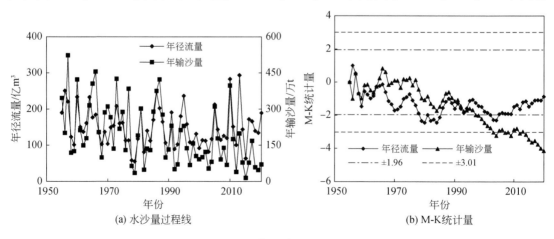

(a) 水沙量过程线　　　　　　　　　　　　(b) M-K统计量

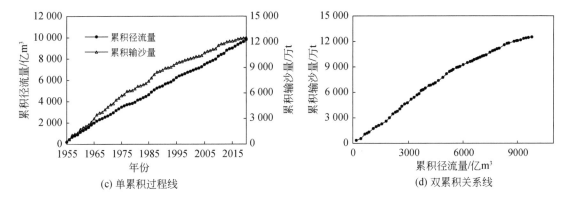

图 3-31 扶余站水沙量及 M-K 统计量变化过程与累积曲线

至 154.1 亿 m³，21 世纪前十年减为 123.1 亿 m³，2010～2020 年又增至 166.9 亿 m³。

（2）扶余站年输沙量的 M-K 统计量在 1977 年之前处于平台波动状态，而后持续减小，至 1997 年后小于－1.96，2020 年为－4.15，其绝对值大于 3.01，同时年输沙量单累积过程线为明显的上凸状态，表明西流松花江来沙量总体呈现明显的减少趋势。扶余站年输沙量从 20 世纪 50 年代的 263.3 万 t 增至 60 年代的 272.7 万 t，70 年代减至 225.4 万 t，90年代减至 139.4 万 t，21 世纪前十年减至 123.3 万 t，2010～2020 年为 120.4 万 t。

（3）扶余站水沙量双累积关系线总体呈上凸形势，1970 年前略向上偏离，20 世纪 80年代后向右下偏转，说明西流松花江 70 年代前来水含沙量略呈增加态势，80 年代后扶余站年输沙量减小幅度明显，来水含沙量从 50 年代的 0.149kg/m³ 增至 70 年代的 0.177kg/m³，90 年代减至 0.100kg/m³，2010～2020 年仅为 0.072kg/m³。

3.4.3 干流及代表水文站水沙变化

嫩江和西流松花江汇合后称松花江，而后陆续又有拉林河、通肯河、蚂蚁河、牡丹江、汤旺河等支流汇入，其水文控制站为佳木斯站，也是松花江流域的代表水文站。佳木斯站水沙量年代特征值及趋势分析见表 3-18，对应的水沙量 M-K 统计量过程线和累积曲线如图 3-32 所示。

表 3-18 松花江代表水文站水沙量年代特征值及趋势分析

项目	1950～1959 年	1960～1969 年	1970～1979 年	1980～1989 年	1990～1999 年	2000～2009 年	2010～2020 年	2011～2020 年	多年平均	M-K 检验 U 值	M-K 检验 趋势判断	突变年
年径流量/亿 m³	831.9	751.9	496.7	712.7	691.6	409.0	698.4	706.1	643.4	－1.99	减少	1966 年、1998 年
年输沙量/万 t	1411	1265	710.3	1318	1812	1072	1301	1264	1260	0.20	无	—
含沙量/（kg/m³）	0.170	0.168	0.143	0.185	0.262	0.262	0.186	0.178	0.196			

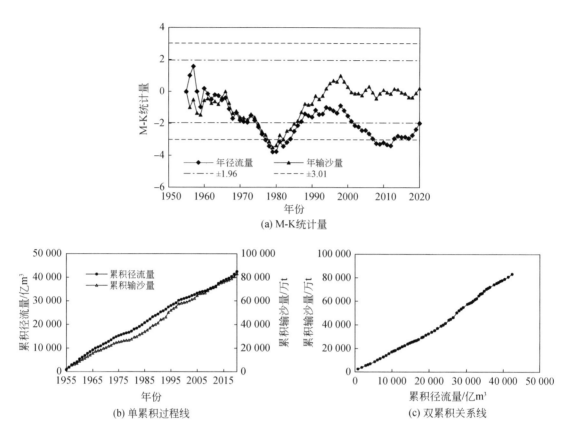

图 3-32　松花江代表水文站水沙量 M-K 统计量变化过程与累积曲线

（1）松花江佳木斯站年径流量具有较大的年际变化幅度，最大和最小年径流量分别为1217.5 亿 m³ 和 246.6 亿 m³，分别发生在 1960 年和 1979 年，最大和最小年径流量比值为4.94；代表水文站年输沙量年际变化幅度较大，最大和最小年输沙量分别为 3970.4 万 t 和211.3 万 t，分别发生在 1994 年和 1979 年，其比值为 18.79。

（2）松花江流域代表水文站年径流量的 M-K 统计量经历了减少—回升—减小—再回升的变化过程，从 20 世纪 50 年代减小至 1979 年的 -3.78，然后于 1998 年回升至 -0.89，至 2012 年又回落至 -3.39，2020 年回升至 -1.99，年径流量单累积过程线于 1970 年和2000 年左右有所波动，整体略呈上凸形态，表明松花江代表水文站年径流量经历了减少—回升—再减少—再回升的过程，总体具有减少趋势，从 20 世纪 50 年代的 831.9 亿 m³ 减少至 70 年代的 496.7m³，80 年代增加至 712.7 亿 m³，至 21 世纪前十年又减为 409.0 亿 m³，2010～2020 年又增加至 698.4 亿 m³。

（3）松花江流域代表水文站年输沙量的 M-K 统计量从 1966 年的 0 持续降至 1979 年的 -3.50，然后至 1998 年回升至 0.99，然后略有回落在 0 轴线波动，2020 年值为 0.20，同时年输沙量单累积过程线在相应年份也存在变化，1975～1995 年呈下凸形态，1995 年后又呈直线形态，总体呈直线形态，且表明代表水文站年输沙量经历了减少—回升的过程，总体无变化趋势。年输沙量在多年平均值上下波动，20 世纪 50～70 年代呈减少趋势，年输沙量分别为1411万t、1265万t、710.3万t，80年代开始增加，至90年代增为1812万t，21世纪前十年又减小为1072万t，2010～2020年增至1301万t。

（4）松花江流域代表水文站近10年（2011～2020年）平均径流量和平均输沙量分别为706.1亿m³和1264万t，年径流量较多年平均值643.4亿m³增加了9.92%，年输沙量基本持平。2011～2020年中，与多年平均值相比，2013年、2014年、2018年、2019年和2020年径流量分别偏大78.43%、9.84%、11.33%、53.19%和67.24%，其他年份偏小15.88%～30.21%，其中2011年和2016年分别偏小30.21%和15.88%；2013年、2019年和2020年输沙量分别偏大64.29%、44.44%和88.10%，其他年份偏小7.94%～48.81%，其中2017年和2018年分别偏小48.81%和7.94%。

（5）松花江流域代表水文站水沙量双累积关系线呈下凸形态，表明代表水文站年输沙量减小速率小于年径流量的减小速率，代表水文站来水含沙量呈逐渐增加趋势。含沙量从20世纪60年代的0.168kg/m³增至80年代的0.185kg/m³，21世纪前十年增至0.262kg/m³，2010～2020年略减小至0.186kg/m³。

松花江干流水沙变化趋势有一定的特殊性，代表水文站年径流量具有减少趋势，而年输沙量变化趋势不明显，致使来水含沙量具有增加趋势。造成这一特殊性的主要原因是，松花江为少沙河流，水库拦沙效果并不显著，河流经过松嫩平原，下游河道发生冲刷，输沙量恢复。因此，年径流量减小并没有影响到年输沙量的大小。

3.5 辽 河

辽河发源于河北承德市七老图山脉的光头山，流经河北、内蒙古、吉林和辽宁四省（自治区），全长为1345km，流域面积为22.1万km²。辽河主要有两个源流，东源为东辽河，西源称西辽河。其中，西辽河为正源，主要分为南源老哈河和北源西拉木伦河，南北源流于翁牛特旗与奈曼旗交界处汇合后为西辽河干流，先后流经河北、内蒙古、吉林和辽宁4省（自治区），在辽宁昌图县福德店汇合东辽河；东辽河发源于吉林市哈达岭西北麓，北流经辽源市，穿行二龙山水库，在辽宁昌图县福德店与西源西辽河汇合后始称辽河干流，辽河干流继续南流，分别纳入左侧的招苏台河、清河、柴河、泛河等支流和右侧的秀水河、养息牧河、柳河等支流后经盘锦市双台子河入海。辽河流域水土流失严重，属多沙河流。结合水文泥沙观测资料和水文控制站代表性，选用的主要水文控制站有老哈河兴隆坡站、柳河新民站和干流铁岭站及六间房站，如图1-1所示。

3.5.1 典型支流水沙变化

根据水文泥沙观测资料，选择支流老哈河和柳河为典型支流，其水文控制站分别为兴隆坡站和新民站，水文泥沙观测起始年份分别为1963年和1965年。辽河典型支流水文控制站水沙量年代特征值及趋势分析如表3-19所示。

表 3-19　辽河典型支流水文控制站水沙量年代特征值及趋势分析

支流	水文控制站	项目	1950～1959年	1960～1969年	1970～1979年	1980～1989年	1990～1999年	2000～2009年	2010～2020年	多年平均	M-K 检验		
											U 值	趋势判断	突变年
老哈河	兴隆坡站	年径流量/亿 m³		7.610	6.611	2.670	7.787	1.763	0.541	4.306	-5.94	显著减少	
		年输沙量/万 t		3444	1562	976.3	1707	307.7	13.1	1150	-7.12	显著减少	1965年、1989年、2000年
柳河	新民站	年径流量/亿 m³		3.816	2.886	2.121	2.525	0.738	0.866	1.988	-6.04	显著减少	
		年输沙量/万 t		1360	488.1	300.8	279.7	53.2	49.7	331.0	-7.28	显著减少	1988年

1. 老哈河

老哈河是西辽河南源，发源于河北承德市七老图山脉海拔 1490m 的光头山，向东北流入内蒙古赤峰市境内，与自西向东流的西拉木伦河汇合后称为西辽河。老哈河长约 425km，流域面积约 3.3km²，主要支流有黑里河、坤头河、英金河、羊肠河、崩河、饮马河等河流，老哈河兴隆坡站多年平均径流量和多年平均输沙量分别为 4.306 亿 m³ 和 1150 万 t，其水沙量过程线、M-K 统计量过程线与累积曲线如图 3-33 所示。

（1）老哈河兴隆坡站年径流量的 M-K 统计量经历了减小—波动—减小—增大—减小的过程，其中 1968 年、1970～1972 年、1982～1991 年和 2003 年之后的 M-K 统计量皆小于-1.96，特别是 1999 年之后持续减小，2020 年仅为-5.94，其绝对值大于 3.01，对应的单累积过程线在 1980 年之前总体呈直线形态，1980 年之后向右下偏离，1980～1998 年呈下凸形态，1999 年之后向右下方偏离，年径流量单累积过程线总体呈上凸形态，表明兴隆坡站年径流量呈减少—增加—减少的过程，总体具有显著减少的态势；年径流量从 20 世纪 60 年代的 7.610 亿 m³ 减至 80 年代的 2.670 亿 m³，90 年代增加至 7.787 亿 m³，21 世纪前十年减至 1.763 亿 m³，2010～2020 年仅为 0.541 亿 m³。

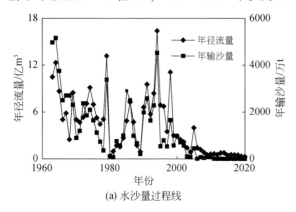

(a) 水沙量过程线

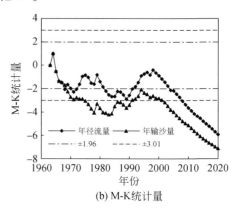

(b) M-K 统计量

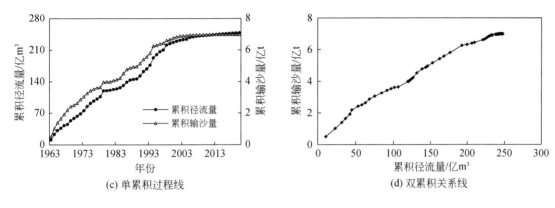

(c) 单累积过程线　　　　　　　　(d) 双累积关系线

图 3-33　老哈河兴隆坡站水沙量及 M-K 统计量过程线和累积曲线

（2）兴隆坡站年输沙量的变化过程与年径流量类似，其 M-K 统计量经历减小—回升—减小的过程，从 1969 年后一直小于-1.96，至 1983 年减为最小值-4.23，然后回升至 1994 年的-2.08，1994 年后持续减小，2020 年减为-7.12，其绝对值远大于 3.01，对应的单累积过程线 1983 年之前总体呈上凸形态，1984～1994 年向上偏离，1994 年之后累积输沙量增长趋势明显放缓，向右下方偏离，年输沙量单累积过程线总体呈明显的上凸形态，表明兴隆坡站年输沙量呈减少—增加—减少的过程，总体具有显著减少的态势。年输沙量从 20 世纪 60 年代的 3444 万 t 减至 80 年代的 976.3 万 t，90 年代增至 1707 万 t，21 世纪前十年减至 307.7 万 t，2010～2020 年仅为 13.1 万 t。

（3）兴隆坡站水沙量双累积关系线经历上凸—略下凸—上凸的变化过程，总体呈现上凸的形态，表明老哈河年输沙量减小速率总体略大于年径流量减小速率，相应的来水含沙量总体逐渐减小。平均含沙量从 20 世纪 60 年代的 45.26kg/m³ 减至 70 年代的 23.63kg/m³，80 年代增至 36.57kg/m³，21 世纪前十年减至 17.45kg/m³，2010～2020 年仅为 2.42kg/m³。

2. 柳河

柳河是辽河干流右岸汇入的一条多沙支流，发源于内蒙古通辽奈曼旗南部双山子东坡，两大支流即养畜牧河与厚很河在库伦旗三家子镇乌兰胡硕汇合后称为柳河，柳河流经内蒙古库伦旗和辽宁阜新县、彰武县，在新民县城南汇入辽河，全长 271.6km，流域面积 5791km²。柳河新民站多年平均径流量和多年平均输沙量分别为 1.988 亿 m³ 和 331.0 万 t，其水沙量过程线、M-K 统计量变化过程与累积曲线如图 3-34 所示。

（1）柳河新民站年径流量的 M-K 统计量经历减小—波动—减小的过程，1970～1974 年快速减小，1974～1998 年于-1.96 上下波动，1998 年后持续减小，2020 年减至-6.04，其绝对值远大于 3.01，其单累积过程线 1970～1976 年略向右下方偏离，1976～1994 年总体呈直线形态，1994 年之后累积径流量增长趋势下降明显，向右下方偏离，年径流量单累积过程线总体呈明显的上凸形态，表明柳河年径流量具有显著减少的趋势，从 20 世纪 60 年代的 3.816 亿 m³ 减至 80 年代的 2.121 亿 m³，21 世纪前十年减至 0.738 亿 m³，2010～2020 年为 0.866 亿 m³。

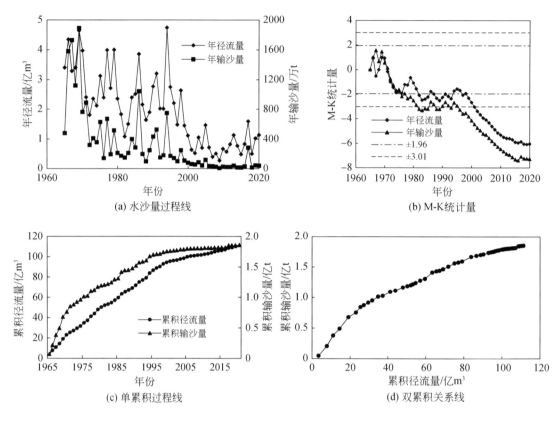

图 3-34　柳河新民站水沙量及 M-K 统计量变化过程和累积曲线

（2）柳河新民站年输沙量的 M-K 统计量经历减小—波动—减小的过程，1970～1982 年持续快速减小，并于 1976 年后小于-1.96，1982～1995 年于-3.0 上下波动，1995 年后持续减小，2020 年减至-7.28，其绝对值远大于 3.01；其单累积过程线 1970 年之前呈直线形态，1970 年之后累积输沙量增长态势逐渐趋缓，单累积过程线向右偏离，1995 年之后累积输沙量增长速率明显下降，单累积过程线向右下方明显偏离，年输沙量单累积过程线整体呈明显的上凸形态，表明新民站年输沙量具有显著减少的态势，从 20 世纪 60 年代的 1360 万 t 减至 80 年代的 300.8 万 t，21 世纪前十年减至 53.2 万 t，2010～2020 年为 49.7 万 t。

（3）新民站水沙量双累积关系线呈明显的上凸形态，表明柳河年输沙量减小速率远大于年径流量减小速率，相应的来水含沙量显著减小，从 20 世纪 60 年代的 35.64kg/m³ 减至 80 年代的 14.18kg/m³，21 世纪前十年减至 7.21kg/m³，2010～2020 年为 5.74kg/m³。

3.5.2　干流河道水沙变化

根据水文泥沙观测资料，辽河干流水文控制站主要包括铁岭站和六间房站，其中铁岭站水沙观测起始于 1954 年，而六间房站水沙资料起始于 1987 年。辽河干流水文控制站水沙量年代特征值及趋势分析如表3-20所示。

表3-20　辽河干流水文控制站水沙量年代特征值及趋势分析

水文控制站	项目	1950～1959年	1960～1969年	1970～1979年	1980～1989年	1990～1999年	2000～2009年	2010～2020年	多年平均	M-K检验 U值	M-K检验 趋势判断	M-K检验 突变年
铁岭站	年径流量/亿 m³	59.31	35.92	19.24	28.22	32.50	12.12	25.72	28.62	−2.93	减少	—
铁岭站	年输沙量/万 t	4813	1627	275.5	555.8	1131	37.1	122.7	992.4	−5.29	显著减少	1959年、1960年、1962年、1963年
六间房站	年径流量/亿 m³				36.86	39.80	12.46	29.81	28.27	−1.17	无	—
六间房站	年输沙量/万 t				652.3	676.1	78.4	178.1	337.1	−2.68	减少	—

1. 铁岭水文站

铁岭站多年平均径流量和多年平均输沙量分别为28.62亿 m³和992.4万 t，图3-35为铁岭站水沙量及M-K统计量变化过程和累积曲线。

（1）铁岭站年径流量的M-K统计量经历了减小—回升—减小—波动的过程，1954～1983年持续减小，1967年减至−1.92，1983年减至的−5.01，之后回升至1994～1999年的−1.80左右，然后回落至2003～2020年的−3.20左右，2020年为−2.93，其绝对值大于1.96，对应的单累积过程线在1954～1983年呈上凸形态，1985～1998年累积过程线向上偏离，1998～2003继续向右下偏离，2004年后恢复性直线增长，年径流量单累积过程线总体呈上凸形态，表明铁岭站年径流量具有减少趋势，其年径流量从20世纪50年代的59.31亿 m³减至70年代的19.24亿 m³，90年代增至32.50亿 m³，2010～2020年减至25.72亿 m³。

（2）铁岭站年输沙量的M-K统计量经历了波动—减小—回升—减小的变化过程，1964年前在−0.53上下波动，1964～1984年持续减至−5.83，而后回升至1994～1999年

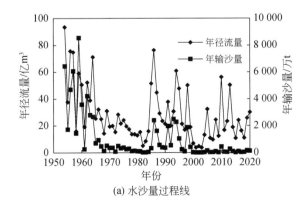

(a) 水沙量过程线

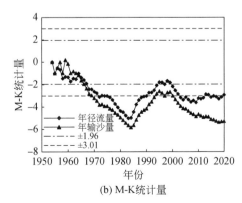

(b) M-K统计量

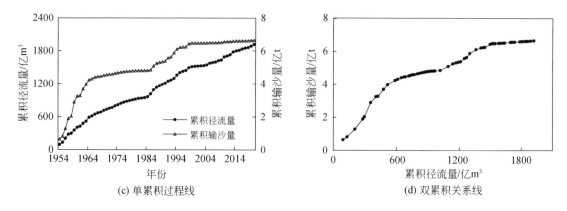

(c) 单累积过程线　　　　　　　(d) 双累积关系线

图 3-35　辽河干流铁岭站水沙量及 M-K 统计量变化过程和累积曲线

的 −2.75 左右，1999 年后持续减小，至 2020 年减至 −5.29，其绝对值远大于 3.01，对应的单累积过程线在 1964 年之前总体呈直线状态，1964 年之后向右下方明显偏离，1985～1999 年基本呈直线增长趋势，略向上偏离，1999 年之后增长趋势下降明显，向右下方明显偏离，年输沙量单累积过程线总体呈明显的上凸形态，表明铁岭站年输沙量具有显著减少的趋势，其年输沙量从 20 世纪 50 年代的 4813 万 t 减至 70 年代的 275.5 万 t，90 年代回增至 1131 万 t，2010～2020 年减至 122.7 万 t。

（3）铁岭站水沙量双累积关系线虽然不同时段呈现下凸—上凸—下凸—上凸的波动变化，但总体呈明显的上凸形态，表明铁岭站年输沙量减小速率总体远大于年径流量减小速率，相应的来水含沙量明显减小，从 20 世纪 50 年代的 8.115kg/m³ 减至 70 年代的 1.432kg/m³，90 年代回增至 3.480kg/m³，2010～2020 年减至 0.477kg/m³。

2. 六间房水文站

辽河干流六间房站水沙资料范围为 1987～2020 年，其水沙资料系列为 33 年，短于铁岭站 67 年的水沙资料系列。六间房站多年平均径流量和多年平均输沙量分别为 28.27 亿 m³ 和 337.1 万 t，图 3-36 为六间房站水沙量及 M-K 统计量变化过程和累积曲线。

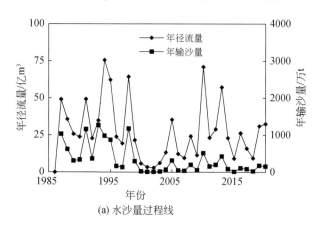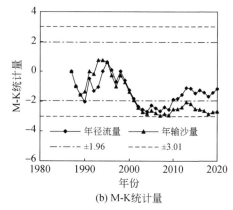

(a) 水沙量过程线　　　　　　　(b) M-K统计量

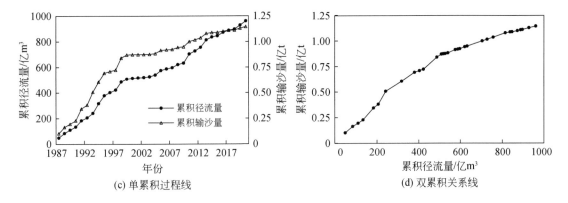

(c) 单累积过程线　　　　　(d) 双累积关系线

图 3-36　辽河干流六间房站水沙量及 M-K 统计量变化过程和累积曲线

（1）六间房站年径流量的 M-K 统计量经历减小—增加—减小—缓慢回升的变化过程，1995 年之前呈先减小后增加的态势，1995～2004 年逐渐减小至−2.69，然后逐渐回升，2020 年为−1.17，其绝对值小于 1.96，其单累积过程线在 1995 年之前略有下凸形态，1998～2009 年向右下方偏离，2009 年后又开始向上偏离，总体呈摆动的直线形态，表明 1987 年以来，六间房站年径流量呈现先略有增加后快速减小再回升的变化过程，总体无显著变化态势，从 20 世纪 90 年代的 39.80 亿 m³ 减至 21 世纪前十年的 12.46 亿 m³，2010～2020 年回升至 29.81 亿 m³。

（2）六间房站年输沙量的 M-K 统计量经历减小—增加—减小—略有回升（平台波动）的变化过程，1993 年前呈先减小后增加态势，1994～2007 年逐渐减小至−2.96，然后略有回升，2020 年统计量值为−2.68，其绝对值大于 1.96，其单累积过程线 1994 年之前略有下凸形态，1995 年之后向右下方偏离，其中 1998 年累积输沙量增长较多，总体呈上凸形态，表明 1987 年以来，六间房站年输沙量总体具有减小的趋势，从 20 世纪 90 年代的 676.1 万 t 减至 21 世纪前十年的 78.4 万 t，2010～2020 年回升至 178.1 万 t。

（3）六间房站水沙量双累积关系线总体呈明显的上凸形态，表明六间房站年输沙量减小速率大于年径流量减小速率，相应的来水含沙量逐渐减小，从 20 世纪 80 年代的 1.770kg/m³ 减至 21 世纪前十年的 0.629kg/m³，2010～2020 年为 0.597kg/m³。

3.5.3　代表水文站水沙变化

辽河流域代表水文站选择干流铁岭站和支流柳河新民站，代表水文站水沙量为铁岭站和新民站水沙量之和。代表水文站 1950～2020 年水沙量年代特征值如表 3-21 所示，历年径流量及输沙量变化过程如图 3-37 所示，对应的水沙量 M-K 统计量过程线和累积曲线如图 3-38 所示。

（1）辽河代表水文站年径流量经历波动减少—波动回升的过程，在 1982 年之前呈减少态势，1982 年之后开始回升；代表水文站年径流量年际有较大的变化幅度，最大和最小年径流量分别为 96.54 亿 m³ 和 4.298 亿 m³，分别发生在 1954 年和 2001 年，最大和最小年径流量比值为 22.46；代表水文站年输沙量经历波动减少—波动回升—快速减小的过程，在 1982 年之前呈减少态势，1982 ~ 1999 年回升，1999 年后快速减小；年输沙量年际具有很大的变化幅度，最大和最小年输沙量分别为 9293 万 t 和 25.1 万 t，分别发生在 1959 年和 2015 年，其比值为 370.24。

表 3-21　辽河流域代表水文站水沙量年代特征值及趋势分析

项目	1950 ~ 1959 年	1960 ~ 1969 年	1970 ~ 1979 年	1980 ~ 1989 年	1990 ~ 1999 年	2000 ~ 2009 年	2010 ~ 2020 年	2011 ~ 2020 年	多年均值	M-K 检验	
										U 值	趋势判断
年径流量/亿 m³	62.45	39.74	22.13	30.34	35.03	12.86	26.58	23.57	30.61	-3.24	显著减少
年输沙量/万 t	5555	2987	763.6	856.6	1411	90.3	172.4	143.8	1323	-7.03	显著减少
含沙量/(kg/m³)	8.895	7.516	3.451	2.823	4.028	0.702	0.649	0.610	4.322		

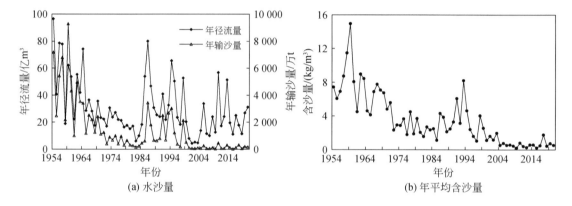

图 3-37　辽河流域代表水文站水沙变化过程

（2）辽河代表水文站年径流量的 M-K 统计量经历了减小—回升—减小—波动回升的变化过程，1954 ~ 1983 年持续减小至 -5.23，然后回升至 1998 年的 -1.92，2009 年再减至 -3.86，2020 年回升至 -3.24，其绝对值大于 3.01，其单累积过程线 1954 ~ 1983 年呈现上

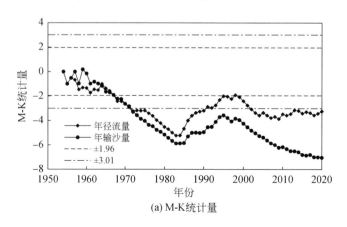

(a) M-K统计量

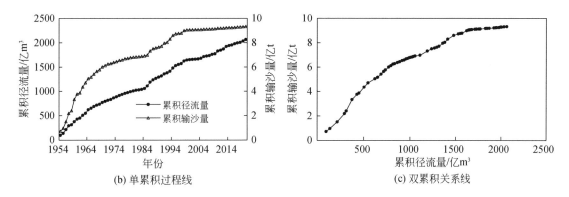

(b) 单累积过程线 　　　　　　　　　　(c) 双累积相关系线

图 3-38　辽河流域代表水文站水沙量 M-K 统计量变化过程与累积曲线

凸形态，1983 ~ 1999 年略有向上偏离，1999 年后略向右偏离，总体呈现上凸形态，表明代表水文站年径流量具有减小—回升—减小的周期性变化过程，总体呈显著减少态势，从 20 世纪 50 年代的 62.45 亿 m³ 减至 70 年代的 22.13 亿 m³，90 年代回增 35.03 亿 m³，2010 ~ 2020 年减至 26.58 亿 m³。

（3）辽河代表水文站年输沙量的 M-K 统计量经历了减小—回升—减小的变化过程，1954 ~ 1983 年持续减至 -5.87，1984 ~ 1995 年回升至 -3.57，1995 年后持续减小，2020 年为 -7.03，其绝对值远大于 3.01，其单累积过程线在 1954 ~ 1983 年具有上凸形态，1984 ~ 1995 年开始向上偏离，1995 年后开始向右偏离，总体呈现明显的上凸形态，表明代表水文站年输沙量呈现减小—回升—减小的变化过程，总体呈显著减少态势，从 20 世纪 50 年代的 5555 万 t 减至 70 年代的 763.6 万 t，90 年代回升至 1411 万 t，2010 ~ 2020 年减至 172.4 万 t。

（4）辽河代表水文站近 10 年（2011 ~ 2020 年）平均径流量和平均输沙量分别为 23.57 亿 m³ 和 143.8 万 t，较多年平均径流量 30.61 亿 m³ 和多年平均输沙量 1323 万 t 分别偏小 23.00% 和 89.13%。2011 ~ 2020 年，与多年平均值比较，2013 年径流量偏大 67.86%，2020 年基本持平，其他年份偏小 12.38% ~ 63.64%，其中 2015 年和 2019 年分别偏小 63.64% 和 12.38%；输沙量均大幅偏小，偏小幅度为 76.18% ~ 98.10%，其中 2015 年和 2017 年分别偏小 98.10% 和 76.18%。

（5）辽河代表水文站水沙量双累积关系线总体呈明显的上凸形态，表明代表水文站年输沙量减小速率大于年径流量减小速率，相应的来水含沙量明显减小，其含沙量从 20 世纪 50 年代的 8.895kg/m³ 减至 70 年代的 3.451kg/m³，90 年代回升至 4.028kg/m³，2010 ~ 2020 年减至 0.649kg/m³。

参　考　文　献

[1] 王延贵，史红玲. 我国江河水沙变化态势及应对策略［R］. 中国水利水电科学研究院，国际泥沙研究培训中心，2015.

[2] 王延贵，史红玲. 我国江河水沙态势变化［R］. 中国水利水电科学研究院，国际泥沙研究培训中心，2015.

［3］宁远，钱敏，王玉太．淮河流域水利手册［M］．北京：科学出版社，2003.

［4］王栋．试析淮河洪涝灾害成因［J］．科技导报，2005，23（9）：14-16.

［5］史红玲，胡春宏，王延贵，等．淮河流域水沙变化趋势及其成因分析［J］．水利学报，2012，43（5）：571-579.

［6］胡春宏，王延贵，张世奇，等．官厅水库泥沙淤积与水沙调控［M］．北京：中国水利水电出版社，2003.

第4章 中国干旱内陆河流水沙变化态势

中国干旱内陆河流以塔里木河和黑河为代表。塔里木河是我国流程最长的内陆河，流域面积为 102 万 km²。流域内大小河流共 144 条，多年平均天然河川径流量为 398.3 亿 m³。目前，只有和田河、叶尔羌河、阿克苏河和开都−孔雀河（简称开−孔河）四条源流与塔里木河干流有地表水联系，形成"四源一干"的格局[1]，"四源一干"流域总面积为 25.86 万 km²，其中国境内面积为 23.63 万 km²，如图 1-1 所示。据《中国河流泥沙公报》资料，四条源流多年平均径流量共 154.85 亿 m³，而输入塔里木河干流的多年平均径流量只有 46.46 亿 m³。

黑河为中国第二大内陆河，发源于祁连山中段，流经青海、甘肃、内蒙古三省（自治区），汇入内蒙古额济纳旗境内的居延海，河流全长为 821km，流域面积为 14.29 万 km²。黑河流域分为东、中、西三个独立的子水系，其中东部子水系即黑河干流水系，包括黑河干流、梨园河及 20 多条沿山小支流，流域面积为 11.6 万 km²；中、西部子水系目前已无水量加入。因此，这里的黑河是指东部子水系，即黑河干流水系，如图 1-1 所示。黑河干流水文控制站莺落峡站多年平均径流量和多年平均输沙量分别为 16.67 亿 m³ 和 193.0 万 t。

4.1 干旱内陆河流的基本特征

4.1.1 源流水情

干旱地区的主要特征是干旱少雨，干旱内陆河流的主要水源为高山冰雪融水，因而干旱内陆河流的水文特征与季节密切相关。以塔里木河为例，塔里木河干流本身不产流，主要由发源于冰川、积雪的三条源流（阿克苏河、叶尔羌河、和田河）补给，另有开−孔河通过库塔干渠向塔里木河干流下游地区输水。20 世纪以来，塔里木河的主要源流叶尔羌河、和田河仅汛期有水，阿克苏河长年有水补给塔里木河干流。"四源一干"的主要情况如表 4-1 所示，在"四源"水系中，大部分河流冰川融水年径流量 50% 以上，只有少数河流冰川融水年径流占水系年总径流量的比例较小，如叶尔羌河水系的提孜那甫河的冰川融水年径流量占 29.9%，阿克苏河水系的托什干河的冰川融水年径流量占 24.7%，开−孔河水系的开都河的冰川融水年径流量占 15.2%。

4.1.2 河流径流量年际变化

干旱内陆河流的主要水源为高山冰雪融水，降水径流所占比例较小。高山冰雪融化主

表 4-1　塔里木河流域各水系主要河流情况

水系	河流	水文站	水文站集水面积/km²	年径流量/亿 m³	径流组成/%		
					冰川融水	雨雪混合	河川基流（地下水）
塔里木河	塔里木河	阿拉尔站		46.46			
和田河	玉龙喀什河	同古孜洛克站	14 575	22.99	64.9	17.0	18.1
	喀拉喀什河	乌鲁瓦提站	19 983	21.50	54.1	22.1	23.8
叶尔羌河	叶尔羌河	卡群站	50 248（2 870）	67.46	64.0	13.4	22.6
	提孜那甫河	玉孜门勒克站	5 389	8.10	29.9	55.3	14.8
阿克苏河	托什干河	沙里桂兰克站	19 166（10 206）	26.63	24.7	45.1	30.2
	库马拉克河	协合拉站	12 816（10 510）	47.88	52.4	30.4	17.2
	台兰河	台兰河站	1 324	7.50	69.7	7.9	22.4
开-孔河	开都河	大山口站	19 022	33.50	15.2	44.0	40.8

注：（）内为境外集水面积

要与气候温度有关，虽然干旱内陆河流的年径流量在年际年内有所变化，但变化幅度不大，而且年径流量也较小。据塔里木河三条源流（和田河、叶尔羌河、阿克苏河）水文控制站（同古孜洛克站、卡群站、西大桥站）实测资料，塔里木河三条源流各年代平均总径流量变化都不大，均在 120 亿~150 亿 m³，多年平均径流量为 129.5 亿 m³。20 世纪 80~90 年代，我国北方包括黄河在内的不少河流受气候变化及人类活动的影响，来水偏枯，甚至断流，而塔里木河三条源流的总径流量在汛期变化不大，反映了三条源流的来水以冰川融水为主的特点。

另外，干旱内陆河流的最大和最小年径流量的变幅较小，塔里木河三条源流自 1964 年以来，年径流量最小值和最大值分别为 82.08 亿 m³（1993 年）和 178.02 亿 m³（2012 年），其比值为 2.17；塔里木河干流阿拉尔站自 1958 年有实测径流量以来，最大年径流量为 72.0 亿 m³（2010 年），最小年径流量为 14.02 亿 m³（2009 年），其比值为 5.14；黑河莺落峡站 1950 年以来，最大年径流量为 23.31 亿 m³（2017 年），最小年径流量为 10.22 亿 m³（1973 年），其比值为 2.28。而其他河流，黄河潼关站 1952~2020 年最大（1964 年）和最小（1997 年）年径流量分别为 699.3 亿 m³ 和 149.4 亿 m³，其比值为 4.68；渭河华县站 1950 年以来最大（1964 年）和最小（1997 年）年径流量分别为 187.6 亿 m³ 和 16.83 亿 m³，其比值为 11.15；淮河蚌埠站 1950 年以来最大（2003 年）和最小（1978 年）年径流量分别为 641.9 亿 m³ 和 26.9 亿 m³，其比值为 23.86。

4.1.3　河道径流量沿程变化

干旱内陆河流域降水量较小，沿程较少支流汇入，加上干旱地区蒸发、渗漏、漫溢和引水分流等因素的影响，径流量沿程递减。例如，由于干流漫溢、引水分流、蒸发、渗漏等共同作用，塔里木河干流的年径流量沿程递减，特别是在英巴扎至恰拉之间，多年平均径流量的减少更为明显。1957~2000年，阿拉尔站多年平均径流量为45.82亿m³，新其满站为37.62亿m³，英巴扎站为28.76亿m³，恰拉站为6.78亿m³。两站之间的多年平均径流量减少量分别为8.20亿m³、8.86亿m³、21.98亿m³，英巴扎以下年径流量的减少显著。1950~2020年黑河干流莺落峡站多年平均径流量为16.67亿m³，而下游正义峡站的多年平均径流量为10.57亿m³，减幅为36.59%。

4.2 塔里木河水沙变化

目前，塔里木河主要包括和田河、叶尔羌河、阿克苏河、开-孔河四条源流和塔里木河干流（"四源一干"），结合《中国河流泥沙公报》提供的资料，选用玉龙喀什河同古孜洛克站、叶尔羌河卡群站、阿克苏河西大桥站（新大河）、开都河焉耆站和干流阿拉尔站5个水文站作为塔里木河流域的主要水文控制站，如图1-1所示。

4.2.1 四条源流水沙变化

塔里木河源流水文控制站水沙量年代特征值与趋势分析如表4-2所示，主要水文控制站水沙变化过程如图4-1所示。

表4-2 塔里木河流域主要水文控制站水沙量年代特征值及趋势分析

时段		开都河		阿克苏河		叶尔羌河		玉龙喀什河	
		焉耆站		西大桥站		卡群站		同古孜洛克站	
		年径流量/亿m³	年输沙量/万t	年径流量/亿m³	年输沙量/万t	年径流量/亿m³	年输沙量/万t	年径流量/亿m³	年输沙量/万t
1950~1959年		31.98	129.3	29.34	857.5	64.22	2748		
1960~1969年		27.39	56.4	35.75	1351	63.26	2884	20.63	865.2
1970~1979年		23.27	78.7	33.07	1416	66.64	2923	23.33	1414
1980~1989年		21.84	82.1	36.61	1784	63.16	2631	20.55	1094
1990~1999年		29.56	87.6	38.51	2461	68.77	3610	21.31	1027
2000~2009年		25.76	62.8	41.51	1817	69.09	2970	23.12	987.6
2010~2020年		27.59	14.4	44.27	1354	74.41	3431	27.59	1786
多年平均		26.30	63.2	38.10	1710	67.46	3070	22.99	1229
M-K检验	U值	0.17	-4.26	3.02	1.67	2.23	1.29	2.16	1.13
	趋势判断	无	显著减少	显著增加	无	增加	无	增加	无
突变年		—	2003年	1993年	1977年、1993年	1993年	—	—	—

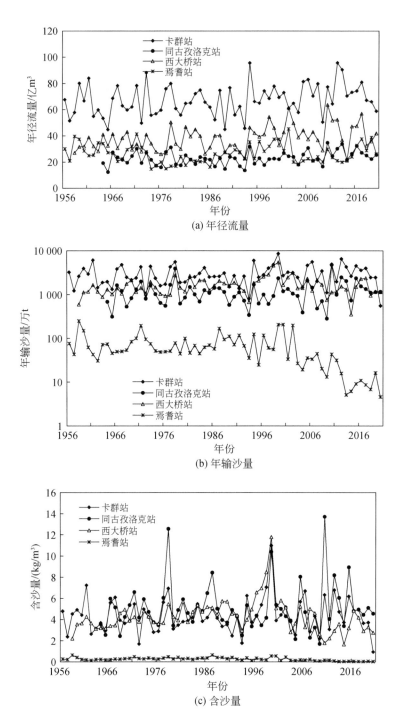

(a) 年径流量

(b) 年输沙量

(c) 含沙量

图4-1 塔里木河源流水沙变化过程

1. 开都河

开都河是天山南坡的一条大河，流域面积为 4.96 万 km²，其中山区面积为 3.30 万 km²，平原区面积为 1.66 万 km²。开都河发源于天山中部依连哈比尔尕山，其主源哈尔尕特沟发源于哈尔尕特大坂，河流全长为 560km。开都河水文控制站为焉耆站，其多年平均径流量和多年平均输沙量分别为 26.30 亿 m³ 和 63.2 万 t，图 4-2 为开都河焉耆站水沙量 M-K 统计量变化过程与累积曲线。

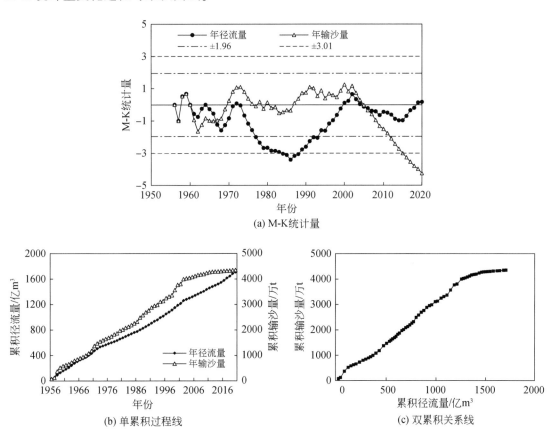

图 4-2 开都河焉耆站水沙量 M-K 统计量变化过程与累积曲线

（1）焉耆站年径流量的 M-K 统计量经历波动—大幅减少—快速回升—减小—回升的过程，2020 年为 0.17，其绝对值远小于 1.96，与此对应的年径流量单累积过程线在 1972 ~ 1986 年向右下偏离，1986 ~ 2002 年向上偏离，总体上呈直线状态，表明焉耆站的年径流量总体变化不大，在多年平均值上下波动，如 20 世纪 50 年代为 31.98 亿 m³，70 年代减为 21.84 亿 m³，90 年代增至 29.56 亿 m³，21 世纪前十年减为 25.76 亿 m³，2010 ~ 2020 年又增至 27.59 亿 m³。

（2）焉耆站年输沙量的 M-K 统计量在 2002 年前在 –1.96 ~ 1.96 波动，2002 年后持续减小，至 2020 年减至 –4.26，其绝对值大于 3.01，同时年输沙量单累积过程线在 2002

前有上翘现象，而后向右偏离，总体上为上凸形态，表明开都河 20 世纪 60 年代和 80 年代中后期虽然曾出现年输沙量增加的现象，但总体呈现显著减少的趋势，特别是 2002 年后，焉耆站年输沙量大幅度减小。焉耆站年输沙量从 20 世纪 50 年代的 129.3 万 t 减至 60 年代的 56.4 万 t，90 年代增至 87.6 万 t，2000 年后持续减少，21 世纪前十年为 62.8 万 t，2010~2020 年仅为 14.4 万 t。

（3）焉耆站水沙量双累积关系线总体呈上凸的态势（图 4-2），说明开都河来水含沙量表现为逐渐减小的趋势，但在 20 世纪 60 年代和 90 年代后期两个时段，水沙量双累积关系线向上偏离，表明相应的来水含沙量有增加的状况。

2. 叶尔羌河

叶尔羌河发源于喀喇昆仑山北麓的拉斯开木河，由主流克勒青河和支流塔什库尔干河组成，进入平原区后，蜿蜒于塔克拉玛干大沙漠西部边缘，还有提孜那甫河、柯克亚河和乌鲁克河等支流独立水系汇入，叶尔羌河在出平原灌区后，流经 200km 的沙漠段到达塔里木河干流。叶尔羌河全长 1165km，流域面积为 7.98 万 km²（境外面积为 0.287 万 km²），其中山区面积为 5.69 万 km²，平原区面积为 2.29 万 km²。叶尔羌河水文控制站为卡群站，其多年平均径流量和多年平均输沙量分别为 67.46 亿 m³ 和 3070 万 t。图 4-3 为叶尔羌河卡群站水沙量 M-K 统计量变化过程与累积曲线。

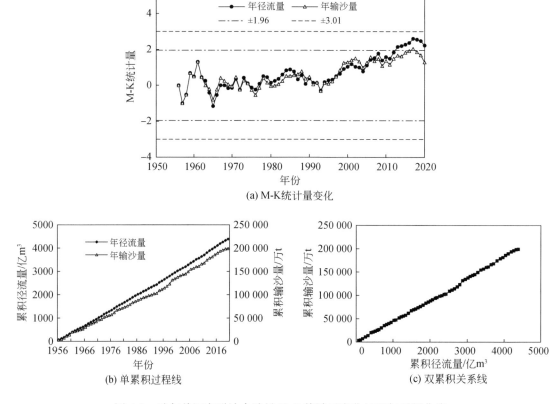

(a) M-K统计量变化

(b) 单累积过程线

(c) 双累积关系线

图 4-3　叶尔羌河卡群站水沙量 M-K 统计量变化过程与累积曲线

（1）叶尔羌河卡群站年径流量的 M-K 统计量呈波动增加的趋势，至 2020 年增至 2.23，其绝对值大于 1.96，2000 年前卡群站年径流量的单累积过程线基本上呈直线形态，2000 年后开始向上偏离，总体略呈下凸形态，表明年径流量具有增加趋势。年径流量从 20 世纪 50 年代的 64.22 亿 m^3 略减至 80 年代的 63.16 亿 m^3，21 世纪前十年增至 69.09 亿 m^3，2010~2020 年增至 74.41 亿 m^3。

（2）叶尔羌河卡群站年输沙量的 M-K 统计量同样经历波动增加的过程，2017 年后减小，2020 年为 1.29，其绝对值小于 1.96，卡群站年输沙量单累积过程线 2017 年前整体略呈下凸的形态，2017 年后向右下偏离，表明叶尔羌河年输沙量 2017 年前有增加态势，总体不显著；卡群站年输沙量从 20 世纪 50 年代的 2748 万 t 增至 70 年代的 2923 万 t，又减至 80 年代的 2631 万 t，到 90 年代增至 3610 万 t，21 世纪前十年又减至 2970 万 t，2010~2020 年又增至 3431 万 t。

（3）卡群站水沙量的双累积关系线总体呈直线状态，略呈下凸形态，表明叶尔羌河年径流量和年输沙量基本上呈同步变化，相应的来水含沙量略呈增加态势，但变化不大。

3. 玉龙喀什河

玉龙喀什河作为和田河上游的两大支流之一，发源于昆仑山，与另一支流喀拉喀什河在阔什拉什汇合后称为和田河，玉龙喀什河的水文控制站为同古孜洛克站，其多年平均径流量和多年平均输沙量分别为 22.99 亿 m^3 和 1229 万 t。图 4-4 为玉龙喀什河同古孜洛克站水沙量 M-K 统计量变化过程与累积曲线。

（1）同古孜洛克站年径流量的 M-K 统计量基本上经历增大—减小—增大的过程，在 2016 年之前都在 ±1.96 内波动，2016 年后有所增加，至 2020 年增至 2.16，略大于 1.96，对应的单累积过程线在 2010 年前呈直线形态，2011 年后略向上偏离，总体呈下凸形态，表明同古孜洛克站的年径流量变化态势在 2010 年前变化不大，近期略有增加，其年径流量从 20 世纪 60 年代的 20.63 亿 m^3 增加至 70 年代 23.33 亿 m^3，再减至 80 年代的 20.55 亿 m^3，到 21 世纪前十年又增至 23.12 亿 m^3，2010~2020 年增至 27.59 亿 m^3。

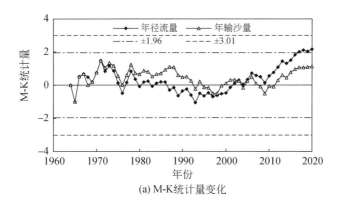

(a) M-K 统计量变化

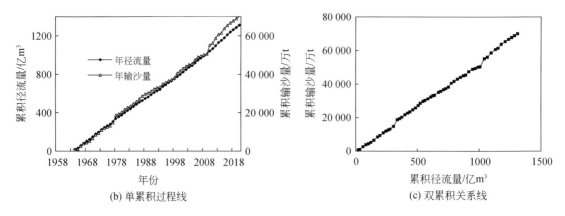

图 4-4　玉龙喀什河同古孜洛克站水沙量 M-K 统计量变化过程与累积曲线

（2）同古孜洛克站年输沙量的 M-K 统计量一直在 –1.96 ~ 1.96 波动，近期略有增加，2020 年输沙量的 M-K 统计量值为 1.13，其绝对值小于 1.96，年输沙量单累积过程线基本上呈一条直线，仅在 2010 年后向上略有偏离，表明同古孜洛克站年输沙量变化不大，近期略有增加；同古孜洛克站年输沙量从 20 世纪 60 年代的 865.2 万 t 增至 70 年代的 1414 万 t，90 年代减至 1027 万 t，21 世纪前十年又减至 987.6 万 t，2010 ~ 2020 年又增至 1786 万 t，总体上在多年平均值上下波动。

（3）同古孜洛克站水沙量双累积关系线总体呈直线形态，说明玉龙喀什河年径流量和年输沙量呈同步变化，相应的来水含沙量总体变化不大，但在 2000 年后，水沙量双累积关系线向上偏离，表明相应的来水含沙量有增加的状况发生。

4. 阿克苏河

阿克苏河是塔里木河水量最大的源流，由源自吉尔吉斯斯坦的托什干河和库马拉克河两大支流组成，河流全长 588km，两大支流入境后，分别流经克孜勒苏和阿克苏两地州，在喀拉都维汇合后，流经山前平原区，在肖夹克汇入塔里木河干流。流域面积为 6.23 万 km²（境外流域面积为 2.07 万 km²），其中山区面积为 4.32 万 km²，平原区面积为 1.91 万 km²。阿克苏河水文控制站为西大桥站，其多年平均径流量和多年平均输沙量分别为 38.10 亿 m³ 和 1710 万 t。图 4-5 为阿克苏河西大桥站水沙量 M-K 统计量变化过程与累积曲线。

（1）西大桥站年径流量的 M-K 统计量经历增加—波动—减少—波动—增加的过程，特别是在 1993 年后持续增加，在 2020 年增至 3.02，其绝对值大于 3.01，年径流量单累积过程线在 1993 年前基本上是一条直线，1993 年之后向上偏离，特别是 20 世纪 90 年代末，总体呈下凸状态，表明西大桥站年径流量呈显著增加态势；西大桥站年径流量从 20 世纪 50 年代的 29.34 亿 m³ 增至 70 年代的 33.07 亿 m³，到 21 世纪前十年增至 41.51 亿 m³，2010 ~ 2020 年为 44.27 亿 m³。

（2）西大桥站年输沙量的 M-K 统计量经历波动—增加—回落的过程，在 2002 年前一直呈波动增加态势，至 2002 年增至 4.28，而后总体呈减小态势，至 2020 年减至 1.67，小

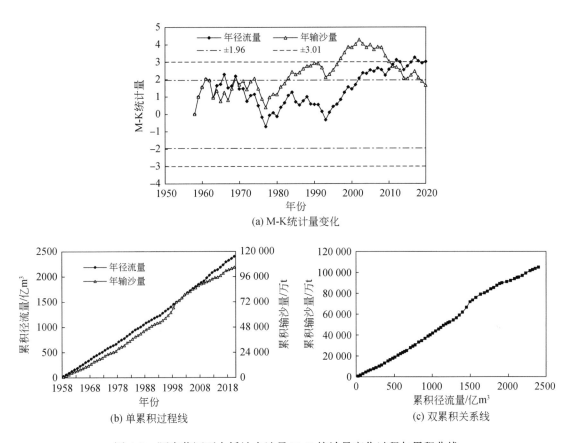

(a) M-K 统计量变化

(b) 单累积过程线

(c) 双累积关系线

图 4-5 阿克苏河西大桥站水沙量 M-K 统计量变化过程与累积曲线

于 1.96，同时年输沙量单累积过程线 2002 年前呈明显的下凸状态，2002 年后开始向右下偏离，表明阿克苏河来沙量总体呈先增加后减小的态势，年输沙量在 20 世纪 90 年代出现明显增加的现象，2002 年后又有所减小。西大桥站年输沙量在 20 世纪 50 年代为 857.5 万 t，90 年代增至 2461 万 t，2000 年后有所减少，21 世纪前十年减至 1817 万 t，2010～2020 年继续减为 1354 万 t。

（3）西大桥站年径流量和年输沙量双累积关系线 2002 年前总体呈现下凸的态势，2002 年后向右下有所偏离，说明 2002 年前阿克苏河年输沙量的增加速率大于年径流量的增加速率，相应来水含沙量表现为逐渐增加的态势；2002 年后阿克苏河年输沙量的增加速率小于年径流量的增加速率，相应来水含沙量表现为逐渐减小的态势。

4.2.2 干流河道水沙变化

塔里木河干流位于盆地的腹地，从三条源流汇合口肖夹克至台特玛湖河道全长为 1321km，流域面积为 1.76 万 km²，属平原型河流。按地域来分，肖夹克至英巴扎为上游，河长为 495km；英巴扎至恰拉为中游，河长 398km；恰拉至台特玛湖为下游，河长为

428km。塔里木河干流上游河道的主要水文控制站为阿拉尔站，其多年平均径流量和多年平均输沙量分别为46.46亿 m³和1990万 t，如表4-3所示。图4-6为阿拉尔站水沙变化过程，图4-7为阿拉尔站水沙量 M-K 统计量变化过程与累积曲线。

表4-3　塔里木河干流阿拉尔站水沙量年代特征值及趋势分析

项目	1950 ~ 1959 年	1960 ~ 1969 年	1970 ~ 1979 年	1980 ~ 1989 年	1990 ~ 1999 年	2000 ~ 2009 年	2010 ~ 2020 年	多年平均	M-K 检验 U 值	M-K 检验 趋势判断	突变年
年径流量/亿 m³	49.86	53.38	44.36	44.76	42.54	39.93	51.60	46.46	-0.86	无	—
年输沙量/万 t	3005	2532	2133	2548	2010	1540	1422	1990	-3.93	显著减少	1991 年
含沙量/ (kg/m³)	6.027	4.743	4.808	5.693	4.725	3.857	2.756	4.283			

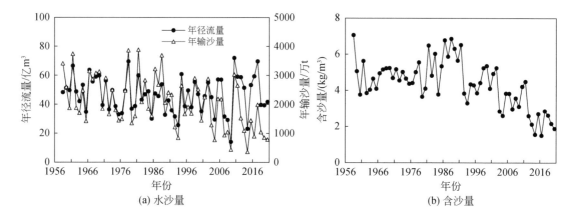

(a) 水沙量　　　　　　　　　　　　　　　(b) 含沙量

图 4-6　塔里木河干流河道阿拉尔站水沙变化过程

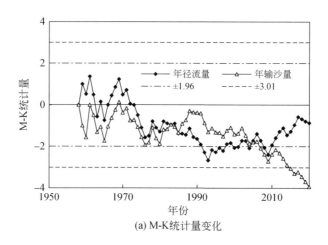

(a) M-K统计量变化

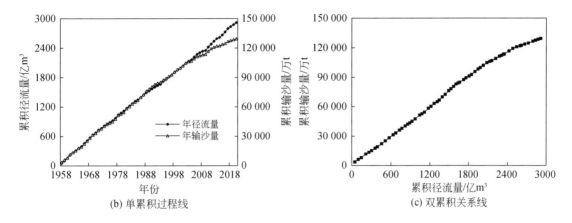

图 4-7　阿拉尔站水沙量 M-K 统计量变化过程与累积曲线

（1）阿拉尔站年径流量的 M-K 统计量经历了波动减小至 1993 年的最小值-2.67，然后逐渐回升，至 2020 年增至-0.86，其绝对值小于 1.96，同时该站年径流量的单累积过程线在 1993 年前略呈上凸形态，此后逐步向上偏离，整体上呈直线状态，表明塔里木河的年径流量经历先减小后回升的过程，总体变化不大，在多年平均值上下波动，如 20 世纪 50 年代为 49.86 亿 m³，60 年代增至 53.38 亿 m³，80 年代减为 44.76 亿 m³，21 世纪前十年减为 39.93 亿 m³，2010～2020 年又增至 51.60 亿 m³。

（2）阿拉尔站年输沙量的 M-K 统计量呈波动减小的过程，至 2020 年为-3.93，其绝对值大于 3.01，同时年输沙量单累积过程线为明显的上凸形态，表明塔里木河干流来沙量总体呈显著减少的趋势。阿拉尔站年输沙量从 20 世纪 50 年代的 3005 万 t 减至 70 年代的 2133 万 t，80 年代增为 2548 万 t，21 世纪前十年减小至 1540 万 t，2010～2020 年减为 1422 万 t。

（3）阿拉尔站水沙量双累积关系线总体呈现上凸的态势，说明塔里木河来水含沙量表现为逐渐减小的趋势。

4.2.3　代表水文站水沙变化

塔里木河干流河道进口水文控制站阿拉尔站和开都河出口水文控制站焉耆站作为塔里木河流域水沙变化的代表水文站。代表水文站 1950～2020 年多年平均径流量和多年平均输沙量分别为 72.76 亿 m³ 和 2050 万 t，如表 4-4 所示。图 4-8 为代表水文站水沙变化过程，图 4-9 为代表水文站水沙量 M-K 统计量变化过程与累积曲线。

表 4-4　塔里木河流域代表水文站水沙量年代特征值及趋势分析

项目	1950～1959 年	1960～1969 年	1970～1979 年	1980～1989 年	1990～1999 年	2000～2009 年	2010～2020 年	2011～2020 年	多年均值	M-K 检验	
										U 值	趋势判断
年径流量/亿 m³	81.84	80.77	67.63	66.61	72.11	65.69	79.19	76.94	72.76	-0.81	无

项目	1950～ 1959 年	1960～ 1969 年	1970～ 1979 年	1980～ 1989 年	1990～ 1999 年	2000～ 2009 年	2010～ 2020 年	2011～ 2020 年	多年 均值	M-K 检验	
										U 值	趋势判断
年输沙量/万 t	3134	2588	2212	2630	2098	1603	1436	1273	2050	-3.93	显著减少
含沙量/（kg/m³）	3.829	3.204	3.271	3.948	2.909	2.440	1.813	1.655	2.817		

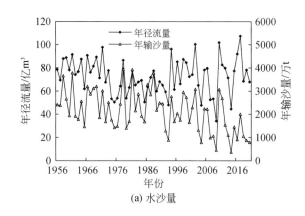

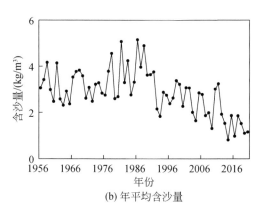

(a) 水沙量   (b) 年平均含沙量

图 4-8 塔里木河流域代表水文站水沙变化过程

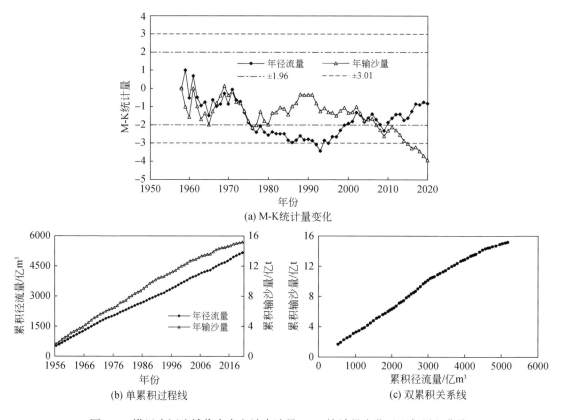

(a) M-K统计量变化

(b) 单累积过程线   (c) 双累积关系线

图 4-9 塔里木河流域代表水文站水沙量 M-K 统计量变化过程与累积曲线

（1）塔里木河流域代表水文站年径流量经历波动减少—波动回升的过程，年径流量在1993 年之前略呈减小态势，在 1993 年之后开始回升；代表水文站年径流量年际具有一定的变化幅度，最大和最小年径流量分别为 107.29 亿 m^3 和 34.08 亿 m^3，分别发生在 2017年和 2009 年，最大和最小年径流量比值为 3.15；代表水文站年输沙量呈波动减小的态势，年际具有一定的变化幅度，最大和最小年输沙量分别为 3938.3 万 t 和 364.16 万 t，分别发生在 1978 年和 2014 年，其比值为 10.81。与其他河流比较，塔里木河水沙量相对稳定，年际变化幅度较小。

（2）塔里木河流域代表水文站年径流量的 M-K 统计量经历大幅度减小和快速回升的过程，1993 年的 -3.43 为最小值，至 2020 年回升至 -0.81，其绝对值小于 1.96，对应的单累积过程线在 1993 年前呈上凸形态，而后逐渐向上偏离，总体呈直线形态，表明代表水文站年径流量在 1993 年前处于减小态势，而后呈现增加态势，总体变化不大，在多年平均值 72.76 亿 m^3 上下波动，20 世纪 60 年代为 80.77 亿 m^3，80 年代减至 66.61 亿 m^3，90 年代增至 72.11 亿 m^3，21 世纪前十年减小为 65.69 亿 m^3，2010~2020 年增加为 79.19亿 m^3。

（3）塔里木河流域代表水文站年输沙量的 M-K 统计量在 1950~1990 年处于减小—回升—减小—回升过程中，而后持续减小，至 2020 年为 -3.93，其绝对值大于 3.01，对应的单累积过程线呈略上凸状态，表明年输沙量呈明显减少态势，特别是 20 世纪 90 年代以来减少趋势比较明显，60 年代年输沙为 2588 万 t，70 年代减至 2212 万 t，20 世纪 90 年代进一步减少为 2098 万 t，21 世纪前十年减为 1603 万 t，2010~2020 年为 1436 万 t。

（4）塔里木河流域代表水文站近 10 年（2011~2022 年）平均径流量和平均输沙量分别为 76.94 亿 m^3 和 1273 万 t，年径流量较多年平均径流量 72.76 亿 m^3 偏大 5.74%，年输沙量较多年平均输沙量偏小 37.90%。2011~2022 年，与多年平均值比较，2013 年径流量基本持平，2014 年、2018 年和 2020 年径流量分别偏小 38.99%、5.87% 和 6.67%，其他年份偏大 6.29%~47.46%，其中 2015 年和 2017 年分别偏大 6.29% 和 47.46%；2017 年输沙量基本持平，2011 年偏大 30.81%，其他年份偏小 25.08%~82.24%，其中 2012 年和 2014 年分别偏小 25.08% 和 82.24%。

（5）塔里木河流域代表水文站水沙量双累积关系线略呈上凸形态，在 1991 年之前，双累积关系线基本处于直线形态，表明代表水文站年径流量和年输沙量呈同步变化状态，而后双累积关系线明显向右下偏离，即水沙关系出现明显拐点，年输沙量减少幅度明显增加，对应的含沙量总体呈现减少的态势，特别是 1991 年以后，含沙量减小态势明显。20世纪 60 年代平均含沙量为 3.204kg/m^3，80 年代增加至 3.948kg/m^3，而 90 年代以来含沙量明显减小，90 年代减为 2.909kg/m^3，2010~2020 年继续减小为 1.813kg/m^3。

4.3　黑河水沙变化

黑河干流按流域特征分为上游（莺落峡以上地区）、中游（莺落峡至正义峡地区）和下游（正义峡以下地区）三段，其中上游地区为青藏高原北部边缘的祁连山地，有冰川分布，流域面积为 1.00 万 km^2，水文控制站为莺落峡站；中游地区地处河西走廊，为平原盆地区，流域面积为 2.56 万 km²，水文控制站为正义峡站；下游地区为内蒙古阿拉善高原，系北部荒漠区，分布有沙漠戈壁和天然绿洲，流域面积为 8.04 万 km²。黑河主要水文控制站分布如图 1-1 所示，其中莺落峡站为黑河干流的代表水文站。表 4-5 为黑河干流水文控制站水沙量年代特征值及趋势分析，图 4-10 和图 4-11 分别为黑河干流水文控制站水沙变化过程线和 M-K 统计量过程线，图 4-12 为黑河干流水文控制站水沙累积曲线。

表 4-5　黑河干流水文控制站水沙量年代特征值及趋势分析

时段	莺落峡			正义峡		
	年径流量/ 亿 m³	年输沙量/ 万 t	平均含沙量/ （kg/m³）	年径流量/ 亿 m³	年输沙量/ 万 t	平均含沙量/ （kg/m³）
1950~1959 年	16.36	277.3	1.694	12.72	270.7	2.128
1960~1969 年	14.72	203.7	1.384	10.72	157.3	1.468
1970~1979 年	13.95	190.7	1.367	10.55	262.8	1.723
1980~1989 年	17.43	256.2	1.470	10.99	198.1	1.802
1990~1999 年	15.85	290.1	1.830	7.74	125.0	1.614
2000~2009 年	17.56	74.0	0.420	9.94	77.5	0.780
2010~2020 年	20.37	96.8	0.475	12.90	95.2	0.738
2011~2020 年	20.68	105.7	0.511	13.23	98.4	0.744
多年平均	16.67	193.0	1.158	10.57	138.0	1.306
M-K 检验　U 值	4.44	-3.81		1.08	-3.51	
趋势判断	显著增加	显著减少		无	显著减少	
突变年		1961 年、 1999 年			1989 年	

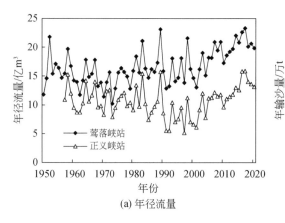

(a) 年径流量

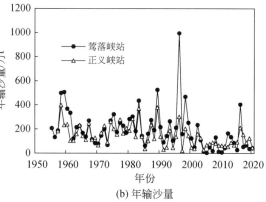

(b) 年输沙量

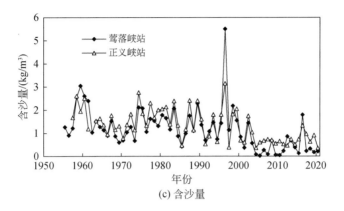

(c) 含沙量

图 4-10　黑河干流水文控制站水沙变化过程

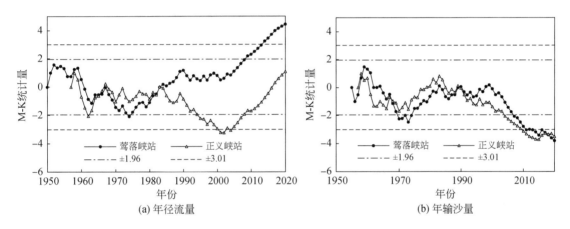

(a) 年径流量 　　　　　　　　　　　　　　(b) 年输沙量

图 4-11　黑河干流水文控制站水沙量 M-K 统计量变化过程

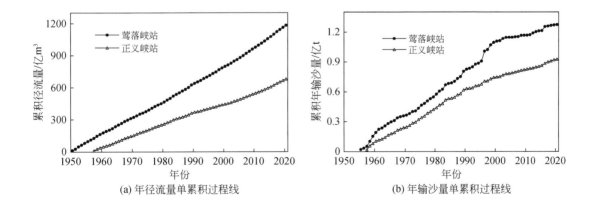

(a) 年径流量单累积过程线 　　　　　　　　(b) 年输沙量单累积过程线

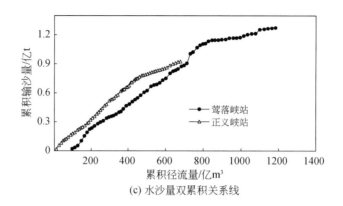

(c) 水沙量双累积关系线

图 4-12 黑河干流水文控制站水沙量累积曲线

4.3.1 正义峡站

正义峡站是黑河下游的水文控制站，其多年平均径流量和多年平均输沙量分别为 10.57 亿 m³ 和 138.0 万 t。

（1）正义峡站年径流量的 M-K 统计量经历了波动—减小—回升的过程，在 1990 年前处于波动状态，1990 年后逐步减小至 2002 年的−3.25，而后开始回升，2020 年为 1.08，其绝对值小于 1.96，对应的年径流量单累积过程线在 1990 年前基本上呈直线状态，1990~2002 年向右下偏离，2002 年开始向上偏离，总体呈直线形态，表明正义峡站年径流量 1990 年前变化不大，1990~2002 年减小，而后开始增加，总体无变化趋势。相应的年径流量从 20 世纪 50 年代至 21 世纪前十年分别为 12.72 亿 m³、10.72 亿 m³、10.55 亿 m³、10.99 亿 m³、7.74 亿 m³ 和 9.94 亿 m³，2010~2020 年为 12.90 亿 m³，在多年平均值 10.57 亿 m³ 上下波动。

（2）正义峡站年输沙量的 M-K 统计量经历减小—回升—减小的过程，从 20 世纪 50 年代末逐渐减小至 1970 年的−1.70，1970~1983 年处于回升阶段，1983 年后持续回落，2020 年为−3.51，其绝对值大于 3.01，对应的年输沙量单累积过程线有所波动和变化，总体呈现明显上凸形态，表明年输沙量呈显著减少的态势。年输沙量从 20 世纪 50 年代至 21 世纪前十年分别为 270.7 万 t、157.3 万 t、262.8 万 t、198.1 万 t、125.0 万 t 和 77.5 万 t，2010~2020 年为 95.2 万 t，基本呈持续减少态势。

（3）正义峡的水沙量双累积关系线在 1973 年前呈上凸形态，而后向上偏离，2000 年后又快速向右下偏离，总体呈现上凸的形态，表明正义峡站的含沙量经历了减小—增大—减小的过程，总体呈现逐渐减小的趋势。

4.3.2 莺落峡站

莺落峡站位于正义峡站的上游，但由于黑河中下游地区降雨和支流水量汇入都较少，甚至引水现象比较严重，下游正义峡站的年径流量小于莺落峡站，因此选用莺落峡站作为黑河流域的代表水文站。莺落峡站多年平均径流量和多年平均输沙量分别为 16.67 亿 m^3 和 193.0 万 t。

（1）黑河代表水文站莺落峡站年径流量经历波动减少—波动回升的过程，在 1973 年之前略呈减小态势，在 1974 年之后略有增加态势；莺落峡站年径流量年际具有一定的变化幅度，最大和最小年径流量分别为 23.31 亿 m^3 和 10.22 亿 m^3，分别发生在 2017 年和 1973 年，最大和最小年径流量比值为 2.28；代表水文站年输沙量呈波动减小的态势，年际具有较大的变化幅度，最大和最小年输沙量分别为 995.0 万 t 和 3.69 万 t，分别发生在 1996 年和 2005 年，其比值为 269.65。与其他河流比较，黑河径流量相对稳定，年际变化幅度较小。

（2）莺落峡站年径流量的 M-K 统计量经历波动减小—波动增大的过程，从 20 世纪 50 年代初开始波动减小至 1974 年的 −2.10，然后持续波动增加，2020 年增至 4.44，大于 1.96；同时莺落峡站年径流量的单累积过程线在 1974 年前略呈上凸形态，而后开始向上偏离，总体呈下凸形态，表明黑河上游的年径流量先减小后增大，特别是 2000 年后年径流量明显增加，总体呈显著增加态势，从 20 世纪 50 年代的 16.36 亿 m^3 增至 80 年代的 17.43 亿 m^3，2010～2020 年增至 20.37 亿 m^3，较 1950～1999 年平均径流量 15.66 亿 m^3 偏大 30.08%。

（3）莺落峡站年输沙量统计量经历增大—减小—回升—波动—减小的过程，20 世纪 50 年代后期增加，而后逐渐减小至 1973 年的 −2.48，1973～1983 年处于回升阶段，1983～1999 年为波动阶段，2000 年后持续回落，2020 年减至 −3.81，其绝对值远大于 1.96，同时年输沙量单累积过程线在 20 世纪 60 年代初和 90 年代后期明显向下偏离，总体呈上凸形态，表明年输沙量显著减少。年输沙量从 20 世纪 50 年代的 277.3 万 t 减至 80 年代的 256.2 万 t，2010～2020 年仅为 96.8 万 t，较 1950～1999 年平均输沙量 243.6 万 t 偏小 60.26%。

（4）莺落峡站近 10 年（2011～2020 年）平均径流量和平均输沙量分别为 20.68 亿 m^3 和 105.7 万 t，年径流量较多年平均径流量 16.67 亿 m^3 偏大 24.06%，年输沙量较多年平均输沙量 193.0 万 t 偏小 45.23%。2011～2020 年，与多年平均值比较，各年的径流量偏大 11.40%～39.83%，其中 2011 年和 2017 年分别偏大 11.40% 和 39.83%；2016 年输沙量偏大 109.33%，其他年份偏小 14.51%～85.80%，其中 2012 年和 2015 年分别偏小 14.51% 和 85.80%。

（5）莺落峡站水沙量双累积关系线在 20 世纪 60 年代初和 90 年代后期明显向右下偏离，双累积关系线总体呈上凸状态，表明黑河上游来水含沙量总体呈减小态势，其中在 20 世纪 60 年代和 21 世纪前十年明显减小。

参 考 文 献

[1] 胡春宏，王延贵，郭庆超，等. 塔里木河干流河道演变与整治 [M]. 北京：科学出版社，2005.

第5章 中国主要河流水沙变化态势

本书第 2 章～第 4 章就中国七大流域的 11 条河流的水沙变化进行了详细分析，为了了解中国主要河流的总体水沙变化态势，以《中国河流泥沙公报》为基础，选择长江、黄河、淮河、海河、珠江、松花江、辽河、钱塘江、闽江、塔里木河和黑河 11 条河流作为代表性河流，开展中国主要河流代表水文站径流量和输沙量变化的分析，中国主要河流的代表水文站如表 1-2 所示。

5.1 中国主要河流水沙总量变化

在《中国河流泥沙公报》中，以中国 11 条主要河流各代表水文站年径流量之和作为中国主要河流的年总径流量，以 11 条主要河流各代表水文站年输沙量之和作为中国主要河流的年总输沙量，分别称为代表水文站年总径流量和代表水文站年总输沙量。以此为基础，开展中国主要河流总水沙态势变化的分析和研究[1-5]。表 5-1 为 1950～2020 年中国主要河流代表水文站水沙总量年代特征值及趋势分析，图 5-1 和图 5-2 分别为中国主要河流代表水文站水沙变化过程及水沙量 M-K 统计量的变化过程，图 5-3 为中国主要河流总水沙量累积曲线。

表 5-1 中国主要河流代表水文站水沙总量年代特征值及趋势变化

时段		年均径流量/亿 m³	年均输沙量/亿 t	平均含沙量/（kg/m³）
1950～1959 年		14 883	26.35	1.770
1960～1969 年		13 987	21.70	1.551
1970～1979 年		13 628	19.27	1.414
1980～1989 年		13 993	13.82	0.988
1990～1999 年		14 840	12.93	0.871
2000～2009 年		12 866	5.79	0.450
2010～2020 年		14 290	3.73	0.261
多年均值		14 057	14.41	1.025
M-K 检验	U 值	−0.38	−8.24	
	趋势判断	无	显著减少	

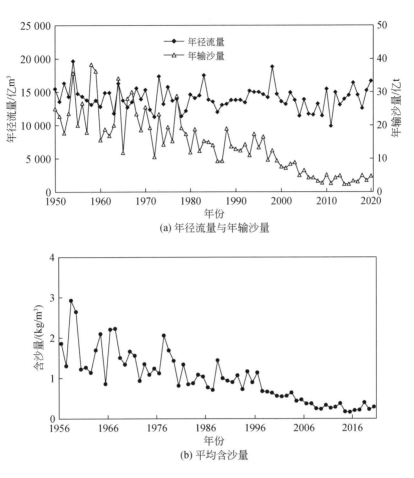

(a) 年径流量与年输沙量

(b) 平均含沙量

图 5-1　中国主要河流代表水文站总水沙变化过程

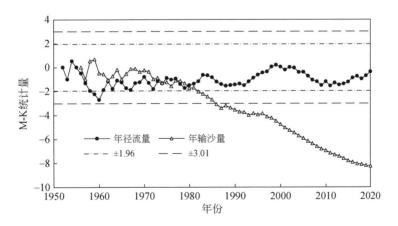

图 5-2　中国主要河流代表水文站总水沙量 M-K 统计量变化过程

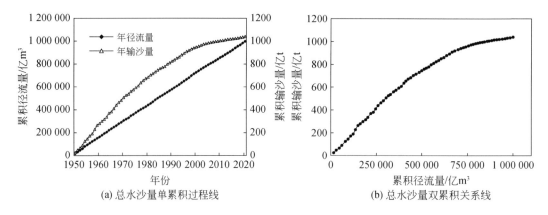

图 5-3　中国主要河流代表水文站总水沙量累积曲线

（1）中国主要河流代表水文站年总径流量的 M-K 统计量基本上在 $-1.96 \sim 1.96$ 波动，2020 年 M-K 统计量为 -0.38，对应的单累积过程线基本上为直线形态，表明中国主要河流代表水文站年总径流量随时间没有明显的变化趋势，年总径流量在多年平均值 14 057 亿 m^3 上下波动，20 世纪 50 年代为 14 883 亿 m^3，70 年代减至 13 628 亿 m^3，90 年代增至 14 840 亿 m^3，$2010 \sim 2020$ 年又减至 14 290 亿 m^3。

（2）中国主要河流代表水文站年总输沙量的 M-K 统计量总体呈现持续减小的趋势，2020 年 M-K 统计量为 -8.24，其绝对值远大于 3.01，对应的单累积过程线呈现为明显的上凸形态，表明中国主要河流代表水文站年总输沙量呈显著的持续减小的变化态势，20 世纪 50 年代为 26.35 亿 t，70 年代减至 19.27 亿 t，90 年代减至 12.93 亿 t，21 世纪前十年减小为 5.79 亿 t，$2010 \sim 2020$ 年仅为 3.73 亿 t。

（3）中国主要河流代表水文站总水沙量双累积关系线呈上凸形态，1960 年后向下偏离，表明中国主要河流代表水文站年总输沙量的减小幅度大于年总径流量的减小幅度，相应的年平均含沙量逐渐减小。中国主要河流代表水文站平均含沙量则从 20 世纪 50 年代的 1.770kg/m^3 减至 70 年代的 1.414kg/m^3，90 年代减为 0.871kg/m^3，$2010 \sim 2020$ 年仅为 0.261kg/m^3。

5.2　中国主要河流水沙变化特征

根据前 3 章中国主要河流代表水文站多年平均水沙量特征值及趋势分析，现就中国主要河流代表水文站年径流量和年输沙量的变化态势进行总结，如表 5-2 所示。

表 5-2　中国主要河流代表水文站水沙量 M-K 统计量（1950～2020 年）

河流	代表水文站	年径流量		年输沙量	
		M-K 统计量	变化趋势	M-K 统计量	变化趋势
长江	大通站	0.24	无	-8.32	显著减少
黄河	潼关站	-5.08	显著减少	-7.73	显著减少

续表

河流	代表水文站	年径流量		年输沙量	
		M-K 统计量	变化趋势	M-K 统计量	变化趋势
淮河	蚌埠站+临沂站	-1.26	无	-5.86	显著减少
海河	石闸里站+响水堡站+张家坟站+下会站+观台站+元村集站+阜平站+小觉站+滦县站	-7.56	显著减少	-9.13	显著减少
珠江	高要站+石角站+博罗站	-0.19	无	-5.02	显著减少
松花江	佳木斯站	-1.99	减少	0.20	无
辽河	铁岭站+新民站	-3.24	显著减少	-7.03	显著减少
钱塘江	兰溪站+诸暨站+上虞东山站	1.50	无	0.47	无
闽江	竹岐站+永泰站	-0.24	无	-5.19	显著减少
塔里木河	阿拉尔站+焉耆站	-0.81	无	-3.93	显著减少
黑河	莺落峡站	4.44	显著增加	-3.81	显著减少
全国主要河流（合计）		-0.38	无	-8.24	显著减少

5.2.1 年径流量变化特点

图 5-4 和图 5-5 分别为中国主要河流代表水文站年径流量 M-K 统计量过程线和累积过程线，中国主要河流径流量变化特征如下。

（1）多年来，南方河流（包括长江、珠江、钱塘江与闽江）的年径流量的 M-K 统计量除长江、钱塘江和闽江局部时段外，基本上在-1.96 ~ 1.96 变化，2020 年 M-K 统计量为-0.24 ~ 1.50，其绝对值小于 1.96，且南方河流年径流量单累积过程线基本上呈直线形态，表明南方河流的年径流量没有明显变化趋势，在多年平均径流量上下波动。

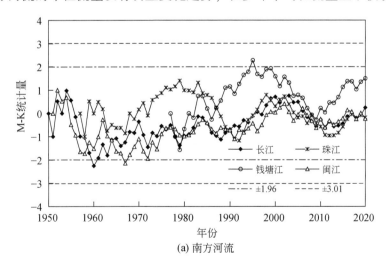

(a) 南方河流

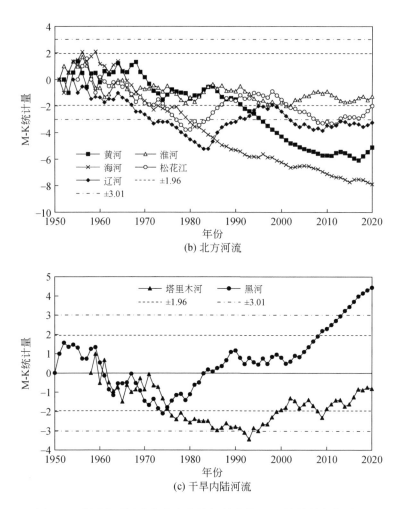

(b) 北方河流

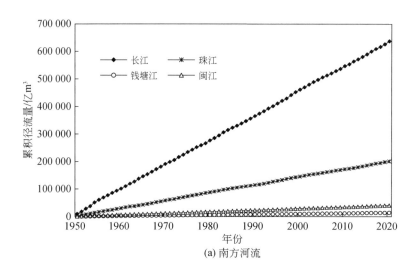

(c) 干旱内陆河流

图 5-4　中国主要河流代表水文站年径流量 M-K 统计量变化过程

(a) 南方河流

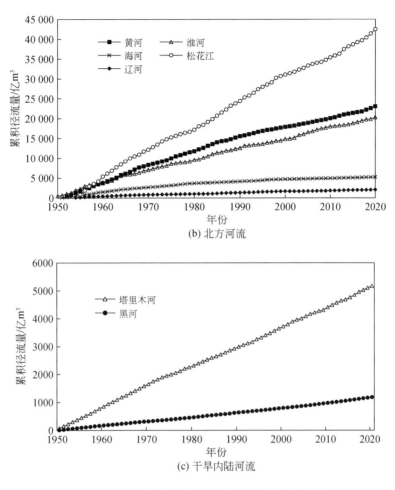

图 5-5　1950~2020 年中国主要河流累积径流量的变化过程

（2）在北方河流（包括黄河、淮河、海河、松花江和辽河）中，淮河代表水文站的年径流量的 M-K 统计量除个别时段外，基本上在 −1.96~1.96 波动变化，2020 年为 −1.26，对应的年径流量累积过程线呈直线形态，表明淮河年径流量没有变化趋势；辽河和松花江代表水文站年径流量的 M-K 统计量年际变化较大，经历了减小—回升—减小—再回升的过程，从 20 世纪 50 年代分别逐步减小至 1983 年的 −5.23 和 1979 年的 −3.78，然后分别回升至 1998 年的 −1.92 和 −0.89，而后逐渐减小至 2009 年的 −3.86 和 2012 年的 −3.39，最后有所回升，至 2020 年对应的 M-K 统计量分别为 −3.24 和 −1.99，其绝对值分别大于 3.01 和 1.96，且辽河和松花江对应的单累积过程线分别在 1983 年和 1973 年之前呈现上凸形态，而后向上偏离，具有上凸形态，表明辽河和松花江的年径流量分别具有显著减小和减小的态势；其他北方河流（黄河、海河）代表水文站年径流量的 M-K 统计量总体处于持续减小的过程中，2020 年黄河和海河代表水文站的年径流量的 M-K 统计量值分别为 −5.08 和 −7.56，皆大于 3.01，且这两条河流的年径流量单累积过程线皆呈明显的上凸形态，表明黄河和海河的年径流量具有显著减小的态势，黄河和海河代表水文站年径流量从 20 世纪 50 年代的 425.1 亿 m³ 和 165.8 亿 m³ 分别减至 21 世纪前十年的 210.4 亿 m³ 和 23.50 亿 m³，减幅分别高达 50.51% 和 84.90%。

（3）对于干旱内陆河流（含塔里木河和黑河），塔里木河代表水文站年径流量的 M-K 统计量经历大幅减小和快速回升的过程，从 20 世纪 50 年代末持续减小至 1993 年的 −3.43，然后不断回升，2020 年 M-K 统计量为 −0.81，且年径流量单累积过程线在 1993 年之前呈上凸形态，然后向上偏离，总体呈直线状态，表明塔里木河的年径流量经历减小—增大的过程，总体没有明显变化态势；黑河代表水文站年径流量的 M-K 统计量经历波动减小—波动增大的过程，从 20 世纪 50 年代波动减小至 1974 年的 −2.10，而后波动回升，特别是 2001 年以后，至 2020 年 M-K 统计量为 4.43，大于 3.01，其单累积过程线总体上呈一定的下凸形态，表明黑河年径流量具有显著增加趋势。

5.2.2　年输沙量变化特点

图 5-6 和图 5-7 分别为中国主要河流代表水文站年输沙量的 M-K 统计量过程线和累积曲线，中国主要河流代表水文站年输沙量变化特征如下。

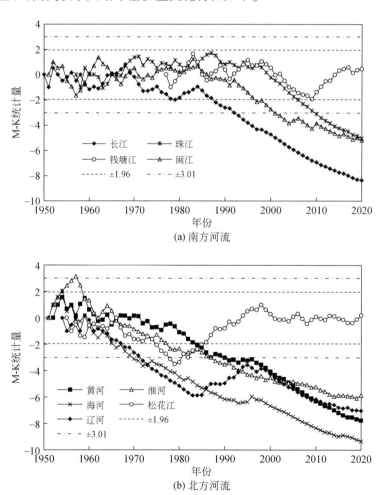

(a) 南方河流

(b) 北方河流

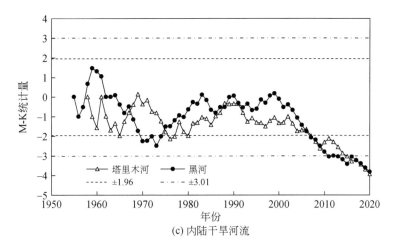

(c) 内陆干旱河流

图 5-6　中国主要河流代表水文站年输沙量 M-K 统计量变化过程

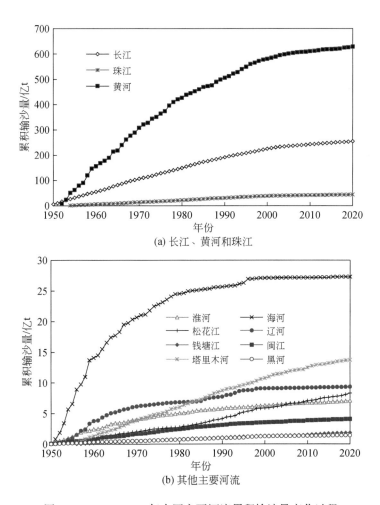

(a) 长江、黄河和珠江

(b) 其他主要河流

图 5-7　1950～2020 年中国主要河流累积输沙量变化过程

（1）在中国主要河流中，松花江和钱塘江代表水文站年输沙量的 M-K 统计量大体经历了减少—回升的过程，2020 年值分别为 0.20 和 0.47，其绝对值皆小于 1.96，对应的年输沙量单累积过程线总体上呈直线形态，表明松花江和钱塘江年输沙量无明显变化趋势。

（2）除松花江和钱塘江外，其他主要河流（长江、黄河、淮河、海河、珠江、辽河、闽江、塔里木河、黑河）代表水文站年输沙量的 M-K 统计量经历了持续减小或波动减小的过程，其 M-K 统计量介于 –9.13 ~ –3.81，其绝对值大于 3.01，对应的累积曲线总体呈上凸状态，表明中国这些河流的年输沙量都有不同程度的显著减少，以长江和北方河流（如黄河、海河、辽河、淮河等）年输沙量的减小幅度较大。其中，长江、黄河和海河代表水文站年输沙量从 20 世纪 50 年代的 50 393 万 t、18.06 亿 t 和 16 165 万 t 分别减至 2010 ~ 2020 年的 12 535 万 t、1.83 亿 t 和 121.5 万 t，减幅分别高达 75.13%、89.87% 和 99.25%。

5.3　中国主要河流近期水沙变化特征

以《中国河流泥沙公报》发布的泥沙资料为基础，本节进一步分析了近 10 年（2011 ~ 2020 年）中国主要河流年径流量与年输沙量的变化特点。表 5-3 列出了中国主要河流代表水文站近 10 年（2011 ~ 2020 年）和近 5 年（2016 ~ 2020 年）平均水沙量特征值与多年平均总水沙量特征值的比较。

表 5-3　中国主要河流代表水文站多年平均水沙量特征值对比

河流	代表水文站	控制流域面积/万 km²	年径流量/亿 m³			年输沙量/万 t		
			多年平均	近 10 年平均	近 5 年平均	多年平均	近 10 年平均	近 5 年平均
长江	大通站	170.54	8 983	9 100	9 647	35 100	11 939	12 162
黄河	潼关站	68.22	335.3	301.0	332.5	92 100	17 861	20 380
淮河	蚌埠站+临沂站	13.16	282.0	227.4	295	996.8	340.3	462.3
海河	石匣里站+响水堡站+下会站+张家坟站+观台站+元村集站+小觉站+阜平站+滦县站	14.43	73.68	30.31	33.1	3 776	131.2	191.9
珠江	高要站+石角站+博罗站	41.52	2 836	2 856	3 011	6 392	2 295	2 507
松花江	佳木斯站	52.83	643.4	706.1	758.92	1 260	1 264	1 399
辽河	铁岭站+新民站	12.64	30.61	23.57	22.44	1 323	143.8	171.4
钱塘江	兰溪站+诸暨站+上虞东山站	2.43	208.0	242.5	235.1	290.7	362.1	269.7
闽江	竹岐站+永泰站	5.85	576.0	589.7	612.30	576.0	202.1	272.1
塔里木河	阿拉尔站+焉耆站	15.04	72.76	76.94	82.78	2 050	1 273	1 121
黑河	莺落峡站	1.00	16.67	20.68	21.30	193.0	105.7	120.6
合计		397.66	14 057.42	14 174.2	15 051.44	144 057.5	35 917.2	39 057

5.3.1 主要河流水沙总量变化

图 5-8 为中国主要河流代表水文站近 10 年总水沙量与多年平均值的比较。中国 11 条主要河流代表水文站多年平均总径流量约为 14 057 亿 m³，多年平均总输沙量约为 144 058 万 t。中国主要河流总径流量和总输沙量近期变化特点如下。

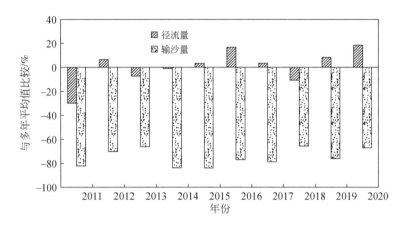

图 5-8 近 10 年中国主要河流代表水文站总水沙量与多年平均值的比较

（1）11 条河流水文代表水文站近 10 年和近 5 年平均总径流量分别约为 14 174 亿 m³ 和 15 051 亿 m³，近 10 年平均总径流量与多年平均值基本持平，近 5 年平均总径流量比多年平均值偏大 7.07%，其中 2014 年、2015 年和 2017 年总径流量基本持平，2012 年、2016 年、2019 年和 2020 年分别偏大 6.43%、16.69%、8.30% 和 18.54%，其他年份总径流量偏小 7.14%~29.68%，其中 2011 年和 2013 年分别偏小 29.68% 和 7.14%。

（2）11 条河流代表水文站近 10 年和近 5 年平均总输沙量分别为 35 917 万 t 和 39 057 万 t，比多年平均总输沙量 144 058 万 t 分别偏小 75.07% 和 72.89%，近 10 年各年总输沙量偏小 65.63%~83.88%，其中 2015 年和 2018 年分别偏小 83.88% 和 65.63%。

（3）近 10 年和近 5 年中国主要河流总径流量和总输沙量属平水少沙期。

5.3.2 主要河流年径流量变化

图 5-9 为中国主要河流近 10 年和近 5 年平均径流量与多年平均值的比较。与多年平均值比较，近 5 年黄河代表水文站和淮河代表水文站年平均径流量基本持平，海河代表水文站和辽河代表水文站分别偏小 55.08% 和 26.69%，其他河流代表水文站偏大 6.17%~27.77%，其中珠江和黑河代表水文站分别偏大 6.17% 和 27.77%；近 10 年长江、珠江和闽江代表水文站年平均径流量基本持平，松花江、钱塘江、塔里木河和黑河代表水文站分别偏大 9.92%、16.59%、5.74% 和 24.06%，其他河流代表水文站偏小 10.23%~58.86%，其中黄河和海河代表水文站偏小 10.23% 和 58.86%。

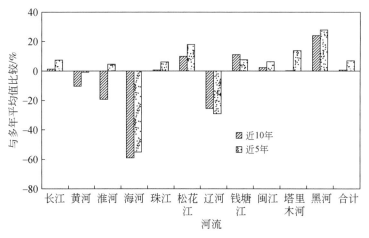

图 5-9　中国主要河流近 5 年和近 10 年平均径流量与多年平均值的比较

5.3.3　主要河流输沙量变化

图 5-10 为近 10 年和近 5 年全国主要河流年平均输沙量与多年平均值的比较。其中，近 5 年松花江代表水文站偏大 11.03%，其他流域代表水文站偏小 7.22%～94.92%，其中钱塘江、黑河、辽河和海河代表水文站分别偏小 7.22%、37.51%、87.04% 和 94.92%；近 10 年松花江代表水文站的年平均输沙量基本持平，钱塘江流域代表水文站偏大 24.56%，其他流域代表水文站偏小 37.90%～96.53%，其中塔里木河、黑河、辽河和海河代表水文站分别偏小 37.90%、45.23%、89.13% 和 96.53%。

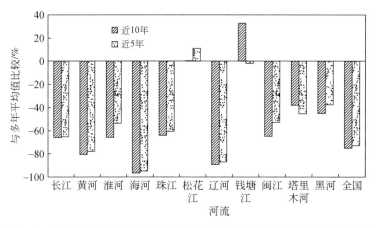

图 5-10　中国主要河流近 5 年和近 10 年平均输沙量与多年平均值的比较

5.4　中国主要河流未来水沙变化趋势

根据《中国河流泥沙公报》发布资料，中国主要河流代表水文站多年平均总径流量和多年平均总输沙量分别约为 14 057 亿 m³ 和 144 058 万 t，对应长江和黄河代表水文站多年平均径流量分别为 8983 亿 m³ 和 335.3 亿 m³，两条河流代表水文站年径流量占中国主要河流多年平均总径流量的 66.29%；长江和黄河代表水文站多年平均输沙量分别为 35 100 万 t 和 92 100 万 t，两条河流代表水文站年输沙量占中国主要河流多年平均总输沙量的 88.30%。显然，长江和黄河两条河流年径流量和年输沙量对中国主要河流未来水沙变化趋势有重要影响，可以说直接决定了中国主要河流水沙变化趋势，特别是年输沙量的变化趋势。

5.4.1 长江水沙变化

目前，长江流域内进行了大量的人类活动，包括水土保持、水库建设、河道采砂等，对长江水沙变化产生了重要的影响，使得长江流域来沙量大幅度减少。根据流域水土保持措施和水库拦沙的减沙机理，无论是水土保持措施，还是水库拦沙都具有长期的减沙效果，对未来水沙变化产生重要的影响。窦希萍等[6]利用 1950~2017 年大通站多年水沙资料，采用多种数学方法分析了年和月平均流量、洪季和枯季平均流量、年和月平均输沙量、月最大和最小输沙量等变化趋势性和突变性，对大通站 2003 年后的年均和月均流量数据进行推演，预测今后 10~50 年大通站流量、含沙量、输沙量变化，如图 5-11 所示。预

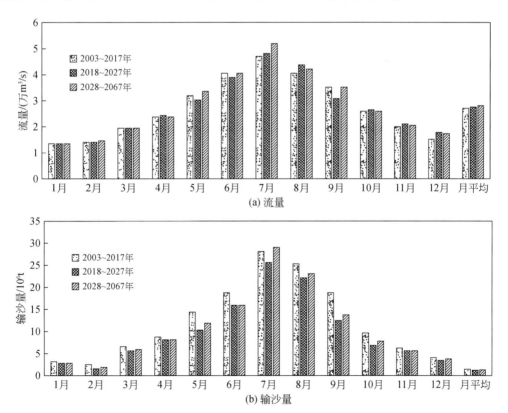

图 5-11　2018~2067 年大通站水沙预测结果

测结果显示，在当前流域下垫面、水库库容和气候条件下，未来 10 年（2018～2027 年）大通站平均流量约 27 579m³/s，月平均最大流量 48 346m³/s，月平均最小流量 13 692m³/s，与 2003～2017 年的特征流量相差不大；未来 50 年（2028～2067 年）大通站年均流量在 28 120m³/s 左右，基本保持稳定。未来 10 年大通站年平均含沙量为 0.122kg/m³，年输沙量为 1.22 亿 t/a，小于 2003～2017 年的年均含沙量和年均输沙量，未来 10～50 年平均含沙量约为 0.127kg/m³，年输沙量为 1.28 亿 t/a。

5.4.2 黄河未来水沙变化

全球气候变化背景下的降水波动、极端气候现象频发，黄河流域开展了大量的水土保持措施、干支流修建坝库、引水灌溉等人类活动，使得黄河流域主要水文控制站年径流量和年输沙量大幅度减少，其中年输沙量减小幅度更大。在黄河流域人类活动频繁和水沙变异的背景下，许多学者借助于水保法、水文法和物理过程模型法等开展了黄河流域未来水沙变化的预测[7-14]，其中部分学者就 2020 年以后的水沙变化进行了预测，如表 5-4 所示。预测结果表明，虽然许多学者就未来黄河水沙变化趋势做出定量预测，但其结果差异较大。预测成果主要包括近 10 年、未来 30～50 年和未来 50～100 年三个阶段，黄河预测来沙量较多的是黄河流域综合规划[11] 和"十一五"科技支撑的成果[8,9]，二者预测黄河未来 30～50 年的年输沙量分别为 9.5 亿～10.0 亿 t 和 7.94 亿～8.66 亿 t，黄河流域综合规划预测黄河未来 50～100 年的年输沙量为 8.0 亿 t；黄河预测来沙量较少的是"十二五"科技支撑[10] 和胡春宏[13] 的成果，二者预测黄河未来 30～50 年的年输沙量分别为 0.7 亿～1.0 亿 t 和 1.0 亿～3.0 亿 t，未来 50～100 年的年输沙量分别为 4.5 亿～5.5 亿 t 和 3.0 亿 t；其他成果介于上述预测成果之间。显然，黄河流域是水沙-地貌-生态多过程耦合、自然过程与人工措施效应叠加、产汇流产输沙的水动力驱动等复杂交互影响的系统，其产流产沙机理与机制十分复杂，不同时期对黄河流域系统内的产流产沙机理和机制等的认识不足、评价技术等的缺失及预测条件变化的不确定性等是不同时期预测成果差异显著的主要原因[7]。

表 5-4 不同时期黄河沙量预测结果对比 （单位：亿 t）

作者或项目	基准期	预测年输沙量			预测控制站	预测方法
		近 10 年	未来 30～50 年	未来 50～100 年		
"十一五"科技支撑	1919～1959 年	8.61～9.56	7.94～8.66		花园口站	SWAT 模型
"十二五"科技支撑	1919～1959 年		0.7～1.0	4.5～5.5	潼关站	遥感水文模型
黄河流域综合规划 （2012～2030 年）[11]	1919～1959 年		9.5～10.0	8.0	潼关站	水文法、水保法
黄河水沙变化研究[12]	1919～1959 年		3.0～5.0	5.0～7.0	潼关站	水文法、水保法
胡春宏[13]	1919～1959 年		1.0～3.0	3.0	潼关站	水文法、水保法
王光谦等[14]	1919～1959 年	2.83	3.13～4.12		潼关站	

5.5 小　结

（1）中国 11 条主要河流代表水文站年总径流量随时间没有明显的趋势性增加或减小，基本上在多年平均值 14 057 亿 m³ 上下波动；年总输沙量随时间大幅度减少，主要河流代表水文站年总输沙量 1960 年前变化不大，1960 年后逐渐减小，从 20 世纪 50 年代的 26.35 亿 t 减小至 90 年代的 12.93 亿 t，21 世纪前十年为 5.79 亿 t；与此相应，年平均含沙量逐渐减小，从 20 世纪 50 年代的 1.770kg/m³ 减至 21 世纪前十年的 0.450kg/m³，2010~2020 年仅为 0.261kg/m³。

（2）长时间以来，南方河流（包括长江、珠江、钱塘江与闽江）、淮河和塔里木河的年径流量没有明显的趋势性增加或减少，黑河的年径流量有显著增加的趋势；除淮河以外，其他北方河流的年径流量具有减小或显著减小趋势，其中松花江年径流量具有减小趋势，黄河、海河和辽河代表水文站年径流量具有显著减少的趋势，以海河和黄河的减小幅度较大，2000~2020 年较 20 世纪 50 年代分别减少 85.83% 和 50.51%。

（3）除了松花江和钱塘江代表水文站年输沙量无减少趋势外，中国其他主要河流代表水文站年输沙量都有显著减少趋势，以北方河流（如黄河、海河、辽河、淮河等）和长江代表水文站年输沙量的减小幅度较大，特别是 2014 年或 2015 年黄河干流部分水文控制站出现建站以来最小年输沙量，2015 年潼关站和高村站年输沙量分别为 0.550 亿 t 和 0.417 亿 t，2015 年和 2016 年连续两年出现进入黄河下游的实测年输沙量为零的现象。

（4）近 10 年中国主要河流总体上属于平水少沙期。与多年平均值比较，近 10 年平均径流量基本持平，近 5 年平均径流量偏大 7.07%；近 10 年长江、珠江和闽江代表水文站年平均径流量基本持平，松花江、钱塘江、塔里木河和黑河代表水文站分别偏大 9.92%、16.59%、5.74% 和 24.06%，其他流域代表水文站偏小 10.23%~58.86%，其中黄河和海河代表水文站偏小 10.23% 和 58.86%。中国主要河流近 10 年和近 5 年平均输沙量较多年平均输沙量分别减少 75.07% 和 72.89%；近 10 年松花江代表水文站的年平均输沙量基本持平，钱塘江流域代表水文站偏大 24.56%，其他河流代表水文站偏小 37.90%~96.53%。

（5）黄河与长江水沙量在中国主要河流水沙量变化中占有较大的比例，黄河与长江代表水文站未来年输沙量预测成果表明，在维持和推进现有环境的条件下，我国主要河流年输沙量虽有进一步减少的可能，但目前输沙量已经处于较低的水平，未来减小的幅度不会太大，甚至在未来年输沙量会有一定程度的反弹和回升。

参 考 文 献

[1] 胡春宏，王延贵，等. 全球江河水沙变化与河流演变响应［R］. 中国水利水电科学研究院，国际泥沙研究培训中心，2010.

[2] 王延贵，史红玲. 我国江河水沙变化态势及应对策略［R］. 中国水利水电科学研究院，国际泥沙研究培训中心，2015.

[3] 胡春宏，王延贵，张燕菁，等. 中国江河水沙变化趋势与主要影响因素［J］. 水科学进展，2010，21（7）：524-532.

[4] 王延贵，胡春宏，史红玲，等. 近 60 年大陆地区主要河流水沙变化特征. 第 14 届海峡两岸水利科

技交流研讨会论文集, 2010.

[5] 王延贵, 陈康, 陈吟. 我国主要河流水沙态势变化及人类活动的影响 [C]. 中国水力发电工程学会水文泥沙专业委员会第十一届学术研讨会, 2017.

[6] 窦希萍, 缴健, 储鏖, 等. 长江口水沙变化与趋势预测 [J]. 海洋工程, 2020, (4): 2-10.

[7] 胡春宏, 张晓明. 论黄河水沙变化趋势预测研究的若干问题 [J]. 水利学报, 2018, 49 (9): 1028-1039.

[8] 姚文艺, 焦鹏. 黄河水沙变化及研究展望 [J]. 中国水土保持, 2016, (9): 55-62, 63.

[9] 姚文艺, 冉大川, 陈江南. 黄河流域近期水沙变化及其趋势预测 [J]. 水科学进展, 2013, 24 (5): 607-616.

[10] 刘晓燕, 党素珍, 张汉. 未来极端降雨情景下黄河可能来沙量预测 [J]. 人民黄河, 2016, 38 (10): 13-17.

[11] 水利部黄河水利委员会. 黄河流域综合规划 (2012~2030年)[M]. 郑州: 黄河水利出版社, 2013.

[12] 水利部黄河水利委员会. 黄河水沙变化研究 [R]. 郑州: 黄河水利委员会, 2014.

[13] 胡春宏. 黄河水沙变化与治理方略研究 [J]. 水力发电学报, 2016, 35 (10): 1-11.

[14] 王光谦, 钟德钰, 吴保生. 黄河泥沙未来变化趋势 [J]. 中国水利, 2020, (1): 9-12, 32.

第6章 河流水沙变异影响因素及其作用

一般说来，影响流域产流产沙的因素包括自然因素和人类活动两个方面。自然因素包括流域下垫面条件、气候与降水、自然灾害等。对于同一流域，地质地貌条件一般相对稳定，流域气候和降水变化也是一个长期过程，因此流域下垫面形态（地表地貌）、气候与降水变化从水文尺度上看都相对很小，对河流水沙变化的影响也较小；全球温室效应可能会导致流域温度略有升高，进而导致流域降水有减少趋势或源流融雪增加，对产流产沙产生一定的影响；一些特大型地质灾害仅对灾害发生区域在一定时段内的水土流失产生一定的影响，而对整个流域输沙量的影响较小。流域内人类活动多种多样，主要包括水土保持、水库修建、河道采砂、引水灌溉、生产建设等[1,2]，这些人类活动将直接或间接地影响河流的径流量和输沙量，造成河流水沙变异。因此，在水文尺度上，除自然因素中的流域降水变化外，影响水沙变化的主要因素应该是人类活动。

6.1 主要影响因素及影响机理

6.1.1 流域降水因素的影响

流域气候与土壤侵蚀的关系十分密切，所有气候因素都在不同方面和不同程度对土壤侵蚀产生影响，这种影响有直接的和间接的[3]。一般说来，大风、暴雨和重力等是造成土壤侵蚀的直接动力，而湿度、温度和日照等因素对植物的生长、植被类型、岩石风化、成土过程和土壤性质等都有一定的影响，进而间接地影响土壤侵蚀的发生和发展过程。在各种气候影响因素中，降水是水土流失最主要的影响因素，主要包括降雨、降雪、降冰雹等，其中降雨是形成土壤侵蚀最主要的直接影响因素。降水不仅是陆生生物，尤其是人类生存和繁衍所必需的淡水来源，而且是干旱和水力侵蚀的物质基础；降雨除了可以直接造成溅蚀外，还间接制约着风蚀、重力侵蚀、冻融侵蚀（包括融雪）的发生和发展[4]。因此，降水产生的水力侵蚀是流域侵蚀的最主要形式，也是流域产流产沙的主要动力。这里的降水主要是指流域降雨的过程，就流域水土流失而言，本书不再区分降水和降雨的差别。

1. 水力侵蚀（降雨）产沙过程

由于重力的作用，雨滴在降落过程中不断将势能转换为动能，降落到地面时，会以极大的冲击力撞击土壤颗粒，从而使土壤颗粒遭受溅散，土壤结构遭受破坏，地表土壤发生溅蚀；当降雨较大时，由降雨所形成的地表径流沿坡面流向坡下或沟道，形成汇流过程，势能不断转化为动能，流速增大，当流速达到土壤颗粒起动流速时，土壤发生冲蚀，水流挟带泥沙输向坡下，最终流入河流。显然，水力侵蚀是一个极其复杂的能量耗散过程，其产沙过程如图 6-1 所示[3]。

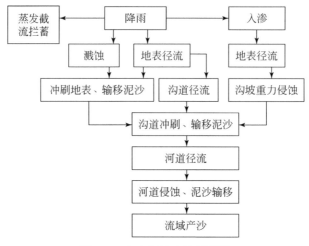

图 6-1　水力侵蚀产沙过程[3]

2. 降雨特征对流域产沙的影响

降雨是引起流域水力侵蚀产沙的主要能量来源，但并非所有的降雨都能引起土壤侵蚀，侵蚀总是由某一临界点以上的降雨强度或降水量引起的。侵蚀性降雨是指能够引起土壤流失的降雨，侵蚀性降雨的标准是指能够引起土壤流失的最小降雨强度和在该强度范围内的降水量。在一定的地表条件下，降雨能量的大小，不仅直接决定着溅蚀量的多少，还是影响坡面径流量及径流侵蚀能力的重要因素。大量的研究表明[5,6]，降雨能量与降雨的物理特性有关，诸如雨强、雨滴大小及组成、雨量、历时、雨滴终速等。一般来说，仅靠降雨的溅蚀作用不会引起流域产沙，而由降雨所形成的坡面径流，不仅可对土壤造成侵蚀，还会将侵蚀物质输移至流域出口，形成流域的产沙过程。坡面径流的侵蚀和产沙能力主要取决于其水力特性，包括径流量、径流历时和水力阻力等。

6.1.2　地表条件对流域产沙的影响

除了气候因素（特别是降雨对流域产沙的影响）外，流域地表特征也是影响流域产沙的重要因素，主要包括流域地质、地貌和地形，以及植被条件等。

1. 流域地质条件（土壤性质）

地面物质（广义的土壤）组成（如土壤类型、结构和含水量等）决定了土壤分离难易程度，即可侵蚀性[7]。在其他条件相似的情况下，相同撞击力的降雨落在粉沙、粗沙和岩石面上可以产生不同的侵蚀效果。长江流域侵蚀量大于 5000t/（km² · a）的面积约为 10.8 万 km²，比黄土高原少约 5 万 km²，但是长江流域的降水量比黄土高原多 3~4 倍，除了植被的原因之外，地面物质组成也是一个主要原因，长江中上游流域的石质山区面积比例较高，黄河中游流域的石质山区面积比例较少，而松散的黄土面积比例较高。景可等[8]深入分析了黄河中游流域侵蚀产沙量与地面物质的关系，指出流域侵蚀产沙量与地面物质相对可蚀性分值呈正相关关系。

2. 地貌和地形条件

地貌形态与侵蚀的关系十分密切，其作用表现在两个方面[7]，一方面是地貌类型区域变化（平原、丘陵、山地等）影响侵蚀特点的宏观差异；另一方面是地貌形态特征（地形坡度、坡形、相对高度、沟谷密度等）制约侵蚀过程的强弱变化。研究成果表明，坡面侵蚀随着坡度的增加而增加，达到某一坡度值之后侵蚀量不再增加并有减少趋势，此即所谓的临界坡度[9]。而对于不同的坡面形态，包括凸型、凹型、直线型，其坡面崩塌及侵蚀程度也不同[7,10]。一般情况下，如果其他条件保持不变，则在凸型坡上，因坡面比降沿高程向下不断增加，故侵蚀加剧；凹型坡则相反，在坡面下部还可能出现堆积；直线坡比降沿高程不变，侵蚀强度的变化也不大。

在面蚀和沟蚀同时存在的区域，一般认为沟蚀的作用更大[3]，因为坡面水流汇集后，沟槽水深加大，挟沙力增强。研究表明，坡面水蚀沟冲刷产生的泥沙占沟谷侵蚀的大部分[11]，故地形破碎、地面沟谷密度较大的地区侵蚀较强烈，沟蚀特别是沟谷边坡发生重力侵蚀的可能性较大。黄河中游地区土壤侵蚀研究成果表明，流域侵蚀产沙量与沟壑数量特征之间有着较好的正相关关系[8,12]。

3. 植被条件

影响土壤侵蚀的植被是指保土轮作的作物植被、森林植被与草地植被。植被对土壤侵蚀的影响主要包括如下几个方面[7]：避免暴雨直接打击地面，植被的截流改变雨滴直径，具有显著的消能作用；植被截流和枯枝落叶层吸收水分，减少地表径流与冲刷；增加地面粗糙度，减缓流速；林草根系密集成网，增强地表直接抗冲强度；此外，植被还极大地改变了土壤的理化性质，使土壤有机质含量、水稳性团聚体和大空隙都有所增加，因而增加了土壤整体抗侵蚀力。沟道植被对沟蚀具有较强的抑制作用，一些学者提出在沟道中利用植被"柔性坝"进行水土保持的生物措施，这将是一种廉价、快速、永久的拦沙措施[13]。图 6-2 是黄河中游地区侵蚀产沙量和产沙指数与植被覆盖度的关系[14,15]，表明流域侵蚀产

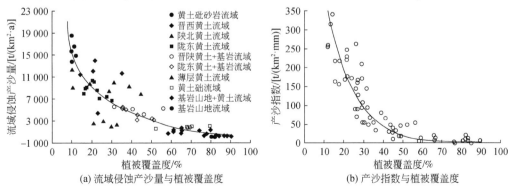

(a) 流域侵蚀产沙量与植被覆盖度　　　　(b) 产沙指数与植被覆盖度

图 6-2　黄土中游地区产沙指标与植被覆盖度的关系

沙量和产沙指数与植被覆盖度之间存在着相当好的相关关系，植被覆盖度越高，土壤侵蚀越少。

6.1.3 人类活动因素

1. 水库蓄水拦沙

中国河流众多，建设了大量的水利工程。据《中国水利统计年鉴 2020》[16]，截至 2019 年底，中国共建有各类水库 98 112 座，总库容达 8983 亿 m³。在河流上修建水库枢纽的目的就是通过拦截上游水流，调蓄径流过程，达到水库防洪和兴利。水库功能主要包括防洪、发电、灌溉供水、航运等，在水库发挥功能过程中，非汛期需要蓄水抬高水库水位进行发电、灌溉、通航等，在汛前需要降低水位，腾出库容，汛期通过调控进入下游的径流量，进行蓄洪、滞洪和调洪等调度措施，满足防洪要求。在非汛期抬高水库水位的过程中，水流过水面积增大，水力坡度变缓，水流流速大大减小，水流挟沙能力降低，部分悬移质和推移质泥沙逐渐沉淀，造成水库淤积。在汛期到来之前，为了满足防洪需求，需要大幅度降低库水位，水流过水面积减小，水力坡度变陡，水流流速增大，水流挟沙能力增加，部分前期淤积泥沙发生冲刷，并与汛期来沙一起随洪水排入下游，即所谓的蓄清排浑，通过蓄清排浑，可以增加水库运用寿命。但是，由于水库运行水位仍高于天然情况，汛期仍不能把前期淤积泥沙，特别是粗颗粒泥沙全部排入下游，仍有部分悬移质和推移质泥沙逐渐沉淀，造成水库淤积。关于水库拦沙的过程和机理，将在 7.2 节中进行详细论述。

2. 水土保持措施

水土保持措施主要包括增加流域植被覆盖度的生态措施和改变流域地貌地形的工程措施，这些措施通过改变流域下垫面条件、增加流域土壤的抗侵蚀能力、减轻水土流失，达到保水减沙的目的。由于水土保持措施主要在流域范围内实施，因此水保措施主要对流域支流水沙量变化产生影响，特别是对未修建水库枢纽的支流水沙变异产生直接作用。流域水土保持措施中的生态措施主要包括建设水土保持林与防护林带体系、营造防风固沙和农田防护林、植被恢复措施等，具有拦截雨水滴、调节地面径流、固结土体、改良土壤性质、降低风速等功效，高植被覆盖度还具有改善生态环境的作用。水土保持措施中的工程措施是小流域水土保持综合治理措施体系的主要组成部分，它与水土保持措施中的生物措施及其他措施同等重要，不能互相代替。根据兴修目的及其应用条件，中国水土保持工程可以分为山坡防护工程、山沟治理工程、山洪排导工程和小型蓄水拦沙工程[3]。水土保持工程的主要目的是改变流域的土壤性质、地形地貌条件，增加土壤抗侵蚀能力和提高流域泥沙拦截能力，削弱流域产沙能力和减少产沙量。

作为黄河流域水土保持工程的一种特殊措施，淤地坝是指在沟道里为了拦泥淤地而修建的坝工建筑物，其拦泥淤成的土地称为坝地[3]。淤地坝是黄土高原地区人民群众在长期同水土流失斗争实践中创造的一种行之有效的水土保持工程措施，既能拦截泥沙、保持水土，又能淤地造田、增产粮食，这一措施已有几百年的发展历史。中华人民共和国成立后，经过水利水保部门总结、示范和推广，淤地坝建设得到了快速发展。大体经历了四个阶段[17]：20 世纪 50 年代的试验示范，60 年代的推广普及，70 年代的发展建设和 80 年代以来以治沟骨干工程为骨架、完善提高的坝系建设阶段。针对黄土高原区的淤地坝数量，20 世纪 90 年代以来，有关方面对黄土高原地区淤地坝进行了四次大规模调查[17-20]：一是黄河上中游管理局组织实施的水土保持措施调查，截止时间为 1999 年；二是中央农村工作领导小组办公室和水利部水土保持司等组织的黄土高原区淤地坝专题调研，截止时间为 2002 年；三是水利部组织实施的淤地坝安全大检查，截止时间为 2008 年；四是第一次全国水利普查，截止时间为 2011 年，如表 6-1 所示。四次调查结果显示，黄土高原淤地坝总数分别为 85 621 座、112 045 座、91 000 座和 58 446 座，其中陕西和山西两省共有淤地坝 51 259～82 528 座，占总数的 66.6%～90.7%。每次淤地坝调查结果差别较大，一方面是因为黄土高原淤地坝存在淤地坝修建和淤满报废吞并的变化，另一方面是因为每次调查的淤地坝规模标准有一定的差异[20]。

表 6-1　黄土高原淤地坝调查 （单位：座）

省（自治区）	第一次调查 截至 1999 年		第二次调查 截至 2002 年		第三次调查 截至 2008 年		第四次调查 截至 2011 年	
	总量	骨干坝	总量	骨干坝	总量	骨干坝	总量	骨干坝
新疆							4	
青海	708	33	3 877		663	154	665	170
甘肃	709	163	6 630		1 465	508	1 571	551
宁夏	16 720	84	4 936		1 117	347	1 112	325
内蒙古	2 760	257	17 819		2 376	735	2 195	820
山西	30 555	377	37 820		43 577	1 001	18 007	1 116
陕西	34 169	338	36 816		38 951	2 555	33 252	2 538
河南			4 147		2 851		1 640	135
合计	85 621	1 252	112 045		91 000	5 300	58 446	5 655
备注	参考文献 [19] 资料，合计未包括河南数据		参考文献 [17] 资料		各省（自治区）数据参考文献 [19] 资料，合计总数采用文献 [20] 数据，河南淤地坝总数量为文献 [19，20] 资料反推；合计骨干坝总数不包括河面数据		参考第一次全国水利普查资料[18]	

3. 河道采砂

河道采砂是指为了满足河道整治、建设生产和社会发展的需求，在河道管理范围内开展的从河道采挖砂石、取土和淘金（包括淘取其他金属及非金属）等活动。河道采砂方式主要有两种[21]：一是利用采砂船在河底采挖（俗称水采），采砂船分为吸砂泵式和链斗式两种；二是利用挖掘机或人工作业在河道管理范围内的滩地采挖（俗称旱采）。采砂坑呈点、线和面状，在河道中采砂坑的位置可能位于顺直河段的主河槽内，也可能位于弯道上，在分汊河段采砂坑常常位于江心洲附近[22]。其中，点状采砂坑对水流的影响有限；线状采砂坑对纵向水流的影响较大，但对横向次生流的影响有限；面状采砂坑对河床稳定的影响较大。

河道采砂后使河床发生变形，在河床留存采砂坑，特别是线状或面状采砂坑，将对河道流态与河床演变产生影响。采砂坑对水流的作用类似于跌坎，流动水面沿纵向有明显跌落，上下游缘口水面向下跌落呈弯曲状，水流运动明显加速，水流的挟沙能力有显著提高，冲刷能力加强，坑内缘口附近分别形成一个回流；因缘口部位遭受水流冲蚀，上游水面的弯曲点逐渐向上游移动，床面不断冲蚀，采砂坑的范围不断延展，形成溯源冲刷[22]。在采砂坑的范围向上下游扩展的过程中，横向次生流不断淘刷河床与堤岸的交界处，使冲刷范围不断扩大，采砂坑造成采砂部位的过水面积扩大，使得采砂坑的平均流速降低，水流挟带和冲刷的泥沙容易在采砂坑内逐渐淤积。采砂河床的全面调整是冲刷河床突出部位而回淤低洼处、采砂坑横断面不断展宽、范围不断扩大的过程，最终使河床较为平顺。这一调整过程在洪水的作用下会明显加快，特别是采砂坑宽度的变化，可能危及堤岸的安危。河道采砂使得河床发生冲淤调整，特别是采砂坑发生淤积，采砂坑淤积直接导致下游河道的输沙量减少，其影响程度视采砂量而定。

随着中国经济的快速发展，工程建设突飞猛进，建筑用砂需求量大增，河道采砂业快速发展。由于利益驱使，河道采砂也曾出现无序、乱采、偷采等混乱现象[23]，采砂量大幅度增加，特别是长江、珠江、钱塘江、闽江等南方河流的采砂量都占有很大的比例，对河道输沙量变化产生重要影响。鉴于河道采砂的影响，水利部门通过颁布《河道采砂规划编制规程》（SL 423—2008）等一系列规程，对河道采砂进行科学管控，目前河道采砂已经逐步走向规范。

4. 引水灌溉

为保障社会工农业和人类生活用水，实现河道供水和灌溉等功能，河道两岸修建了许多引水工程，特别是中国干旱半干旱的北方（含内陆地区）缺水地区，河道引水灌溉是不可或缺的人类活动。河道引水将会导致以下三个方面的变化，首先，从河道引水分流，将会直接减少进入下游河道的径流量；其次，引水必引沙，引水的同时，又会从河道中引取大量的泥沙，改变下游河道的输沙量；最后，河道引水引沙，不仅改变进入下游河道的水沙态势，还会引起河道演变的变化[24]。

5. 流域过度建设

为满足生活需要和社会经济发展，人类在流域内进行开垦耕种、工程建设、开矿建厂、森林砍伐等活动后，未实施生态环境保护和水土保持的措施，使得水土流失面积和土壤侵蚀量增加，当这类活动超出了正常合理的生产建设，就属于过度建设活动。由于人类受到社会环境、文化、经济等因素的制约，流域生产活动中可能出现违背自然规律和不合理的过度开发与建设，将会改变原有的下垫面条件，引起严重的土壤侵蚀，特别是水土流失加重。随着中国人口的增加和社会发展，流域内开垦和开矿规模的增大，交通及其他基础建设发展迅速，由于忽视了生态环境和水土保持工程的实施，流域内出现过度粗暴的建设活动，使得流域水土流失面积增加，相应的土壤侵蚀量也大量增加。中华人民共和国成立以来，过度建设主要发生在 20 世纪 50 年代末的"大跃进"时期和 80 年代的改革开放初期。在"大跃进"时期，伴随着自然灾害和人口增长，大量毁林毁草开荒，土地过度开发，森林覆盖率大幅度降低，水土流失面积增加[25]。在改革开放初期，以大力发展经济为主，全国范围内开展了大规模的基础建设，修路、开矿、办工厂等快速发展，但同时没有充分重视和实施水土保持措施，造成流域水土流失加重。

6.1.4 自然灾害

在一些特大型地质灾害发生的过程中，如 2008 年 5 月 12 日在四川汶川县发生的 8.0 级地震，大量的崩塌、滑坡、泥石流、堰塞湖等次生灾害伴随形成，甚至流域内山体破碎，这些灾害在一定时段内对水土流失产生一定的影响。

6.2 南方河流水沙变化的主要影响因素

在中国南方河流中，影响河流水沙变化态势的主要因素包括水库拦沙、水土保持、流域降水、河道采砂、流域过度建设等[26-28]。

6.2.1 水库拦沙

在中国南方河流中，水库拦沙在河道输沙量减少中发挥了重要作用。长江流域、珠江流域和东南河流流域修建了大量的大型水库，如表 6-2 所示。据有关资料[16,26]的不完全统计，截至 2019 年，长江区修建大型水库 272 座，总库容达 2723 亿 m³，主要分布于雅砻江、嘉陵江、岷江、乌江、汉江，以及洞庭湖和鄱阳湖湖区支流上，长江干流上先后修建了葛洲坝水库、三峡水库等特大型水利枢纽，2010 年后，金沙江上又陆续建成了溪洛渡、向家坝、乌东德、白鹤滩等特大型水利枢纽。目前，珠江区（不含海南）已建成大型水库 108 座，总库容为 1053 亿 m³，主要修建于珠江流域的西江、东江、北江等河流上，包括百色水库、龙滩水库、大藤峡水库等。钱塘江流域已建成大型水库 16 座，总库容为 268 亿 m³；闽江干流及其支流上有 8 座大型水库，总库容为 68 亿 m³。南方河流上修建的如此多的水库，调蓄了年内径流过程，拦截了大量泥沙，减少了出库的输沙量，明显地改变了进入下游河道的水沙过程，而且河道输沙量持续减少的突变年份与河道骨干水库蓄水运用的年份相一致。

表 6-2 南方河流修建的主要水库状况

区域	大型水库数量/座	总库容/亿 m³	典型水库
长江区	272	2723	长江干流：乌东德水库、白鹤滩水库、溪洛渡水库、向家坝水库、三峡水库、葛洲坝水库； 雅砻江：二滩水库； 岷江：龚嘴水库、紫坪铺水库； 嘉陵江：碧口水库、宝珠寺水库、亭子口水库； 乌江：乌江渡水库、构皮滩水库； 汉江：安康水库、丹江口水库等
珠江区	108	1053	西江：天生桥水库、大化水库、百色水库、龙滩水库、南水水库、锦江水库、大藤峡水库等； 东江：枫树坝水库、新丰江水库； 北江：飞来峡水库、乐昌峡水库
钱塘江流域	16	268	富春江：新安江水库、富春江水库、湖南镇水库； 衢江：白水坑水库； 金华江：横锦水库； 浦阳江：陈蔡水库； 曹娥江：汤浦水库等
闽江流域	8	68	闽江：水口水库； 建溪：东溪水库； 富屯溪：池潭水库； 沙溪：安砂水库； 古田溪：古田水库； 尤溪：水东水库、街面水库； 崇阳溪：东溪水库

注：长江区和珠江区是根据水资源分区方法规定的区域，与对应的流域有一定的差异

6.2.2 水土保持

水土流失与水土保持是流域产流产沙过程中必须面对的一对矛盾体，当流域重视水土流失治理、实施水土保持工程措施时，流域水土流失减轻，相应河道输沙量将会减少。20世纪80年代以来，长江流域利用遥感技术进行了3次全流域水土流失调查[1][2]，结合水利部2018年全国水土流失动态监测成果，20世纪80年代中期、90年代末、2011年末和2018年末长江流域水土流失面积分别为62.2万km²、53.1万km²、38.46万km²和34.67km²，分别占总面积的34.56%、29.50%、21.37%和19.26%，水土流失面积逐渐减少，如表6-3所示。在长江流域，部分区域水土流失曾比较严重，如上游水土流失最为严

---

[1] 水利部长江水利委员会. 长江流域水土保持公报. 2007. 水利部长江水利委员会. 长江流域水土保持公报（2006-2015）. 2016. 水利部长江水利委员会. 长江流域水土保持公告（2018）. 2019.

[2] 廖纯艳. 长江上中游水土保持重点防治工程二十年建设成效与经验总结. 长江委水土保持局局，水利部网站.

表6-3 长江流域水土流失调查情况

数据来源	水土流失面积				侵蚀程度面积/万 km²					
	合计/万 km²	占流域总面积/%	水力侵蚀/万 km²	风力侵蚀/万 km²	轻度	中度	强烈	极强烈	剧烈	备注
20 世纪 80 年代中期全国第一次水土流失遥感调查	62.2	34.56	56.9	5.3						
20 世纪 90 年代末全国第二次水土流失遥感调查（2002 年公布）	53.1	29.50	52.4	0.7	21.5	21.2	7.6	1.7	0.4	水力侵蚀
第一次全国水利普查（2011 年资料，2013 年公布）	38.46	21.37	36.12	2.34	18.67	10.55	5.25	2.84	1.15	水土流失
水利部 2018 年全国水土流失动态监测成果	34.67	19.26	33.16	1.51	24.72	4.61	2.52	2.00	0.82	水土流失

重的地区有"四大片"，即金沙江下游及毕节地区、嘉陵江中下游、陇南陕南地区和三峡库区[33]，包括云、贵、川、甘、陕、渝、鄂七省（直辖市），水土流失面积 17.05 万 km²，占其土地总面积的 56%。为了治理长江流域水土流失，自 20 世纪 80 年代以来，长江流域水土流失防治经历了由试点小流域到重点防治的发展历程。在流域 15 省（自治区、直辖市）实施了 55 个国家水土保持综合治理试点小流域后，1983 年江西兴国县和葛洲坝库区被列入全国八大片重点治理区水土保持工程，1988 年国务院批准将长江上游列为全国水土保持重点防治区，在金沙江下游及毕节地区、嘉陵江中下游、陇南陕南地区和三峡库区首批实施长江上游水土保持重点防治工程（"长治"工程）；之后，重点防治范围逐步扩大到长江中游的丹江口水库水源区、洞庭湖和鄱阳湖水系以及大别山南麓的部分水土流失严重县；截至 2005 年，"长治"工程范围已由初期的 6 个省（直辖市）61 个县（市、区）扩大到 10 个省（直辖市）208 个县（市、区）。在国家重点防治工程的推动下，流域各省（直辖市）水土流失防治工作也蓬勃发展。根据长江水利委员会统计，全流域已累计治理水土流失面积为 28.4 万 km²，其中国家重点防治工程治理水土流失面积为 10.2 万 km²。2006 年后，针对长江流域水土流失特点，国家多渠道支持开展长江流域水土流失治理工作，国家水土保持重点工程治理范围扩大到 16 个省（自治区、直辖市），主要包括丹江口库区及上游水土保持重点工程、云贵鄂渝世界银行贷款水土保持项目、国家农业综合开发水土保持项目、坡耕地水土流失综合治理试点工程、国家水土保持重点治理工程、中央预算内投资坡耕地水土流失综合治理试点工程、中央财政水利发展资金水土保持项目、岩溶地区石漠化综合治理工程等。据《长江流域水土保持公报（2006—2015 年）》资料显示，2006～2015 年长江流域累计治理水土流失面积 14.73 万 km²，其中国家水土保持重点工程治理水土流失面积 5.97 万 km²；据《长江泥沙公报》资料统计，2016～2020 年国家水土保持重点工程治理水土流失面积为 2.07 万 km²。长江流域实施水土保持工程以来，水土流失严重的产沙区得到控制，进入河道的输沙量减少，如长江上游实施"长治"工程的 20

年里，水土流失最为严重的"四大片"（包括金沙江下游及毕节地区、嘉陵江中下游、陇南陕南地区和三峡库区）水土流失面积减少了 40%~60%，坡耕地减少近 80%，基本消灭了荒山荒坡，小流域土壤减侵率达到 70% 以上；实际上，长江上游金沙江和主要支流的年输沙量变化过程也说明了这一点，金沙江、岷江、嘉陵江和乌江的年输沙量和输沙模数分别从 2000 年、1993 年、1989 年和 2000 年开始显著减少，表明 1989 年起实施的"长治"工程在不断发挥作用。长江下游支流流域也开展了富有成效的水土保持措施。例如，赣江流域水土保持以 1980 年江西兴国县实施塘背河小流域综合治理的成功经验为契机，赣江作为水土流失重点地区纳入了全国八大片重点治理区水土保持工程、国家水土保持重点治理工程、农业综合开发"长治"工程、鄱阳湖流域水土保持重点治理工程等一批国家级水土保持重点治理项目[29]，至 2010 年底，仅赣江上游就已完成 400 余条小流域综合治理，总治理面积 5404.7km²，水土保持减沙效果显著。

在珠江流域，水土流失与水土保持工作经历了不同的变化过程。据有关资料[30,31]，广西水土流失面积从 20 世纪 50~60 年代的 1.2 万 km² 增加到 80 年代的 3.06 万 km²，增加了 155%[30]；广东水土流失面积则从 20 世纪 50 年代初的 7444km² 增加到了 80 年代上半期的 17 070km²，增加了 129%[31]。20 世纪 80 年代开始，广西和广东开展了重点区域的水土流失治理，随着各种水土保持措施的实施，90 年代末广西水土流失面积已从 3.06 万 km² 下降到 2.81 万 km²，广东水土流失面积已从 17 070km² 下降到 8650km²。珠江上游南北盘江石灰岩地区水土保持综合治理试点工程（简称"珠治"试点工程）于 2003 年正式启动[32]，经过三年的持续综合治理，"珠治"试点工程治理水土流失面积 1328km²，其中，人工治理面积 660km²，实施封育治理面积 668km²。由于珠江流域人类活动频繁，珠江上游区域喀斯特地貌和石漠化治理难度较大[33]，珠江流域的水土流失面积并没有呈现逐渐减少的趋势，甚至水土流失面积呈增加态势，据全国第一次、第二次水土流失遥感调查、第一次全国水利普查等有关资料[34,35]，1954 年、20 世纪 80 年代中期、1990 年末和 2011 年末珠江流域水土流失面积分别为 4.11 万 km²、5.71 万 km²、6.27 万 km² 和 9.64 万 km²，分别占境内流域面积的 9.3%、12.9%、14.2% 和 21.8%，呈明显增加态势；2011 年珠江流域上游水土流失面积为 5.89 万 km²，占 2011 年珠江流域水土流失面积的 61.1%，其中南北盘江仍是中国水土流失较严重的地区之一。与珠江流域水土流失面积变化的过程相对应，珠江流域的年输沙量也经历了一个先增加后下降的过程，其变化态势与水土保持实施过程有一定的差异。

钱塘江和闽江流域针对流域水土流失特点开展了许多水土保持工程。据调查统计[36]，20 世纪 90 年代钱塘江流域在衢州市、金华市、丽水市、绍兴市、杭州市有关县（市、区）的水土流失面积共有 9531km²，占相应地市有关县（市、区）面积的 22.9%，水土流失面积在改革开放初期也曾出现增加的现象，如衢州市水土流失面积从 1981 年的 1586km² 增至 1990 年的 2675km²，但由于衢州市加强了林业建设步伐，在造林和封山育林方面取得了很大成绩，其流失面积由 253km² 减少到 31.35km²。钱塘江中上游的金华市盘溪小流域进行的水土保持工程于 2000 年 7 月完成[37]，治理水土流失面积 15.73km²；项目完成后，区域植被覆盖增加，坡耕地、荒地基本消除，水土流失基本得到控制。建德市胥溪牌楼水土保持综合治理工程也是 1998 年钱塘江中上游水土流失重点治理工程之一[38]，治理水土流失面积 7km²。闽江流域水土流失面积经历了增加—减少—增大的过程[39,40]，与流域人类活动和水土保持措施实施有直接的关系。闽江流域水土流失面积 1958 年以前仅有 294.47km²，1977 年以后每年以 106.93km² 的速度增加，1984 年水土流失面积一度达到 4436.7km²，随着流域水土保持措施的实施，2000 年水土流失面积减至 3939.38km²。有关资料表明[40,41]，通过开展植树造林等水土保持工程，闽江流域有林地面积从 1988 年的 323.12 万 hm² 增至 1998 年的 395.97 万 hm²，森林覆盖率从 53.03% 增至 64.94%；至 2005 年底，闽北地区共治理水土流失面积 24.28 万 hm²。无论是钱塘江流域，还是闽江流域，流域水土保持措施的实施，都将对河流年输沙量的减小产生积极影响。

6.2.3　流域降水

河道径流是流域降雨通过陆面产流汇入河流形成的，而河道输沙则是流域降水产流侵蚀土壤后产生的泥沙随径流进入河道形成的。显然，流域降水是流域产流产沙的重要影响因素，气候变化引起降水量变化，直接导致流域产流与河道径流量发生变化，进而影响输沙量的变化。流域降水、河道径流输沙资料分析表明，河道径流量与流域降水量成正比关系，河道输沙量随径流量以幂函数增加，其中河道水沙相关关系直接受水库建设的影响；也就是说，流域降水量的增加或减少将会导致河道径流量和输沙量的增加或减少，水库建设可能改变了降水量与河道输沙量的关系。对于长江流域[42,43]，流域降水变化呈现为在多年平均值上下波动，没有显著的变化趋势，在整个时间段上表现为略有下降态势，相应地，长江流域代表水文站年径流量表现为在多年平均值上下波动，没有显著的变化趋势，长时段内呈现略有减小态势；长江流域代表水文站年输沙量呈现显著的减小态势，流域降水对输沙量减少的影响为次要因素，水库拦沙是输沙量减少的主要影响因素。在珠江流域，珠江入海输沙量的波动大多数与径流量一致，而径流量又与降水量基本一致；西江、北江、东江水文控制站的降水量、径流量与输沙量资料的回归分析成果表明[44]，水文控制站年降水量、年径流量和年输沙量三者之间存在显著的相关性，即流域降水量增加，河道径流量和输沙量都相应增加，但年输沙量的相关性减弱。

钱塘江流域最大降水量总体呈缓慢减少的趋势，富春江流域减少最显著；夏季的最大降水量却有增加的趋势，其中富春江流域增加最明显，其他季节最大降水量均呈减少的趋势[45]。与此相应[46]，衢州市 20 世纪 50 年代中期到 60 年代，降水量偏少；70年代后进入降水多发期，降水明显偏多，2000 年后降水量略有减少，这与衢江衢州站的年径流量变化态势一致，都有一个先增加后减少的过程。钱塘江上游兰江流域 20 世纪 60～90 年代的平均降水量分别为 1485.8mm、1493.7mm、1561.9mm 和 1650.1mm[47]，对应的兰江兰溪站 20 世纪 70～90 年代的年径流量分别为 120.4 亿 m³、163.1 亿 m³、187.6 亿 m³，与相应的降水量成正比关系。根据闽江流域 1961～2005 年的径流量和输沙量与相应年份的降水量的关系，年径流量与降水量的相关系数为 0.696，说明年径流量的变化与降水量之间存在着显著的相关关系，降水量决定径流量；输沙量与降水量之间的相关系数为 0.396，说明输沙量与降水量之间有一定的关系[48]，但相关性明显减弱；闽江干流年代径流量与年代降水量具有一致的变化关系，而与输沙量没有明显一致的变化关系，如表 6-4 所示[49]。

表 6-4　1960～2010 年闽江流域降水量与竹岐站年径流量和年输沙量的关系

时段	1960～1969 年	1970～1979 年	1980～1989 年	1990～1999 年	2000～2010 年
降水量/mm	1622.73	1688.24	1666.48	1735.05	1674.24
年径流量/亿 m³	497.1	529.4	524.5	560.7	528.8
年输沙量/万 t	856.6	731.9	644.7	379.4	295.4

6.2.4　河道采砂

就近期实际情况，河道采砂是南方河流输沙量减少的重要原因之一。河道采砂造成河道下切，河道局部过水面积增大，采砂断面水流流速减小，致使采砂河段发生泥沙淤积，直接减小了下游河道的来沙量。长江沿江地区的经济发展迅猛，建筑用沙量增加，河道采砂量大幅增加，对长江河道输沙量产生一定的影响。据统计，长江上游河道采砂主要分布在四川宜宾、泸州和重庆江段[21]，20 世纪 90 年代宜宾、泸州和重庆三市辖区一年内共采卵石约 516 万 t，采砂约 1014 万 t；嘉陵江砂石开采量每年每千米达 3.8 万 t，卵石开采量每年每千米达 1 万 t，1993 年朝天门—盐井 75km 河段砂石、卵石总开采量为 350 万 t；2002 年朝天门—渠河嘴 104km 河段砂石、卵石总开采量为 357 万 t。长江河道采砂管理先后经历了乱采、禁采和有序解禁的过程，对长江河道演变与输沙量产生一定的影响[23]。据有关资料统计[50]，2004 年长江河道开始有序解禁采砂，21 世纪 10 年代初期长江重庆主城区河段年均采砂可达 400 万 t，2015 年以来长江上游干流河道采砂（主要是重庆）有所减少，年均采砂量为 293 万 t；2004～2020 年中下游干流河道采砂经历增加到减小的过程，年平均采砂量为 3844 万 t，其中建材采砂量仅为 427 万 t，占 11.1%，吹填造地和吹填固堤采砂量为 3417 万 t，占 88.9%。长江中下游干流河道采砂量虽然大幅度减少，但洞庭湖和鄱阳湖的许可采砂量大幅度增加，2017～2020 年两湖年平均采砂量为 3015 万 t。2018 年以来，长江干流又开始了疏浚泥沙的综合利用，中下游河道年平均疏浚泥沙量为 4568 万 t，这些泥沙也将影响河道的输沙量变化。显然，长江中下游河道采砂和疏浚泥沙总量是逐渐增加的，多年平均采砂疏浚泥沙总量为 5360 万 t。长江流域代表水文站大通站 2003 年以来的年均输沙量为 13 398 万 t，中下游干流河道的采砂量和采砂疏浚泥沙总量分别占大通站年均输沙量的 28.7% 和 40.0%；2018 年采砂疏浚泥沙总量高达 10 531 万 t，大于 2018 年大通站的输沙量 8310 万 t，表明河道采砂和疏浚泥沙将对长江中下游的输沙量有明显影响，如图 6-3 所示。

珠江流域采砂活动十分频繁。据有关报道资料测算①，20 世纪 90 年代中期至 2002

---

① 冒浩文，余利花. 河道采砂管理条例：千呼万唤快出来（新闻观察）. http：//www.sina.com.cn（2004-09-30）[2022-10-10].

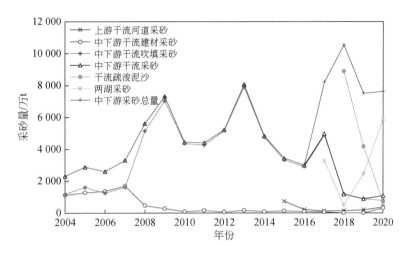

图 6-3　长江河道近期采砂变化

年，北江采砂主要集中在大塘以下河段，年均采砂量约为 730 万 m³；2003 年开始，采砂地点主要转移到芦苞、大塘河段和清远市区河段，2003 年采砂量约 548 万 m³；2004 年 3 月份后，年均采砂量为 329 万 m³，而石角站 1990~2005 年年均输沙量为 476 万 t，小于同期河道采砂量。东江下游横沥—石龙河段[51]，在 1972~2004 年近 32 年时间里（尤其是 20 世纪 80 年代后期），总采砂量约为 3.29 亿 m³，年平均采砂量为 1028 万 m³，远大于东江博罗站多年平均输沙量 211 万 t（1980~2000 年平均值）。西江干流采砂量也是很可观的，文献［52］调查分析，1992~1998 年西江干流河口段 22.8km 河道的采砂量为 1741 万 t。一方面，河道采砂直接造成河道断面下切；另一方面，河道采砂导致河砂资源入不敷出，来沙量与采砂量严重失衡，下游输沙量明显减少，河床由缓慢淤积转为快速冲刷下切。

同样，钱塘江和闽江流域采砂活动也非常普遍。钱塘江采砂活动主要集中在富春江河段和杭州河段[53,54]，富春江河段采砂量自 20 世纪 70 年代的数百吨增至 80 年代的几十万吨，而 90 年代，随着采砂船只的增多和采砂工艺的提高，年平均采砂量达到 400 万 t；杭州段蕴藏丰富的河砂资源，从 20 世纪 80 年代开始，经 20 余年持续开采，砂源接近枯竭，2003~2005 年钱塘江一桥—三桥河段实际采砂量高达 1446 万 t，已远远超出河道同期的年输沙量 291 万 t，超挖严重，21 世纪 10 年代起禁采行动开始。闽江流域采砂活动主要集中在下游水口以下河段，据不完全调查[55,56]，20 世纪 80 年代年均采砂量粗略估计为 486 万 t，而 1984~1998 年闽江下游采砂和卵石量每年约 1000 万 t，2000 年后闽江下游的采砂量激增，福州港 1999 年河砂出港量为 175 万 t，2002 年猛增至 1300 万 t，而闽江代表水文站 1980~2000 年的年均输沙量为 556 万 t，小于河道采砂量，闽江自 21 世纪 10 年代开始也加强了采砂管理，某些河段甚至禁止采砂。

6.2.5　流域过度建设

在南方河流流域内，过度建设主要发生在 20 世纪 50 年代末的"大跃进"时期和 80

年代改革开放初期。长江上游区域在 20 世纪 50 年代末的"大跃进"时期，由于人类活动加剧，森林遭受空前的砍伐，四川森林覆盖率在 20 世纪 60 年代一度跌至 9%[25]；在 20 世纪 50~80 年代的 30 年左右时间内，珠江流域的森林遭受严重的人为破坏[57]，在 1975~1984 年的短短 10 年时间内，广东的森林覆盖率就从 38% 降至 27%；同时在"大跃进"时期，长江、珠江等南方河流上也开始修建水利工程，如珠江流域在 1958~1961 年修建水库 15 座，总库容达 234.73 亿 m³，但未对周边实施水土保持措施，这些过度建设活动使得长江上游主要支流（岷江、嘉陵江、乌江等）和珠江年输沙量分别在 20 世纪 60 年代和 60~70 年代出现增加的现象。在改革开放初期，修路、开矿、办工厂等快速发展的同时，没有充分重视水土保持措施，造成流域水土流失加重，长江支流岷江、嘉陵江、乌江等的年输沙量在 20 世纪 80 年代初期也出现增加的现象；珠江上游喀斯特地区随着人口数量的增加，曾出现乱砍滥伐、陡坡开荒、坡耕地耕种、过度放牧等农业生产，以及采矿、交通道路建设等不合理的开发建设活动，对石漠化发生发展产生较大影响[33]，促使石漠化面积增加，森林面积减少；闽江流域漳龙高速所经之处，丘陵山地的地表植被受到严重的破坏，估计直接破坏的林地面积为 147hm²，致使山地植被的水土保持功能下降，输沙量增加[58]。

6.2.6 其他因素

除了上述河流水沙变化的共有影响因素外，由于河流流域的差异，还有其他一些因素影响河道输沙量的变化，如湖泊与河道淤积。在长江流域，长江中下游洞庭湖和鄱阳湖的调蓄和泥沙淤积对河道输沙量和含沙量沿程变化具有重要影响。

根据有关资料统计[50,59]，1956~2011 年洞庭湖多年平均入湖年输沙量为 13 045 万 t，其中荆江三口年输沙量占进入洞庭湖总沙量的 80.8%，为入湖输沙量主要来源。洞庭湖年均出湖输沙量仅为 3641 万 t，在不考虑湖区其他进出输沙量及河道采砂的情况下，湖区年均淤积泥沙量为 9404 万 t，淤积比为 72.1%。1956~2002 年，荆江三口来沙逐渐减少，而洞庭湖四水的来沙呈波动形态，受荆江三口来沙减少的影响，年均出湖输沙量和淤积量也逐渐减少，但泥沙淤积比保持在 70% 以上。自 2003 年三峡水库蓄水运用以来，结合三峡水库的不同运行时期［围堰蓄水期（2003 年 6 月至 2006 年 8 月）、初期蓄水（2006 年 9 月至 2008 年 9 月）和试验性蓄水（2008 年 10 月至 2017 年）］的特点，把时段分为 2003~2005 年、2006~2008 年、2009~2017 年和 2018~2020 年四个时期进行分析，进入下游的输沙量逐渐减少，使得四个时期进入洞庭湖的年输沙量逐渐减少和恢复，分别为 3074 万 t、1619 万 t、1320 万 t 和 1565 万 t，而出湖年输沙量分别为 1590 万 t、1460 万 t、2221 万 t 和 952 万 t，对应的淤积量分别为 1484 万 t、159 万 t、−901 万 t 和 613 万 t，淤积比分别为 48.28%、9.82%、−68.26% 和 39.17%，显然洞庭湖泥沙淤积量和淤积比逐渐减少，试验性蓄水期甚至发生冲刷，近期又开始恢复淤积，如表 6-5 所示。

表6-5 洞庭湖区年平均输沙量和淤积量统计

时段		1956~1966年	1967~1972年	1973~1980年	1981~2002年	2003~2005年	2006~2008年	2009~2017年	2018~2020年	1956~2020年
年平均输沙量/万 t	入湖	22 332	18 242	14 305	10 802	3 074	1 619	1 320	1 565	11 510
	出湖	5 961	5 247	3 839	2 634	1 590	1 460	2 221	952	3 630
淤积量/万 t		16 371	12 995	10 466	8 168	1 484	159	−901	613	7 880
淤积比/%		73.31	71.24	73.16	75.62	48.28	9.82	−68.26	39.17	68.46

注：淤积量为入湖输沙量与出湖输沙量的差值；负值表示冲刷，正值表示淤积，下同

据鄱阳湖进出湖区输沙量分析[50,60]，鄱阳湖多年平均（1954~1985年）入湖输沙量为2104万 t，多年平均出湖输沙量为1052万 t，湖区多年平均淤积泥沙1052万 t，淤积比为50.00%；1956~2002年五河年均入湖输沙量为1465万 t，年均出湖输沙量为938万 t，年均淤积量为527万 t，即每年平均有35.97%的泥沙淤积于湖内，淤积比较1954~1985年减小。2003年三峡水库运用以来，2003~2013年鄱阳湖五河年入湖输沙量减至为607万 t，同时受三峡水库蓄水拦沙造成的长江下游河道冲刷和水位降低，以及鄱阳湖出湖湖道挖沙扰动的影响，鄱阳湖出现冲刷，2003~2013年鄱阳湖年均冲刷量为634万 t，冲刷比达104.45%，使得鄱阳湖进入长江的输沙量超过了1954~1985年的输沙量。2018~2020年鄱阳湖泥沙开始从冲刷转入淤积，进入湖区的年入湖输沙量为685万 t，汇入长江的出湖年输沙量为419万 t，年淤积量为266万 t，淤积比为38.83%，如表6-6所示。

表6-6 鄱阳湖年均输沙量和淤积量统计

时段	年均入湖输沙量/万 t	年均出湖输沙量/万 t	年均淤积量/万 t	淤积比/%
1954~1985年	2104	1052	1052	50.00
1956~2002年	1465	938	527	35.97
2003~2013年	607	1241	−634	−104.45
2003~2008年	512	1464	−952	−185.94
2008~2013年	701	1032	−331	−47.22
2018~2020年	685	419	266	38.83

6.3 北方河流水沙变化的主要影响因素

在中国北方河流中，影响河流水沙变化的主要因素仍然为水土保持、水库拦沙、流域降水、引水引沙、流域过度建设等，但鉴于南北方河流水沙量和流域气候环境的不同，这些影响因素的作用也有很大的差异。

6.3.1 水土保持

北方河流流域多属于半干旱气候，年降水量较少，流域植被条件较差，水土流失严重。一旦在流域内实施水土保持措施，将会有效改善流域下垫面条件，减沙效果显著，因此北方河流水土保持是河道保水减沙的重要因素。黄河流域水土流失严重，特别是中游黄土高原地区，由于其土壤性质、地形地貌等特殊性，水土流失极易发生，随着流域水土保持措施的不断实施，黄河流域水土流失面积也在动态变化之中，据黄河流域多次调查普查资料[61]，黄河流域20世纪80年代中期、90年代末、2011年末和2019年水土流失面积分别为46.48万km^2、42.65万km^2、30.96万km^2和26.42万km^2，分别占全流域面积的58.47%、53.65%、38.94%和33.23%，呈现逐渐减小的趋势。在水利部2019年全国水土流失动态监测成果中，水力侵蚀面积和风力侵蚀面积分别占水土流失面积的71.76%和28.24%；轻度、中度、强烈、极强烈、剧烈侵蚀面积分别占水土流失面积的62.64%、22.82%、8.86%、4.43%、1.25%，如表6-7所示。黄河流域水土流失主要集中在黄土高原地区，该地区面积（64.06万km^2）占流域面积的80.58%，在20世纪80年代，其水土流失面积（45.17万km^2）占同期流域水土流失面积（20世纪90年代末，46.48km^2）的97.18%，而且黄土高原地区自北向南依次包含风力侵蚀区、水力风力交错侵蚀区、水力侵蚀区，侵蚀类型复杂，中度以上侵蚀面积大，是水土保持措施实施的重点地区。20世纪60年代末，黄河流域就开始了水土流失的治理工作，特别是在黄河中游的黄土高原地区展开了大规模的水土保持措施，主要包括梯田、造林、种草、封禁治理、淤地坝等；90年代以来，黄河流域先后实施了上中游水土保持重点治理工程、黄土高原淤地坝试点工程、农业综合开发水土保持项目等国家重点水土保持项目[61]，1999～2015年，黄河流域新增水土流失综合治理面积10.74万km^2，其中新修梯田1.93万km^2、造林5.31万km^2、种草0.85万km^2、封禁2.65万km^2，新修淤地坝10 743座；流域水土保持措施的实施改变了流域下垫面的产流产沙特性，增加了入渗量，减小了径流系数和径流量，减轻了土壤侵蚀和水土流失，对流域保水减沙与河道水沙量减少产生重要影响。据有关成果估计[62]，黄河流域梯田、造林、种草、封禁治理、淤地坝等水土保持措施的实施累计保土193.54亿t，其中1996年前累计保土106.55亿t，1996～2015年累计保土86.99亿t。作为黄河流域水土流失治理的重点区域[62-64]，黄河中游地区和黄土高原地区分别从20世纪50年代和60年代开始了水土保持工作，水土保持面积持续快速增加，分别从20世纪60年代的1.58万km^2和0.70万km^2快速增加到90年代的17.13万km^2和6.26万km^2，2010～2015年黄土高原区水土保持面积增加到12.46万km^2，如表6-8所示。黄河中游年均减水量和年均减沙量分别从20世纪60年代的9.82亿m^3和1.51万t增至90年代的29.04亿m^3和4.57万t，潼关站年径流量和年输沙量也分别从60年代的451.0亿m^3和14.23亿t减至90年代的248.8亿m^3和7.90亿t，2010～2020年分别为297.5亿m^3和1.83亿t。潼关站以上中游地区修建的大型水库枢纽主要包括龙口、万家寨等水库工程，其容沙能力较低，表明黄河年输沙量的大幅度减少主要是水土流失治理的作用。

表 6-7 黄河流域水土流失调查情况

数据来源	水土流失面积				侵蚀程度面积/万 km²					备注
	合计/万 km²	占流域总面积/%	水力侵蚀/万 km²	风力侵蚀/万 km²	轻度	中度	强烈	极强烈	剧烈	
20 世纪 80 年代中期全国第一次水土流失遥感调查	46.48	58.47			15.30	12.00	7.88	6.37	4.93	
20 世纪 90 年代末全国第二次水土流失遥感调查（2002 年公布）	42.65	53.65			13.50	12.38	9.18	4.66	2.93	水力侵蚀
第一次全国水利普查（2011 年末资料，2013 年公布）	30.96	38.94			16.06	6.16	5.17	2.78	0.79	水土流失
水利部 2019 年全国水土流失动态监测成果	26.42	33.23	18.96	7.46	16.55	6.03	2.34	1.17	0.33	水土流失

表 6-8 黄河中游水土保持面积与减水减沙量

时段		1950～1959 年	1960～1969 年	1970～1979 年	1980～1989 年	1990～1999 年	2000～2009 年	2010～2015 年
水土保持面积/（万 km²）	黄河中游	0.80	1.58	3.60	7.92	17.13		
	黄土高原		0.70	1.84	3.73	6.26	9.52	12.46
黄河中游年均减水量/亿 m³		7.28	9.82	21.93	29.35	29.04	27.36	
黄河中游年均减沙量/亿 t		0.32	1.51	2.87	4.01	4.57	4.35	
潼关年径流量/亿 m³		425.1	451.0	357.4	369.1	248.8	210.4	268.4
潼关年输沙量/亿 t		18.06	14.23	13.18	7.80	7.90	3.10	1.66

注：年均减水量和年均减沙量资料截至 2005 年

淮河和海河流域分别位于黄河下游河道右侧和左侧的广大区域，这两个流域内有许多水土流失较为严重的区域，需要实施水土保持措施。在淮河流域，全国第二次水土流失遥感调查资料显示[65]，流域水土流失面积 3.08 万 km²，占流域面积的 11.2%，主要分布在淮河干流上游的桐柏大别山区、洪汝沙颍河上游的伏牛山区、沂沭泗河上游的沂蒙山区和江淮、淮海丘陵区及黄泛平原风沙区。据有关资料统计[16,65]，从 20 世纪 50 年代开始，淮河流域就开展了大量的水土流失治理工作，21 世纪初累计完成水土流失治理面积 3.5 万 km²，2019 年淮河区（水资源分区）水土流失治理面积为 6.29km²。淮河流域代表水文站年输沙量也从 20 世纪 60 年代的 1677 万 t 逐渐减至 90 年代的 460.5 万 t，2010～2020 年为 364.4 万 t。在海河流域，根据全国水土流失调查成果[66,67]，20 世纪 90 年代末海河流域水土流失总面积为 10.55 万 km²，占流域总面积 31.8 万 km² 的 33.2%，其中山区水土流失面积为 10.39 万 km²，占山区面积的 54.72%；2011 年和 2018 年水土流失面积分别减至 7.89 万 km² 和 6.95 万 km²，分别占流域面积的 24.8% 和 21.9%，如表 6-9 所示。据有关资料统计[16,67]，20 世纪 50 年代至 2007 年底，海河流域水土流失治理面积达到 9.55 万 km²（实际保存面积为 5 万 km²）；至 2019 年，海河区（水资源分区）水土流失治理面积为 10.83 万 km²。永定河水系是海河流域水土流失最严重的地区之一，流域面积约 4.7 万 km²，官厅水库是位于永定河上游的控制性水利工程，永定河上游（官厅水库以上）面积 4.34 万 km²，20 世纪 80 年代初水土流失面积为 3.42 万 km²[68]，占上游流域面积的 78.8%；永定河山区属于海河流域水土流失严重区[69]，区内水土流失面积 2.63 万 km²，占山区总面积的 58%，流失特点以黄土丘陵沟壑区和土石山区的水力侵蚀为主；20 世纪 50 年代初，永定河上游流域内的天然植被基本被破坏殆尽，水土流失严重。永定河流域自 20 世纪 50 年代以来开展了水土保持工作，截至 1980 年底，综合治理面积 6273km²，占原水土流失面积的 25.9%；1983 年永定河上游列为全国八大片重点治理区水土保持工程之一以来，水土保持工作有了较大的发展，涉及流域内河北、山西、北京、内蒙古 4 个省（自治区、直辖市）的近 20 个县（旗、市、区），总面积约 2.95 万 km²，其中一期（1983~1992 年）在 176 条重点支流内，累计完成治理面积 1926.3km²，二期第一阶段（1993~1997 年）在 283 条小流域内，累计完成治理面积 3663.37km²，二期第二阶段（1998~2002 年）完成水土流失治理面积 847km²。截至 2000 年[70]，山西大同地区、河北永定河流域和北京延庆境内妫水河流域分别治理水土流失面积 4205.80km²、6449.11km² 和 435.33km²，共治理水土流失面积 11 090.24km²，保存面积约 10 000km²，占水土流失总面积的 40% 以上，永定河流域保水减沙效果显著。

表 6-9　海河流域水土流失调查统计　　　　（单位：万 km²）

时间	水土流失面积					
	合计	轻度侵蚀	中度侵蚀	强烈侵蚀	极强烈侵蚀	剧烈侵蚀
20 世纪 90 年代末	10.55	5.10	4.91	0.48	0.025	0.035
2011 年	7.89	4.07	2.50	0.94	0.25	0.13
2018 年	6.95	6.30	0.37	0.12	0.10	0.06

对于松花江和辽河流域，由于流域下垫面和气候条件的差异，其流域水土流失也有较大的不同，相应的水土保持措施与实施过程也有较大的区别。据全国第二次水土流失遥感调查[71]，松花江流域水土流失面积为 15.76 万 km²，占流域总面积（55.7 万 km²）的 28.3%，其中水力侵蚀面积、风力侵蚀面积和冻融面积分别为 11.02 万 km²、2.47 万 km² 和 2.27 万 km²；轻度侵蚀面积、中度侵蚀面积、强烈及以上侵蚀面积分别为 10.99 万 km²、4.12 万 km²，0.65 万 km²。针对松花江流域水土流失特点，20 世纪 50 年代后期就开始了水土流失的治理工作，水土流失治理经历了开创时期（1949~1979 年）、有序治理时期（1979~1990 年）、依法科学防治期（1990~2003 年）和试点工程实施后时期（2003 年以后）[72]，1985~1995 年吉林开展以荒山荒地植树造林为主的水土流失综合治理，1999 年国家决定"北大荒"全面停止开荒，实行退耕还"荒"（还林、还草、还湿地），特别是 2003 年水利部启动实施了东北黑土区水土流失综合防治试点工程，而后实施了国家农业综合开发东北黑土区水土流失重点治理工程以及全国坡耕地水土流失综合治理试点工程，至

2019 年，松花江区（水资源分区）水土流失治理面积为 10.33 万 km²[16]。据全国第二次水土流失遥感调查成果[73]，辽河流域水土流失面积为 10.51 万 km²，占流域总面积的 47.51%。其中，水力侵蚀和风力侵蚀各占一半；西辽河、东辽河、辽河干流和浑太河水土流失面积分别为 8.45 万 km²、0.15 万 km²、1.47 万 km² 和 0.43 万 km²；轻度侵蚀面积、中度侵蚀面积、强烈侵蚀面积和极强烈及以上侵蚀面积分别为 5.59 万 km²、3.54 万 km²、0.99 万 km² 和 0.38 万 km²。针对辽河流域水土流失特点，1958 年就开始了流域水土流失治理的规划工作，提出了以辽河流域西部为重点的水土保持工作方向[74]，1980 年提出辽河支流柳河流域治理规划，柳河流域 1983 年被列入全国八大片重点治理区水土保持工程，至 2019 年辽河流域水土流失治理面积 9.54 万 km²，有效地控制了流域的水土流失，辽河干流输沙量大幅度减少。柳河作为流域含沙量最高的河流，被列为国家重点水土流失治理区，全区统一规划，坚持对山、水、林、田、路综合治理，实行工程措施和生物措施相结合，蓄水保土与改革措施相结合，截至 2010 年底，柳河流域先后开展了 4 期水土保持重点建设工程，完成水土流失治理面积 2389.03km²[75]，使治理范围内的水土流失状况大为好转，柳河上游水沙得到一定控制，柳河年输沙量随着辽宁累计水土保持治理面积的增加呈减少趋势，柳河径流年平均含沙量随着水土保持工程数量的增加呈减少趋势，如图 6-4 所示。

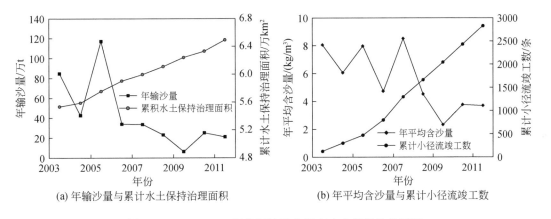

(a) 年输沙量与累计水土保持治理面积　　　(b) 年平均含沙量与累计小径流竣工数

图 6-4　2003～2011 年柳河输沙和辽宁水土保持的关系图

6.3.2　水库拦沙

北方河流流域水土流失严重，河道输沙量普遍较大，使得北方河流水库库容损失严重，甚至很快被淤废，水库拦沙作用降低或尽失。黄河、淮河、海河、松花江和辽河上修建了大量的水利枢纽，如表 6-10 所示。据有关资料统计[16]，截至 2019 年，黄河区（水资源分区）已建成大型水库 40 座，总库容 730 亿 m³；干流修建 13 座大型水库，总库容 632.3 亿 m³，其中小浪底水库作为黄河干流上的控制性水库，控制流域面积为 69.42 万 km²，水库总库容为 126.5 亿 m³，调水调沙库容为 10.5 亿 m³。淮河区修建大型水库 60 座，总库容为 263 亿 m³。海河区已建成 36 座大型水库，总库容 273 亿 m³。松花江区已建成大型水库 49 座,总库容 509 亿 m³;辽河区修建大型水库 45 座,总库容 397 亿 m³。这些水库控制着中国北方河流的水沙过程和数量,调蓄了年内径流过程,拦截了大量泥沙,减少了出库输沙量,明显地改变了进入下游河道的水沙过程。中国北方河流输沙量持续减少的突变年份与河流上修建的大型骨干水库枢纽的运用年份是一致的。

表 6-10　北方河流修建的主要典型水库状况

河流区	大型水库/座	库容/亿 m³	典型水库
黄河区	40	730	干流:龙羊峡水库、盐锅峡水库、青铜峡水库、刘家峡水库、八盘峡水库、天桥水库、李家峡水库、大峡水库、三盛公水库、龙口水库、万家寨水库、三门峡水库、小浪底水库; 渭河:巴家咀水库、羊毛湾水库、冯家山水库、石头河水库; 汾河:汾河水库、文峪河水库、汾河二库; 延河:王瑶水库等
淮河区	60	263	寨河:五岳水库; 小潢河:石山口水库、泼河水库; 浉河:南湾水库、花山水库; 史河:梅山水库; 淠河:佛子岭水库、磨子潭水库、响洪甸水库; 灌河:鲇鱼山水库; 洪汝河:薄山水库、板桥水库、石漫滩水库、宿鸭湖水库; 颍河:白沙水库、昭平台水库、白龟山水库、孤石滩水库等
海河区	36	273	桑干河:册田水库、赵家窑水库、壶流河水库、东榆林水库; 洋河:友谊水库、孤峰山水库、西洋河水库、响水铺水库; 永定河:官厅水库、北塘、斋堂、大宁水库; 白河:云州水库、白河堡水库; 潮河:沙厂水库、遥桥峪水库; 潮白河:怀柔水库、密云水库; 漳河:岳城水库
松花江区	49	509	嫩江:月亮泡水库、察尔森水库、尼尔基水库; 西流松花江:丰满水库、白山水库、红石水库; 中下游支流:石头口门水库、镜泊湖水库、莲花水库等
辽河区	45	397	柳河:闹德海水库; 老哈河:红山水库; 西辽河:孟家段水库; 教来河:舍力虎水库、莫力庙水库; 新开河:他拉干水库; 东辽河:二龙山水库; 辽河支流:南城子水库; 清河干流:清河水库; 柴河:柴河水库

注:河流区为水资源分区,与河流流域有一定的差异

6.3.3 流域降水

无论是南方河流，还是北方河流，流域降水都是产流产沙的重要影响因素，河道天然径流量和输沙量一般与流域降水量成正比，降水量减少将会导致河道径流量减少，进而使得河道输沙量减少。对于黄河流域，文献［76］绘制的黄河流域河龙区间降水量与径流量、输沙量的变化过程图表明（图6-5），河龙区间1969～1985年和1986～2010年两个时段的年均降水量较1956～1968年时段减幅分别为10%和3%，年径流量对应的减幅分别为31%和29%，而年输沙量对应的减幅分别为36%和43%，年径流量和年输沙量随着降雨的减少均减少，且年径流量和年输沙量的减幅明显大于降水量的减幅，而年输沙量的减幅明显大于年径流量的减幅，表明黄河水沙量减少的主要影响因素是多方面的；黄河流域无定河降雨产流产沙资料表明（图6-6）[77]，无论是水土保持措施实施前的基准期，还是水土保持措施实施后的措施期，无定河径流量和侵蚀产沙模数都与降水量成正比，只是措施期的产流量和产沙量较基准期的产流量和产沙量大幅度减少。由于水库蓄水拦沙的影响，黄河干流径流量虽然与降水量保持了很好的一致性，但输沙量与降水量并不一定存在

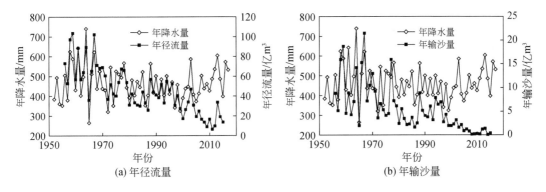

图 6-5 黄河干流河龙区间降水量与水沙量的变化过程

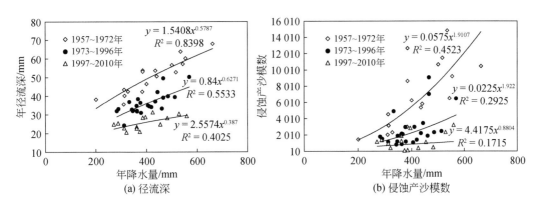

图 6-6 黄河流域无定河水沙量与降水量的关系

一致性；如黄河兰州以上降水量 20 世纪 50～80 年代变化不大，呈增—减—增的波动过程，90 年代后明显减少，与此对应，兰州站径流量也具有一致的变化过程，而兰州站年输沙量与年降水量并不存在一致关系，而是呈持续减少态势，原因是受到兰州站上游刘家峡、龙羊峡等水库拦沙的影响，如表 6-11 所示。

表 6-11　黄河上游（兰州以上）水沙量与降水量的年代均值

项目	1950～1959 年	1960～1969 年	1970～1979 年	1980～1989 年	1990～1999 年	2000～2009 年
年降水量/mm	412.5	421.0	415.9	423.6	392.2	349.9
年径流量/亿 m³	315.3	357.9	317.9	333.6	259.8	267.6
年输沙量/亿 t	1.333	0.996	0.574	0.447	0.516	0.217

在淮河流域，淮河蚌埠站水沙量与降水量的关系显示[78]，水文站年径流量与流域年降水量、年输沙量与年径流量都具有明显的正向相关关系（图6-7），表明淮河干流径流量和输沙量都将随着降水量的增加而增加。20 世纪 60 年代以来，淮河上游降水量略微减少，没有明显的趋势性[79]，与淮河流域来水量无明显减少的结论是一致的[80]。沂河临沂站年径流量和年输沙量随着年降水量的减小逐渐减小，具有一致的对应关系，如表 6-12 所示[81]。在海河流域，永定河上游 1950～1990 年各年代径流量和输沙量与流域降水量具有类似的变化规律，皆随流域降水量的增加而增大，如图 6-8 所示；潮白河流域 1980～2006 年降水量和径流量的资料分析表明[82]，径流量与降水量有明显的相关关系，潮河下会站年径流量与流域年降水量的相关系数达 0.81，白河张家坟站年径流量与流域年降水量的相关系数为 0.65；显然，降水是海河流域北部水系径流变化的一个重要影响因素，海河水系径流与流域降水自 20 世纪 50 年代以来均呈减少趋势，但河道年径流量的变化幅度更为明显，表明年径流量大幅度减少的原因除降水外，还与其他人类活动因素有关。

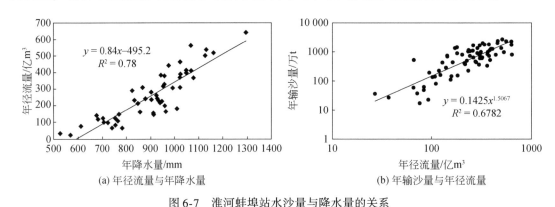

(a) 年径流量与年降水量　　　　　　　　(b) 年输沙量与年径流量

图 6-7　淮河蚌埠站水沙量与降水量的关系

表 6-12　沂河流域临沂站径流量和输沙量与降水量的关系

项目	1954～1962 年	1963～1978 年	1979～1996 年	1997～2007 年
年降水量/mm	925.3	849.8	841.4	832.8
年径流量/亿 m³	34.86	26.58	19.70	17.26
年输沙量/万 t	901.3	308.3	60.6	23.7

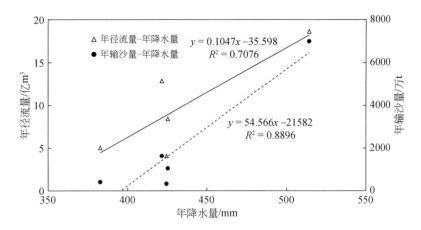

图 6-8 永定河上游各年代水沙量与降水量的关系

在松花江和辽河流域，松花江支流嫩江大赉站和辽河铁岭站的径流变化过程与流域降水变化过程基本一致[83-85]，两者相关关系较好（图 6-9），流域径流量随降水量减少而减少，但径流量减少幅度大于降水减少幅度，特别是辽河流域径流的减小幅度远大于降水的

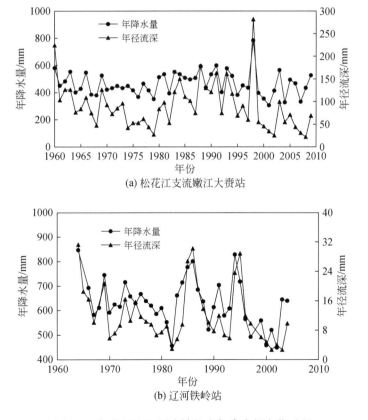

图 6-9 松花江和辽河流域径流与降水的变化过程

减小幅度，说明径流减少还受其他因素的影响。松花江干流佳木斯站和辽河铁岭站1960～2010年径流量和输沙量基本随流域降水量的增减而相应发生增减变化，说明流域降水量变化将会改变河道径流量和输沙量的变化，如表6-13所示。

表6-13　松花江流域和辽河流域水沙量与降水量的关系

流域	范围	项目	1960～1969 年	1970～1979 年	1980～1989 年	1990～1999 年	2000～2010 年	备注
松花江	流域	年降水量/mm	554.08	487.98	566.72	559.92	505.19	采用佳木斯站资料
		年径流量/亿 m³	751.9	496.7	712.7	691.6	428.3	
		年输沙量/万 t	1265	710.3	1318	1812	1126	
辽河	福德店站至铁岭站区间	年降水量/mm	694	634	643	632	546	资料截至2004 年，输沙量采用铁岭站
		年径流量/亿 m³	23.4	12.4	16.2	15.0	5.7	
		年输沙量/万 t	1627	275.5	555.8	1131	13.3	

6.3.4　引水引沙与泥沙综合利用

中国北方地区缺水十分严重，引水供水将成必然，随着社会工农业生产的不断发展，河道引水规模逐渐扩大，主要包括农业灌溉、工业用水、生态用水、城乡生活用水等。黄河流域缺水严重，引水量大，1958～2020年（1962～1965年停灌），黄河下游引水量共计5144亿 m³，年平均引水量87.19亿 m³，占花园口站同期年均径流量的25.50%；1958～2020年黄河下游引沙总量为64.1亿 t，年平均引沙量为1.09亿 t，占花园口站同期年均输沙量的15.33%。黄河下游引水规模随时间呈巨幅增减变化至波动增加的趋势（图6-10），从20世纪50年代末的109.66亿 m³，迅速减至60年代的62.69亿 m³（引水比为13.39%），而后波动增加，至80年代增至100.01亿 m³（引水比为24.29%），21世纪前十年减至72.35亿 m³（引水比增至31.24%），2010～2020年引水量和引水比高达110.32亿 m³和34.45%，如表6-14所示[18,86]。同时，黄河下游引沙量总体呈现波动减少

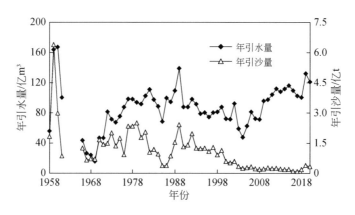

图6-10　黄河下游引水引沙变化过程

的趋势，从 20 世纪 50 年代末的 4.100 亿 t 迅速减至 60 年代的 1.185 亿 t，80 年代略增至 1.250 亿 t，21 世纪前十年减至 0.342 亿 t，2010~2020 年仅为 0.217 亿 t，与引沙量有所不同的是引沙比从 20 世纪 60 年代开始呈逐渐增加的态势，从 20 世纪 60 年代的 9.45% 增至 80 年代的 16.13%，21 世纪前十年增至 33.20%。黄河下游无论是引水量，还是引沙量，其占来水来沙量的比例都很高，21 世纪前十年和 2010~2020 年引水比分别为 31.24% 和 34.45%，对应的引沙比分别为 33.20% 和 15.95%，对下游河道的径流量和输沙量产生重要影响，导致黄河下游河道的径流量和输沙量沿程减小。

表 6-14 黄河下游引水引沙量变化特征值

项目	1958~1959 年	1960~1969 年	1970~1979 年	1980~1989 年	1990~1999 年	2000~2009 年	2010~2020 年	平均	合计	备注
引水量/亿 m³	109.66	62.69	76.52	100.01	84.65	72.35	110.32	87.19	5144	1958 年开始，1962~1965 年停灌
引水比/%	21.49	13.39	20.06	24.29	32.95	31.24	34.45	25.50		
引沙量/亿 t	4.100	1.185	1.773	1.250	1.277	0.342	0.217	1.09	64.1	
引沙比/%	16.57	9.45	14.34	16.13	18.67	33.20	15.95	15.33		
引水含沙量/(kg/m³)	37.39	18.90	23.17	12.50	15.09	4.73	1.97	13.33		

在海河流域，永定河上游流域水资源紧缺，农业灌溉工程应运而生。据统计[70]，石匣里以上引水能力达 1369.6m³/s，浑河、大峪河、鹅毛河等主要支流的中、小洪水的水沙基本上到不了桑干河；洋河至妫水河区间引水能力为 1312.3m³/s，通桥河灌区有 29 个引水口，一般中、小洪水的水沙入不了洋河。显然，永定河流域官厅水库上游各引水渠总引水能力已达 2681.9m³/s，而且大多数为引洪灌溉，使得许多支流的中、小洪水的水沙基本不能进入干流，桑干河、洋河干流的水沙也被大量引用，从张家口地区 1996~2000 年的引水引沙量也能看出引水引沙的作用，如表 6-15 所示。

表 6-15 河北张家口地区引水引沙情况统计

年份	桑干河		洋河	
	引水量/万 m³	引沙量/万 t	引水量/万 m³	引沙量/万 t
1996	14 649	1.35	20 712	5.62
1997	12 336	0.13	16 070	5.77
1998	12 530	0.65	18 190	11.82
1999	17 917	3.20	18 396	7.39
2000	11 317	0.73	21 602	6.00

中国北方河流泥沙资源丰富，对于山区河流或流出山区进入平原的过渡段，河流泥沙仍然较粗，可用于建筑用沙，因此河道采沙十分严重。但北方河流年径流量较小，河道输

沙能力较弱，平原河段泥沙较细，采砂业受到限制，不如南方河流蓬勃发展。例如，淮河干流河道采砂[87]开始于 20 世纪 80 年代后期，2000 年以后采砂活动达到高潮，据统计，2001～2009 年蚌埠闸—浮山段河道自然冲刷量为 898.7 万 m³，人工采砂量为 4719.3 万 m³，人工采砂量相当于自然冲刷量的 5.3 倍，大量无序的采砂导致淮河干流河床出现大量不连续的深坑，上游来沙大部分淤积在深坑中，使得淮河干流含沙量减少。改革开放初期，永定河北京丰台河段、潮白河北京密云河段等进行了大量的河道采砂，禁采后也曾出现盗采河砂的现象。对于平原河流，河流泥沙颗粒较细，很大部分不能直接用于建筑用砂，但细颗粒泥沙也有许多重要用途，主要包括放淤改土（简称淤改）与种稻改土（简称稻改）、淤临淤背、浑水灌溉、灌区泥沙利用等[70,88,89]，详细泥沙利用途径将在 9.4.2 节中进行介绍和分析。

6.3.5　流域过度建设

在 20 世纪 50 年代末的"大跃进"时期，北方河流流域出现农业生产浮夸、大炼钢铁等现象，树木滥伐，水利工程快速修建。例如，为提高防洪抗旱能力，海河流域进行了以水利建设为中心的大规模人类活动，在山区修建了许多大、中、小型水库，其中包括大型水库 6 座，总库容达 99.76 亿 m³；在平原区开挖、疏浚和扩挖了主要行洪排涝河道；从 20 世纪 70 年代后期开始，随着工农业生产的发展和人口增长，平原河道内修建节制闸，发展地表水灌溉的同时，机电井的发展也形成了巨大的规模。松花江流域 1958～1961 年开展了"北大荒"运动，在广大荒芜地区"北大荒"进行大规模开发垦殖，但是在"北大荒"开垦过程中，也发生了许多不合理的毁林毁草开荒、陡坡开垦等活动，造成草场退化、沙化和水土流失加剧[72]，使三江平原湿地面积减少了 80%。

在 20 世纪 80 年代改革开放初期，修路、开矿、建工程、办工厂等快速发展，同时开展了大量的水利工程建设，截至 2003 年，海河流域河北山区共修建大、中、小型水库 1900 座，总库容 294 亿 m³，万亩①以上引水灌渠 141 处，平原区建成大型闸涵枢纽 14 座，中小型闸涵 1577 座，机电井 90.2 万眼，水资源开采能力大幅提高；20 世纪 80 年代淮河流域陡坡开荒等破坏植被的现象屡有发生，且工矿企业建设、建厂、修路等生产活动日益频繁，产生新的水土流失面积，甚至超过了同期的水土流失治理面积[80]，如桐柏大别山区 20 世纪 80 年代初水土流失面积为 12 600km²，90 年代末水土流失面积增至 16 505km²，表明该地区 80 年代水土流失治理面积小于破坏面积。

在这两个时期，流域开展工程建设的同时没有充分重视水土保持措施，产生了大量的弃土和废石，造成流域水土流失加重，海河、松花江、淮河等河流输沙量在 20 世纪 60 年代和 80 年代呈明显增加的特点。

---

①　1 亩≈666.67m²。

6.4 干旱内陆河流水沙变化的主要影响因素

6.4.1 气候环境

内陆河流多位于大陆干旱气候区，该气候区主要特征是干旱少雨，干旱内陆河流主要水源是高山冰雪融水。径流量及变化幅度小是由其地理、气候环境等因素决定的[90,91]。20世纪80~90年代，我国北方包括黄河在内的不少河流由于气候变化及人类活动的影响，来水偏枯，甚至断流，而塔里木河"四源一干"的总径流量在汛期变化不大，反映了三条源流的来水以冰川融水为主的特点。河流来沙与径流补给来源关系密切，以暴雨洪水补给为主的河流泥沙年际变化较大，以冰川融雪补给为主的河流泥沙年际变化相对较小。塔里木河径流主要来源于冰川融雪，而黑河径流主要来源于冰川融雪和流域降水，因此塔里木河年际输沙量变化较小，而黑河年际输沙量变化较大，但小于其他河流，如黄河、辽河等。

气候环境变化将对内陆河流的水沙变化产生一定的影响。就全球而言，近二十年全球气温有所升高，对内陆河流降水、融雪等产生一定的影响。一方面，温度升高会促使干旱地区融雪增加，导致河道径流量的增加；另一方面，温度升高会促使干旱地区降水量的增加。塔里木河流域和黑河流域气象水文资料分析结果表明[91-93]，塔里木河源流域（阿克苏河、叶尔羌河、和田河）和黑河上游年均温度和年均降水随时间都处在不断增加的过程中，塔里木河源流域年均温度和年均降水量分别从1956~1993年的10.78℃和69.91mm增加至1994~2016年的11.7℃和90.86mm，如图6-11所示；黑河上游降雨和温度大约分别在2002年和1996年发生突变，突变年份前后时段的年均降水和年均温度分别增加了81mm和1.3℃，如图6-12所示；与此相应，塔里木河源流总径流量也从1956~1993年的180.00亿m³增加至1994~2016年的209.00亿m³，黑河莺落峡站平均径流量从1960~

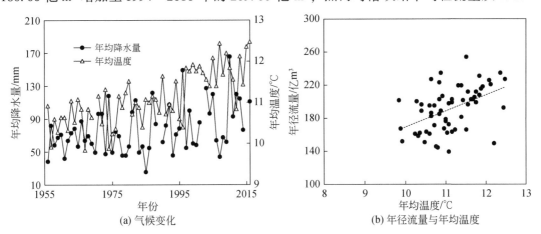

图 6-11　塔里木河源流总径流量与气象因子的变化过程

1996 年的 15. 35 亿 m³ 增加至 1997 ~ 2015 年的 18. 15 亿 m³。但是，塔里木河流域降雨较少，难以形成有效的产流，使得径流与温度的相关性较强，而与降水的相关性较弱[91]；黑河流域则有所不同，黑河流域上游区域年均降水量为 300 ~ 700mm，远大于塔里木河源流流域的年均降水量 77.8mm，能够形成有效的产流，因此黑河上游降水和温度都是影响径流变化的因素[92,93]。塔里木河和黑河典型水文站年输沙量与年径流呈幂函数的关系，因此流域降水和温度变化也将间接地影响河道输沙量的变化。

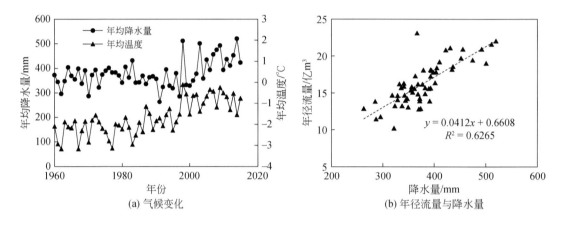

图 6-12　黑河流域气候变化对径流的影响

6.4.2　水库工程建设

　　干旱内陆河流水库工程包括拦河水库、平原水库等。拦河水库工程修建以后，改变了河道水沙过程，拦截了泥沙，对河道水沙变化产生重要影响；平原水库主要用于缺水地区的蓄水，通过河道引水影响河道水沙变化。随着工农业生产的不断发展，干旱内陆河流流域兴建了大量的水库工程。塔里木河流域水库建设也经历了曲折的发展过程，在 2000 年以前，流域修建的水库多为平原水库[90]，主要用于蓄水，截至 1998 年，塔里木河"四源一干"已修建各类水库 76 座，总库容为 28.08 亿 m³，兴利库容为 23.10 亿 m³，其中大型水库有 6 座，总库容为 12.9 亿 m³，兴利库容为 10.98 亿 m³，如表 6-16 所示；其中和田河、阿克苏河、叶尔羌河、开-孔河和干流河道上修建的水库分别为 20 座、6 座、37 座、5 座和 8 座，对应的库容分别为 2.35 亿 m³、4.90 亿 m³、14.20 亿 m³、0.77 亿 m³ 和 5.86 亿 m³，这些水库一般都修建在河道两岸附近，主要为农业灌溉服务，通过引水分流对河道水沙变化产生影响，对河道泥沙并没有起到拦截作用，塔里木河"四源一干"的平原水库数目众多而规模小，有一定的覆盖范围，因此会造成水资源的浪费。2000 年以后，随着塔里木河流域近期综合治理规划的推进与实施，一些大中型水库在源流开始修建[94]，如阿克苏河流域上的大石峡水库、台兰地下水库等，叶尔羌河上的阿尔塔什水库、依扎克水库等，和田河上的乌鲁瓦提水库、玉龙喀什水库等，开-孔河上的察汗乌苏水库、恰拉水库等，以及塔里木河干流上的多浪水库、胜利水库、大西海子二库等，其中大石峡水库、阿尔塔什水库、依扎克水库、乌鲁瓦提水库、玉龙喀什水库、察汗乌苏水库等都属于大型的拦河坝水库，将对塔里木河源流的径流和输沙起到调控作用。

表 6-16　塔里木河"四源一干"水库工程情况统计

流域	数量/座	总库容/亿 m³	兴利库容/亿 m³	设计灌溉面积/万亩	有效灌溉面积/万亩	设计供水量/亿 m³
和田河流域	20	2.35	2.05	54.40	49.90	2.20
阿克苏河流域	6	4.90	4.20	157.69	121.30	4.14
叶尔羌河流域	37	14.20	11.57	455.77	301.91	19.97
开-孔河流域	5	0.77	0.52	—	—	0.48
塔里木河干流	8	5.86	4.76	99.50	74.95	9.20
合计	76	28.08	23.10	767.36	548.06	35.99

注：本表数据为调查统计结果，截至 1998 年；—为缺资料

　　黑河流域水库建设也是逐步发展起来的，在 1995 年前，黑河流域有水库工程 96 座（表 6-17），其中大型水库仅 1 座，中型水库 8 座，小型水库 87 座，总库容为 4.464 亿 m³，兴利库容为 3.95 亿 m³，设计供水能力为 12.20 亿 m³，这些水库对流域蓄水拦沙发挥了重要的作用。随着黑河水电能源的开发利用，黑河上游修建了许多梯级电站[95,96]，如黄藏寺、宝瓶河、三道湾、二龙山、大孤山、小孤山、龙首二级（西流水）、龙首一级等水电站，随着这些水电站（水库）的不断建成和运用，如龙首一级水电站、龙首二级（西流水）水电站分别于 2001 年、2003 年蓄水运用，大量的泥沙被拦截，相关计算成果表明水电梯级开发以来黄藏寺-莺落峡河段每年平均泥沙淤积 90.65 万 t，使得莺落峡站和正义峡站的年输沙量大幅度减少。

表 6-17　黑河流域水库工程建设情况

时间段	位置	水库数量或名称	库容/亿 m³	设计供水能力/亿 m³ 或装机容量/(万 kW)	备注
1995 年前	张掖	44 座	1.835	7.54	多为中小型供水水库
	嘉峪关	2 座	0.642	0.60	
	酒泉	50 座	1.987	4.06	
2000 年后	干流上游	龙首	0.132	5.90	水电站
		龙首二级（西流水）	0.862	15.70	水电站
		小孤山	0.014	10.20	水电站
		二龙山	0.811	5.05	水电站
		三道湾	0.053	11.20	水电站
		大孤山	1.41	6.50	水电站
		宝瓶河	2.15	12.30	水电站
		黄藏寺	4.03	4.90	发电供水

6.4.3 流域引水与河道漫溢

为了有效地利用塔里木河流域的水资源，塔里木河"四源一干"上修建了许多引水工程，截至 20 世纪 90 年代末，已建成各类引水渠首 286 处[90]，如表 6-18 所示，总设计供水能力为 882.42m³/s，对应的设计灌溉面积为 3375.8 万亩，现状供水能力 764.86m³/s，对应的有效灌溉面积仅为 1843.5 万亩。引水枢纽是塔里木河"四源一干"的主要地表水供水设施，平原水库也是依赖引水枢纽进行蓄水；据实地查勘发现，很多引水渠首的配套设施不健全，而且已经老化或者遭到损坏，有的引水工程处于无控制状态，特别是塔里木河干流两岸的引水口，很多都是临时引水口，引水无节制，给引水管理带来了很大的不便，洪水漫灌现象时常发生，造成水资源的严重浪费。随着塔里木河流域近期综合治理规划的实施，已有引排水口进行了规划整治、改造和加固，无序引水和洪水漫灌的现象得到遏制和改善；如塔里木河干流两岸引水以生态及农、牧业灌溉为主，沿线共分布枢纽工程 3 座，引水闸（口、堰）共计 59 个；但是，由于堤防新建及加高培厚和河势变动，部分引水口引水不畅，仍需进行必要的整治改造[97]。塔里木河干支流上大量的引水工程和平原水库对减少河流径流量产生重大的影响，如塔里木河干流在河道整治之前[90]，受引水、洪水漫溢、河道渗漏等影响，水量沿程递减，新其满、英巴扎、恰拉等水文站年径流量依次递减至 37.62 亿 m³、28.76 亿 m³ 和 6.78 亿 m³，各区间（阿拉尔—新其满、新其满—英巴扎、英巴扎—恰拉和恰拉—台特玛湖）水量损失分别为 8.20 亿 m³、8.86 亿 m³、21.98 亿 m³ 和 6.78 亿 m³，相应的损失水量分别为 433.2 万 m³/km、342.2 万 m³/km、554.2 万 m³/km 和 158.4 万 m³/km。和田河也是如此，经河道两岸引水、洪水漫溢、河道渗漏等后，和田河穿越塔克拉玛干大沙漠，沿途水量不断损耗，和田河穿越沙漠段的年径流量损耗在 11 亿 m³ 左右。

表 6-18 塔里木河"四源一干"渠首工程情况统计

流域	数量/座	设计灌溉面积/万亩	有效灌溉面积/万亩	设计供水能力/（m³/s）	现状供水能力/（m³/s）
阿克苏河流域	63	1053	855	198.6	165.5
和田河流域	27	94.35	72.6	81.4	62.6
叶尔羌河流域	26	1733	494	220.3	169.5
开-孔河流域	32	367.4	302	89.12	74.26
塔里木河干流区	138*	128.05	119.9	293	293
合计	286	3375.8	1843.5	882.42	764.86

* 大部分为临时引水口

黑河作为河西走廊的重要水源之一，1999 年在黑河干流（含梨园河）独立开口的取水口共有 66 处[98]，其中张掖市区 11 处、临泽县 15 处、高台县 36 处、下游鼎新灌区 3 处、东风场区 1 处，设计供水能力 267.7m³/s，其中中游张掖市、临泽县和高台县的设计供水能力为 227.7m³/s，下游金塔县的设计供水能力为 40.0m³/s。黑河中游地区分布着大面积的农田，张掖市引水灌区就有 36 个[99]，农田灌溉基本上全部采用自流引水，汛期大部分水量引入农田,从而导致正义峡站径流量和输沙量大幅度减少。

6.4.4　流域水土保持

塔里木河流域特殊的地理地貌环境和水文气象条件,特别是干旱少雨、植被稀少,造成了塔里木河流域特殊的生态环境,流域沙漠化严重,风沙、浮尘天气频繁,造成严重的水土流失,以风沙侵蚀为主要形式。随着工农业生产的发展,流域人口也不断增加[100],如三源流区人口从 2003 年的 789.7 万人增加到 2012 年的 923.2 万人,耕地面积从 2003 年的 0.9 万 km^2 增加到 2012 年的 1.2 万 km^2。塔里木河流域的生态环境在人类生存、工农业发展过程中占有非常重要的地位,但是在塔里木河流域特殊的自然条件下,水资源开发利用不够合理、耕地盲目开垦、森林乱砍滥伐、超载过牧等人类活动,致使流域植被衰退、土地沙漠化和次生盐碱化,生态环境不断恶化。20 世纪 90 年代初期,流域生态环境问题已为人们所重视,至 21 世纪初人们开始进行大规模的综合治理研究,并逐渐采取治理措施[90],特别是《塔里木河流域近期综合治理规划报告》批复实施以来,塔里木河流域实施了退耕封育、林草生态建设、水保方案审批管理等措施,如塔里木河干流截至 2019 年底[101],上中游已实现退耕封育保护面积 34.5 万亩,上游建造胡杨林和灌木林百万亩,下游荒漠林恢复面积也达数十万亩,以及在干流实施林草改良及保护 96.5 万亩,这些措施使得生态环境得到有效改善。但是,由于塔里木河的径流量主要产生于冰川融雪,降雨径流的比例不如黄河、长江等河流,泥沙量主要产生于河流变迁、风沙、流域侵蚀,流域综合治理和水土保持对河道产流产沙的影响程度减小。

在黑河流域[96],黑河泥沙主要来源于祁连山区,其土壤类型主要为饱和寒冻毡土、典型栗钙土及典型寒漠土,土层较薄,质地较轻,中华人民共和国成立初至 20 世纪 80 年代,先后经过了 3 次大的毁林伐木、开垦农田的行动,祁连山区植被遭到严重破坏,水土流失严重。1980 年国务院将祁连山林区划为水源涵养林,停止了森林砍伐,1988 年国务院批准成立国家级自然保护区,进一步加强了森林草地保护,森林面积开始逐渐恢复,进入 21 世纪以来,祁连山区先后实施了祁连山天然林保护工程、退耕还林工程、黑河流域综合治理、上游祁连山生态恢复工程、退牧还草工程、祁连山生态移民工程,部分森林纳入了国家森林生态效益补偿范围,基本遏制了盗伐林木、毁林开垦的现象,使得黑河来沙量呈逐年减少态势。但是,由于黑河源头区自然条件恶劣、植被生长缓慢,目前水土流失形势仍然十分严峻。

6.4.5　流域开发利用不合理与管理不完善

1. 流域不合理的开发利用

干旱地区水土资源开发对内陆河流水沙变化有一定的影响。水资源和土地资源过度开发会导致干旱地区的荒漠化,荒漠化最直接的成因通常有四种人类活动[102]:①过度种植使土地衰竭;②过度放牧毁掉赖以防治土壤退化的植被;③砍伐森林砍掉赖以固定陆地土壤的树木；④排水不良的灌溉方法使农田盐碱化。干旱地区的塔里木河流域的荒漠化问题在 21 世纪初是比较严重的，其中水资源利用不当是塔里木河流域荒漠化的主要原因，如表 6-19 所示。塔里木河流域人口处在不断增加的过程中[100]，1949 年的南疆（含三源流区域）人口 300 万人，1995 年的三源流区域人口增至 351 万人，2003 年三源流区域人口为 789.7 万人，2012 年三源流人口达到 923.2 万人，随着人口的快速增加，流域内人类活动频繁加剧，开矿修路、农田开垦和灌溉需求逐年增加，水资源供求关系愈发紧张，甚至出现过度开垦、水资源过度开发利用、森林砍伐等现象，造成流域严重的土壤侵蚀和恶劣的生态环境，使得塔里木河径流量和输沙量发生一定的变化，特别是干流河道的径流量处于减少态势，下游河道曾出现长时间的断流问题，生态环境十分恶劣。针对塔里木河存在的问题，根据国家批复的《塔里木河流域近期综合治理规划报告》，21 世纪初，塔里木河流域综合治理规划开始实施，特别是在源流实施水土保持和节水灌溉，在干流进行河道整治和应急调水工程，塔里木河干流下游河段的生态环境得到改善[101]。但是，由于塔里木河流域特殊的气候和地理环境，土地沙漠化仍然十分严重，塔里木河流域生态修复将是一项长期的艰巨任务。

表 6-19　荒漠化成因类型占风力作用下沙质荒漠化土地的比例　（单位：%）

成因类型	过度放牧	过度樵采	过度农垦	水资源利用不当	工矿交通建设
中国北方	30.1	32.7	26.9	9.6	0.7
塔里木河	19.2		14.0	64.8	2.0

中华人民共和国成立初至 20 世纪 80 年代，黑河流域先后经过了 20 世纪 50 年代的"大跃进"、60 年代的"文化大革命"、80 年代初的改革开放等时期的毁林伐木、开垦农田、开矿修路等特殊活动阶段，再加上流域人口增加的因素，流域出现了过度砍伐、过度开垦、过度放牧等现象[96]，水资源供需紧张，造成黑河流域水土流失、土地沙漠化、土壤盐渍化等问题，与中华人民共和国成立初期相比，流域森林面积减少 16.5%，灌木林退化 30%，致使 20 世纪 80 年代黑河上游水文站控制区域的侵蚀模数明显增大。

2. 流域政策与管理不完善

干旱内陆河流域一般具有人口密度低、经济欠发展、地域广阔、基础设施差等特点，对应的生产条件和生态环境都相对较差，水资源开发仍属于粗放型，水利基础设施简陋，水资源浪费现象仍然存在，这些现状和问题都将会影响流域水资源政策的制定和工程管理的实施，进而影响河道水沙的变化。无论是塔里木河流域，还是黑河流域，在水资源开发政策与管理上仍存在许多需要改进的地方，主要包括以下几个方面：流域综合治理开发缺乏长期的规划指导，上中下游、左右岸整体协调性差；缺乏有效的流域水资源统一管理体制和运行机制，水资源开发无序、利用粗放、浪费严重；流域水土保持生态环境建设与保护对策有待强化，仍然存在水土流失、土地沙漠化、土壤盐渍化等问题；流域基础设施建设有待加强，流域管理水平有待提高。

6.5　河流减沙影响因素的层次分析

目前，国内学者运用模糊决策理论在工程安全分析方面进行了评价与应用[103,104]。本节通过构造河道减沙影响因素评估的层次结构模型，利用层次分析法（Analytic Hierarchy Process，AHP）进一步分析影响河流减沙的主要因素的作用。

6.5.1　减沙影响因素的层次分析法与层次结构模型

1. 层次分析法

为了研究各影响因子在河流减沙过程中的作用，采用层次分析法就河流减沙影响因子的权重进行分析。层次分析法，是从综合定性与定量上对多目标、多准则的系统进行分析评价的一种方法[105,106]。它是以人的主观判断为主的定性分析，根据较丰富的实践经验进行量化，用数值来显示各替代方案的差异，以供研究参考。层次分析法能有效地从宏观上分析问题，将复杂的问题分解为若干层次，建立层次结构模型，从而使很多难以用参数型数学模型方法解决复杂系统的分析成为可能，有助于决策者保持其思维过程的一致性。

单一准则下排序问题是层次分析法的基础，解决这一问题的关键在于由两两比较判断矩阵得到因素的一组权值。为了表示两事物相对权重的对比，层次分析法用标度来量化判断语言。标度的合理性是决策正确性的基础，两两比较判断采用的标度应符合如下的原则。

（1）合理性原则。判断给出的相对重要性程度评分应该与定性分析的结果基本相符，标度应该建立在普遍认同的量值基础之上。

（2）传递性原则。由于逻辑判断具有传递性，判断尺度要符合这种传递性，标度值也应随判断重要性程度增加而成比例增加。

目前，应用较广的标度是 1~9 标度法，其判断矩阵标度及定义如表 6-20 所示。层次分析法主要步骤为①建立描述研究对象系统内部独立的递阶层次结构模型；②对同属一级的因素以上一级因素为准则进行两两比较，根据判断尺度确定其相对重要度，建立判断矩阵；③层次单排序计算各因素的相对重要度并进行一致性检验；④层次总排序计算各因素的综合重要度并进行一致性检验。假设某系统中有 n 个因子，两两比较，根据它们之间相对重要性可列出 $n \times n$ 阶方阵（又称判断矩阵），具体如下：

$$A = \begin{bmatrix} a_{11} & a_{12} & \cdots & a_{1n} \\ a_{21} & a_{22} & \cdots & a_{2n} \\ \cdots & \cdots & & \cdots \\ a_{n1} & a_{n2} & \cdots & a_{nn} \end{bmatrix} \tag{6-1}$$

表 6-20　判断矩阵标度及定义

赋值	说明
1	表示指标 x_i 与 x_j 相比，具有相等重要性
3	表示指标 x_i 与 x_j 相比，指标 x_i 比指标 x_j 稍微重要
5	表示指标 x_i 与 x_j 相比，指标 x_i 比指标 x_j 明显重要
7	表示指标 x_i 与 x_j 相比，指标 x_i 比指标 x_j 强烈重要
9	表示指标 x_i 与 x_j 相比，指标 x_i 比指标 x_j 极端重要
2、4、6、8	对应以上两相邻判断的中间情况
倒数	表示 x_i 与 x_j 比较得到判断 a_{ij}，则 x_j 与 x_i 比较得到 $1/a_{ij}$

层次单排序可归结为求判断矩阵的特征根和特征向量的问题，如已知判断矩阵 $\boldsymbol{A}$，即计算满足 $\boldsymbol{AW}=n\boldsymbol{W}$ 的特征根 n 及对应的特征向量 $\boldsymbol{W}$。

但是在一般的决策问题中，决策者不可能给出精确的 W_i/W_j 度量，只能对它们进行估计判断。这样，实际给出的矩阵 $\boldsymbol{A}$ 中的各量与理想的 W_i/W_j 有偏差，不能保证判断矩阵具有完全的一致性。根据矩阵理论，相应于判断矩阵 $\boldsymbol{A}$ 的特征根也将发生变化，新的问题即归结为

$$\boldsymbol{A}'\boldsymbol{W}' = \lambda_{\max} \boldsymbol{W}'\mathrm{CI} = \frac{\lambda_{\max}-n}{n-1}F_s\phi\mathrm{CI} = \sum_{i=1}^{6}C_i\mathrm{CI} \approx 0 \qquad (6\text{-}2)$$

式中，$\lambda_{\max}$ 为判断矩阵 $\boldsymbol{A}'$ 的最大特征根；$\boldsymbol{W}'$ 为对应于 $\lambda_{\max}$ 的特征向量。

由矩阵理论知识可知，当判断矩阵不能保证具有完全一致性时，可用判断矩阵特征根的变化来检查判断的一致性。因此，在层次分析法中引入判断矩阵最大特征根以外的其余特征根的负平均值，作为度量判断矩阵偏离一致性的指标，即用 $\mathrm{CI}=\dfrac{\lambda_{\max}-n}{n-1}$ 检查决策者判断思维的一致性。

2. 层次结构模型

在进行河流减沙影响因素作用的综合评价过程中，选取河流减沙影响因素的作用作为目标（减沙作用评价 A），列为第一层，即目标层。河流减沙是流域自然条件和人类活动因素等诸多因素共同作用的结果，故将河流减沙影响因素分为流域自然条件（B_1）和人类活动因素（B_2）两大类，列为第二层。流域自然条件包括流域降雨条件（C_1）、流域植被度（C_2）、流域地形条件（C_3）和流域地质条件（C_4）4 个因素；人类活动影响因素包括水库拦沙（C_5）、水土保持减沙（C_6）、河道引水分沙（C_7）、河道采砂与泥沙利用（C_8）和流域过度开发建设（C_9）5 个因素。流域自然条件和人类活动因素共包括 9 个影响因素，称为第三层。层次结构模型如图 6-13 所示。

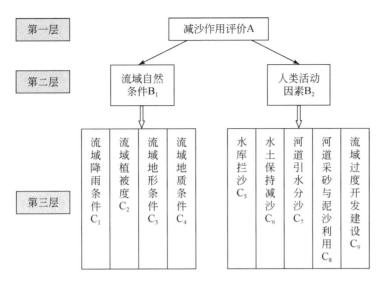

图 6-13 河流减沙影响评价层次结构模型

6.5.2 河流减沙影响因素的判别矩阵

在南方河流和北方河流中，由于流域气候降水、地形地貌、植被等自然条件的差异，各影响因素对河流减沙的作用也有很大的不同。因此，本节仅就南方河流和北方河流两种类型进行研究。

1. 南方河流

在南方河流中，由于流域降水量较大，流域植被度较高，流域泥沙侵蚀程度有所减弱。自然条件虽然在南方河流的减沙作用有所提高，但与人类活动因素相比，其减沙作用仍然是比较弱的，其标度值为 3，得出判断矩阵如表 6-21 所示。

表 6-21 南方河流 A-B 判断矩阵及计算结果

减沙作用评价（A）	B_1	B_2	权重	序位	一致性检验
流域自然条件（B_1）	1	1/3	0.25	2	$\lambda_{max} = 2$
人类活动因素（B_2）	3	1	0.75	1	CI = 0

注：各判断矩阵的一致性检验：$CI = \sum_{i=1}^{6} C_i CI \approx 0$，说明判断矩阵具有满意的一致性。下同

对于南方河流，流域降水量虽然很大，但流域水土流失相对较轻，其主要原因是流域植被条件较好，因此在自然条件中，与降水量相比，流域植被的作用有所加强。流域地形和地质条件的重要性并没有改变，仍弱于其他两个条件，而且地形条件和地质条件基本相当，或地形条件的作用略大于地质条件。因此，按上述各因素的重要性，可求得判断矩阵，如表 6-22 所示。

表 6-22　南方河流 B_1-C 判断矩阵及计算结果

流域自然条件（B_1）	C_1	C_2	C_3	C_4	权重	序位	一致性检验
流域降雨条件（C_1）	1	3	5	6	0.564	1	$\lambda_{max}=4.0788$
流域植被度（C_2）	1/3	1	3	4	0.257	2	
流域地形条件（C_3）	1/5	1/3	1	2	0.110	3	CI=0.0292
流域地质条件（C_4）	1/6	1/4	1/2	1	0.069	4	

就人类活动因素而言，南方河流植被相对较好，水土流失较轻，水土保持减沙的作用下降，水库拦沙的作用加强；南方河流降水量较大，河道引水分沙的作用明显减弱，甚至弱于南方河流河道采砂与泥沙利用的作用，流域过度开发建设的作用变化不大。判断矩阵如表 6-23 所示。

表 6-23　南方河流 B_2-C 判断矩阵及计算结果

人类活动因素（B_2）	C_5	C_6	C_7	C_8	C_9	权重	序位	一致性检验
水库拦沙（C_5）	1	4	9	5	7	0.564	1	
水土保持减沙（C_6）	1/4	1	5	2	3	0.200	2	$\lambda_{max}=5.0794$
河道引水分沙（C_7）	1/9	1/5	1	1/3	1/2	0.044	5	
河道采砂与泥沙利用（C_8）	1/5	1/2	3	1	2	0.120	3	CI=0.01772
流域过度开发建设（C_9）	1/7	1/3	2	1/2	1	0.072	4	

2. 北方河流

将北方河流减沙影响评价中各影响因素两两比较，根据它们之间的相对重要性，列出判断矩阵，进行减沙影响分析。在河流减沙过程中，自然因素是河流减沙发生的内因，人类活动因素是河流减沙发生的外因，也就是说，流域地形条件、地质条件、降雨条件是河流产沙减沙发生的基础条件，其变化使得流域产流产沙发生变化，由于流域地形条件、地质条件和降雨条件的趋势变化是一个长期过程，一般变化较小，因此其在流域产沙减沙过程中的作用仍然是较小的，处于次要地位；而人类活动因素对流域产沙和河流输沙的作用是非常直接的，其变化将会直接改变流域产沙和河流输沙的条件，影响河流输沙量的变化，是主要的影响因素，故在第一层人类活动因素与流域自然条件对减沙作用的对比中，人类活动因素比流域自然条件更为重要，标度值取为 4，得出判断矩阵如表 6-24 所示。

表 6-24　北方河流 A-B 判断矩阵及计算结果

减沙作用评价（A）	B_1	B_2	权重	序位	一致性检验
流域自然条件（B_1）	1	1/4	0.200	2	$\lambda_{max}=2$
人类活动因素（B_2）	4	1	0.800	1	CI=0

流域自然条件主要包括流域降雨条件、流域植被度、流域地形条件、流域地质条件等

因素，其中流域降雨条件、流域植被度直接决定流域产沙状况，且流域降雨条件与流域植被度相比稍显重要；在流域范围内除发生大的地质构造运动外，流域地形条件和地质条件长时间基本上没有明显变化，其减沙影响作用较流域降雨条件、流域植被度弱一些，流域地形条件变化较地质条件稍显容易些，说明地形条件对减沙的作用与地质条件相比稍显重要。具体对比关系及标度值见表6-25。

表6-25　北方河流 B_1-C 判断矩阵及计算结果

流域自然条件（B_1）	C_1	C_2	C_3	C_4	权重	序位	一致性检验
流域降雨条件（C_1）	1	2	5	6	0.522	1	
流域植被度（C_2）	1/2	1	3	4	0.293	2	$\lambda_{max} = 4.034$
流域地形条件（C_3）	1/5	1/3	1	2	0.114	3	$CI = 0.0126$
流域地质条件（C_4）	1/6	1/4	1/2	1	0.072	4	

在人类活动因素中，北方河流流域降雨少，但产沙量仍然较大，因此水土保持减沙的作用与水库拦沙相比略显重要；由于北方气候干旱少雨，河道引水分沙的作用提高；鉴于河流来沙较细，可直接用于建筑用砂的数量较少，但也有一些泥沙利用，如农用土、堤防加固用沙等；流域过度开发建设主要与社会发展和政策有关，其影响具有突发性。判断矩阵和计算结果见表6-26。

表6-26　北方河流 B_2-C 判断矩阵及计算结果

人类活动因素（B_2）	C_5	C_6	C_7	C_8	C_9	权重	序位	一致性检验
水库拦沙（C_5）	1	1/3	3	5	7	0.262	2	
水土保持减沙（C_6）	3	1	5	7	9	0.513	1	$\lambda_{max} = 5.2375$
河道引水分沙（C_7）	1/3	1/5	1	3	5	0.129	3	$CI = 0.05301$
河道采砂与泥沙利用（C_8）	1/5	1/7	1/3	1	3	0.063	4	
流域过度开发建设（C_9）	1/7	1/9	1/5	1/3	1	0.033	5	

注：各判断矩阵的一致性检验：$CI = \sum_{i=1}^{6} C_i CI \approx 0$，说明判断矩阵具有满意的一致性

6.5.3　减沙影响因子的权重分析

1. 南方河流

南方河流减沙影响因素各层关系构成判断矩阵，各矩阵的单排序及最后的总排序计算结果如表6-27所示。从表6-27可看出，在人类活动因素中，水库拦沙和水土保持减沙的权重系数分别为0.423和0.150，分别排在第一和第二位，是影响减沙的关键因素，特别是水库拦沙的影响更为突出，需要重点对待；河道采砂与泥沙利用的权重系数为0.090，排在第四位，仍是河道减沙的重要因素；流域过度开发建设和河道引水分沙的权重系数分别为0.054和0.033，排在第六位和第七位，属于河流减沙的一般影响因素。在流域自然

条件中，流域降雨条件和流域植被度的权重系数分别为 0.141 和 0.064，分别排在第三位和第五位，属于河流减沙的重要影响因素；流域地形条件和流域地质条件的权重系数分别为 0.027 和 0.017，分别排在第八位和第九位，属于河流减沙的次要影响因素。

表 6-27　南方河流减沙影响因子权重系数

项目	流域自然条件				人类活动因素				
	流域降雨条件	流域植被度	流域地形条件	流域地质条件	水库拦沙	水土保持减沙	河道引水分沙	河道采砂与泥沙利用	流域过度开发建设
权重	0.141	0.064	0.027	0.017	0.423	0.150	0.033	0.090	0.054
排序	3	5	8	9	1	2	7	4	6

因此，南方河流各影响指标的权重矩阵为 W_1：

$$W_1 = \begin{bmatrix} 0.141 & 0.064 & 0.027 & 0.017 & 0.423 & 0.150 & 0.033 & 0.090 & 0.054 \end{bmatrix}^t \quad (6\text{-}3)$$

2. 北方河流

北方河流减沙影响因素各层关系构成判断矩阵，各矩阵的单排序及最后的总排序计算详细结果如表 6-28 所示。北方河流减沙影响因子权重总排序中，人类活动因素中的水土保持减沙和水库拦沙的权重系数分别为 0.410 和 0.209，分别排在第一位和第二位，是影响减沙的关键因子，特别是流域水土保持减沙，其是影响河道减沙的首要因素，需要重点保持和加强；河道引水分沙的权重系数为 0.103，排在第四位，仍是河道减沙的重要因素；河道采砂与泥沙利用和流域过度开发建设的权重系数分别为 0.051 和 0.027，排在第六位和第七位，属于河流减沙的一般影响因素。在自然条件中，流域降雨条件权重系数为 0.104，排在第三位，属于河流减沙的重要影响因素；流域植被度权重系数为 0.059，排在第五位，流域地形条件和流域地质条件的权重系数分别为 0.023 和 0.014，分别排在第八位和第九位，均属于河流减沙的次要影响因素。

表 6-28　北方河流减沙影响因子权重系数

影响因子	流域自然条件				人类活动因素				
	流域降雨条件	流域植被度	流域地形条件	流域地质条件	水库拦沙	水土保持减沙	河道引水分沙	河道采砂与泥沙利用	流域过度开发建设
权重	0.104	0.059	0.023	0.014	0.209	0.410	0.103	0.051	0.027
排序	3	5	8	9	2	1	4	6	7

因此，北方河流各影响指标的权重矩阵为 W_2：

$$W_2 = \begin{bmatrix} 0.104 & 0.059 & 0.023 & 0.014 & 0.209 & 0.410 & 0.103 & 0.051 & 0.027 \end{bmatrix}^t \quad (6\text{-}4)$$

参 考 文 献

[1] 胡春宏，王延贵，张燕菁，等．中国江河水沙变化趋势与主要影响因素 [J]．水科学进展，2010，21（7）：524-532.

[2] 王延贵，陈康，陈吟．我国主要河流水沙态势变化及人类活动的影响 [C]．中国水力发电工程学

会水文泥沙专业委员会第十一届学术研讨会，2017.

[3] 王礼先. 水土保持学 [M]. 北京：中国林业出版社，1995.

[4] 关君蔚. 水土保持原理 [M]. 北京：中国林业出版社，1995.

[5] 周佩华，王占礼. 黄土高原土壤侵蚀暴雨的研究 [J]. 水土保持学报，1992，(3)：1-5.

[6] 龚时旸，熊贵枢. 黄河泥沙的来源和输移 [M] //中国水利学会. 河流泥沙国际学术讨论会论文集. 北京：光华出版社，1980.

[7] 李义天，邓金运，孙昭华，等. 河流水沙灾害及其防治 [M]. 武汉：武汉大学出版社，2004.

[8] 景可，卢金发，梁季阳，等. 黄河中游侵蚀环境特征和变化趋势 [M]. 郑州：黄河水利出版社，1997.

[9] 席有. 水土保持原理与规划 [M]. 呼和浩特：内蒙古大学出版社，1992.

[10] 王延贵，匡尚富. 河岸崩塌类型与崩塌模式的研究 [J]. 泥沙研究，2014，(1)：13-20.

[11] 陈浩. 流域坡面与沟道的侵蚀产沙研究 [M]. 北京：气象出版社，1993.

[12] 乔荣荣，季树新，白雪莲，等. 流域沟壑数量特征与侵蚀量关系 [J]. 中国水土保持科学，2020，18 (6)：9-14.

[13] 赵文林. 黄河水利科学技术丛书黄河泥沙 [M]. 郑州：黄河水利出版社，1996.

[14] 卢金发，黄秀华. 土地覆被对黄河中游流域泥沙产生的影响 [J]. 地理研究，2003，22 (5)：571-578.

[15] 刘晓燕，党素珍，张汉. 未来极端降雨情景下黄河可能来沙量预测 [J]. 人民黄河，2016，38 (10)：13-17.

[16] 中华人民共和国水利部. 中国水利统计年鉴 2020 [M]. 北京：中国水利水电出版社，2020.

[17] 水利部水土保持司，中央农村工作领导小组办公室，水利部水土保持监测中心，等. 黄土高原区淤地坝专题调研报告 [R]. 2002.

[18] 中华人民共和国水利部. 第一次全国水利普查水土保持情况公报 [J]. 中华人民共和国水利部公报，2013，(2)：58-61.

[19] 刘晓燕，高云飞，王富贵. 黄土高原仍有拦沙能力的淤地坝数量及分布 [J]. 人民黄河，2017，(4)：1-5.

[20] 惠波，惠露，郭玉梅. 黄土高原地区淤地坝"淤满"情况及防治策略 [J]. 人民黄河，2020，42 (5)：116-120.

[21] 吴正涛. 长江上游干流河道采砂状况与管理思考 [J]. 人民长江，2006，(10)：23-24.

[22] 毛野，黄才安. 采砂对河床变形影响的试验研究 [J]. 水利学报，2004，(5)：64-69.

[23] 郑晋鸣. 长江为何全面禁止采砂 [N]. 光明日报，2007-06-05.

[24] 王延贵，尹学良. 分流淤积的理论分析及其计算 [J]. 泥沙研究，1989，(4)：66-66.

[25] 蓝勇. 历史上长江上游的水土流失及其危害 [N]. 光明网，1998-09-25.

[26] 王延贵，史红玲，等. 我国江河水沙变化态势及应对策略 [R]. 中国水利水电科学研究院，2015.

[27] 王延贵，胡春宏，刘茜，等. 长江上游水沙特性变化与人类活动影响 [J]. 泥沙研究，2016，(1)：1-8.

[28] 王延贵，史红玲，刘茜，等. 水库拦沙对长江水沙态势变化的影响 [J]. 水科学进展，2014，25 (4)：467-476.

[29] 顾朝军，穆兴民，高鹏，等. 赣江流域径流量和输沙量的变化过程及其对人类活动的响应 [J]. 泥沙研究，2016，(3)：38-44.

[30] 潘靖海. 广西水土保持工作的回顾与展望 [J]. 广西水利水电，2004，(z2)：47-49.

[31] 何用，胡晓张，孙倩文. 从"05·6"洪水看珠江河口水沙输移 [J]. 人民珠江，2008，(3)：

10-14.

[32] 黄镇国，张伟强．珠江三角洲近期水沙分配的变化及其影响与对策［J］．云南地理环境研究，2006，18（2）：21-27.

[33] 王敬贵，亢庆，杨德生．珠江上游水土流失与石漠化现状及其成因和防治对策［J］．亚热带水土保持，2014，26（3）：38-41.

[34] 马永，范建友，胡惠方，等．珠江流域水土保持区划［J］．人民珠江，2016，37（7）：44-48.

[35] 珠委农水处．珠江流域水土流失状况及治理情况［J］．人民珠江，1992，（5）：5-8.

[36] 成孝济．钱塘江流域水土流失特点和动态分析［J］．浙江林业科技，1995，15（5）：10-13.

[37] 徐剑青．钱塘江中上游水土流失重点治理工程浅析［J］．浙江水利科技，2000，（5）：54-55.

[38] 汪建平．建德市胥溪牌楼水水土保持综合治理工程浅析［J］．浙江水利科技，2001，（3）：33-35.

[39] 汪集友，朱秀端．闽江健康与水土保持［J］．水利科技，2007，（4）：65-67.

[40] 赵其国．我国南方当前水土流失与生态安全中值得重视的问题［J］．水土保持通报，2006，26（2）：1-8.

[41] 朱秀端．闽北地区水土流失动态变化及其驱动机制研究［J］．水土保持通报，2007，27（5）：164-170.

[42] 王延贵，刘茜，史红玲．长江中下游水沙态势变异及主要影响因素［J］．泥沙研究，2014，39（5）：38-47.

[43] 彭涛，田慧，秦振雄，等．气候变化和人类活动对长江径流泥沙的影响研究［J］．泥沙研究，2018，43（6）：54-60.

[44] 戴仕宝，杨世伦，蔡爱民，等．51年来珠江流域输沙量的变化［J］．地理学报，2007，62（5）：545-554.

[45] 张徐杰，林盛吉，田烨，等．钱塘江流域极端气温和最大降水事件的时空变化［J］．河海大学学报，2011，39（6）：635-639.

[46] 吴利强，李娜．1951～2009年衢州气候变化特征［J］．气象与环境学报，2011，27（4）：44-48.

[47] 康丽莉，顾骏强，樊高峰．兰江流域近43年气候变化及对水资源的影响［J］．气象，2007，33（2）：70-75.

[48] 戴仕宝，杨世伦，郜昂，等．近50年来中国主要河流入海泥沙变化［J］．泥沙研究，2007，（2）：49-58.

[49] 郭晓英．气候变化和人类活动对闽江流域径流的影响［D］．福州：福建师范大学，2016.

[50] 泥沙评估课题专家组．三峡工程泥沙问题评估报告［R］．2015.

[51] 聂红海．过量采砂对东江下游及其三角洲水文水资源的影响与对策［J］．人民珠江，2007，（4）：82-84.

[52] 钱挹清．珠江三角洲河道无序采砂影响及管理措施［J］．人民珠江，2004，（2）：44-46.

[53] 江海洋，卢祥兴，余其坤，等．大规模采砂后富春江富阳河段河床演变分析［J］．泥沙研究，2002，（4）：64-68.

[54] 夏群佩，邵阳英．浅析钱塘江杭州段采砂现状及对策［J］．浙江水利科技，2009，（4）：67-69.

[55] 陈坚，余兴光，李东义，等．闽江口近百年来海底地貌演变与成因［J］．海洋工程，2010，28（2）：82-89.

[56] 蓝琳，陈兴伟．闽江下游水环境问题浅析［J］．环境科学与管理，2006，31（7）：126-127，134.

[57] 夏汉平．论长江与珠江流域的水灾、水土流失及植被生态恢复工程［J］．热带地理，1999，19（2）：124-129.

[58] 陈宏荣，夏卫平．公路建设可能产生的水土流失及防治措施——以漳龙高速公路漳州境段为例［J］．

福建水土保持，2001，13（3）：34-36.

[59] 李正最，谢悦波，徐冬梅．洞庭湖水沙变化分析及影响初探［J］．水文，2011，31（1）：46-54.

[60] 马逸麟，熊彩云，易文萍．鄱阳湖泥沙淤积特征及发展趋势［J］．资源调查与环境，2003，24（1）：29-37.

[61] 高云飞，张栋，赵帮元，等.1990—2019年黄河流域水土流失动态变化分析［J］．中国水土保持，2020，（10）：64-67.

[62] 高健翎，高燕，马红斌，等．黄土高原近70a水土流失治理特征研究［J］．人民黄河，2019，41（11）：65-69，84.

[63] 彭俊，陈沈良．近60年黄河水沙变化过程及其对三角洲的影响［J］．地理学报，2009，64（11）：1353-1362.

[64] 汪岗，范昭．黄河水沙变化研究［M］．郑州：黄河水利出版社，2002.

[65] 张旸．淮河流域中上游水土保持发展战略综述［J］．治淮，2007，（1）：6-8.

[66] 马志尊．海河流域的水土流失和水土保持［J］．海河水利，2010，（1）：68-70.

[67] 李子轩．海河流域水土流失动态监测现状与思考［J］．海河水利，2020，（4）：9-12.

[68] 喻宝屏，郭荣卿．永定河流域的水土流失和水土保持［J］．中国水土保持，1982，（6）：41-44.

[69] 程大珍，陈民，史世平，等．永定河上游人类活动对降雨径流关系的影响［J］．水利水电工程设计，2001，20（2）：19-21.

[70] 胡春宏，王延贵，张世奇，等．官厅水库泥沙淤积与水沙调控［M］．北京：中国水利水电出版社，2003.

[71] 王念忠，李建伟，张锋．松花江流域侵蚀环境及水土流失防治对策［J］．东北水利水电，2013，31（7）：44-45.

[72] 赵勤．松花江流域水土流失治理研究［R］//朱宇．松花江流域生态环境建设报告（1949～2019）．北京：社会科学文献出版社，2019.

[73] 李建伟，王念忠，张锋．辽河流域水土保持分区及防治策略［J］．东北水利水电，2013，（7）：46-49.

[74] 李磊光．辽河流域（辽宁段）水土流失现状及治理对策分析［J］．水土保持应用技术，2003，（1）：42-43.

[75] 水利部松辽水利委员会．松辽流域水土保持公报［R］．2012.

[76] 陈康，苏佳林，王延贵，等．黄河干流水沙关系变化及其成因分析［J］．泥沙研究，2019，44（6）：22-29.

[77] 张守红，刘苏峡，莫兴国，等．降雨和水保措施对无定河流域径流和产沙量影响［J］．北京林业大学学报，2010，（4）：167-174.

[78] 安贵阳，郝振纯．淮河中上游流域降水及径流变化特性［C］．面向未来的水安全与可持续发展——第十四届中国水论坛论文集，2016.

[79] 张炜，刘轶，李琼芳，等．淮河上游地区干旱评价分析［J］．水文，2009，29（5）：69-72.

[80] 史红玲，胡春宏，王延贵，等．淮河流域水沙变化趋势及其成因分析［J］．水利学报，2012，43（5）：571-579.

[81] 贾运岗．沂河流域水沙变化趋势及成因分析［J］．水土保持研究，2017，24（2）：142-145.

[82] 刘星才，徐宗学，占车生，等．密云水库入库流量变异性及其影响因素［J］．水土保持通报，2011，31（1）：40-45.

[83] 陆志华，夏自强，于岚岚，等．松花江流域年降水和四季降水变化特征分析［J］．水文，2012，32（2）：62-71.

[84] 张燕菁, 胡春宏, 王延贵. 辽河流域水沙变化特征及影响因素分析 [J]. 人民长江, 2014, 45 (1): 32-35, 68.

[85] 胡海英, 黄国如, 黄华茂. 辽河流域铁岭站径流变化及其影响因素分析 [J]. 水土保持研究, 2013, 20 (2): 98-102.

[86] 史红玲, 胡春宏, 王延贵, 等. 黄河流域水沙变化趋势分析及原因探讨 [J]. 人民黄河, 2014, (4): 1-5.

[87] 张辉, 虞邦义, 倪晋, 等. 近66a来淮河干流水沙变化特征分析 [J]. 长江科学院院报, 2020, 37 (3): 6-11.

[88] 王延贵, 胡春宏. 引黄灌区水沙综合利用及渠首治理 [J]. 泥沙研究, 2000, (2): 39-43.

[89] 王延贵, 胡春宏. 流域泥沙的资源化及其实现途径 [J]. 水利学报, 2006, 37 (1): 21-27.

[90] 胡春宏, 王延贵, 郭庆超, 等. 塔里木河干流河道演变与整治 [M]. 北京: 科学出版社, 2005.

[91] 金庆日. 气候变化对塔里木河源流径流近61年的影响分析 [J]. 水资源开发与管理, 2020, (6): 15-19.

[92] 李秋菊, 李占玲, 王杰. 黑河流域上游径流变化及其影响因素分析 [C]. 第十五届中国水论坛论文集, 2017.

[93] 廉耀康, 柳小龙, 周润田, 等. 黑河出山口径流与源区降水特征及匹配度分析 [J]. 人民黄河, 2019, (7): 14-17.

[94] 郭永礼. 浅析和田河流域水电开发现状及发展 [J]. 新疆电力技术, 2010, (1): 75-76.

[95] 王颖, 潘峰, 宋蕾. 黑河流域梯级开发规划环境影响评价探讨 [M]. 水利水电科技进展, 2008, 28 (增1): 5-7.

[96] 连运涛, 王昱, 郑健, 等. 黑河流域上游水沙输移趋势及其成因分析 [J]. 干旱区资源与环境, 2019, 33 (3): 100-106.

[97] 黄国强. 塔里木河干流防洪工程规划探析 [J]. 水利技术监督, 2020, 158 (6): 128-131.

[98] 杨向辉, 王健, 姚党生. 黑河流域水资源现状及其开发利用 [J]. 水利水电科技进展, 2003, 23 (3): 25-27.

[99] 李希, 张爱静, 姚莹莹, 等. 黑河流域中游灌区灌溉引水量与引水结构的变化分析 [J]. 干旱区资源与环境, 2015, 29 (7): 95-100.

[100] 杨鹏, 陈亚宁, 李卫红, 等. 2003~2012年新疆塔里木河径流量变化与断流分析 [J]. 资源科学, 2015, 37 (3): 485-493.

[101] 克衣木·买卖提. 浅谈塔里木河流域干流生态恢复与治理 [J]. 资源节约与环保, 2020, (12): 22-23.

[102] 新疆生产建设兵团勘测设计院. 塔里木河干流流域规划要点报告 [R]. 1991.

[103] 王坤. 模糊决策理论在崩岸研究中的应用 [J]. 长江科学院院报, 2005, (8): 12-15.

[104] 廖小永, 王坤. 模糊统计聚类理论在崩岸问题中的应用研究 [J]. 长江科学院院报, 2007, (4): 5-8.

[105] Saaty T L. The Analytical Hierarchy Process [M]. New York: McGraw Hill, 1980.

[106] 汪浩, 马达. 层次分析标度评价与新标度方法 [J]. 系统工程理论与实践, 1993, (9): 25-26.

第7章 水沙变异关键影响因素的响应关系

7.1 流域降水对河流水沙变化的影响

目前，温室效应引起的温度升高对流域降水产生的影响还没有完全统一的结果，本章仅分析降水量对河道径流量和输沙量的影响，不涉及流域降水量的变化原因。

7.1.1 流域降水对径流量的影响

河道径流量与流域面积和流域降水量成正比关系，在相同降水量的情况下，流域面积越大，河道径流量越大。在相同的流域面积的情况下，流域降水量越大，河道径流量越大。根据有关文献和资料[1-8]，点绘典型河流年径流深与流域年均降水量的关系，如图7-1所示，典型河流对应的水文控制站和具体资料时段见表7-1。无论是黄河、海河、辽河、淮河等北方河流，还是长江、珠江、东南河流等南方河流，河道径流深与流域降水量均有正相关关系，随着流域降水量的增加而增加，其间关系基本遵循如下线性规律。

$$R = KP - R_0 \tag{7-1}$$

式中，R 为河道径流深，定义为河道某一断面的径流量与控制流域面积的比值，直接反映河道径流量的大小；P 为降水量；K 为系数；R_0 为常数。K、R_0 皆由各流域河道径流和降雨资料回归而得，如表7-1所示。式（7-1）表明河道径流深随流域降水量的增加而增大，也就是说流域降水量的变化将会导致河道径流量的变化，流域降水减少，使得河道径流量减少。虽然各河流径流深与降水量都遵循类似的规律，但其相关性有很大的差异，特别是黄河流域各支流径流深与降水量的总体相关性较弱，其原因主要是流域实施了大范围的水土保持措施，提高了流域下垫面的保水性，造成流域径流深与降水量的关系下移[4,5]，造成典型支流径流深与降水量的总体点群关系较分散，其相关系数较小，但支流不同时期径流深和降水量仍具有较好的相关关系。从黄河流域典型支河流（图7-2）可以看出，20世纪70年代之前、20世纪80~90年代和21世纪前十年，河道径流深与降水量仍然遵循上述规律，而且具有较高的相关性；20世纪50~70年代流域开展的水土保持措施较少，近似认为天然状态，20世纪80~90年代流域开展了大规模的水土保持措施，21世纪前十年流域在开展水土保持措施的基础上实施退耕还林还草策略，流域保水性能逐渐提高。

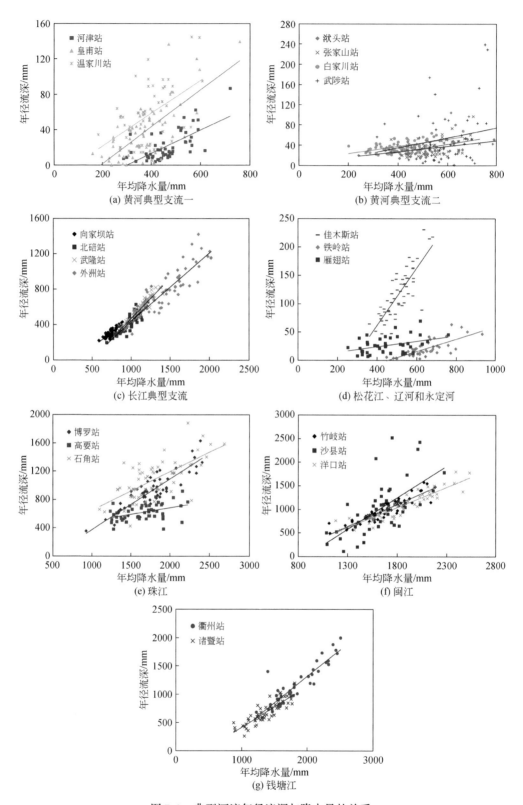

图 7-1 典型河流年径流深与降水量的关系

表 7-1　径流深公式中的系数和常数

流域	干支流	水文控制站	时段	K	R_0	R^2
黄河	皇甫川	皇甫站	1956~1989 年	0.2232	−33.70	0.714
			1990~1999 年	0.1709	−30.48	0.656
			2000~2015 年	0.0729	−15.67	0.415
			合计	0.2092	40.46	0.519
	窟野河	温家川站	1960~1979 年	0.2045	1.698	0.573
			1980~1999 年	0.1951	−17.197	0.556
			2000~2015 年	0.0931	−13.468	0.668
			合计	0.1858	15.842	0.259
	无定河	白家川站	1956~1979 年	0.0722	16.707	0.60
			1980~1999 年	0.053	13.251	0.527
			2000~2015 年	0.0359	10.838	0.570
			合计	0.0714	−8.97	0.318
	汾河	河津站	1960~1979 年	0.1302	−27.506	0.548
			1980~1999 年	0.0929	−26.679	0.494
			2000~2015 年	0.0382	−6.939	0.425
			合计	0.132	39.66	0.445
	泾河	张家山站	1960~1979 年	0.1625	−43.8	0.573
			1980~1999 年	−0.0005	36.898	0.00002
			2000~2015 年	0.0081	20.511	0.0037
			合计	0.0804	6.418	0.194
	北洛河	洑头站	1960~1999 年	0.0611	4.826	0.290
			2000~2015 年	0.0427	3.745	0.437
			合计	0.054	−5.372	0.254
长江	金沙江	向家坝站	1960~2014 年	0.6685	192.38	0.669
	嘉陵江	北碚站	1960~2011 年	0.848	408.7	0.760
	乌江	武隆站	1961~2014 年	0.905	436.61	0.895
	赣江	外洲站	1962~2013 年	0.7712	333.99	0.74
海河	永定河	雁翅站	1957~2000 年	0.048	−4.54	0.15
松花江	干流	佳木斯站	1960~2014 年	0.507	141.1	0.675
辽河	干流	铁岭站	1968~2011 年	0.1088	49.456	0.55
珠江	西江	高要站	1971~2018 年	0.185	−314.53	0.186
	北江	石角站	1956~2015 年	0.55	−94.68	0.46
	东江	博罗站	1956~2011 年	0.718	345.89	0.77
闽江	干流	竹岐站	1960~2010 年	0.94	589.92	0.84
	沙溪	沙县站	1960~2010 年	1.343	1171.3	0.42
	富屯溪	洋口站	1960~2010 年	0.859	506.21	0.83
钱塘江	衢江	衢州站	1964~2006 年	0.937	560.56	0.82
	浦阳江	诸暨站	1957~2008 年	0.7254	312.92	0.73

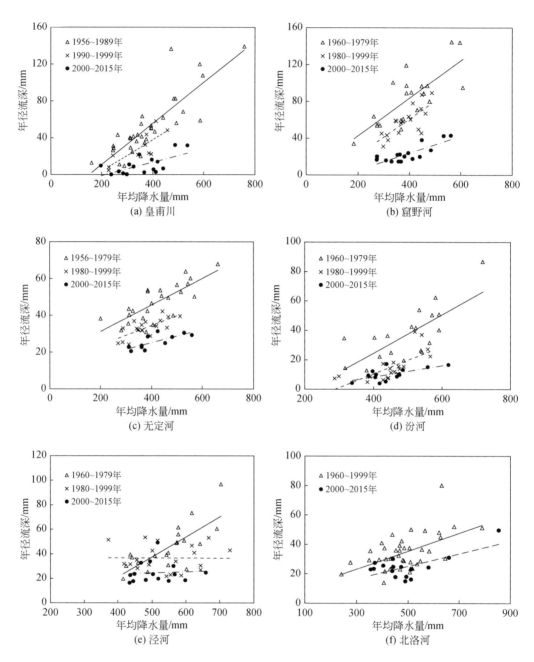

图 7-2　黄河中游典型支流不同时期年径流深与降水量的关系

7.1.2　流域降水对河道输沙量的影响

　　河道输沙量随着径流量的增加而增大，而河道径流量与流域降水量成正比关系，因此河道输沙量（输沙模数）随着流域降水量的增加而增大。河道输沙模数可由式（7-2）

估算：

$$M = KP - M_0 \tag{7-2}$$

式中，M 为输沙模数，反映河道输沙量的多少；K 为系数；M_0 为常数。K 和 M_0 皆由各流域河道输沙和降雨资料回归而得。结合文献有关资料，点绘典型河道输沙模数与流域降水量的关系，如图 7-3 所示；典型河流对应的水文控制站和资料时段、式（7-2）中的系数和指数如表 7-2 所示。上述关系表明河道输沙模数与流域降水量具有较好的关系，河道输沙量与流域降水量有较好的相关性，因此河道较大的输沙量一般发生在雨季，而且流域降水量的减少将会导致河道径流量和输沙量的减少。此外，相比于河流径流量，河道输沙模数与降水量的相关性较差，总的点群相对散乱，表明河道输沙量不仅与降水量有关，流域人类活动（流域水土保持、水库修建、河道采砂等）也是影响输沙量变化的重要原因，其关系也将随着人类活动发生一定的变化，如图 7-4 所示。在黄河中游区域，典型支流 20 世纪 70 年代前、20 世纪 80~90 年代和 21 世纪前十年输沙模数与降水量仍然遵循上述规律，但依次下移，表明由于水土保持和退耕还林还草策略的影响，河道输沙量逐渐减少。其他流域支流也具有类似的现象，如长江上游嘉陵江输沙量与降水量的关系也是如此。但是，有些河流输沙量与降水量的正相关性较低，甚至出现负相关性，这表明影响河道输沙量的因素是多方面的，其影响机理也是很复杂的，仍需要深入研究。

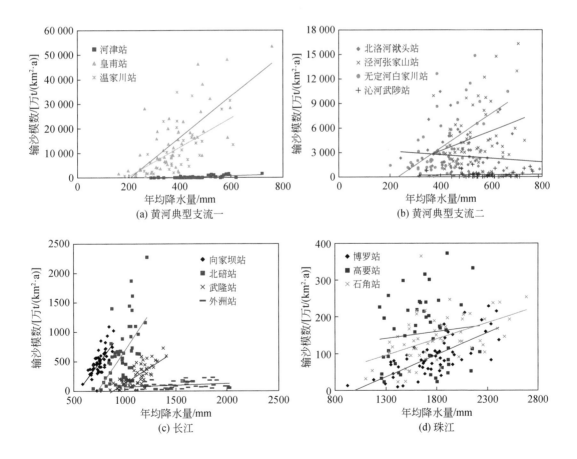

(a) 黄河典型支流一

(b) 黄河典型支流二

(c) 长江

(d) 珠江

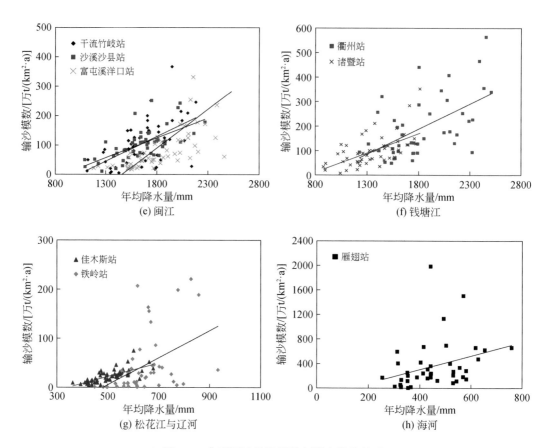

图 7-3 典型河流输沙模数与降水量的关系

表 7-2 年输沙模数公式中的系数和常数

流域	干支流或区间	水文控制站	时段	K	M_0	R^2
黄河	皇甫川	皇甫站	1956~1989 年	85.55	-15 406	0.612
			1990~1999 年	61.57	-13 178	0.494
			2000~2015 年	13.10	-2 309.4	0.170
			合计	84.40	17 374	0.56
	窟野河	温家川站	1960~1979 年	52.19	-6 142.3	0.276
			1980~1999 年	63.12	-16 068	0.587
			2000~2015 年	0.537 7	213.1	0.009
			合计	59.48	11 397	0.34
	无定河	白家川站	1956~1979 年	24.27	-4 349.3	0.412
			1980~1999 年	10.15	-1 517.6	0.199
			2000~2015 年	7.405	-1 949.6	0.369
			合计	21.08	4 882.3	0.30

续表

流域	干支流或区间	水文控制站	时段	K	M_0	R^2
黄河	汾河	河津站	1960~1979 年	4.24	-1 400.2	0.593
			1980~1999 年	0.997	-350.01	0.377
			2000~2015 年	0.074 4	-25.624	0.326
			合计	3.354	1 266.9	0.389
	泾河	张家山站	1960~1979 年	27.55	-8 969.2	0.298
			1980~1999 年	-7.375	8 985	0.084
			2000~2015 年	-9.017	6 782.2	0.189
			合计	12.10	1 630.1	0.082
	北洛河	㳇头站	1960~1999 年	-2.209	4 360.8	0.010
			2000~2015 年	-1.837	1 585.9	0.087
			合计	-2.241	-3 635.8	0.01
	沁河	武陟站	1960~1979 年	0.145 5	-182.22	0.002
长江	金沙江	向家坝站	1960~2014 年	2.33	1 250.5	0.53
	嘉陵江	北碚站	1960~1989 年	2.715 7	-1 806.2	0.373
			1990~1999 年	1.350 7	-934.33	0.714
			2000~2011 年	0.591 5	-392.27	0.302
			合计	2.58	1 895.8	0.332
	乌江	武隆站	1961~2014 年	1.078	916.18	0.55
	赣江	外洲站	1962~2013 年	0.058	-7.78	0.07
海河	永定河	雁翅站	1957~2000 年	1.110	144.28	0.101
珠江	北江	石角站	1956~2015 年	0.088 2	18.86	0.22
	东江	博罗站	1956~2011 年	0.120 3	119.77	0.54
	西江	高要站	1971~2018 年	0.037	-92.82	0.016
松花江	干流	佳木斯站	1960~2014 年	0.138	47.09	0.514
辽河	干流	铁岭站	1968~1983 年	0.642 5	-373.43	0.598
			1984~1999 年	0.404 6	-193.17	0.243
			2000~2011 年	0.057 7	-30.375	0.693
			合计	0.275 7	132.5	0.19
闽江	干流	竹岐站	1960~2010 年	0.168	172.58	0.318
	沙溪	沙县站	1960~2010 年	0.134 4	117.13	0.42
	富屯溪	洋口站	1960~2010 年	0.26	389.8	0.31
钱塘江	衢江	衢州站	1964~2006 年	0.20	180.15	0.32
	浦阳江	诸暨站	1957~2008 年	0.158	115.76	0.35

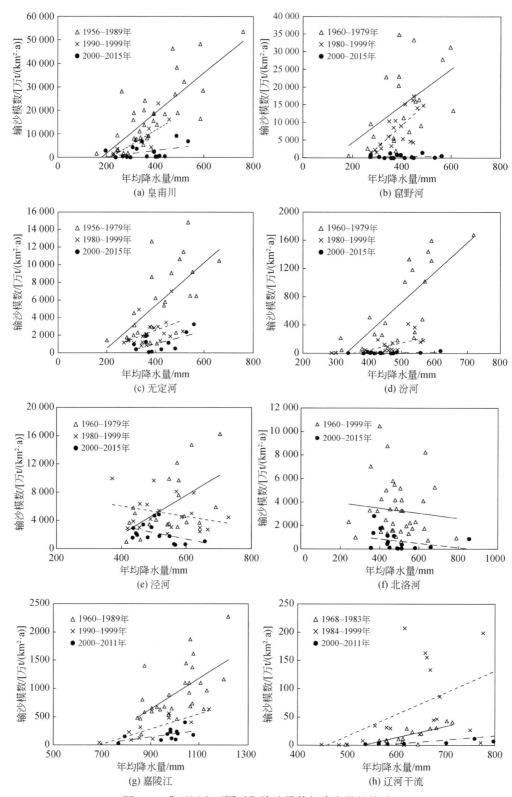

图 7-4 典型河流不同时期输沙模数与降水量的关系

7.1.3 流域降水变化对水沙的影响

来沙系数为河道水沙搭配的重要参数，点绘典型河流来沙系数与流域降水量之间的关系，如图 7-5 所示。可以看出，河流水文控制站来沙系数与年降水量关系比较复杂，且规律性不强，但仍能反映年降水量的变化将会改变河道的输沙能力和水沙搭配关系。主要有三种变化趋势，一是流域水文控制站来沙系数随着年降水量的增加而增大，流域降水量增大，导致流域产流与河道径流量增大，流域产沙与河道输沙量增加更明显，即含沙量会增

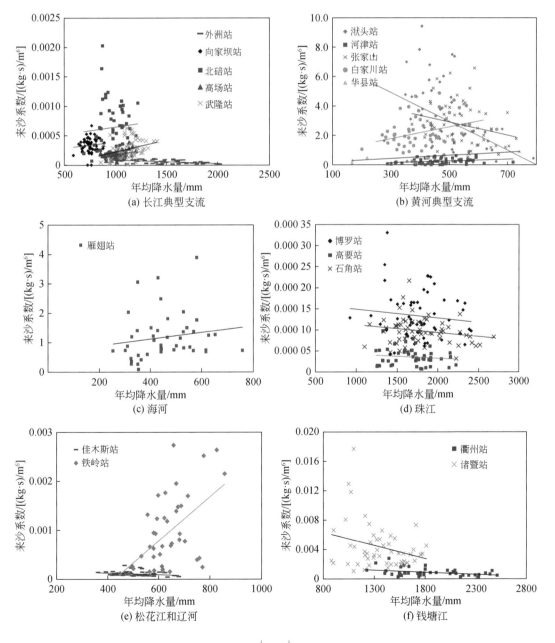

(a) 长江典型支流

(b) 黄河典型支流

(c) 海河

(d) 珠江

(e) 松花江和辽河

(f) 钱塘江

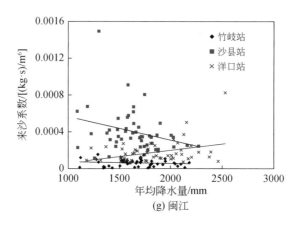

(g) 闽江

图 7-5　典型河流来沙系数与流域降水量的关系

加，导致河道来沙系数增大，主要发生在水土流失较为严重的区域，如黄河流域的渭河华县站、无定河白家川站和汾河河津站，以及长江流域的岷江高场站和辽河铁岭站等；二是流域水文控制站来沙系数随着年降水量的增加而减小，流域降水量的增加，导致流域产流及河道径流量增加，而流域产沙和河道输沙量增加速率不如河道径流增加速率大，致使河道来沙系数呈减小态势，主要发生在流域植被度高或水土保持、水库拦沙等减沙效果好的河流，如长江流域的赣江外洲站、珠江流域的北江石角站和西江高要站、钱塘江流域的衢州站，以及闽江流域的竹岐站；三是水文控制站来沙系数随降水量无明显的变化趋势，点群十分散乱，这主要是流域植被条件和降雨条件的复杂性，流域年降水量增加，流域产流与河道径流量增加，但流域产沙与河道输沙量变化较大，或多或少，使得水文控制站来沙系数随年降水量没有明显的变化趋势，如长江流域嘉陵江北碚站和乌江武隆站、黄河流域的泾河张家山站和北洛河洑头站、海河流域的永定河雁翅站、珠江流域的东江博罗站、钱塘江流域的浦阳江诸暨站，以及闽江流域的沙溪沙县站。

　　在河流流域内，降水量是不断变化的，特别是在温室效应的影响下，流域降水量有一定的减小趋势。在黄河流域，河口镇—龙门河段（即河龙区间）是黄河中游的重要产沙区域，文献[6,8]就该区间的降雨影响进行了分析，表 7-3 为河龙区间 1956~2015 年各年代年降水量、年径流量、年输沙量变化统计资料。可以看出，若以 1956~1969 年作为基准期（指治理较少时段），20 世纪 90 年代在年降水量减少 15.02% 的情况下，年径流量减少 43.00%，年输沙量减少 54.47%；2000~2006 年在年降水量减少 9.92% 的情况下，年径流量和年输沙量分别减少 60.36% 和 81.03%。显然，2000 年以来，虽然年降水量减少幅度变小（即年降水量不断增加），但由于人类活动（水土保持、水库拦沙、引水灌溉等）的影响加大，河龙区间年径流量和年输沙量没有增大，而是继续减小。

表 7-3　河龙区间各年代年降水量、年径流量、年输沙量变化情况

年代	年降水量/mm	年径流量/亿 m³	年输沙量/亿 t	各年代减少/%		
				年降水量	年径流量	年输沙量
1956~1969 年	476.7	72.90	10.28	—	—	—
1970~1979 年	429.4	54.08	7.55	9.92	25.82	26.56

年代	年降水量/mm	年径流量/亿 m³	年输沙量/亿 t	各年代减少/%		
				年降水量	年径流量	年输沙量
1980～1989 年	414.8	37.16	3.73	12.99	49.03	63.72
1990～1999 年	405.1	41.55	4.68	15.02	43.00	54.47
2000～2006 年	429.4	28.90	1.95	9.92	60.36	81.03
2007～2015 年	474.2	16.23	0.566	0.52	77.74	94.49

黄河中游河龙区间年径流量和年输沙量、年降水量的关系表明，在黄河流域不同时代内，河流年径流量和年输沙量随着年降水量的增加而增大，年输沙量的变化比例大于年径流量的变化比例，但各年代年径流量和年输沙量与年降水量的关系有一定的变化，若将1956～1969 年作为基准期，随着治理时段的推移，在相同降水量条件下，年径流量和输沙量明显减少，说明黄河中游自 1970 年后因人类活动影响，年径流量和年输沙量发生了变化。20 世纪 80 年代、90 年代、2000～2006 年和 2007～2015 年年降水量较基准期分别减少了 12.99%、15.02%、9.92% 和 0.52%，对应各年代的实际年径流量减小幅度分别约为49.03%、43.00%、60.36% 和 77.74%，远大于径流量变化比例约为降水量变化值的两倍的规律[9]；各年代对应的实际年输沙量的减小幅度分别为 63.72%、54.47%、81.03% 和94.49%，表明除年降水量减少的影响外，人类活动对径流和输沙也有影响，如图 7-6 所示。

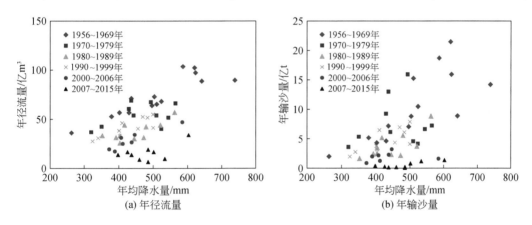

图 7-6　河龙区间年径流量、年输沙量与年降水量的关系

7.2　水库建设对河流水沙变化的作用

7.2.1　水库拦沙的机理

1. 水库淤积与淤积形态

在河流上修建水库后，随着库水位的逐渐抬高，水流挟沙能力减小，部分悬移质和推

移质泥沙逐渐沉淀,造成水库淤积。水库淤积问题在多沙河流(如黄河)、水土流失严重地区(如长江嘉陵江流域)和推移质输沙量较高的河流(如岷江)中显得较为突出。例如,由于黄河干支流含沙量比较大,黄河流域水库淤积比较严重,淤积量多占水库死库容的50%以上;长江含沙量虽然不大,但输沙量较大,水库淤积问题也比较严重。一方面,水库淤积减少了水库库容,影响水库效益的发挥;另一方面,坝前淤积将影响枢纽的安全运行,变动回水区河床淤积抬升将影响河道行洪、通航以及岸线利用等,甚至会产生一系列生态环境问题,如淹没、土地盐碱化等。永定河官厅水库和黄河三门峡水库大量的泥沙淤积使得水库防洪标准降低,坝前淤积直接威胁坝体枢纽的安全运行;官厅水库库尾淤积上延造成上游河道淹没严重,土地盐碱化明显;三门峡水库回水淤积抬高了潼关断面高程,加剧了渭河的河道淤积与河道萎缩。

水库淤积纵剖面一般呈现三种基本类型:三角洲淤积、锥体淤积和带状淤积[10],如图 7-7 所示。当水库坝前水位变幅较大时,水库淤积往往形成带状淤积体;当水库的库容较小时,壅水较低,泥沙很快运行到坝前,其淤积形态多为锥体;当坝前水位变化不大,水库的库容相对较大,且来沙多、颗粒粗时,库区泥沙多以三角洲形态淤积,其三角洲淤积体不断向前发展、向后延伸、向上抬高。对于很多大型水库,其淤积形态多为三角洲形态,如黄河小浪底水库和永定河官厅水库等都形成三角洲淤积体,如图 7-8 所示。在回水末端区及以上,流速沿程迅速递减,卵石、粗沙等推移质首先在尾部淤积,即三角洲的尾坡段,尾坡段泥沙分选较显著;回水末端以下,至三角洲顶点,由于水面线平缓,悬移质

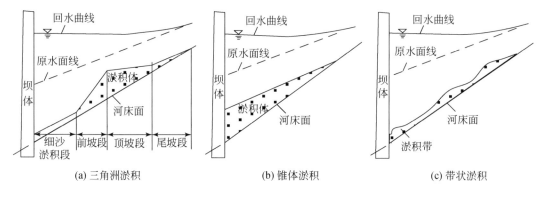

(a) 三角洲淤积　　　　　　　　(b) 锥体淤积　　　　　　　　(c) 带状淤积

图 7-7　水库的淤积形态示意图

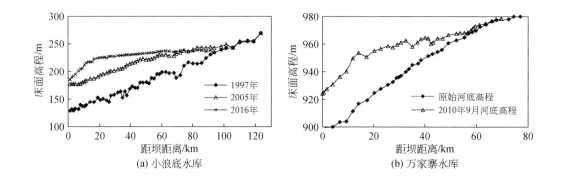

(a) 小浪底水库　　　　　　　　　　　　(b) 万家寨水库

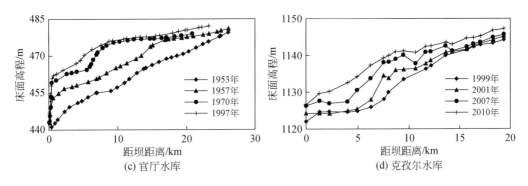

图 7-8　典型水库的淤积形态

中的大部分床沙质沿程落淤，形成了三角洲的顶坡段，顶坡段泥沙沿程分选不显著；当水流通过三角洲顶点后，过水断面突然扩大，紊动强度锐减，悬移质中剩余的床沙质在前坡段内的水域全部落淤，形成了三角洲的前坡段；当含沙量较大时，水体中残存的细粒泥沙往往从前坡潜入库底，形成继续向前运动的异重流；当含沙量较小而不能形成异重流时，水体中残存的细粒泥沙便扩散并在水库深处淤积，即异重流坝前段。也就是说，水库三角洲淤积形态从上至下依次分为尾坡段、顶坡段、前坡段和异重流坝前段。

2. 水库拦沙率及效果分析

1）水库拦沙率

水库的拦沙量随时间一般呈递减的趋势，在最初的一些年份，拦沙量较多，随着水库的运用，拦沙量逐渐减少。对一般中小型水库，随着运用年份的增加，水库淤积逐渐增多，在不采取排沙的情况下，水库会淤满，进而报废。所以，一些水库常常采取"蓄清排浑"的方式减少水库的泥沙淤积，以维持水库的有效库容。

水库淤积程度一般用拦沙率表达，用 TE 表示。水库拦沙率反映水库的拦沙效果，是指淤积在水库中的泥沙与同期进库的泥沙量之比，可以采用数学模型模拟水库的演变过程，或者运用半经验半理论公式模拟和预估水库大致的淤积情况。后者主要采用拦沙率曲线或者排沙比曲线来描述水库排沙与拦沙的相互关系[11]，当前常用的拦沙率曲线是 Brune 公式[12]，排沙比曲线则以张启舜和张振秋[13]、张遂业和涂启华[14] 提出的方法较为简单实用。Brune 方法适用于长时段水库拦沙情形，张启舜和张振秋[13]、张遂业和涂启华[14] 提出的方法更适合用于短时间水库淤积过程的估算。李海彬等[15] 为了估算水库群的拦沙效果，对 Brune 公式进行了改进，提出了水库群拦沙率的计算公式。结合中国水库实际情况，蓄水水库的拦沙率可用下式计算[16,17]：

$$TE = \frac{\dfrac{V}{W}}{0.012 + 0.102\dfrac{V}{W}} \tag{7-3}$$

式中，TE 为水库拦沙率；V 为水库库容（扣除淤积部分的库容）；W 为多年平均入库径流量。利用式（7-3），可对典型河流较大的水库拦沙率进行估算。若令 $\alpha_s = \dfrac{V}{W}$，则称 α_s 为

水库调控系数，式（7-3）变为

$$TE = \frac{\alpha_s}{0.012 + 0.102\alpha_s} \tag{7-4}$$

从式（7-4）可绘制水库拦沙率与水库调控系数的关系，如图7-9所示。

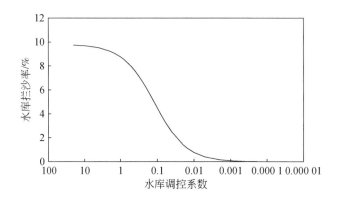

图7-9 水库拦沙率与水库调控系数的关系

2）水库拦沙效果分析

水库拦沙作用和拦沙效果取决于河流水沙条件和水库规模，水库拦沙作用的时效性将会随之而变。从水库拦沙率公式可以看出：

（1）水库拦沙率主要取决于水库库容与河道径流量的比值（水库调控系数），当水库库容远大于河道径流量时，水库拦沙率就会较大；当水库库容与河道径流量相当或较小时，水库拦沙率较小。

（2）水库库容与河道径流量相当，对应的水库拦沙率较小，水库属于径流式水库，不仅拦沙功能弱，水库防洪、灌溉等功能也难以满足要求。

（3）水库拦沙率较大意味着水库将会拦截较大比例的泥沙，这不利于水库库容的长期保持，因此需要开展水库优化调度，如三峡水库采用"蓄清排浑"的运行方式，其目的就是提高水库排沙比，减小水库拦沙率，延长水库使用的寿命。

（4）在少沙河流中，河道输沙量小，大水库的拦沙功能强，拦沙作用将是长期的；在多沙河流中，河道输沙量较大，水库泥沙淤积较多，库容损失较快，其拦沙能力将会快速下降。

7.2.2 水库拦沙对河道输沙量的影响

1. 长江流域

在长江流域干支流上修建或拟建许多大型水库，水库修建后将调节河流水沙过程，拦蓄部分径流和泥沙，泥沙淤积在水库，使得下游的输沙量大幅度减少。结合长江流域水沙变异和水库修建的特点，文献［18］就水库拦沙对长江水沙态势变化的影响进行了定量分析。结合《中国河流泥沙公报》发布的水沙资料，选择嘉陵江、岷江、乌江、汉江和赣江等支流作为分析的对象，对应的典型水文控制站分别为北碚站、高场站、武隆站、皇庄站和外洲站；对于干流河道，则主要选择三峡入库站及其下游宜昌站、汉口站和大通站开展水沙变化的研究。

根据长江流域水利水电资源的开发状况，典型水库资料主要来源于有关文献和网站[18-22]。长江流域主要水库分布如图 7-10 所示，干支流主要水库的主要指标如表 7-4 所示。在选择的 5 条典型支流上，嘉陵江、岷江、乌江、汉江和赣江流域分别修建 9 座、7座、13 座、11 座和 14 座大型水库，对应的总库容分别为 106.2 亿 m³、110.79 亿 m³、198.74 亿 m³、281.21 亿 m³ 和 68.04 亿 m³，对支流径流调蓄和拦沙发挥了重要作用。

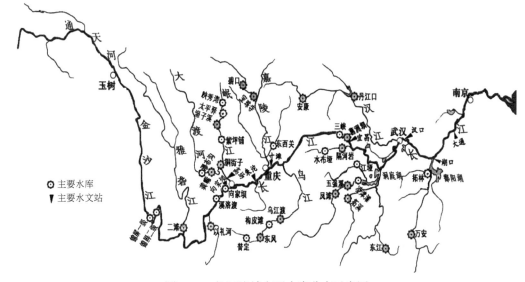

图 7-10　长江流域主要水库分布示意图

表 7-4　长江流域典型水库统计情况

河流或区域	典型水库数量/座	典型水库总库容/亿 m³	典型水库（蓄水运用年份，库容/亿 m³）
雅砻江	4	238.05	二滩（1998，58）；桐子林（2014，0.912）；锦屏一级（2013，77.6）；两河口（2017，101.54）
嘉陵江	9	106.2	碧口（1975，5.21）；东西关（1995，1.65）；宝珠寺（1996，25.5）；红岩子（2002，3.5）；青居（2004，1.17）；新政（2007，1.23）；草街（2010，24.08）；亭子口（2013，41.16）；苗家坝（2014，2.7）
岷江	7	110.79	映秀湾（1971，径流式）、渔子溪（1972，40.3）；龚嘴（1972，3.39）；铜街子（1993，2）；紫坪铺（2002，11.2）；瀑布沟（2009，53.9）
乌江	13	198.74	猫跳河 7 梯级（红枫水库）（1960，7.58）；乌江渡（1983，21.4）；东风（1994，10.25）；普定（1995，4.2）；引子渡（2003，5.31）；洪家渡（2004，49.47）；索风营（2006，2.012）、思林（2008，15.93）；彭水（2008，14.65）；构皮滩（2009，55.64）；银盘（2011，3.2）；沙沱（2013，9.1）

河流或区域		典型水库 数量/座	典型水库 总库容/亿 m³	典型水库（蓄水运用年份，库容/亿 m³）
清江		2	83.50	水布垭（1993, 45.8）；隔河岩（1994, 37.7）
汉江		11	281.21	鸭河口（1960, 13.16）；丹江口（1967, 208.9）；石泉（1973, 4.4）；黄龙潭（1976, 11.62）；石门（1978, 1.098）；安康（1989, 25.85）；喜河（2006, 1.67）；蜀河（2009, 1.76）；白河（夹河）（2009, 2.51）；雅口（2009, 6.99）；旬阳（2020, 3.25）
洞庭湖"四水"		24	291.63	柘溪（1962, 35.65）；风滩（1979, 17.33）；东江（1988, 91.5）；五强溪（1994, 35.1）；江垭（1998, 17.4）；凌津滩（1998, 6.34）；近尾洲（2002, 4.6）；洪江（2003, 3.2）；碗米坡（2003, 3.78）；三板溪（2006, 40.94）；皂市（2007, 14.4）；浯溪（2009, 2.76）；托口（2012, 12.49）；白市（2013, 6.14）
鄱阳湖	赣江	14	68.04	上犹江（1957, 8.22）；江口、紫云山、潘桥（1960, 6.13）；长岗（1970, 3.57）；社上（1973, 1.71）；团结（1976, 1.46）；油罗口（1981, 1.4）；老营盘（1983, 1.14）；万安（1990, 22.16）；大墩（1992, 1.15）；龙滩（1996, 1.38）；南车（1998, 1.53）；石虎塘（2012, 6.32）；峡江（2015, 11.87）
	其他四河	11	117.86	共产主义（1960, 1.44）；洪门（1961, 12.14）；柘林（1975, 97.2）；大坳（1997, 2.757）；廖坊（2007, 4.32）
	小计	25	185.9	
金沙江		8	246.52	阿海（2011, 8.82）；金安桥（2011, 9.13）；向家坝（2012, 51.63）；龙开口（2012, 5.07）；溪洛渡（2013, 126.7）；鲁地拉（2013, 17.18）；观音岩（2014, 20.72）；梨园（2014, 7.27）
长江干流		2	408.8	葛洲坝水库（1988, 15.8），三峡水库（2003, 393）
合计		105	2151.34	

图 7-11 和图 7-12 分别为长江流域典型支流和干流年输沙量与水库累积库容的变化过程[18,19]。

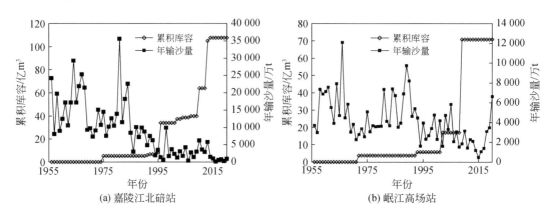

（a）嘉陵江北碚站　　　　　　　　（b）岷江高场站

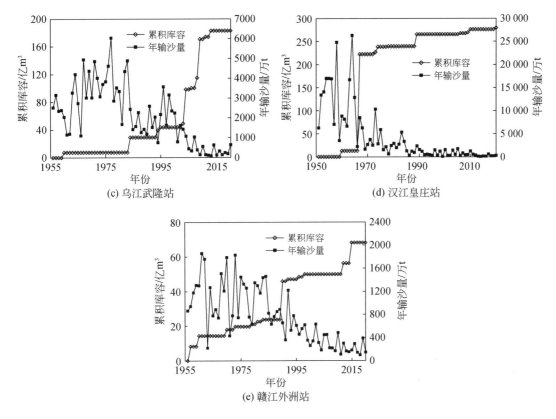

(c) 乌江武隆站　　　　　　　　　　(d) 汉江皇庄站

(e) 赣江外洲站

图 7-11　长江典型支流水文控制站年输沙量和水库累积库容的变化过程

（1）长江上游典型支流嘉陵江、岷江、乌江上 20 世纪 60～70 年代先后修建了一些大型水库，如 1960 年、1972 年和 1975 年分别在乌江支流、岷江支流和嘉陵江上修建了红枫水库、龚嘴水库和碧口水库，各支流水库累积库容不断增加，水库拦沙使得支流输沙量不断减少，20 世纪 90 年代以来，支流继续修建了较多的大型水库，如嘉陵江分别于 1996 年和 2013 年修建了宝珠寺水库和亭子口水库，岷江分别于 2002 年和 2009 年修建了紫坪铺水库和瀑布沟水库，乌江分别于 2004 年和 2009 年修建了洪家渡水库和构皮滩水库等，使

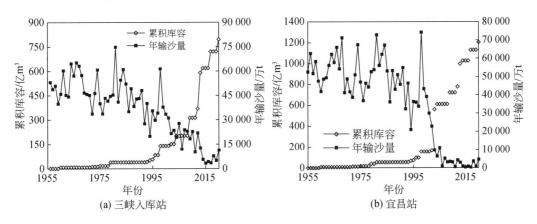

(a) 三峡入库站　　　　　　　　　　(b) 宜昌站

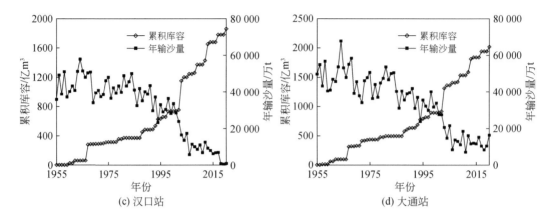

图 7-12　长江干流水文控制站年输沙量和水库累积库容的变化过程

得支流水库累积库容大幅度增加，拦沙效果凸显，河道输沙量大幅度减少，而且各支流输沙量持续减少的突变时点与控制水库修建年份基本上是一致的，如 1975 年、1995 年、2014 年皆为嘉陵江输沙量的突变年份，1972 年、1993 年和 2002 年为岷江年输沙量持续减少的突变时点，乌江对应的突变时点为 1980 年、1994 年、2004 年和 2008 年。

（2）汉江和赣江为长江中下游地区的典型支流，从 20 世纪 60 年代开始，汉江上先后修建了鸭河口、丹江口、石泉、安康、雅口等水库，水库累积库容从 1967 年的 222.06 亿 m³ 增至 1989 年的 265.082 亿 m³，2009 年增至 277.958 亿 m³，拦沙效果显著，皇庄站年输沙量从 1960 年前的 13 337 万 t 迅速减至 20 世纪 90 年代的 767 万 t，2010～2020 年仅为 365 万 t。赣江从 20 世纪 50 年代开始修建了上犹江、长岗等水库，赣江外洲站年输沙量在 1983 年后随水库拦沙累积效应显现逐渐减小，20 世纪 90 年代后赣江流域又陆续修建了万安、石虎塘、峡江等数座大型水库，特别是赣江中游万安水库 1990 年运用以来，水库拦沙效果显著，外洲站年输沙量从 1983 年前的 1146 万 t 减至 1983～1990 年和 1991～1998 年的 867 万 t 和 640 万 t，1999～2009 年为 320 万 t，2013 年后仅为 196 万 t。汉江年输沙量持续减少的突变时点为 1960 年、1967 年、1973 年和 1989 年，赣江则分别为 1983 年、1990 年、1998 年和 2012 年。

（3）朱沱站、北碚站和武隆站水沙量之和可作为长江三峡水库的入库水沙条件。三峡水库上游各主要支流从 1960 年开始兴建了大量的水库，2012 年和 2013 年金沙江向家坝水库和溪洛渡水库先后蓄水运用，2013 年嘉陵江亭子口水库也相继建成，上游累积水库库容从 1960 年的 7.58 亿 m³，增至 1979 年的 37.9 亿 m³，2009 年达到 311.8 亿 m³，2014 年增至 618.29 亿 m³，进入三峡水库的年平均输沙量从 20 世纪 60 年代的 55 040 万 t，减至 20 世纪 80 年代的 49 423 万 t，20 世纪 90 年代减为 37 773 万 t，2000～2013 年为 21 546 万 t，2013 年后仅为 5779 万 t，如图 7-12（a）所示，表明这些水库拦沙效果十分明显。

（4）流域水库拦沙对干流宜昌站、汉口站和大通站年输沙量变化产生重要影响，特别是 2003 年长江三峡水库蓄水运用以来，干流控制站年输沙量大幅度减少，如图 7-12（b）～（d）所示。对于宜昌站，从 1960 年开始，上游陆续修建了一些大型水库，特别是 2003 年三峡水库开始蓄水运用，20 世纪 80 年代中期相应的水库累积库容为 53.73 亿 m³，2003 年累积库容增至 559.54 亿 m^3，至 2014 年累积库容高达 1027.09 亿 m^3。1990 年前在支流上修建的水库距宜昌站较远，拦沙影响较弱，宜昌站年输沙量没有明显的变化趋势；随着上游水库累积拦沙效应的显现，20 世纪 90 年代中期以来，上游干支流又陆续修建了许多大型水库，特别是三峡水库 2003 年开始蓄水运用，水库拦沙效果显著，特别是三峡水库的拦沙效应突出，宜昌站年输沙量从 20 世纪 90 年代的 42 380 万 t 进一步减少为 21 世纪前十年的 13 175 万 t，2003 ~ 2020 年仅为 3494 万 t。

（5）汉口站和大通站年输沙量与累积库容的变化规律基本上是一致的，在 1970 年之前，虽然上游流域修建了一些水库工程，汉口站和大通站流域控制面积内累积库容分别为 290.91 亿 m^3 和 329.03 亿 m^3，但由于水库多建在支流上游，且库容较小，1970 年之前汉口站和大通站年输沙量减小幅度不大，在多年平均输沙量 43 906 万 t 和 50 387 万 t 上下波动；随着支流水库累积拦沙效应的不断增大，以及 1970 年以来陆续修建了许多大型水库，特别是三峡水库 2003 年建成蓄水，汉口站和大通站 1980 年上游水库累积库容分别为 355.7 亿 m^3 和 476.2 亿 m^3，2003 年累积库容分别为 1150.55 亿 m^3 和 1312.22 亿 m^3，2013 年末累积库容分别达到 1648.76 亿 m^3 和 1810.42 亿 m^3，长江中下游河道输沙量持续不断减少，汉口站和大通站多年平均输沙量分别从 20 世纪 80 年代的 41 830 万 t 和 43 475 万 t 减少至 21 世纪前十年的 16 950 万 t 和 19 228 万 t，2003 ~ 2020 年分别为 8540 万 t 和 13 398 万 t，变化不如宜昌站剧烈，主要是中下游支流汇入及河道沿程冲刷补给所致。

2. 黄河流域

根据黄河流域水利水电资源的开发状况，典型水库资料主要来源于有关文献和网站[23]。黄河流域主要水库分布如图 7-13 所示，主要水库建设指标如表 7-5 所示。黄河上游和中游主要水库均为 6 座，对应的总库容分别为 317.93 亿 m^3 和 221.08 亿 m^3，对黄河干流径流调蓄和拦沙发挥了重要作用。图 7-14 为黄河干流水文控制站年输沙量和水库累积库容的变化过程。

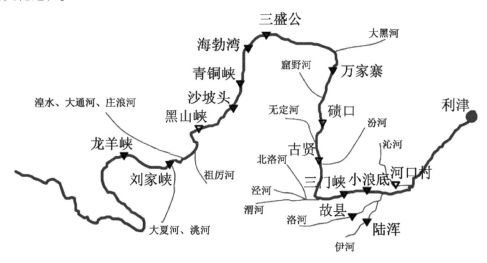

图 7-13　黄河干流梯级水库群示意图

表 7-5　黄河流域典型水库统计情况

区域	典型水库 统计数量/座	典型水库 总库容/亿 m³	典型水库（蓄水运用年份，库容/亿 m³）
上游	6	317.93	盐锅峡（1961，2.2）；三盛公（1961，0.8）；青铜峡（1967，6.06）；刘家峡（1968，57）；龙羊峡（1986，247）；海勃湾（2014，4.87）
中游	6	221.08	三门峡（1960，60）；陆浑（1965，13.2）；天桥（1977，0.67）；古县（1993，11.75）；万家寨（1998，8.96）；小浪底（1999，126.5）

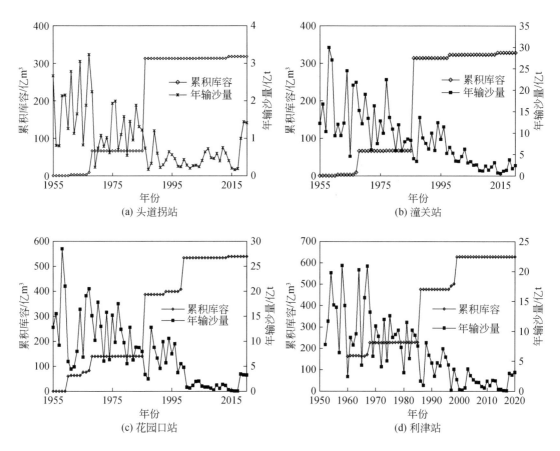

图 7-14　黄河干流水文控制站年输沙量和水库累积库容的变化过程

（1）黄河上游河段头道拐站以上分别于 1961 年 3 月、1961 年 5 月、1967 年、1968 年、1986 年修建了盐锅峡、三盛公、青铜峡、刘家峡、龙羊峡五座大型水库。头道拐站以上水库库容从 1961 年的 3.0 亿 m³ 增至 1968 年的 66.06 亿 m³，1986 年增至 313.06 亿 m³，2014 年为 317.93 亿 m³；头道拐站年输沙量 1968 年后较 1968 年前明显下降一个平台，这是由于刘家峡水库拦沙的影响，1986 年龙羊峡水库的蓄水运用对黄河输沙量减少也有很大的影响。在 1950～1986 年龙羊峡使用之前，年输沙量平均值为 14 561.39 万 t，1986 年之后，年输沙量平均值仅为 4967 万 t，约为之前的 1/3。

（2）黄河中游部分的大型水库有万家寨水库、天桥水库、三门峡水库和小浪底水库。其中，万家寨水库和天桥水库位于潼关站上游，三门峡水库和小浪底水库位于潼关站下游和花园村站上游。由于中游黄土高原是黄河泥沙的主要来源区，龙羊峡、刘家峡等水库主要拦截上游河道来沙量，占中游河道输沙量的比例较小，其拦沙作用对中游各站输沙量影响要小于对上游的影响，万家寨水库 1998 年修建后，对潼关站年输沙量减少影响明显；对于花园口站，除上游修建刘家峡、龙羊峡等特大型水库外，1960 年和 1999 年在中游还修建了三门峡水库和小浪底水库，花园口站以上库容从 1960 年的 60 亿 m³ 增至 1968 年的139.26 亿 m³，1986 年达到 386.93 亿 m³，1999 年为 534.14 亿 m³，直接造成花园口站年输沙量大幅度减少，花园口站年输沙量从 20 世纪 50 年代的 15.60 亿 t 减至 60 年代的11.13 亿 t，80 年代减为 7.75 亿 t，2000 年以后仅为 1.20 亿 t。显然，三门峡、万家寨、小浪底等水库的修建时间与花园口站年输沙量持续减少的突变时间点是基本一致的。

（3）黄河下游利津站输沙量随着流域累积库容的增加而逐渐减小。由于黄河下游一直没有水库修建，中上游水库修建仍是黄河下游河道输沙量变化的重要影响因素，三门峡水库、刘家峡水库、龙羊峡水库和小浪底水库在干流上先后于 1960 年、1968 年、1986 年和1999 年建成蓄水，累积库容变化过程与花园口站一致，也大幅度增加，对应的利津站年输沙量从 20 世纪 50 年代的 13.68 亿 t 减至 20 世纪 60 年代的 10.89 亿 m³，20 世纪 80 年代为6.39 亿 t，2000 年以后仅为 1.39 亿 t，特别是在 1961 年、1968 年、1986 年和 2000 年明显下降。其中，1961 年输沙量大幅度减小是因为三门峡水库的投入运行和 1968 年输沙量大幅度减小是因为刘家峡水库的投入运行；20 世纪 80 年代年输沙量再次减小有水土保持措施发挥效益和引水量增加的原因，1986 年龙羊峡水库投入运行，这也是年输沙量减少幅度增加的重要原因；2000 年后年输沙量的降低一方面归因于上游引水量增加造成的径流量降低，另一方面归因于 1999 年小浪底水库的建成蓄水。

3. 其他河流

除了长江、黄河外，就海河、珠江、松花江、辽河、东南河流等流域水库修建对输沙量的影响进行分析，根据有关文献和网站资料[24-28]，统计海河、珠江、松花江、辽河、钱塘江等河流上的水库基本参数，如表 7-6 所示。珠江流域统计主要水库为 34 座大型水库，总库容为 892.70 亿 m³，其中西江水库有 22 座，库容为 676.92 亿 m³；东江水库有 4 座，库容为 171.62 亿 m³；北江水库有 8 座，库容为 44.16 亿 m³。松花江流域有大型水库 23 座，总库容为 460.01 亿 m³，钱塘江流域有大型水库 12 座，总库容为 257.7 亿 m³。在此基础上绘制各河流主要水文控制站年输沙量和水库累积库容的过程线，如图 7-15～图 7-20 所示。

表 7-6　其他河流典型水库统计情况

流域	河流	典型水库统计数量/座	总库容/亿 m³	典型水库（蓄水运用年份，库容/亿 m³）
海河	桑干河	5	7.75	镇子梁（1958，0.494）；册田（1960，5.8）；壶流河（1973，0.87）；东榆林（1978，0.482）；文瀛湖水库（2010，0.1036）
	白河	2	1.93	云州（1970，1.02）；白河堡（1983，0.906）

流域	河流	典型水库统计数量/座	总库容/亿 m³	典型水库（蓄水运用年份，库容/亿 m³）
珠江	西江	22	676.92	麻石（1972，1.61）；西津（1979，14）；乐滩（1981，9.5）；大化（1983，9.64）；岩滩（1992，34.30）；白龙潭（1997，3.4）；天生桥一级（1998，102.57）；贵港（1999，3.72）；浮石（2000，4.5）；龙潭（2003，273）；平班（2004，2.78）；光照（2007，31.35）；百色（2006，48）；桥巩（2006，1.91）；红花（2006，5.7）；鱼梁（2006，6.11）；长洲（2007，56）；老口（2015，22.4）；瓦村（2018，5.36）；瓦口（2018，5.36）；大藤峡（2019，34.79）
	东江	4	171.62	新丰江（1959，138.96）；枫树坝（1973，19.3）；白盆珠（1985，12.2）；剑潭（2006，1.16）
	北江	8	44.16	南水（1969，12.43）；长湖（1972，1.55）；锦江（1972，1.90）；白石窑枢纽（1992，2.38）；孟洲坝（1996，2.04）；飞来峡（1999，19.5）；七星墩（2005，1.32）；乐昌峡（2009，3.04）
松花江	嫩江	3	110.7	月亮泡（1976，12.07）；察尔森水库（1989，12.53）；尼尔基水库（2005，86.1）
	西流松花江	7	222.25	丰满水库（1942，109.88）；白山（1982，65.1）；红石（1985，2.41）；松山（2002，1.33）；小山（1997，1.05）；双沟（2009，3.88）；哈达山（2011，38.6）
	其他河流	13	127.06	太平湖水库（1943，1.53）；音河水库（1957，2.56）；太平池/向阳山/桦树川/桃山水库（1958，7.54）；石头口门水库（1959，12.77）；新立城/龙凤山/东方红（1960，10.82）；亮甲山水库（1966，1.93）；向海水库（1970，2.35）；星星哨/红旗泡（1974，3.81）；泥河水库（1975，1.14）；镜泊湖水库（1977，18.24）；莲花水库（1992，41.8）；绰勒水库（2006，2.6）；大顶子山（2008，19.97）
辽河	干流及支流	10	42.96	孟家段水库（1958，1.08）；莫力庙水库（1959，1.92）；南城子水库（1959，2.352）；清河水库（1960，9.71）；红山水库（1962，16.19）；柴河水库（1963，6.36）；舍力虎水库（1965，1.2）；二龙山水库（1973，0.8）；他拉干水库（1993，1.5）；石佛寺（2006，1.85）
钱塘江	衢江	5	28.34	铜山源（1974，1.71）；湖南镇（1979，20.67）；碗窑（1996，2.23）；白水坑（2003，2.48）；沐尘（2009，1.25）
	其他河流	7	229.36	新安江（1960，216.3）；石壁（1962，1.103）；横锦（1964，2.74）；富春江（1968，4.4）；南江（1972，1.168）；陈蔡（1984，1.164）；白水坑（2003，2.48）
闽江	干流及支流	8	69.51	古田水库（1956，6.42）；安砂水库（1975，6.4）；池潭水库（1980，8.7）；东溪水库（1986，1.13）；沙溪口水库（1987，1.54）；水口水库（1993，26）；水东水库（1995，1.08）；街面水库（2008，18.24）

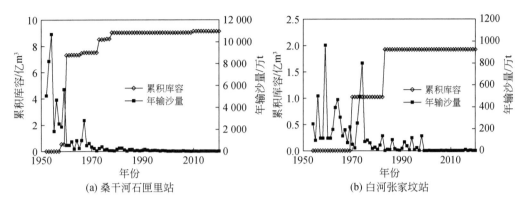

图 7-15　永定河主要水文控制站年输沙量与水库累积库容过程线

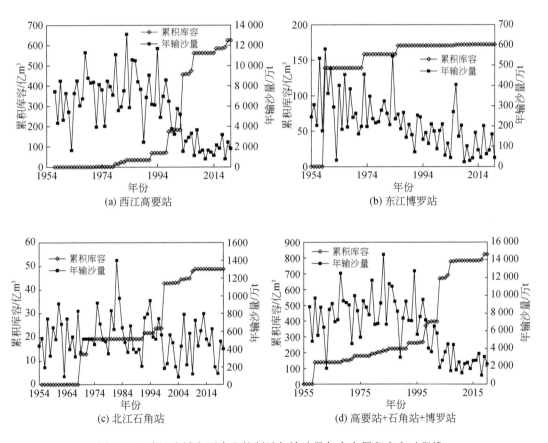

图 7-16　珠江流域主要水文控制站年输沙量与水库累积库容过程线

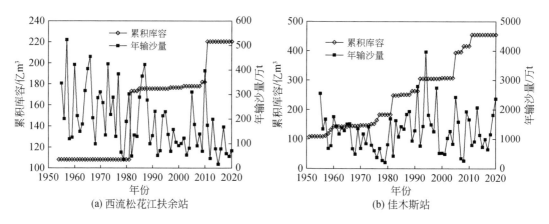

(a) 西流松花江扶余站   (b) 佳木斯站

图 7-17　松花江流域主要水文控制站年输沙量与水库累积库容过程线

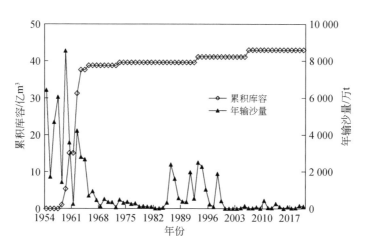

图 7-18　辽河流域铁岭站年输沙量与水库累积库容的关系

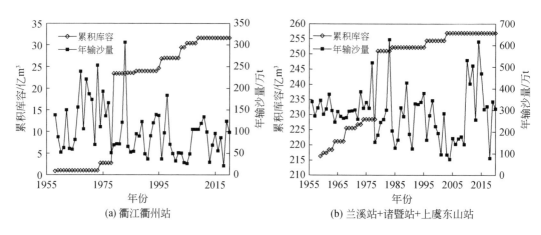

(a) 衢江衢州站   (b) 兰溪站+诸暨站+上虞东山站

图 7-19　钱塘江流域主要水文控制站年输沙量与水库累积库容过程线

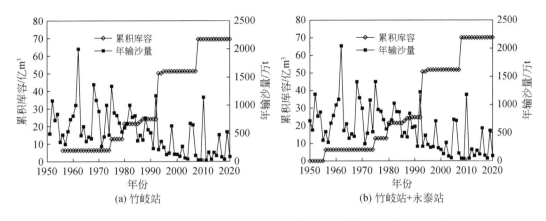

图 7-20　闽江流域主要水文控制站年输沙量与水库累积库容过程线

（1）无论是北方河流，还是南方河流，流域主要水文控制站年输沙量随时间的减少，水库累积库容随时间增加，也就是说流域修建水库后将会拦截大量泥沙，使进入下游的输沙量减少；而且河道输沙量持续减少的突变年份与流域蓄水运用大型水库的时间点是一致的，特别是干流上修建的水库枢纽工程。对于南方河流珠江，珠江流域代表水文站（高要站+石角站+博罗站）以上流域水库总库容从 20 世纪 60 年代的 138.96 亿 m³ 增至 1985 年的 224.47 亿 m³，2000 年为 396.47 亿 m³，2010 年增至 782.78 亿 m³，由于 20 世纪 60 ~ 70 年代修建的水库规模较小，多在河道上游，距代表水文站较远，再加上 70 ~ 80 年代水土流失加重，90 年代之前河道输沙量无减少态势，随着流域水库建设规模的增加和水库拦沙累积效应，河道输沙量从 90 年代后期开始减少，即流域代表水文站年输沙量从 60 年代的 7622 万 t 略增至 80 年代 8711 万 t，21 世纪前十年减至 3623 万 t，2010 ~ 2020 年仅为 2313 万 t。对于北方河流辽河，辽河干流铁岭站以上河流水库总库容从 1959 年的 5.352 亿 m³ 快速增至 1965 年的 38.812 亿 m³，2006 年增至 42.962 亿 m³，对应的铁岭站年输沙量从 20 世纪 50 年代的 4813 万 t 快速减至 60 年代的 1627 万 t，80 年代减至为 555.8 万 t，21 世纪前十年仅为 37.1 万 t。

（2）水库的拦沙作用与河道输沙量或含沙量的大小有一定的关系，对于输沙量或含沙量较大的河流，水库能够拦截较多的泥沙，河道输沙量减少幅度明显，如海河北部水系、辽河等，永定河支流桑干河在 1960 年蓄水运用大型水库册田水库，石匣里站年输沙量从 20 世纪 50 年代的 5119 万 t 快速减至 60 年代的 849.3 万 t；对于河道输沙量或含沙量较小的河流，虽然水库具有较大的拦沙库容，但由于河道来沙量较少，没有足够的泥沙量供水库拦截，所以其减沙效果不是很明显，如珠江、东南河流和松花江，松花江代表水文站佳木斯站上游水库总库容从 1953 年的 109.46 亿 m³ 增至 1982 年的 248.82 亿 m³，1992 年为 307.91 亿 m³，2011 年增至 455.18 亿 m³，但佳木斯站年输沙量变化态势并不明显，基本上在多年平均值上下波动。

7.2.3　流域侵蚀与水库拦沙的响应关系

河道输沙模数可反映流域侵蚀与河道输沙的特点，通过分析河道水文站输沙模数与流域水库调控系数的关系，探讨流域侵蚀与河道输沙量和水库拦沙的响应关系。

1. 南方河流

1) 长江流域

根据长江流域干支流水文控制站分布特点，选取岷江、嘉陵江、乌江、汉江、赣江等支流的水文控制站和干流三峡水库入口站、宜昌站、汉口站和大通站作为研究流域侵蚀与水库拦沙关系的对象，绘制长江流域水文控制站输沙模数与流域水库调控系数的关系，如图 7-21 所示[18,29]。

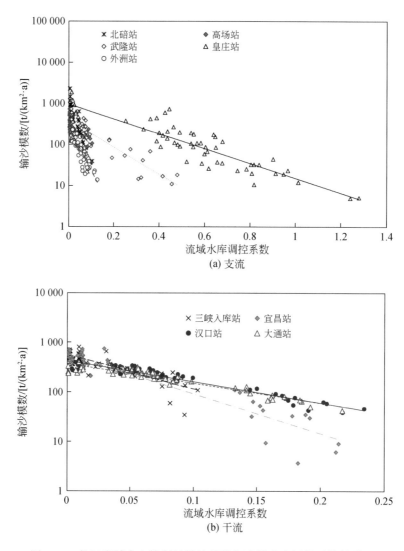

图 7-21　长江流域水文控制站输沙模数与流域水库调控系数的关系

（1）长江干支流水文控制站的输沙模数与流域水库调控系数的关系具有类似的衰减规律，输沙模数随着流域水库调控系数的增加而减小；流域水库调控系数较小时，对应的输沙模数减小幅度较大，流域水库调控系数较大时，对应的输沙模数减小幅度较小，表明流域水库不同时期的拦沙作用是不一样的，水库建设初期的拦沙效果好于水库建设后期的拦沙效果。

（2）干支流水文控制站输沙模数（M）与流域水库调控系数（α）具有明显的指数衰减关系，可表示为

$$M = M_0 \exp(m_2 \alpha) \tag{7-5}$$

式中，M_0 和 m_2 分别为初始输沙模数和衰减指数，反映输沙模数衰减的初始值和衰减程度。M_0 和 m_2 取决于干支流流域产沙和水库建设状况，不同的干支流水文控制站具有不同的初始输沙模数和衰减指数，如表 7-7 所示。

表 7-7 长江干支流输沙模数衰减规律的有关参数

参数	支流					干流			
	嘉陵江	岷江	乌江	汉江	赣江	三峡入库站	宜昌站	汉口站	大通站
	北碚站	高场站	武隆站	皇庄站	外洲站				
$M_0/[t/(km^2 \cdot a)]$	769.15	307.07	386.89	922.56	254.48	504.27	555.41	420.17	368.49
m_2	−29.64	−9.142	−6.974	−3.99	−22.65	−14.11	−16.82	−9.367	−8.843
R^2	0.6952	0.224	0.7571	0.7783	0.8509	0.6855	0.915	0.917	0.8756

（3）鉴于长江流域各支流间没有直接的关系，各支流的初始输沙模数和衰减指数没有明显的变化规律，干流各水文控制站初始输沙模数的衰减规律具有一定的差异，上游水文控制站初始输沙模数大于下游水文控制站初始输沙模数，上游水文站衰减指数绝对值大于下游水文控制站衰减指数绝对值，但各水文控制站输沙模数与流域水库调控系数间的变化关系比较接近，表明水库拦沙对输沙量的减少作用是非常直接和重要的。

2）其他南方河流

珠江流域、钱塘江流域和闽江流域河道输沙模数与流域水库调控系数的关系如图 7-22 ~ 图 7-24 所示[29]，河道初始输沙模数和衰减指数如表 7-8 ~ 表 7-10 所示。

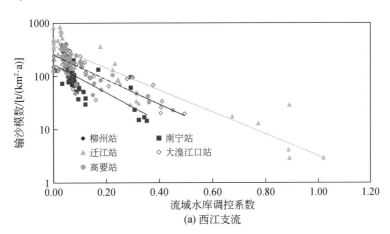

(a) 西江支流

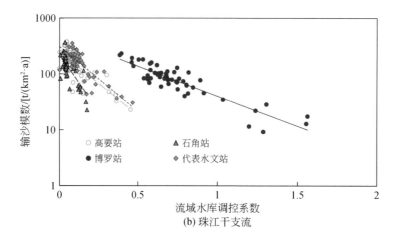

(b) 珠江干支流

图 7-22 珠江流域主要河流水文控制站输沙模数与流域水库调控系数的关系

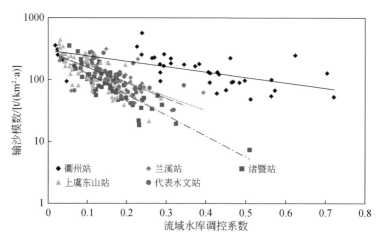

图 7-23 钱塘江流域主要河流水文控制站输沙模数与流域水库调控系数的关系

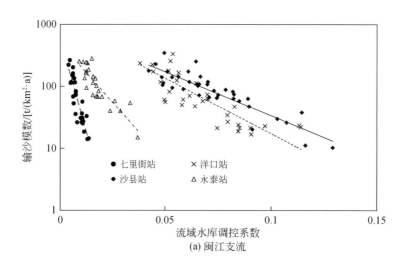

(a) 闽江支流

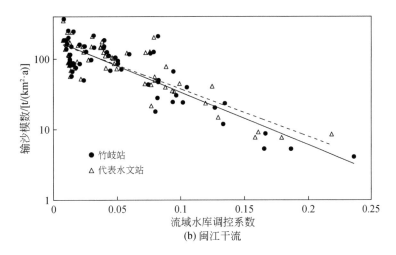

图 7-24　闽江流域主要河流输沙模数与流域水库调控系数的关系

表 7-8　珠江流域主要水文控制站输沙模数衰减规律的有关参数

参数	柳江	郁江	红水河	浔江	西江	北江	东江	珠江
	柳州站	南宁站	迁江站	大湟江口站	高要站	石角站	博罗站	代表水文站
$M_0/[\text{t}/(\text{km}^2 \cdot \text{a})]$	184.4	169.92	370.49	251.82	248.24	213.42	469.09	306.31
m_2	−30.8	−6.192	−4.75	−5.312	−5.233	−9.127	−2.462	−5.325
R^2	0.1599	0.5353	0.8469	0.676	0.6423	0.4856	0.8152	0.6615

表 7-9　钱塘江流域主要水文控制站输沙模数衰减规律的有关参数

参数	衢江	兰江	浦阳江	曹娥江	钱塘江
	衢州站	兰溪站	诸暨站	上虞东山站	代表水文站
$M_0/[\text{t}/(\text{km}^2 \cdot \text{a})]$	289.04	244.92	276.83	324.81	260.43
m_2	−1.898	−5.089	−7.744	−8.383	−5.517
R^2	0.3479	0.4115	0.7529	0.5461	0.4556

表 7-10　闽江流域主要水文控制站输沙模数衰减规律的有关参数

参数	建溪	富屯溪	沙溪	大樟溪	闽江	
	七里街站	洋口站	沙县站	永泰站	竹岐站	代表水文站
$M_0/[\text{t}/(\text{km}^2 \cdot \text{a})]$	560.27	1069.70	877.22	486.42	187.97	178.66
m_2	−275.5	−41.24	−32.57	−87.23	−17.16	−15.55
R^2	0.7826	0.6768	0.7952	0.7517	0.7456	0.7139

（1）珠江、钱塘江和闽江流域主要水文控制站输沙模数与流域水库调控系数之间的关系具有类似的衰减变化规律，输沙模数随着流域水库调控系数的增加而减小。

（2）珠江、钱塘江和闽江河道输沙模数与流域水库调控系数间的衰减规律仍然遵循指数函数关系,即遵循式(7-5),其中初始输沙模数和衰减指数由实测资料确定,如表7-8~表7-10所示。

(3)在同一流域,支流间的初始输沙模数和衰减指数没有明显的变化规律,干流各水文控制站输沙模数的衰减规律一般介于各支流之间。

2. 北方河流

1)黄河干流

根据黄河流域主要水库的修建情况和干支流水文站分布特点,分析了干流头道拐站、潼关站、花园口站、利津站等水文控制站流域侵蚀与水库拦沙的关系,图7-25为黄河干流水文控制站输沙模数与流域水库调控系数的关系。

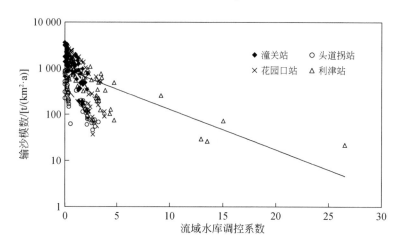

图7-25 黄河流域水文控制站输沙模数与流域水库调控系数的关系

(1)黄河干流水文控制站的输沙模数与流域水库调控系数的关系具有类似的衰减规律,输沙模数随着流域水库调控系数的增加而减小;流域水库调控系数较小时,对应的输沙模数减小幅度较大;流域水库调控系数较大时,对应的输沙模数减小幅度较小,表明流域水库不同时期的拦沙作用是不一样的,水库运用初期的拦沙效果好于水库运用后期。

(2)黄河干流水文控制站的输沙模数(M)与流域水库调控系数(α)具有明显的指数衰减关系,仍然可用式(7-5)表达,M_0和m_2取决于流域产沙和水库建设状况,各水文控制站初始输沙模数和衰减指数如表7-11所示。

表7-11 黄河流域水文控制站输沙模数衰减规律的有关参数

参数	黄河干流			
	头道拐站	潼关站	花园口站	利津站
$M_0/[t/(km^2 \cdot a)]$	401.03	2223.2	2147.4	960.97
m_2	−0.64	−0.756	−0.816	−0.202
R^2	0.7194	0.7015	0.6043	0.647

（3）由于黄河产流产沙的特殊性，其受人类活动的影响很大，干流各水文控制站输沙模数的衰减规律具有较大的差异，各水文控制站初始输沙模数和衰减指数具有较大的不同，且中游水文控制站的初始输沙模数大于上游和下游水文控制站的初始输沙模数，中游水文控制站的衰减指数的绝对值大于上游和下游水文控制站的衰减指数的绝对值，但干流水库拦沙对输沙量的减少作用是非常直接和重要的。

2）其他北方河流

图 7-26（a）和图 7-26（b）分别为海河流域和松花江流域水文控制站输沙模数与流域水库调控系数的关系，可以看出：

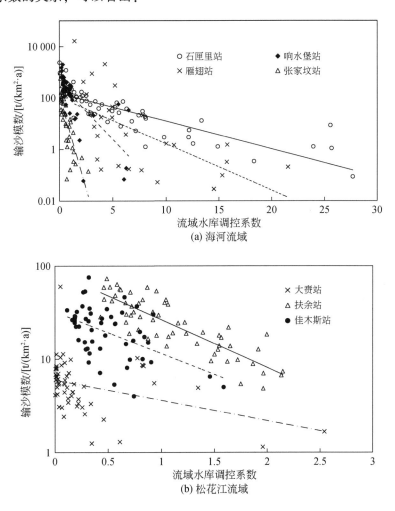

图 7-26　北方典型河流水文控制站输沙模数与流域水库调控系数的关系

（1）无论是海河流域，还是松花江流域，输沙模数随着流域水库调控系数的增加而具有减小的趋势。

（2）海河流域和松花江流域输沙模数与流域水库调控系数的关系仍然遵循指数关系，即可用式（7-5）表达，各水文控制站初始输沙模数和衰减指数如表 7-12 所示。

表 7-12　海河流域水文控制站输沙模数衰减规律的有关参数

参数	海河北部水系				松花江		
	桑干河	洋河	永定河	白河	嫩江	西流松花江	松花江
	石匣里站	响水堡站	雁翅站	张家坟站	大赉站	扶余站	佳木斯站
$M_0/[t/(km^2 \cdot a)]$	152.54	383.48	57.334	124.41	5.9747	86.102	32.214
m_2	-0.25	-1.007	-0.363	-3.323	-0.503	-1.181	-1.033
R^2	0.681	0.5028	0.3338	0.6074	0.1409	0.7197	0.2555

注：潮河下会站控制流域内无大型水库

（3）从输沙模数与流域水库调控系数之间的相关性来看，海河流域输沙模数与流域水库调控系数之间的相关系数除永定河为0.3338外，其他站皆大于0.5；而松花江流域除西流松花江相关系数为0.7197外，其他两站皆小于0.26。也就是说，海河流域输沙模数与流域水库调控系数之间的相关性略好于松花江流域。

7.2.4　河道输沙与水库拦沙的关系

来沙系数可反映河道的输沙能力与水沙搭配关系，流域水库调控系数反映流域水库建设与水沙调控的能力，通过分析河道水文站来沙系数与流域水库调控系数的关系，研究河道输沙能力和水沙搭配关系与水库拦沙的响应关系。实际上，河道来沙系数的变化不仅取决于河道输沙量的变化，其与径流量变化也有重要关系，鉴于水库调蓄水功能主要反映年内径流量的分布，基本上不能改变年径流量的大小，但水库拦沙则是长期的，因此水库蓄水拦沙对河道年均来沙系数的影响主要体现在河道年输沙量的变化，年径流量变化主要是受流域降水、水土保持、引水灌溉等因素的影响。一般说来，水库拦沙将会造成下游河道的来沙系数减小，若河道年来沙系数与水库调控系数呈正向关系或者没有关系，则表明水库拦沙降为来沙系数的次要影响因素，流域降水、水土保持、引水灌溉等因素上升为主要影响因素。

1. 南方河流

1）长江流域

为了深入分析河道输沙与水库蓄水运用之间的关系，绘制长江干支流来沙系数与流域水库调控系数的关系[18,29]，如图7-27所示。

（1）长江干支流水文控制站的来沙系数与流域水库调控系数具有类似的变化规律，来沙系数与水库调控系数成反比，水库调控系数越大，相应的来沙系数越小；支流水库运行早期，河道来沙系数衰减速度快，水库运行后期对河道来沙系数的衰减作用减弱；水库运行可以改变河道水沙搭配关系，使得下游河道的输沙潜力增加。

（2）长江干支流水文控制站来沙系数（λ）与流域水库调控系数（α）具有明显的指数关系，可表示为

$$\lambda = \lambda_0 \exp(m_1 \alpha) \tag{7-6}$$

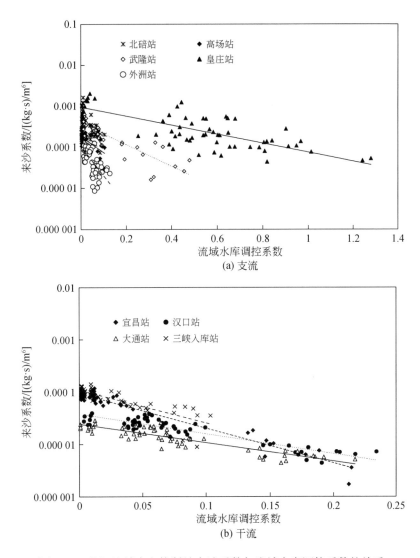

图 7-27　长江流域水文控制站来沙系数与流域水库调控系数的关系

式中，λ_0 和 m_1 分别为初始来沙系数和衰减指数，反映来沙系数衰减的初始值和衰减程度，二者取决于流域水土流失和水库建设状况，不同的水文站具有不同的参数值，如表 7-13 所示。

表 7-13　长江干支流来沙系数衰减规律的有关参数

参数	支流					干流			
	嘉陵江	岷江	乌江	汉江	赣江				
	北碚站	高场站	武隆站	黄庄站	外洲站	三峡入库站	宜昌站	汉口站	大通站
$\lambda_0/[(\text{kg}\cdot\text{s})/\text{m}^6]$	0.000 7	0.000 2	0.000 4	0.001	0.000 1	0.000 1	0.000 09	0.000 04	0.000 02
m_1	−18.58	−4.975	−5.076	−2.457	−14.63	−10.61	−15.31	−8.036	−7.572
R^2	0.572 5	0.154 8	0.714 9	0.506 9	0.439 3	0.724 6	0.948 7	0.801 1	0.736 5

（3）鉴于长江各支流流域产沙和水库建设基本上是相对独立的，支流间的初始来沙系数和衰减指数没有明显的变化规律，其大小主要取决于各支流的水土保持、水库建设等。受水文控制站上游水库库容和径流累积效应的综合影响，长江干流各水文控制站水沙搭配关系具有较大的差异，干流上游水文控制站初始来沙系数大于下游水文控制站初始来沙系数，上游水文控制站衰减指数绝对值大于下游水文控制站衰减指数绝对值；长江干流各水文控制站平均初始来沙系数一般小于支流初始来沙系数，平均衰减指数绝对值大于支流衰减指数绝对值。

2）其他南方河流

珠江、钱塘江和闽江河道来沙系数与流域水库调控系数的关系如图 7-28 ~ 图 7-30 所示[29]，初始来沙系数和衰减指数如表 7-14 ~ 表 7-16 所示。

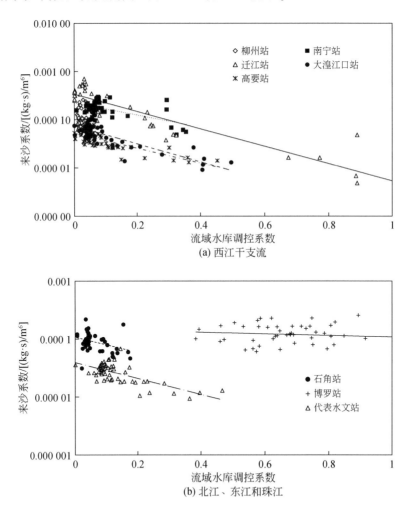

图 7-28　珠江流域水文控制站来沙系数与流域水库调控系数的关系

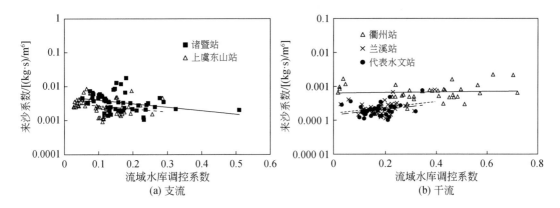

图 7-29　钱塘江流域水文控制站来沙系数与流域水库调控系数的关系

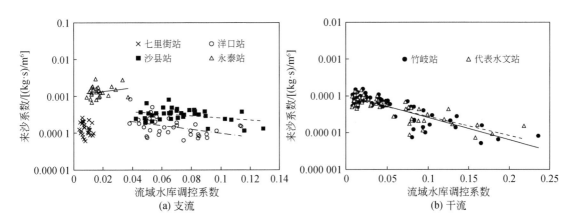

图 7-30　闽江流域水文控制站来沙系数与流域水库调控系数的关系

表 7-14　珠江流域水文控制站来沙系数衰减规律的有关参数

参数	柳江	郁江	红水河	浔江	西江	北江	东江	珠江
	柳州站	南宁站	迁江站	大湟江口站	高要站	石角站	博罗站	代表水文站
$\lambda_0/[(\mathrm{kg}\cdot\mathrm{s})/\mathrm{m}^6]$	9×10^{-5}	0.0002	0.0003	7×10^{-5}	5×10^{-5}	0.0001	0.0001	4×10^{-5}
m_1	−1.52	−2.89	−4.13	−4.31	−3.56	−3.01	−0.31	−3.17
R^2	0.001	0.396	0.833	0.662	0.585	0.122	0.039	0.454

表 7-15　钱塘江流域水文控制站来沙系数衰减规律的有关参数

参数	衢江	兰江	浦阳江	曹娥江	钱塘江
	衢州站	兰溪站	诸暨站	上虞东山站	代表水文站
$\lambda_0/[(\mathrm{kg}\cdot\mathrm{s})/\mathrm{m}^6]$	0.0006	0.0002	0.0005	0.0033	0.0001
m_1	0.1702	1.9603	−2.396	−2.053	1.878
R^2	0.0034	0.1065	0.0956	0.0507	0.0864

表 7-16　闽江流域水文控制站来沙系数衰减规律的有关参数

参数	建溪	富屯溪	沙溪	大樟溪	闽江干流	闽江
	七里街站	洋口站	沙县站	永泰站	竹岐站	代表水文站
$\lambda_0/[(\mathrm{kg}\cdot\mathrm{s})/\mathrm{m}^6]$	0.0002	0.0003	0.0005	0.0011	0.0001	9×10^{-5}
m_1	−30.25	−12.46	−6.515	10.953	−13.94	−12
R^2	0.0447	0.1804	0.1156	0.047	0.7029	0.6497

（1）在珠江、钱塘江和闽江流域，除了珠江支流东江、钱塘江干流和闽江支流各站来沙系数与流域水库调控系数间的变化规律不明显外，其他河流水文站的来沙系数与流域水库调控系数的关系具有类似的变化规律，来沙系数与水库调控系数成反比，水库调控系数越大，相应的来沙系数越小，河道输沙的潜力越大。

（2）珠江、钱塘江和闽江流域多数干支流水文控制站来沙系数与流域水库调控系数间的变化规律仍然遵循指数形式，可用式（7-6）表示，但初始来沙系数和衰减指数有较大的差异。

（3）在每一典型流域，流域干流和支流来沙系数与流域水库调控系数的关系具有一定的差异。鉴于各支流流域产沙和水库建设基本上是相对独立的，支流间的初始来沙系数和衰减指数没有明显的变化规律，其大小主要取决于各支流的水土保持、水库建设等。干流各站平均初始来沙系数一般小于支流初始来沙系数，平均衰减指数一般大于支流衰减指数。

（4）从河道来沙系数与流域水库调控系数的相关性来看，珠江流域的相关系数较大，而东南河流的相关系数较小，表明珠江流域河道来沙系数与流域水库调控系数的关系较明显，好于东南河流。钱塘江流域干流河道来沙系数与流域水库调控系数之间的变化关系不明显，但似乎具有正比例的变化趋势，即河道来沙系数随流域水库调控系数的增加而增大，但点群变化关系散乱，与水库拦沙的结果似乎相悖，表明水库拦沙的作用较弱。

2. 北方河流

1）黄河干流河道

为了有效地分析黄河干流河道输沙与水库建设的关系，选择头道拐站、潼关站、花园口站和利津站四个典型水文控制站进行研究。图 7-31 为黄河干流水文控制站来沙系数与流域水库调控系数的关系[29]。

（1）黄河干流水文控制站的来沙系数与流域水库调控系数之间的变化规律具有很大的差异，上游河道在 20 世纪 60 年代和 80 年代修建了青铜峡、刘家峡、龙羊峡等水库后，拦沙效果明显，输沙量减小程度大于径流量减小程度，使得头道拐站来沙系数随水库调控系数的增大而有减小的趋势；中游在 20 世纪 60 年代和 90 年代修建了三门峡、万家寨、小浪底等水库，由于中游区域水土流失严重，河道输沙量巨大，与水库短期拦沙效果相比，其长期拦沙效果大幅度降低，使得潼关站和花园口站来沙系数与流域水库调控系数没有明显的相关关系；下游河道引水分沙量较大，河道径流量和输沙量沿程减小，致使利津站来沙系数随水库调控系数的增加而增加，这与水库拦沙的效果相悖，水库拦沙的影响减

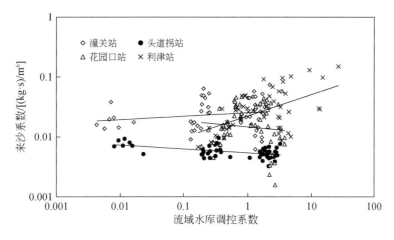

图 7-31　黄河干流水文控制站来沙系数与流域水库调控系数的关系

弱。总之，水库拦沙对黄河干流来沙系数虽然有一定的影响，但其重要性明显减小，流域降水、水土保持、引水灌溉等都将对河道来沙系数变化产生重要影响。

（2）黄河干流水文控制站来沙系数与流域水库调控系数没有显著的相关关系，对应的相关系数都比较小，远小于长江典型水文控制站来沙系数与流域水库调控系数的相关系数，头道拐站来沙系数与流域水库调控系数的相关系数为 0.27，具有一定的相关性；而潼关站和花园口站的相关系数仅为 0.048 和 0.0039，几乎没有相关性；利津站来沙系数与流域水库调控系数的相关系数为 0.35，具有一定的相关性，与水库拦沙效果相悖，利津站来沙系数增大的主要原因应该是来水径流量和引水灌溉的影响，如表 7-17 所示。

表 7-17　黄河流域典型水文控制站来沙系数衰减规律的有关参数

参数	头道拐站	潼关站	花园口站	利津站
$\lambda_0/[(\mathrm{kg}\cdot\mathrm{s})/\mathrm{m}^6]$	0.0054	0.0252	0.0147	0.0222
m_1	0.065	0.0575	0.101	0.3587
R^2	0.27	0.048	0.0039	0.35

2）其他典型北方河流

根据资料搜集情况，主要分析海河北部水系、松花江等北方河流来沙系数与水库蓄水运用的关系，图 7-32 为海河北部水系和松花江河道来沙系数与流域水库调控系数的关系。

（1）在海河和松花江流域，不同河道水文控制站来沙系数与流域水库调控系数的关系具有较大的差异，永定河雁翅站、白河张家坟站来沙系数随流域水库调控系数的增加而减小，但点群关系散乱；永定河支流洋河响水堡站和桑干河石匣里站、松花江支流西流松花江扶余站来沙系数与流域水库调控系数的关系比较散乱，几乎没有相关关系；而松花江佳木斯站、嫩江大赉站来沙系数随流域水库调控系数略有增加趋势，似乎与水库来沙作用不相符合，这主要是由于随着时间增加，累积库容增加，而径流量减小明显、输沙量变化不显著；总之，海河、松花江等北方典型河流来沙系数与水库调控系数的关系较弱，甚至关系不大。

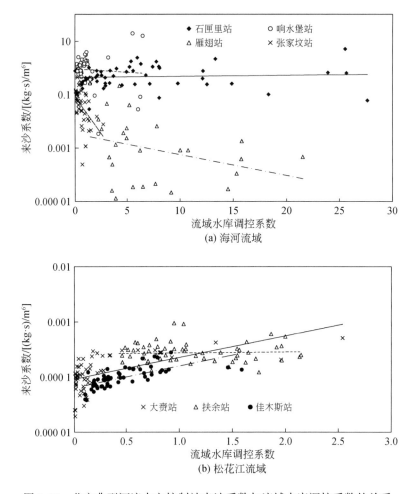

图 7-32　北方典型河流水文控制站来沙系数与流域水库调控系数的关系

（2）海河流域和松花江流域典型河流来沙系数与流域水库调控系数之间所遵循的变化规律有很大的差异，海河流域白河张家坟站来沙系数遵循幂函数，西流松花江挟余站来沙系数遵循直线关系，洋河响水堡站和桑干河石匣里站来沙系数与水库调控系数几乎没有关系。

（3）从河道来沙系数与流域水库调控系数的相关性来看，嫩江大赉站和松花江佳木斯站来沙系数与水库调控系数的相关系数虽然相对较大（分别为0.3337和0.4594），但其关系为正向关系，似乎与水库来沙作用不一致；其他河流的相关系数都比较小，表明河道来沙系数与流域水库调控系数的关系不明显，或者说水库修建对河道输沙的影响较小，如表7-18所示。

表 7-18　北方典型河流来沙系数衰减规律的有关参数

参数	海河北部水系				松花江		
	桑干河	洋河	永定河	白河	嫩江	西流松花江	松花江
	石匣里站	响水堡站	雁翅站	张家坟站	大赉站	扶余站	佳木斯站
$\lambda_0/[(kg \cdot s)/m^6]$	0.4399	0.9158	0.002	0.0805	9×10^{-5}	0.0003	7×10^{-5}
m_1	0.0091	−0.059	−0.135	−1.254	0.9046	0.0399	0.8417
R^2	0.0045	0.0046	0.0692	0.2157	0.3337	0.0021	0.4594

7.3　流域水土保持对典型河流水沙变化的影响

7.3.1　黄河流域

1. 水土保持面积与河道输沙的关系

据有关文献分析[1]，水土保持对流域河道水沙影响比较复杂，为了反映水土保持对河道水沙变化的综合影响，选用河道年输沙模数或来沙系数与流域水土保持（实有）面积的关系进行分析。搜集无定河、北洛河、渭河等重要支流的水土保持（实有）面积、径流量和输沙量资料[1,29-32]，点绘这些支流水沙参数与水土保持（实有）面积比例的关系，如图 7-33 和图 7-34 所示。水土保持（实有）面积比例（或指数）是指流域水土保持（实有）面积与流域面积的比值。

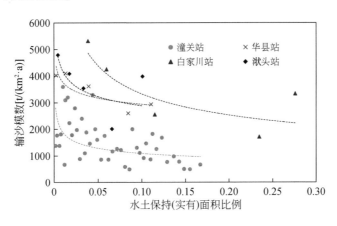

图 7-33　黄河流域典型支流输沙模数与水土保持（实有）面积比例的关系

（1）对于黄河支流无定河、北洛河和渭河，河道输沙模数随着流域水土保持（实有）面积比例的增加而快速减小，当水土保持（实有）面积比例增加到一定程度时，河道输沙模数减少幅度减小，甚至趋向于稳定，河道输沙模数随流域水土保持（实有）面积比例减

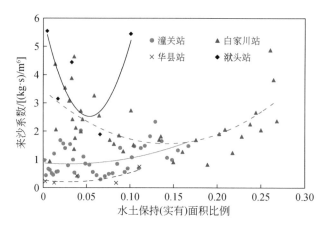

图 7-34　黄河流域典型支流来沙系数与水土保持（实有）面积比例的关系

小的过程遵循幂函数规律。

（2）在无定河、北洛河和渭河流域，随着流域水土保持（实有）面积比例的增加，河道输沙量和含沙量减少，导致河道来沙系数减小；但当流域水土保持（实有）面积比例增加到一定程度，如渭河和北洛河水土保持（实有）面积比例约为 0.05，无定河约为 0.17 时，河道输沙量难以继续减少，甚至稳定下来，而流域水土保持措施的保水效果显现或者流域用水量增加，使得河道流量减小，河道来沙系数增大。

2. 水土保持的减沙效果

黄河中游是黄河流域重要的产沙来沙区域，特别是黄土高原地区水土流失严重。针对黄土高原土壤性质和侵蚀特性，从 20 世纪 60 年代末开始，黄河流域就开始了水土流失的治理工作，特别是在黄河中游的黄土高原地区展开了大规模的水土保持措施，黄土高原水土保持措施的保水减沙效益显著，同时改善了区域生态环境。据有关成果统计[1,33,34]，黄土高原地区水土保持面积从 20 世纪 60 年代的 0.70 万 km²快速增加到 80 年代的 3.73 万 km²，21 世纪前十年增至 9.52 万 km²，2010～2015 年黄土高原地区水土保持面积增加到 12.46 万 km²，如表 6-8 所示。与此对应，黄河中游年均减水量和年均减沙量分别从 20 世纪 60 年代的 9.82 亿 m³和 1.51 亿 t 增至 80 年代的 29.35 亿 m³和 4.01 亿 t，21 世纪前十年分别为 27.36 亿 m³和 4.35 亿 t。

河龙区间是黄河流域水土流失最为严重的区域，其土质疏松、植被缺乏、暴雨集中，是黄河中游洪水的主要发生区，也是黄河粗泥沙的主要来源地。河龙区间在 20 世纪 50 年代就开始了水土保持工作，在 70 年代起进行了大规模的水土保持项目，包括兴修梯田、坝地、小片水田和造林、种草等工作，如表 7-19 所示。河龙区间各项治理措施面积逐年增加，1970 年以后造林面积和种草面积迅速增加，坝地面积和梯田面积增加相对缓慢。有关研究表明[35,36]，人为开展的大规模水土保持工程对河龙区间径流减少量的贡献率达到 70%，河龙区间控制区不同年代水土保持措施及人为因素减水减沙计算结果如图 7-35 所示。

表 7-19　1959～2010 年河龙区间水土保持措施总面积统计　（单位：万 hm²）

年份	梯田	造林	种草	坝地	合计
1959	3.313	15.127	3.574	0.278	22.292
1969	11.577	34.234	3.827	1.537	51.175
1979	23.052	88.181	10.449	3.947	125.629
1989	34.483	198.618	21.145	5.632	259.878
1996	48.589	253.734	24.082	6.817	333.222
2006	49.590	277.111	59.051	6.820	392.572
2011	43.205	252.829	40.112	7.119	343.265

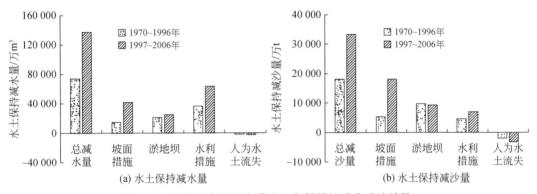

图 7-35　河龙区间不同年代水土保持措施减水减沙效果

7.3.2　长江上游典型支流水土保持措施的减沙作用

1. 研究方法与过程

1）水库群的拦沙率估算

为了确定流域水土保持措施的减沙作用，需要估算流域水库群的拦沙情况，流域水库分为串联水库（在一条河流上的多个水库）和并联水库（在不同河流上的多个水库）。结合流域内修建的串联水库和并联水库的拦沙特点，李海彬等[15]通过对 Brune 方法进行改进，提出了长江上游大型水库群拦沙率的计算公式[15]。

（1）单个水库及串联大型水库拦沙率 TE 的计算公式为

$$TE = 1 - \alpha \frac{0.05}{\sqrt{\Delta \tau_R}} \tag{7-7}$$

式中，α 为修正系数，通常取 1；$\Delta \tau_R$ 为水库滞水时间，可通过式（7-8）计算：

$$\Delta \tau_R = \sum_{i=1}^{n} V_i / W \tag{7-8}$$

式中，V_i 为第 i 级水库的库容；W 为最后一级水库坝址控制断面的多年平均径流量。

（2）并联大型水库拦沙率（图 7-36 中 TE$_4$）：

$$TE_4 = \frac{\sum\limits_{j=1}^{3} TE_j W_{sj}}{W_{s4}} \tag{7-9}$$

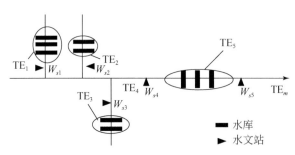

图 7-36 水库群拦沙率计算示意图

（3）整个流域的水库综合拦沙率（TE$_m$）：

$$TE_m = \frac{\sum\limits_{j=1}^{3} TE_j W_{sj}}{W_{s5}} + TE_5 \left(1 - \frac{\sum\limits_{j=1}^{3} TE_j W_{sj}}{W_{s5}} \right) \tag{7-10}$$

式中，TE$_j$ 为第 j 条支流上串联水库群的拦沙率；TE$_5$ 为干流串联水库群的拦沙率；W_{sj}、W_{s5} 分别为第 j 条支流水文控制站和流域出口水文控制站在典型骨干水库修建前的多年平均输沙量。

2）流域减沙分析过程

（1）确定河道天然输沙量和减沙量：根据长江上游典型支流人类活动的实际情况，初步选定河道未受人类活动影响的时间段，建立河道年输沙量与年径流量的关系，进而估算人类活动后河道天然输沙量。利用计算的河道天然输沙量减去河道实测输沙量，便得到流域总减沙量。

（2）计算河道水库拦沙率和拦沙量：根据河道水库建设和分布情况，采用上述水库拦沙率的计算公式，估算支流水库拦沙率；结合上述河道输沙量，计算河道水库拦沙量。

（3）减沙比例估算：利用流域减沙总量减去河道水库拦沙量，便得到流域水土保持、河道采砂等其他人类活动的减沙量；通过调查获得河道采砂量或不考虑河道采砂的情况下，进而求得河道水库拦沙和流域水土保持的减沙比例。

2. 嘉陵江流域减沙分析

1）基本情况

嘉陵江发源于陕西秦岭，流经陕西、甘肃、四川三省，于重庆汇入长江，干流全长为 1120km，流域面积约为 16 万 km^2，是长江第二大支流。流域包括嘉陵江干流、渠江、涪江三大水系，干流自北向南，渠江自东北向西南，涪江自西北向东南，三大水系在合川附近汇流，构成扇形向心水系。嘉陵江流域是长江各支流中水土流失比较严重的区域，据 20

世纪 80 年代中期全国第一次水土流失遥感调查结果，全流域水土流失面积为 8.28 万 km²，占流域总面积的 51.75%，土壤侵蚀总量为 3.66 亿 t/a，侵蚀模数为 4419t/(km²·a)[37,38]。1975 年以来，嘉陵江流域年输沙量明显减少，其变化对长江三峡库区水沙运动及泥沙冲淤变化等产生重要影响。

嘉陵江流域水沙变化是流域自然因素和人类活动因素综合作用的结果。丁文峰等[39]认为 1956~2000 年嘉陵江输沙量减少的主要因素是人为作用（主要是水利工程建设和大规模水土保持），其对输沙量减少的贡献率为 53.8%；许全喜等[38]认为人类活动对嘉陵江流域输沙量减少的贡献率为 67.2%；高鹏等[37]认为 1985~2008 年人类活动的减沙贡献率始终维持在 80% 以上。显然，人类活动在嘉陵江流域的减沙作用中占主要地位，本书主要采用李海彬等[15]改进的 Brune 水库拦沙率公式，以嘉陵江流域北碚站 1959~2013 年水沙资料和嘉陵江流域主要水库资料为基础，定量分析人类活动中水库拦沙和水土保持在嘉陵江流域中的减沙作用[29]。

依据资料[40-42]，选取嘉陵江流域的主要水库进行分析，包括嘉陵江干流马回、东西关、草街等水库，总库容 69.4 亿 m³；白龙江碧口水库和宝珠寺水库，总库容 30.71 亿 m³；涪江螺丝池水库和渭沱水库，总库容 0.87 亿 m³；鲁班水库和升钟水库总库容 16.3 亿 m³，各水库主要参数如表 7-20 所示。

表 7-20 嘉陵江主要水库（水电站）主要参数

水库（水电站）	位置	修建年份	总库容/亿 m³	坝址年径流量/亿 m³	坝址年输沙量/万 t
碧口	白龙江	1975	5.21	86.72	2460.00
螺丝池	涪江	1991	0.61	139.00	2755.79
渭沱	涪江	1992	0.26	169.00	
马回	干流	1992	0.91	265.85	5196.37
东西关	干流	1995	1.65	277.20	7790.00
宝珠寺	白龙江	1996	25.50	105.00	2160.00
红岩子	干流	2002	3.50		
草街	干流	2010	22.18	669.00	9850.62
亭子口	干流	2013	41.16		
鲁班	涪江支流	1988	2.90	4.3 万 t/a（拦沙量）	
升钟	西河	1988	13.40	287 万 t/a（拦沙量）	

注：鲁班水库和升钟水库年均拦沙量采用设计值代替

2）嘉陵江流域减沙定量分析

第一，天然输沙量和减沙总量确定。

根据嘉陵江北碚站年输沙量的变化过程和水库修建时间，1956~1974 年嘉陵江北碚站水沙条件可认为未受人类活动的影响，北碚站年径流量与年输沙量关系如图 7-37 所示，北碚站年输沙量与年径流量的关系仍遵循幂函数关系，即

$$W_s = kW^\alpha \tag{7-11}$$

式中，$K=0.6926$；$\alpha=1.5238$。利用式（7-11）估算 1975~2013 年嘉陵江北碚站天然年

输沙量，减去北碚站实测年输沙量得到嘉陵江流域减沙总量。

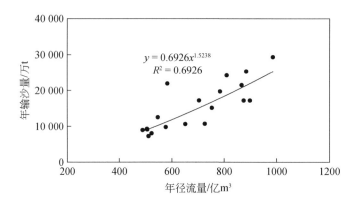

图 7-37　北碚站 1956 ~ 1974 年径流量与年输沙量关系

第二，水库拦沙率与控沙量计算。

对于单个水库而言，运用 Brune 水库拦沙率公式对嘉陵江流域部分大型水库拦沙率进行计算。主要考虑因素如下。

①水库总库容会随着泥沙的淤积而变小，其拦沙率也会逐渐减小，甚至出现水库淤积平衡状态。以嘉陵江干流碧口水库为例，如图 7-38 所示，1956 年碧口水库库容 5.21 亿 m^3，拦沙率为 79.6%；随着水库多年不断淤积，2013 年碧口水库库容仅为 0.426 亿 m^3，拦沙率为 49.4%。

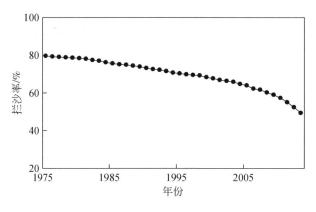

图 7-38　碧口水库逐年拦沙率

②水库坝址年输沙量是在多年坝址输沙量的基础之上，考虑水库修建年份和水库上下游关系。以嘉陵江宝珠寺水库为例，1996 年宝珠寺水库坝址输沙量为宝珠寺水库多年坝址输沙量 2160 万 t 减去上游碧口水库 1987 ~ 1996 年年均输沙量 1848 万 t，即 1996 年宝珠寺水库坝址年输沙量 312 万 t。

③考虑到水沙运动的复杂性、影响因素众多，为了减小计算过程中的误差，对拦沙率采用 5 年滑动平均处理的方法。

随着嘉陵江流域内新水库的不断修建，流域水库累积库容和水库调控系数逐渐增大，水库拦沙量也逐年增加，尤其是 1996 年总库容 25.5 亿 m³ 的宝珠寺水库的建成，嘉陵江支流白龙江流域产沙量基本被拦截；总库容为 24.08 亿 m³ 的草街水库在 2010 年修建，致使嘉陵江流域水库拦沙量骤增 4309 万 t。根据上述方法计算的水库拦沙率，求得各水库的拦沙量，进而求得流域水库拦沙总量，如图 7-39 所示。随着嘉陵江流域水库调控系数的增加，水库拦沙量不断增加，北碚站年输沙量呈递减趋势。特别是 20 世纪 90 年代之后，随着螺丝池、马回、东西关、宝珠寺、红岩子、草街等一系列大中型水库或电站的修建，嘉陵江流域输沙量明显减少，1991～2013 北碚站年均输沙量实测值为 3459 万 t，仅为 1956～1990 年年均输沙量实测值 14 267 万 t 的 24.24%。

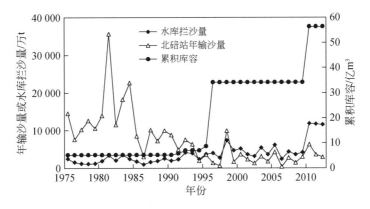

图 7-39 1975～2013 嘉陵江流域累积库容、水库拦沙量和北碚站年输沙量变化过程

第三，减沙比例分析。

河道采砂对河道输沙量有一定的影响，但统计难度较大。若不考虑嘉陵江采砂的作用，减沙总量减去水库拦沙量，即得流域水土保持拦沙量，进而计算水库拦沙量和水土保持拦沙量占减沙总量的比例，如图 7-40 所示。1988 年之前，水库拦沙在嘉陵江流域减沙量中所占比例逐渐上升，1989 年之后由于嘉陵江中下游和陇南陕南地区被列为长江上游水土保持重点防治区之一，水土保持拦沙比例开始上升，流域内 76 个县（市、区）中先后有 50 个县（市、区）开展了水土保持重点治理，1999～2000 年全国第二次水土流失遥感

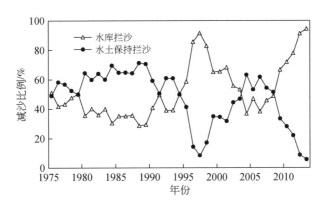

图 7-40 1975～2013 年嘉陵江流域减沙比例过程

调查资料显示，与 1988 年全国第一次水土流失遥感调查资料相比，流域内侵蚀量减少 6300 万 t，水土流失面积减小 4.09%。

1975~2013 年嘉陵江流域减沙总量 281 171.5 万 t，其中水库拦沙量 153 361.9 万 t，占减沙总量的 55%，水土保持拦沙量 127 809.6 万 t，占减沙总量的 45%，说明水库拦沙在流域减沙中发挥重要的作用。

3. 乌江和岷江减沙分析

1) 乌江和岷江基本情况

据有关资料统计[43]，1988 年 8 月审查通过的《乌江干流规划报告》拟定了北源洪家渡水电站，南源普定水电站、引子渡水电站，两源汇口以下东风水电站、索风营水电站、乌江渡水电站、构皮滩水电站、思林水电站、沙沱水电站、彭水水电站、银盘水电站、白马水电站 12 级开发方案，总库容 198.74 亿 m³，主要水库（水电站）的基本情况如表 7-21 所示。文献 [44] 就 1980~2004 年乌江减沙量及影响因素进行了分析，结果表明水利工程拦沙是武隆站年输沙量减少的主要因素，乌江上游东风、普定和乌江渡等水电站年平均拦沙量为 1500 万 t 左右，导致武隆站年输沙量减小约 1030 万 t；另外，径流量（降水量）变化对武隆站年输沙量影响不大；1990~2004 年水土保持综合治理措施年平均减沙量约为 250 万 t，对武隆站输沙量减少无明显影响。

岷江流域修建的大型水利枢纽包括大渡河上的龚嘴、铜街子和瀑布沟 3 个水电站，以及岷江上游的紫坪铺水电站，其主要参数如表 7-21 所示。

表 7-21 乌江和岷江主要水库（水电站）主要参数

流域	水库（水电站）	位置	修建年份	总库容/亿 m³	坝址年径流量/亿 m³	坝址年输沙量/万 t
乌江	红枫	猫跳河	1960	7.58	16.58	100.1
	乌江渡	干流	1984	21.40	158.3	1049.5
	东风	干流	1994	10.25	108.8	39.4
	普定	干流（三岔河）	1995	4.20	38.79	15.3
	引子渡	干流	2003	5.31	45.15	170.6
	洪家渡	干流（六冲河）	2004	49.47	48.88	180.6
	索风营	干流	2006	2.01	38.79	96.6
	彭水	干流	2008	14.65	410.0	593.6
	思林	干流	2008	15.93	267.7	387.6
	构皮滩	干流	2009	55.64	226.0	290.3
	银盘	干流	2011	3.20	435.2	321.2
	沙沱	干流	2013	9.10	299.9	
岷江	龚嘴	大渡河	1972	3.39	472.5	
	铜街子	大渡河	1993	2.0	469.9	
	紫坪铺	干流	2002	11.2	147.9	
	瀑布沟	大渡河	2008	53.9	450	

2）减沙分析

根据乌江武隆站、岷江高场站年输沙量的变化过程和水利枢纽修建时间,拟定 1956～1983 年和 1956～1971 年分别为乌江和岷江流域基本未受人类活动的时段,对应的武隆站和高场站的水沙关系如图 7-41 所示。两站年输沙量与年径流量的关系仍遵循幂函数关系式,公式中的系数和指数见表 7-22。利用图 7-41 和式（7-10）所示的水沙关系式,分别求得 1984～2013 年武隆站和 1972～2013 年高场站逐年的天然输沙量与武隆站和高场站的实测年输沙量的差值,便得到乌江和岷江流域减沙总量。

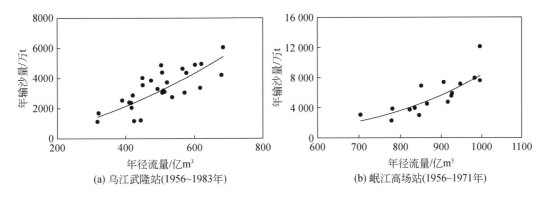

(a) 乌江武隆站(1956～1983年)   (b) 岷江高场站(1956～1971年)

图 7-41　自然情况乌江和岷江年径流量与年输沙量关系图

表 7-22　乌江和岷江水沙关系式中的系数 （K） 和指数

河流	水文控制站	K	指数
乌江	武隆站	0.0605	1.747
岷江	高场站	4.38×10^{-8}	3.76

随着乌江和岷江流域大型水库的不断修建,流域水库调控系数明显增大,水库拦沙量也逐年增加,武隆站年输沙量呈递减趋势。根据 Brune 模型中的拦沙率公式,按照嘉陵江水库拦沙量的计算方法求得乌江和岷江的水库拦沙量,如图 7-42 所示。

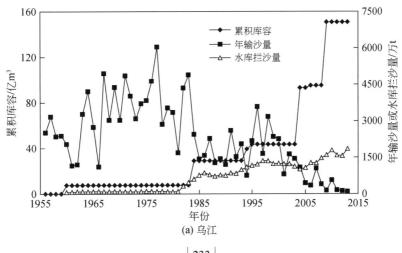

(a) 乌江

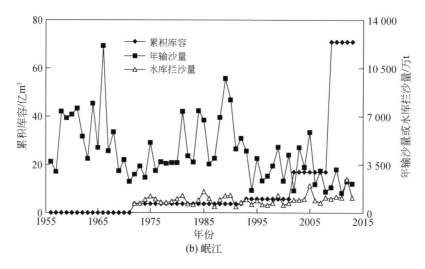

(b) 岷江

图 7-42 乌江和岷江年输沙量、累积库容和水库拦沙量的变化过程

根据上述求得的减沙总量和水库拦沙量，绘制水库拦沙和水土保持减沙比例过程线，如图 7-43 所示。

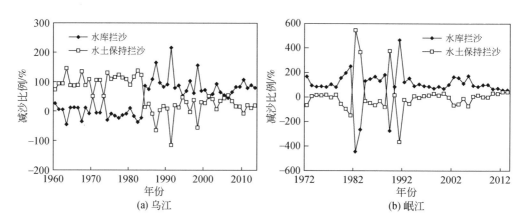

图 7-43 乌江和岷江流域水库拦沙和水土保持拦沙比例

（1）1960～2013 年乌江流域减沙总量 41 604.8 万 t，其中水库拦沙量 37 293.6 万 t，占减沙总量的 89.6%；水土保持拦沙量 4311.2 万 t，占减沙总量的 10.4%。对于乌江而言，水库拦沙在乌江减沙中发挥了重要的作用。

（2）1972～2013 年岷江流域减沙总量 35 405.6 万 t，其中水库拦沙量 40 286.56 万 t，大于减沙总量；水土保持拦沙量 -4880.96 万 t，为负值，表明水土保持不但没有减沙效果，而且水土流失还有加重的趋势。

4. 长江上游支流减沙平均情况

在长江上游流域，岷江、嘉陵江和乌江是最重要的三条支流。由于支流流域内开展了大量的人类活动，包括水库修建、水土保持、河道采砂等，支流输沙量减少。根据上述分析计算，各支流总减沙情况如表 7-23 所示。

表 7-23　长江上游各支流总减沙情况

支流	减沙总量/万 t	水库拦沙		水土保持拦沙	
		减沙量/万 t	所占比例/%	减沙量/万 t	所占比例/%
岷江	864	983		−119	
嘉陵江	7399	4036	54.55	3363	45.45
乌江	785	703.7	89.64	81.3	10.36
合计	9048	5722.7	63.25	3325.3	36.75

从表 7-23 可以看出：

（1）由于各支流流域的气候条件、地形植被和人类活动都有很大的差异，其产流产沙都有很大的不同，而且水库拦沙量和水土保持拦沙量及其减沙比例也有很大的差异，嘉陵江水库拦沙和水土保持拦沙作用相当；乌江和岷江流域水库拦沙量占总减沙量的绝大部分，而且岷江流域局部地区和部分时段还发生严重的水土流失。

（2）在长江上游，三条支流年平均总减沙量为 9048 万 t，其中水库拦沙量约为 5722.7 万 t，占总减沙量的 63.25%；水土保持拦沙约 3325.3 万 t，占总减沙量的 36.75%。

7.4　典型河流主要影响因素的减沙作用

7.4.1　黄河流域

1. 河流减沙多因素影响回归分析

为了进一步分析流域降雨和水土保持对河道水沙态势的影响，利用无定河和北洛河的水沙资料、流域降水量和水土保持资料进行回归分析[1]，结果如表 7-24 所示，P_1 和 A_2 分别代表降水量和水土保持（实有）面积，λ 代表来沙系数。

表 7-24　典型支流来沙系数与流域降水量和水土保持因子的回归分析

支流	拟合模型	拟合方程	相关系数 R^2
无定河（白家川站）	线性关系	$\lambda = -9.229 + 11.278 P_1 + 2.598 A_2$	0.433
	指数关系	$\lambda = 16.525 - 31.203 e^{-P_1} - 2.997 e^{-A_2}$	0.438
北洛河（洑头站）	线性关系	$\lambda = 35.170 - 28.921 P_1 - 45.890 A_2$	0.756
	指数关系	$\lambda = -77.887 + 83.298 e^{-P_1} + 53.723 e^{-A_2}$	0.826

（1）支流无定河、北洛河的来沙系数与降水量、水土保持（实有）面积有重要关系，随着流域降水量和水土保持（实有）面积的增加而增大。

（2）典型支流河道来沙系数与流域降水量和水土保持（实有）面积呈线性关系，或者与降水量和水土保持（实有）面积指数呈线性关系，两种相关关系相当。

另外，对于渭河和黄河干流，流域还兴建了许多水利枢纽工程，其对河道水沙态势变化也具有重要影响。利用渭河和黄河干流潼关站的水沙资料、流域降水量、水土保持和水库库容等方面的资料，进行河道来沙系数的多元回归分析，分析结果如表 7-25 所示，V_3 代表水库库容。

表 7-25   典型支流来沙系数与流域降水量、水土保持因子和水库拦沙的回归分析

支流	拟合模型	拟合方程
渭河（华县站）	线性关系	$\lambda = 3.819 - 3.508P_1 - 3.405A_2 + 1.728V_3$
	指数关系	$\lambda = -4.621 + 9.105e^{-P_1} + 3.672e^{-A_2} - 2.122e^{-V_3}$
黄河（潼关站）	对数关系	$\lambda = -3.559 + 0.407\ln P_1 + 0.050\ln A_2 - 0.024\ln V_3$

2. 流域降水和人类活动的减沙比例

流域降水和人类活动对水沙变异的影响，特别是降水和人类活动对减水减沙的作用，一直备受关注，很多学者也对此开展了大量的研究，研究方法主要包括双累积曲线法、水文法、弹性系数法、水保法等，据有关研究成果对比分析[45]，双累积曲线法、水文法、弹性系数法三种研究方法的成果差别不是很大，但与水保法成果有一定的差别。由于黄河流域产流产沙问题的复杂性，黄河减水减沙成因，特别是各影响因素的贡献，一直存在着较大的差异。目前，针对降水和人类活动对黄河上中游及其主要支流减水减沙的影响进行了研究和总结[1,6,9,46,47]，并取得了很多成果，如表 7-26 所示。

（1）在黄河上中游[48-52]，人类活动是流域减水减沙的主导因素，流域降水和人类活动对 20 世纪 70~80 年代减沙的平均贡献率（即占减沙比例）分别为 43.7% 和 56.3%，对 80 年代至 21 世纪前十年中期减沙的贡献率分别 19.0%~27.4% 和 72.6%~81.0%；兰州站、头道拐站、龙门站和潼关站各水文控制站气候变化对 20 世纪 80 年代中期（龙门站为 2000 年起）至 2016 年径流减少的贡献率分别是 66.57%、4.30%、10.55% 和 27.55%，人类活动对兰州站、头道拐站、龙门站和潼关站径流减少的贡献率分别是 33.43%、95.7%、89.45% 和 72.45%；气候变化对黄河 4 个水文控制站 2000~2016 年减沙的贡献率分别为 12.5%、3.64%、6.99% 和 3.22%，人类活动对黄河 4 个水文控制站的贡献率分别为 87.5%、96.36%、93.01% 和 96.78%。

（2）河龙区间是中游来沙的主要区域[1,48-66]，流域降水和人类活动对 20 世纪 70~90 年代减水减沙的影响都是比较大的，对减水的贡献率分别为 19.6%~68.2% 和 31.8%~80.4%，对减沙的贡献率分别为 25.6%~71.9% 和 28.1%~74.4%。据水利部第二期黄河水沙变化研究基金项目研究成果[1,47]，河龙区间 21 条主要支流在 1970~1996 年的时间内，人类活动与流域降水对减沙的平均贡献率分别为 65.0% 与 35.0%，人类活动对减沙的影响占主导地位。20 世纪 80 年代，由于黄河中游地区降水量有较大幅度的减少，降水对流域减沙的影响明显较高[54-57]，80 年代年均输沙量较 1969 年前减少 6.28 亿 t，其中 2.99 亿 t 属于气候原因，占总减沙量的 47.67%；3.29 亿 t 属于人类活动的影响，占 52.33%。

（3）1971~2016 年，人类活动仍是黄河中游主要支流流域减水减沙的主导因素[67-74]，

流域降水和人类活动占减水的比例范围分别为 1.8%~71.0% 和 29.0%~98.2%，占减沙的比例范围分别为 -17.6%~63.0% 和 37.0%~117.6%。对于不同的支流流域，河流减水减沙影响因素的作用是不一样，在渭河流域，降水占减水和减沙的比例较高，分别为 25.3%~32.9% 和 28.3%~35.6%，而在无定河流域，降水占减水和减沙的比例较低，分别为 10.94% 和 19.32%。与此对应，在渭河流域，人类活动占减水和减沙的比例较低，分别为 74.7% 和 67.1%；在无定河流域，人类活动占减水和减沙的比例较高，分别为 89.06% 和 80.68%。

（4）由于流域降水和人类活动的不断变化，不同时期流域减水减沙影响因素的贡献率也在不断变化，如河龙区间 1970~1979 年、1980~1989 年和 1990~1996 年人类活动对减水的贡献率分别为 48.1%~80.4%、31.8%~78.7% 和 37.6%~59.6%，对减沙的贡献率分别为 42.0%~66.9%、28.1%~57.8% 和 42.8%~74.4%；渭河流域 1971~1994 和 1995~2016 年人类活动对减水的贡献率分别 74.7% 和 67.1%，对减沙的贡献率分别为 71.7% 和 64.4%；在延河流域，1974~1996 和 1997~2008 年人类活动对减水的贡献率分别为 70.6% 和 62.8%，对减沙的贡献率分别为 117.6% 和 85.4%。

表 7-26　黄河支流降雨和人类活动的减水减沙比例

河流		时段		减水			减沙			成果来源或备注
		基准期	措施期	总量/亿 m³	比例（贡献率）/%		总量/亿 t	比例（贡献率）/%		
					降水	人类活动		降水	人类活动	
陕县以上流域		1919~1978 年	1979~2008 年					19.0	81.0	[48]
黄河上中游		1955~1969 年	1970~1989 年				6.626	43.7	56.3	[49]
黄河上中游		1956~1979 年	1980~2005 年				27.4	72.6		[50]
黄河上中游	兰州站	1950~1986 年（1999 年）	1986（2000）~2016 年	60.1	66.57	33.43	0.48	12.5	87.5	[51]. （）内为减沙起止时间，表明减水和减沙时段不一致
	头道拐站	1950~1986 年（1985 年）	1987（1986）~2016 年	90.17	4.30	95.7	1.02	3.64	96.36	
	龙门站	1950~1999 年	2000~2016 年	114.5	10.55	89.45	6.01	6.99	93.01	
	潼关站	1950~1981 年	1982~2016 年（1999 年）	-168	27.55	72.45	6.80	18.38	81.62	
			1999~2016 年				12.10	3.22	96.78	
河龙区间		1970 年前	2000~2012 年		2.0	98.0		20.0	80.0	[52]
河龙区间		1957~1997 年	1980~2012 年	32.23	20.8	79.2	6.12	11.9	88.1	[53]
		1952~1979 年	1980~2017 年				减沙量 8.27 亿 t；植被变化 54%，梯田 17%，淤地坝 17%，水库拦沙和引水 12%			[8]
		1955~1969 年	1970~1979 年				2.86	41.3	58.7	[54,55]
			1980~1989 年				6.11	50.2	49.8	

河流	时段		减水			减沙			成果来源或备注
	基准期	措施期	总量/亿 m³	比例（贡献率）/%		总量/亿 t	比例（贡献率）/%		
				降水	人类活动		降水	人类活动	
河龙区间	1954～1969 年	1970～1979 年	21.36	19.6	80.4	2.86	58.0	42.0	[56]
		1980～1989 年	37.56	21.3	78.7	6.68	50.3	49.7	
	1954～1969 年	1970～1979 年	7.858	37.9	62.1	2.851	33.1	66.9	[57]
		1980～1989 年	13.682	50.4	49.6	6.045	42.2	57.8	
		1990～1996 年	10.768	44.4	55.6	4.524	35.6	64.4	
河龙区间	1950～60 年代	1990～1999 年	10.762	40.4	59.6	4.741	25.6	74.4	[58]
河龙区间	20 世纪 60 年代前	1997～2006 年	43.6	31.4	68.6	7.77	55.0	45.0	[59]
河龙区间	20 世纪 60 年代	1970～1979 年		51.9	48.1		36.1	63.9	[1]
		1980～1989 年		68.2	31.8		71.9	28.1	
		1990～1996 年		62.4	37.6		57.1	42.9	
河龙区间+北洛河	1950～1969 年	1970～1979 年				2.13	63.4	36.6	[60]
		1980～1989 年				5.1	41.6	58.4	
		1990～1997 年				3.76	57.2	42.8	
		1998～2006 年				6.55	35.0	65.0	
黄河中游多沙粗沙区	20 世纪 60 年代前	1970～1979 年	6.08	34.3	65.7	3.1	−14.8	114.8	[61]
		1980～1989 年	21.15	60.2	39.8	7.418	46.8	53.2	
		1970～1989 年	26.3	51.4	48.6	5.257	28.5	71.5	
黄河中游	20 世纪 60 年代前	1997～2006 年	112.12	23.5	76.5		50.3	49.7	[62]
河口镇–花园口区间	1950～1981 年	1982～2008 年		28	72		13.3	86.7	[63]
皇甫川	1954～1984 年	1985～2012 年	1.148	23.7	76.3				[53]
	1954～1989 年	1990～2012 年				0.40	16.2	83.8	
	1955～1979 年	1980～2010 年	31.68	25.8	74.2	0.46	32.3	67.7	[4]
无定河	1960～1979 年	1980～1996 年		33.2	66.8				[65]
		1997～2012 年		1.8	98.2				
	1979 年前	1979～2010 年	5.61	4.38	95.62				[66]
	1971 年前	1971～2010 年				1.47	19.32	80.68	
延河	1961～1973 年	1974～1996 年	0.17	29.4	70.6	0.17	−17.6	117.6	[67]
		1997～2008 年	0.86	37.2	62.8	0.41	14.6	85.4	
泾河	1956～1997 年	1998～2016 年	7.072	5.8	94.2	1.581	27.4	72.6	[68]

续表

河流	时段		减水			减沙			成果来源或备注
	基准期	措施期	总量/亿 m³	比例(贡献率)/%		总量/亿 t	比例(贡献率)/%		
				降水	人类活动		降水	人类活动	
北洛河	1960~1994 年	1995~2016 年	3.087	23.1	76.9				[69]
	1960~2002 年	2003~2016 年				0.639	3.4	96.6	
	1959~1969 年	1997~2006 年	3.819	71	29	0.668	37.9	62.1	[70]
	20 世纪 60 年代前	1997~2006 年		60.0~70.0	30.0~40.0		40.0	60.0	[61]
渭河	1956~1970 年	1971~1994 年	21.49	25.3	74.7				[68]
		1995~2016 年	37.784	32.9	67.1				
	1956~1976 年	1974~1994 年				1.072	28.3	71.7	
		1995~2016 年				1.097	35.6	64.4	
泾河、渭河	20 世纪 70 年代前	1970~1979 年				0.54	63	37	[54,55]
		1980~1989 年				1.81	45.3	54.7	
泾河、洛河、渭河、汾河	20 世纪 60 年代前	1997~2006 年	68.52	18.4	81.6	4.03	41.2	58.8	[59]
汾河	1956~1971 年	1972~2012 年		11.43	88.57				[71]

3. 流域各主要因素的减沙比例

水利部第二期黄河水沙变化研究基金项目研究成果表明[1,57,62]，河龙区间 1970~1996 年年均减沙量为 6.83 亿 t，其中降水减沙 2.43 亿 t，占 35.58%，人类活动减沙 4.40 亿 t，占 64.42%。人类活动主要包括水利工程、水土保持措施等，水利工程（包括水库和工农业生活用水）引起的年均减沙量为 2.17 亿 t，占人类活动减沙量的 49.32%；水土保持措施（包括梯田、造林、种草、淤地坝）引起的年均减沙量为 2.75 亿 t，占人类活动减沙量的 62.50%；另外，不合理开发（即过度开发建设）引起的泥沙增加量为 0.52 亿 t，占人类活动减沙量的 -11.82%。人类活动各因素占总减沙量的比例分别为 31.77%、40.26% 和 -7.61%，如表 7-27 所示。

表 7-27 黄河中上游降水和人类活动的减沙比例

河段	成果来源	时段	减沙效果	降水	人类活动		
					水利工程	水土保持	过度开发建设
河龙区段	黄河基金二期	1970~1996 年	减沙量/亿 t	2.43	2.17	2.75	-0.52
			减沙比例/%	35.58	31.77	40.26	-7.61
黄河上游	黄河水利委员会	2000~2012 年	减沙量/亿 t	0.558	0.914	0.389	
			减沙比例/%	29.99	49.11	20.90	

河段	成果来源	时段	减沙效果	降水	人类活动		
					水利工程	水土保持	过度开发建设
黄河中游	黄河水利委员会	2000~2012年	减沙量/亿t	5.663	1.271	7.224	
			减沙比例/%	40.00	8.98	51.02	
黄河中上游	黄河水利委员会	2000~2012年	减沙量/亿t	6.221	2.185	7.613	
			减沙比例/%	38.84	13.64	47.52	

黄河水利委员会和中国水利水电科学研究院就黄河水沙变化进行了深入研究[52]。研究成果表明,2000~2012年,黄河上游降水和人类活动对减沙的贡献率大约是29.99%和70.01%。在人类活动中,水利工程减沙(水库拦沙及灌溉引沙)占人类活动减沙量的70.15%,占总减沙量的49.11%;水土保持(梯田、林地、草地、淤地坝、封禁)占人类活动减沙量的29.85%,占总减沙量的20.90%。黄河中游头道拐—潼关区间,降水和人类活动对减沙的贡献率分别为40.00%和60.00%。在人类活动中,水利工程减沙(水库拦沙及灌溉引沙)占人类活动减沙量的14.96%,占总减沙量的8.98%;水土保持(梯田、林地、草地、淤地坝、封禁)占人类活动减沙量的85.04%,占总减沙量的51.02%。

7.4.2 长江流域

1. 降水与人类活动的影响

对于长江流域,影响水沙变化的关键因素包括降水和人类活动,其中人类活动主要包括流域水土保持、水库建设、河道采砂等。目前,完全定量地确定各影响因素在减沙量中的贡献率还有一定的难度,但仍有一些学者开展了相关研究[37-39,72-75],表7-28为长江流域降水和人类活动的减水减沙比例。

表7-28 长江流域降水和人类活动的减水减沙比例

河流	水文控制站	时段		减水			减沙			成果来源
		基准期	措施期	减水量/亿m³	比例(贡献率)/%		减沙量/亿t	比例(贡献率)/%		
					降水(或气候变化)	人类活动		降水(或气候变化)	人类活动	
嘉陵江		1954~1990年	1991~2003年				1.053	32.76	水库拦沙 30.49	[38]
									水土保持 16.33	
									其他 20.42	
		1956~1985年	1985~2007年				1.106	31.22	68.78	[72]
			1985~2008年				1.115	14.46	85.54	[37]
赣江		1962~1983年	1984~1991年				0.034 61	63.68	36.32	[73]
			1993~2013年				0.077 13	11.85	88.15	

续表

河流	水文控制站	时段		减水			减沙			成果来源
		基准期	措施期	减水量/亿 m³	比例(贡献率)/%		减沙量/亿 t	比例(贡献率)/%		
					降水(或气候变化)	人类活动		降水(或气候变化)	人类活动	
长江源区		1956~2000(1980)年	2000(1980)~2017年	-28.68	90.83	9.17	-0.013 78	20.34	79.66	[74].()内为减沙年份
长江上游			1985~2007年				2.525	12.16	87.84	[72]
长江干流	寸滩站	1968年前	1969~2002年		29.96	70.04		24.60	75.40	[75]
			2003~2015年		27.37	72.63		8.06	91.94	
	宜昌站	1968年前	1969~2002年		34.55	65.45		23.64	76.36	
			2003~2015年		19.96	80.04		0.83	99.17	
	汉口站	1968年前	1969~2002年		53.71	46.29		8.26	91.74	
			2003~2015年		24.01	75.99		2.88	97.12	
	大通站	1968年前	1969~2002年		68.02	31.98		4.67	95.33	
			2003~2015年		40.25	59.75		2.63	97.37	

（1）在嘉陵江流域，相关研究成果表明人类活动是减沙的主要因素[37-39,72]，杜俊等[72]成果表明 1985~2007 年降水减沙和人类活动减沙分别占总减沙量 1.106 亿 t 的 31.22% 和 68.78%，与许全喜等[38]的成果是基本一致的。许全喜等[38]认为降水减沙占总减沙量 1.053 亿 t 的 32.76%，人类活动减沙占总减沙量 1.053 亿 t 的 67.24%。而高鹏等[37]研究成果表明，1985~2008 年，降水减少引起的年均减沙量为 0.161 亿 t，占全部减沙量 1.115 亿 t 的 14.46%；人类活动引起的减沙量为 0.954 亿 t，占全部减沙量的 85.54%。在赣江流域[73]，顾朝军等[73]认为 1984~1991 年人类活动减沙占总减沙量的比例为 36.32%，1993~2013 年人类活动减沙占比上升到 88.15%。

（2）在长江上游流域，关颖慧等[74]认为长江源区 2000~2017 年降水和人类活动对径流增加的贡献率分别为 90.83% 和 9.17%，1980~2017 年降水和人类活动对输沙量减少的贡献率分别为 20.34% 和 79.66%；杜俊等[72]认为 1985~2007 年，长江上游降水量减少引起的年均减沙量为 0.307 亿 t，占全部减沙量 2.525 亿 t 的 12.16%；人类活动引起的减沙量为 2.218 亿 t，占全部减沙量的 87.84%。

（3）对于长江干流径流变化[75]，与基准期相比，1969~2002 年寸滩站、宜昌站、汉口站和大通站四个站的降水对径流变化的贡献率表现为从上游向下游递增的趋势，其贡献率分别为 29.96%、34.55%、53.71% 和 68.02%，人类活动的贡献率分别为 70.04%、65.45%、46.29% 和 31.98%；2003~2015 年四站气候变化对径流量影响的贡献率均呈现明显降低趋势，其贡献率分别为 27.37%、19.96%、24.01% 和 40.25%，而人类活动的贡献率分别为72.63%、80.04%、75.99%和59.75%，表明人类活动一直是该时期流域径流量变化的主要影响因素，并随着时间推移对径流的影响日益增强。对于干流输沙量减少而言，与基准期相比，1969～2002年寸滩站、宜昌站、汉口站和大通站四个站的降水对输沙量减少的贡献率分别为24.60%、23.64%、8.26%和4.67%，而人类活动对输沙量减少的贡献率分别为75.40%、76.36%、91.74%和95.33%；2003～2015年降水对输沙量减少的贡献率分别为8.06%、0.83%、2.88%和2.63%，而人类活动对输沙量减少的贡献率分别为91.94%、99.17%、97.12%和97.37%；相对于降水的影响，人类活动对两个时期内输沙量减少的影响始终处于主要地位，是流域输沙量大幅减少的最主要因素。

2. 各主要影响因素

前文已分析，杜俊等[72]关于长江上游减沙成因的分析成果表明，降水减沙和人类活动减沙的贡献率分别为12.16%和87.84%。本书通过分析嘉陵江、岷江与乌江水库拦沙和水土保持的作用，指出水库拦沙和水土保持拦沙在人类活动减沙中的贡献率分别为的63%和37%，其中水土保持拦沙是广义的。因此，长江上游流域降水、水库拦沙和水土保持拦沙在减沙中的贡献率分别为12.16%、55.34%和32.50%。也就是说，在长江上游减沙中，水库拦沙占一半以上，占主导地位；水土保持拦沙约占三分之一，具有重要作用；降水减沙占减沙的12.16%，具有一定的作用。

7.4.3 其他流域

表7-29为其他流域典型河流降水和人类活动的减沙比例。海河流域主要开展了降水和人类活动对河道径流量减少的影响[76-78]，潮河1999～2014年降水和人类活动分别占径流量减少的11.03%和88.97%，滦河1980～2013年降水和人类活动分别占径流量减少的40.94%和59.06%，海河流域1980～2000年降水和人类活动分别占40.89%和59.11%。

表7-29　其他流域典型河流降水和人类活动的减水减沙比例

河流	时段		减水			减沙			成果来源
	基准期	措施期	总量/亿 m³	比例(贡献率)/%		总量/亿 t	比例(贡献率)/%		
				降水	人类活动		降水	人类活动	
潮河	1961～1979年	1980～1998年		-9.75	109.75				[76]
		2000～2005年		12.23	87.77				
		1999～2014年		11.03	88.97				
滦河	1956～1979年	1980～2013年		40.94	59.06				[77]
海河	1956～1979年	1980～2000年		40.89	59.11				[78]
沂河	1954～1962年	1963～1978年	8.282	31.4	68.6	0.04313	17.5	82.5	[79]
		1979～1996年	7.109	3.3	96.7	0.02978	1.2	98.8	
		1997～2007年	2.628	7.8	92.2	0.0037	1.7	98.3	

河流	时段		减水			减沙			成果来源
	基准期	措施期	总量/亿 m³	比例(贡献率)/%		总量/亿 t	比例(贡献率)/%		
				降水	人类活动		降水	人类活动	
东江							56	44	[45]

在淮河流域，沂河 1963～1978 年降水和人类活动占径流量减少的 31.4% 和 68.6%，1979～1996 年和 1997～2007 年人类活动占径流量减少的比例增加，分别为 96.7% 和 92.2%；沂河人类活动是减沙的主要影响因素，1963～1978 年降水和人类活动分别占减沙量的 17.5% 和 82.5%，1979～1996 年和 1997～2007 年人类活动占减沙的比例分别增至 98.8% 和 98.3%。在珠江流域[45]，东江降水和人类活动分别占减沙量的 56% 和 44%。

7.4.4 关键影响因素减沙作用分析

流域水土保持、水库修建、河道采砂、过度建设等人类活动对水沙变化的作用具有很大的差异，其中水土保持和过度建设都是改变流域下垫面条件，前者减少水土流失，后者则增加水土流失；对于植被较好的南方少沙河流，水土保持的作用并不突出，而过度建设对植被破坏的作用还是明显的，因此局部地区需要采取水土保持措施；对于植被较差的北方多沙河流，水土保持的作用将会提高，而过度建设的影响将会减弱。水库拦沙与河道采砂都是河道内的人类活动，对河道输沙量的影响是直接和明显的，但其影响程度与河道输沙量有一定的关系。对于南方少沙河流，水库拦沙量与河道采砂量占河道输沙量的比例较高，其作用较大；对于北方多沙河流，河流泥沙较细，河道采砂较少，因此水库拦沙量与河道采砂量占河道输沙量的比例较低，其作用有所降低。

在多沙的黄河流域，中游黄土高原水土流失严重，潼关站 1986 年之前年均输沙量为 14.0 亿 t，支流水库和干流三门峡、万家寨等水库建成后泥沙淤积十分严重，甚至很快淤满，对河道输沙量减少有重要作用，但拦沙作用逐渐减弱；20 世纪 80 年代以来，黄土高原实施大范围的水土保持措施，流域产沙大幅度减少，潼关站年输沙量大幅度减至 1986 年以来的 5.52 亿 t，水土保持效果显著[1]，但是黄河河道采砂量相对较少，对河道输沙量的影响也较小。分析结果表明，在黄河上游，由于来沙量相对较少，水利工程的拦沙作用最大，占 49.11%；其次是降水影响，占 29.99%；水土保持的拦沙作用最小，占 20.90%，接近于南方河流的情况。在黄河中游，由于河道输沙量很大，水土保持的拦沙作用从 1996 年前的 40.26% 增至 2000 年以后的 51.02%，水利工程的拦沙作用从 1996 年前的 31.77% 减至 2000 年后的 8.98%。

自长江流域上游 1989 年开始实施"长治"工程以来，"长治"工程对嘉陵江、乌江等支流输沙量减少发挥重要作用，同时长江干支流修建了大量的水利工程，拦截了大量的泥沙，宜昌站年均输沙量从 1990 年前的 5.21 亿 t 减至 1990～2003 年的 3.97 亿 t，而三峡水库 2003 年开始蓄水运用后，宜昌站年均输沙量迅速减至 0.482 亿 t，水库拦沙效果更加直接和明显；长江干支流采砂业（含疏浚泥沙）比较发达，采砂量占河道输沙量的比例较高，长江河道采砂对河道输沙量的影响还是较大的。长江上游典型支流减沙关键因素中，水库拦沙占 55.35%，占主导地位；水土保持拦沙占 32.50%，具有重要作用；降水减沙占总减沙量的 12.16%，具有一定的作用。

参 考 文 献

[1] 汪岗，范昭.黄河水沙变化研究 ［M］.郑州：黄河水利出版社，2002.

[2] 刘晓燕.黄河环境流研究 ［M］.郑州：黄河水利出版社，2009.

[3] 戴仕宝，杨世伦，蔡爱民，等.51 年来珠江流域输沙量的变化 ［J］.地理学报，2007，62（5）：545-554.

[4] 赵广举，穆兴民，温仲明，等.皇甫川流域降水和人类活动对水沙变化的定量分析 ［J］.中国水土保持科学，2013，（4）：1-8.

[5] 张守红，刘苏峡，莫兴国，等.降雨和水保措施对无定河流域径流和产沙量影响 ［J］.北京林业大学学报，2010，（4）：167-174.

[6] 黄河水利科学研究院.黄河水沙变化趋势与水利枢纽工程建设对黄河健康的影响 ［R］.2007.

[7] 顾朝军，穆兴民，高鹏，等.赣江流域径流量和输沙量的变化过程及其对人类活动的响应 ［J］.泥沙研究，2016，（3）：38-44.

[8] 高海东，刘晗，贾莲莲，等.2000～2017 年河龙区间输沙量锐减归因分析 ［J］.地理学报，2019，74（9）：1745-1757.

[9] 张胜利，于一鸣，姚文艺.水土保持减水减沙效益计算方法 ［M］.北京：中国环境科学出版社，1994.

[10] 钱宁，张仁，周志德.河床演变学 ［M］.北京：科学出版社，1987.

[11] 韩其为.水库淤积 ［M］.北京：科学出版社，2003.

[12] Brune G M. Trap efficiency of reservoirs ［J］. Eos, Transactions American Geophysical Union, 1953, 34（3）：407-418.

[13] 张启舜，张振秋.水库冲淤形态及其过程计算 ［J］.泥沙研究，1982，（3）：1-13.

[14] 张遂业，涂启华.从水流挟沙力和水槽形态规律分析黄河调水调沙 ［J］.水文，2005，25（6）：33-36.

[15] 李海彬，张小峰，徐全喜.长江三峡上游大型水库群拦沙效应预测 ［J］.武汉大学学报（工学版），2011，44（5）：604-607，612.

[16] 王延贵，李希霞，等.官厅水库流域水沙资源综合利用研究 ［R］.中国水利水电科学研究院，官厅水库管理处，2002.

[17] 中国水利学会泥沙专业委员会.泥沙手册 ［M］.北京：中国环境科学出版社，1992.

[18] 王延贵，史红玲，刘茜，等.水库拦沙对长江水沙态势变化的影响 ［J］.水科学进展，2014，25（4）：467-476.

[19] 王延贵，胡春宏，刘茜，等.长江中下游水沙变异及其成因 ［J］.泥沙研究，2014，（5）：38-47.

[20] Wang Y G, Hu C H, Liu X, et al. Study on changes of oncoming runoff and sediment load of the three gorges project and influence of human activities ［C］. Proceedings of 12th ISRS, Kyoto：CRC Press Taylor & Francis Group, Japan, 2013.

[21] 张信宝，文安邦，Walling D E，等.大型水库对长江上游主要干支流河流输沙量的影响 ［J］.泥沙研究，2011，（4）：59-66.

[22] 徐杨，汪永怡，杜康华，等．金沙江下游—三峡梯级水库群联合优化调度决策支持系统研究［J］．长江技术经济，2020，4（1）：33-38.

[23] 李克飞，武见，赵新磊，等．应对干旱的黄河梯级水库群调度规律研究［J］．水力发电，2019，45（8）：90-93.

[24] 李海彬，黄东，徐灿波，等．西江输沙量特性变化及趋势分析［J］．泥沙研究，2020，45（1）：55-61.

[25] 黄东，李海彬，练伟航，等．北江干流中下游水沙特性变化及建库影响［J］．水力发电学报，2019，38（1）：88-98.

[26] 隋高阳，于莉，隋栋梁，等．松花江水沙变化态势与影响因素［J］．山东农业大学学报（自然科学版），2018，49（5）：819-824.

[27] 杜青辉．基于生态的辽河流域水库调度模式研究［D］．郑州：华北水利水电学院，2012.

[28] 李兴学．钱塘江流域水库群防洪预报调度研究［D］．南京：河海大学，2007.

[29] 王延贵，史红玲，等．我国江河水沙变化态势及应对策略［R］．中国水利水电科学研究院，国际泥沙研究培训中心，2015.

[30] 王光谦，钟德钰，吴保生．黄河泥沙未来变化趋势［J］．中国水利，2020，（1）：9-12.

[31] 陈康，苏佳林，王延贵，等．黄河干流水沙关系变化及其成因分析［J］．泥沙研究，2019，44（6）：19-26.

[32] 武荣，陈高峰，张建兴．黄河中游河口龙门区间水沙变化特征分析［J］．中国沙漠，2010，30（1）：210-216.

[33] 高健翎，高燕，马红斌，等．黄土高原近70a水土流失治理特征研究［J］．人民黄河，2019，41（11）：65-69，84.

[34] 彭俊，陈沈良．近60年黄河水沙变化过程及其对三角洲的影响［J］．地理学报，2009，64（11）：1353-1362.

[35] Gao Z, Zhang L, Zhang X, et al. Long-term streamflow trends in the middle reaches of the Yellow River Basin：detecting drivers of change［J］. Hydrological Processes, 2016, 30（9）：1315-1329.

[36] 冉大川，柳林旺，赵力仪，等．黄河中游河口镇至龙门区间水土保持与水沙变化［M］．郑州：黄河水利出版社，2000.

[37] 高鹏，穆兴民，王炜．长江支流嘉陵江水沙变化趋势及其驱动因素分析［J］．水土保持研究，2010，17（4）：57-61，66.

[38] 许全喜，陈松生，熊明，等．嘉陵江流域水沙变化特性及原因分析［J］．泥沙研究，2008，（2）：1-8.

[39] 丁文峰，张平仓，任洪玉．近50年来嘉陵江流域径流泥沙演变规律及驱动因素定量分析［J］．长江科学院院报，2008，25（3）：23-27.

[40] 中国电力规划组．中国电力规划［M］．北京：中国水利水电出版社，2005.

[41] 许全喜，石国钰，陈泽方．长江上游近期水沙变化特点及其趋势分析［J］．水科学进展，2004，15（4）：420-426.

[42] 范利杰，穆兴民，赵广举．近50a嘉陵江流域径流变化特征及影响因素［J］．水土保持通报，2013，33（1）：12-17.

[43] 长江水利委员会，贵阳勘测设计院．乌江干流规划报告［R］．1987.

[44] 陈松生，许全喜，陈泽方．乌江流域水沙变化特性及其原因分析［J］．泥沙研究，2008，（5）：43-48.

[45] 李华东，曾伽丽，盘懿霏，等．东江流域水沙变化定量归因及对河道冲淤影响研究［J］．人民珠

江，2020，41（9）：1-10.

［46］何毅．黄河河口镇至潼关区间降雨变化及其水沙效应［D］．杨凌：西北农林科技大学，2016.

［47］姚文艺，焦鹏．黄河水沙变化及研究展望［J］．中国水土保持，2016，（9）：55-62，63.

［48］Mu X, Zhang X, Shao H, et al. Dynamic changes of sediment discharge and the influencing factors in the Yellow River, China, for the recent 90 years［J］. CLEAN- Soil, Air, Water, 2011, 40（3）: 303-309.

［49］王万忠，焦菊英．黄土高原降雨侵蚀产沙与黄河输沙［M］．北京：科学出版社，1996.

［50］信忠保，许炯心，余新晓．近50年黄土高原水土流失的时空变化［J］．生态学报，2009，29（3）：1129-1139.

［51］赵阳，胡春宏，张晓明，等．近70年黄河流域水沙情势及其成因分析［J］．Transactions of the Chinese Society of Agricultural Engineering（Transactions of the CSAE），2018，34（21）：112-119.

［52］黄河水利委员会，中国水科院．黄河水沙变化研究［R］，2014.

［53］李二辉．黄河中游皇甫川水沙变化及其对气候和人类活动的响应［D］．杨凌：西北农林科技大学，2016.

［54］赵业安，潘贤娣，申冠卿．80年代黄河水沙基本情况及特点［J］．人民黄河，1992，（4）：11-20，61.

［55］王云璋，彭梅香，温丽叶．80年代黄河中游降雨特点及其对入黄沙量的影响［J］．人民黄河，1992，（5）：10-14，61.

［56］时明立．黄河河龙区间水沙变化的水文分析［J］．中国水土保持，1993，（4）：19-22，65.

［57］冉大川，柳林旺，赵力仪，等．黄河中游河口镇至龙门区间水土保持与水沙变化［M］．郑州：黄河水利出版社，1998.

［58］冉大川．黄河中游河口镇至龙门区间水土保持与水沙变化［M］．郑州：黄河水利出版社，2000.

［59］姚文艺．黄河流域水沙变化研究新进展［N］．黄河报，2009-09-24.

［60］许炯心．黄河中游多沙粗沙区1997~2007年年的水沙变化趋势及其成因［J］．水土保持学报，2010，24（1）：1-7.

［61］张胜利，李倬，赵文林，等．黄河中游多沙粗沙区水沙变化原因及发展趋势［M］．郑州：黄河水利出版社，1998.

［62］姚文艺．黄河流域水沙变化情势分析与评价［M］．郑州：黄河水利出版社，2011.

［63］Gao P, Mu X M, Wang F, et al. Changes in streamflow and sediment discharge and the response to human activities in the middle reaches of the Yellow River［J］. Hydrology and Earth System Sciences, 2011, 15（1）: 347-350.

［64］刘晓燕，杨胜天，王富贵，等．黄土高原现状梯田和林草植被的减沙作用分析［J］．水利学报，2014，45（11）：1293-1300.

［65］任宗萍，马勇勇，王友胜，等．无定河流域不同地貌区径流变化归因分析［J］．生态学报，2018，39（12）：4309-4318.

［66］杨媛媛，李占斌，任宗萍，等．人类活动对无定河流域不同地貌区水沙变化的影响［J］．泥沙研究，2017，42（5）：50-56.

［67］任宗萍，张光辉，杨勤科．近50年延河流域水沙变化特征及其原因分析［J］．水文，2012，32（5）：81-86.

［68］黄晨璐，杨勤科．渭河与泾河流域水沙变化规律及其差异性分析［J］．干旱区地理，2021，44（2）：327-336.

［69］谢敏，张晓明，赵阳，等．北洛河流域水沙变化对降雨和土地利用的响应［J］．中国水利水电科学研究院学报，2019，17（1）：41-46.

[70] 康玲玲，魏义长，张胜利，等. 北洛河流域近期水沙变化原因水文分析 [J]. 水资源与水工程学报，2009，20（5）：41-43，48.

[71] 王登，荐圣淇，胡彩虹. 气候变化和人类活动对汾河流域径流情势影响分析 [J]. 干旱区地理（汉文版），2018，41（01）：27-33.

[72] 杜俊，师长兴，张守红，等. 人类活动对长江上游近期输沙变化的影响 [J]. 地理科学进展，2010，29（1）：15-22.

[73] 顾朝军，穆兴民，高鹏，等. 赣江流域径流量和输沙量的变化过程及其对人类活动的响应 [J]. 泥沙研究，2016，（3）：38-44.

[74] 关颖慧，王淑芝，温得平. 长江源区水沙变化特征及成因分析 [J]. 泥沙研究，2021，46（3）：43-49.

[75] 彭涛，田慧，秦振雄，等. 气候变化和人类活动对长江径流泥沙的影响研究 [J]. 泥沙研究，2018，43（6）：54-60.

[76] 程娅姗，王中根，刘丽芳，等. 近50年潮河流域降雨–径流关系演变及驱动力分析 [J]. 南水北调与水利科技，2018，16（2）：45-50.

[77] 师忱，袁士保，史常青，等. 滦河流域气候变化与人类活动对径流的影响 [J]. 水土保持学报，2018，32（2）：264-269.

[78] 王磊. 气候变化和人类活动对海河流域径流变化的影响 [J]. 水利科技与经济，2019，25（4）：49-55.

[79] 贾运岗. 沂河流域水沙变化趋势及成因分析 [J]. 水土保持研究，2017，24（2）：142-145.

第8章 水沙变异对河道输沙及演变的影响

8.1 典型流域侵蚀与河道输沙量的变化

一般说来，对于自然河流，河道输沙模数能反映上游流域的水土流失与河道输沙情况[1]。河道输沙模数越大，表示流域水土流失越严重，河道输沙能力大；反之，表示流域水土流失越轻，河道输沙能力越小。通过分析河道水文站的输沙模数变化，也可以了解水文站流域水土流失的状况。此外，径流深反映了流域产汇流情况，对输沙模数有直接的影响。对于年径流量变化较大的河流，还应通过水文站径流深变化了解区域产汇流变化情况，为进一步分析输沙模数变化提供支撑。

8.1.1 长江流域侵蚀与输沙量变化特性

根据输沙模数的定义，结合《中国河流泥沙公报》，计算长江干支流河道输沙模数，并绘制输沙模数的变化过程。利用 M-K 检验分析法计算输沙模数的 M-K 统计量，判断输沙模数的变化趋势[2-5]。

1. 典型支流与湖泊

选择嘉陵江、岷江、乌江、汉江、赣江等为典型支流，鄱阳湖为典型湖泊，研究流域侵蚀和输沙量的变化特征，表 8-1 和图 8-1 分别为长江流域典型支流输沙模数的变化过程和 M-K 趋势分析，主要支流和湖泊输沙模数具有以下变化特点。

（1）在长江典型支流中，河道输沙模数有很大的差异，嘉陵江和汉江的输沙模数比较大，多年平均输沙模数分别为 573.2t/（km²·a）和 296.3t/（km²·a），对应的最大输沙模数分别为 2271.9t/（km²·a）和 1850.8t/（km²·a），表明这两条支流水土流失比较严重。鄱阳湖湖口站和赣江外洲站的输沙模数相对较小，多年平均输沙模数分别为 60.6t/（km²·a）和 93.6t/（km²·a），对应的最大输沙模数分别为 133.8t/（km²·a）和 229.9t/（km²·a），表明鄱阳湖流域和赣江流域水土流失较轻。岷江和乌江介于上述之间，多年平均输沙模数分别为 309.5t/（km²·a）和 253.3t/（km²·a），对应的最大输沙模数分别为 893.6t/（km²·a）和 727.7t/（km²·a），表明这两条河的水土流失状况也介于上述之间，不十分严重。

（2）长江流域内开展了水土保持、水库建设等人类活动，导致流域广义的水土流失减少，流域减沙能力增加，对应的支流输沙模数随时间呈递减趋势。鄱阳湖湖口站输沙模数的 M-K 统计量为-1.19，其绝对值小于 1.96，表明鄱阳湖区域输沙模数无变化趋势，而其他主要支流输沙模数的 M-K 统计量为-8.40 ～ -4.09，其绝对值皆大于 3.01，表明各站输沙模数随时间皆有显著减少趋势。其中，岷江高场站输沙模数的 M-K 统计量为-4.09，衰减幅度较小；嘉陵江北碚站和汉江皇庄站输沙模数的 M-K 统计量绝对值较大，表明其减小幅度较大，分别从 20 世纪 50 年代 971.8t/(km² · a) 和 938.5t/(km² · a) 减小至 80 年代的 895.7t/(km² · a) 和 157.8t/(km² · a)，21 世纪前十年为 151.2t/(km² · a) 和 54.5t/(km² · a)，2010~2020 年分别为 135.2t/(km² · a) 和 25.7t/(km² · a)。

表 8-1 长江支流水文控制站输沙模数的变化趋势

时段		嘉陵江	岷江	乌江	汉江	鄱阳湖	赣江
		北碚站	高场站	武隆站	皇庄站	湖口站	外洲站
输沙模数/ [t/(km² · a)]	20 世纪 50 年代	971.8	385.9	314.5	938.5	72.3	141.5
	20 世纪 60 年代	1161.5	452.4	338.6	690.4	66.8	142.6
	20 世纪 70 年代	685.0	250.3	477.2	244.5	64.4	136.0
	20 世纪 80 年代	895.7	421.6	297.2	157.8	58.8	132.0
	20 世纪 90 年代	294.8	306.1	253.4	53.9	39.9	75.8
	21 世纪前十年	151.2	225.3	114.9	54.5	72.2	40.0
	2010~2020 年	135.2	176.8	35.5	25.7	57.2	27.7
	多年平均	573.2	309.5	253.3	296.3	60.6	93.6
M-K 检验	U 值	-7.28	-4.09	-6.11	-8.40	-1.19	-7.10
	趋势判断	显著减少	显著减少	显著减少	显著减少	无明显变化	显著减少

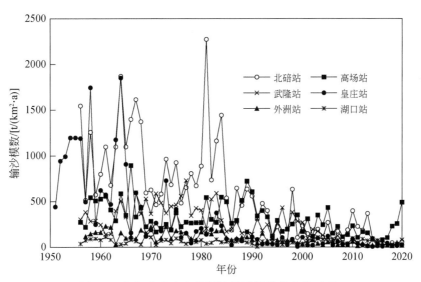

图 8-1 长江支流水文控制站输沙模数的变化过程

（3）长江支流各水文控制站输沙模数随时间呈指数衰减趋势，指数衰减公式为

$$M = M_0 \exp k_1 (t - t_0) \tag{8-1}$$

式中，M_0 为初始输沙模数；t 为运行年份；t_0 为起始年份（根据每个站的数据情况，该值

对于每个站不同）；k_1 为衰减系数。各站主要参数如表 8-2 所示。显然，鄱阳湖湖口站的相关系数较低，仅为 0.013，说明该站输沙模数随时间无明显变化，其他站输沙模数随时间呈指数衰减趋势。

表 8-2　长江支流水文控制站输沙模数的衰减规律的有关参数

参数	嘉陵江	岷江	乌江	汉江	鄱阳湖	赣江
	北碚站	高场站	武隆站	皇庄站	湖口站	外洲站
$M_0/[t/(km^2 \cdot a)]$	1815.4	449.78	669.32	1034.8	59.71	207.42
k_1	−0.053	−0.016	−0.043	−0.064	−0.003	−0.034
R^2	0.63	0.28	0.55	0.75	0.013	0.62

2. 干流河道

表 8-3 和图 8-2 分别为长江干流输沙模数的变化过程和 M-K 趋势分析，长江干流主要水文控制站输沙模数具有如下的变化特点[2-5]。

表 8-3　长江干流水文控制站输沙模数的变化趋势

时段		向家坝站	朱沱站	三峡入库站	宜昌站	汉口站	大通站
输沙模数/ [t/(km²·a)]	20 世纪 50 年代	566.9	436.9	515.7	517.0	—	274.2
	20 世纪 60 年代	531.4	489.9	289.0	545.8	314.6	298.2
	20 世纪 70 年代	481.9	407.1	465.4	472.1	276.9	284.9
	20 世纪 80 年代	559.3	473.9	528.9	545.7	281.1	254.9
	20 世纪 90 年代	648.9	447.0	404.2	421.3	221.5	201.0
	21 世纪前十年	387.6	289.3	250.5	131.0	113.9	112.7
	2010～2020 年	70.0	106.7	105.1	20.7	42.9	73.5
	多年平均	448.1	369.1	393.8	374.1	205.8	199.8
M-K 检验	U 值	−3.65	−5.49	−7.51	−6.56	−7.59	−8.35
	趋势判断	有减小趋势	显著减少	显著减少	显著减少	显著减少	显著减少

（1）长江干流主要水文控制站的输沙模数总体沿程减小，可分三个梯级层，金沙江向家坝站的输沙模数最大，多年平均和最大输沙模数分别为 448.1t/（km²·a）和 1092.5t/（km²·a），表明金沙江流域水土流失仍然较为严重；上游朱沱站、三峡入库站和宜昌站的输沙模数有所减小，多年平均输沙模数分别为 369.1t/（km²·a）、393.8t/（km²·a）和 374.1t/（km²·a），对应的最大输沙模数分别为 696.8t/（km²·a）、800.3t/（km²·a）和 749.9t/（km²·a），表明对应区域的水土流失有所减轻；中下游汉口站和大通站的输沙模数较小，多年平均输沙模数分别为 205.8t/（km²·a）和 199.8t/（km²·a），对应的最大输沙模数分别为 389.1t/（km²·a）和 397.6t/（km²·a），表明长江中下游整体的水土流失情况并不严重。

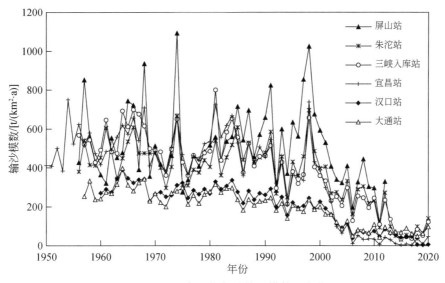

图 8-2　长江干流水文控制站输沙模数的变化过程

（2）长江干流主要水文控制站输沙模数的 M-K 统计量皆为负值，其变化范围为 -8.35 ~ -3.65。干流主要水文控制站 M-K 统计量绝对值皆大于 3.01，表明干流主要水文控制站的输沙模数随着时间呈显著递减趋势。其中，向家坝站输沙模数的 M-K 统计量为 -3.65，绝对值最小，其输沙模数的减小态势也是最弱的，但向家坝和溪洛渡水库蓄水运用后，2013 年以来河道输沙模数快速减小。三峡入库站和宜昌站输沙模数的 M-K 统计量分别为 -7.51 和 -6.56，其输沙模数总体呈显著减小趋势，在三峡水库 2003 年运行之前，两站输沙模数的变化规律基本上是一样的，1990 年之前变化趋势不明显，进入 20 世纪 90 年代明显减小，分别从 20 世纪 80 年代的 528.9t/（km²·a）和 545.7t/（km²·a）减至 90 年代的 404.2t/（km²·a）和 421.3t/（km²·a），三峡入库站 21 世纪前十年大幅减至 250.5t/（km²·a），而由于三峡水库 2003 年蓄水运用，宜昌站 21 世纪前十年的输沙模数大幅度减少至 131.0t/（km²·a），2003 ~ 2020 年仅为 34.8t/（km²·a）；汉口站和大通站输沙模数具有类似的变化规律，在 1990 年之前，两站输沙模数没有明显的变化趋势，1990 年之后，两站输沙模数开始减少，特别是三峡水库蓄水运用后，输沙模数大幅度减少，汉口站和大通站输沙模数从 20 世纪 80 年代的 281.1t/（km²·a）和 254.9t/（km²·a）减至 90 年代的 221.5t/（km²·a）和 201.0t/（km²·a），21 世纪前十年分别减至 113.9t/（km²·a）和 112.7t/（km²·a），2010 ~ 2020 年分别为 42.9t/（km²·a）和 73.5t/（km²·a），2003 ~ 2020 年以来为 57.4t/（km²·a）和 78.6t/（km²·a）。

（3）鉴于干流是上游支流的汇集，干流主要水文控制站输沙模数取决于上游支流输沙模数，其大小介于上游支流输沙模数之间。

（4）长江干流各水文控制站输沙模数随时间基本上呈指数衰减趋势，仍然用式（8-1）表示，各水文控制站主要参数如表 8-4 所示。汉口站的相关系数较低，为 0.062；其他站相关系数较高，河道输沙模数随时间呈指数衰减趋势。

表 8-4　长江干流主要水文控制站输沙模数的衰减规律的有关参数

参数	向家坝站	朱沱站	三峡入库站	宜昌站	汉口站	大通站
$M_0/[t/(km^2 \cdot a)]$	1472.1	704.93	876.31	1421.9	596.91	403.89
k_1	−0.055	−0.026	−0.031	−0.054	−0.045	−0.027
R^2	0.36	0.47	0.61	0.57	0.062	0.72

8.1.2　黄河流域产流侵蚀变异特性

1. 黄河流域径流深的变化

根据径流深的定义和《中国河流泥沙公报》的最新资料，计算黄河干支流的径流深，并绘制径流深的变化过程，利用 M-K 检验分析法判断输沙模数的变化趋势。

1）主要支流

表 8-5 为黄河支流主要水文控制站各年代径流深，图 8-3 为黄河支流径流深年际变化。黄河主要支流水文控制站径流深的变化特点如下[2,6]。

表 8-5　黄河支流主要水文控制站各年代径流深

支流	水文控制站	径流深/mm								M-K 检验	
		20世纪50年代	20世纪60年代	20世纪70年代	20世纪80年代	20世纪90年代	21世纪前十年	2010~2020年	多年均值	U值	趋势判别
洮河	红旗	182.2	236.9	194.3	196.5	140.4	145.4	177.8	181.8	−2.35	减小
皇甫川	皇甫	82.95	53.86	54.94	39.74	28.23	11.27	8.515	36.89	−6.36	显著减小
窟野河	温家川	95.23	85.09	83.58	60.20	51.85	19.54	34.25	58.97	−6.19	显著减小
无定河	白家川	53.34	51.29	40.81	34.93	31.50	25.43	29.96	36.65	−6.79	显著减小
延河	甘谷驿	36.29	42.08	35.01	35.33	35.22	24.91	26.64	33.46	−3.23	显著减小
泾河	张家山	37.58	50.15	40.38	39.62	32.42	23.07	28.58	35.86	−3.83	显著减小
北洛河	洑头	28.87	40.22	33.21	36.63	28.25	24.72	22.59	30.89	−3.28	显著减小
渭河	华县	80.31	90.31	55.79	74.30	41.12	42.29	55.55	62.71	−3.64	显著减小
汾河	河津	45.36	46.13	26.77	17.17	13.13	9.024	18.26	25.02	−5.18	显著减小
伊洛河	黑石关	217.4	191.1	110.2	162.5	78.40	93.46	91.96	134.4	−4.95	显著减小
沁河	武陟	123.2	108.8	47.68	42.39	28.93	41.26	27.28	59.49	−4.92	显著减小

（1）黄河支流的径流深主要分为三个层次，第一层次，上游支流洮河、中游伊洛河的径流深较大，多年平均值大于 100mm，产流能力较强；第二层次，窟野河、渭河和沁河的径流深较小，多年平均值分别为 58.97mm、62.71mm 和 59.49mm，产流能力减弱；第三层，皇甫川、无定河、延河、泾河、北洛河和汾河的径流深非常小，多年平均值为 20~40mm，相应的产流能力很弱。

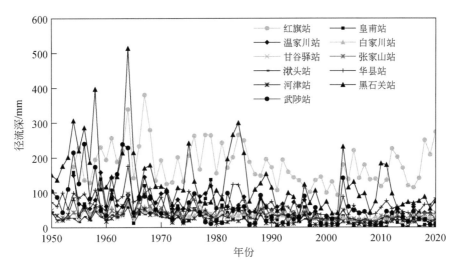

图 8-3 黄河主要支流水文站径流深年际变化

（2）黄河上游支流洮河红旗站径流深多年平均值为 181.8mm，对应的 M-K 统计量为 -2.35，其绝对值略大于 1.96，表明多年来径流深整体上具有减少趋势；且洮河径流深 20 世纪 80 年代前变化不大，20 世纪 90 年代快速下降至 140.4mm，21 世纪前十年基本稳定，略增至 145.4mm，2010~2020 年继续增加至 177.8mm。中游伊洛河黑石关站多年径流深均值为 134.4mm，对应的 M-K 统计量为 -4.95，其绝对值远大于 3.01，表明其径流深具有显著减少趋势；径流深过程线在 1965 年、1985 年后明显下降了一个台阶，三个阶段径流深均值分别为 220.3mm、141.3mm 和 91.19mm。

（3）窟野河、渭河和沁河的径流深多年平均值较小，分别为 58.97mm、62.71mm 和 59.49mm，其 M-K 统计量分别为 -6.19、-3.64 和 -4.92。窟野河径流深呈阶梯变化，即可分为 1954~1979 年、1980~1998 年、1999~2011 年、2012~2020 年，前三个阶段径流深分别为 86.84mm、57.95mm、18.75mm，呈不断减小态势，2012~2020 年有所回升，为 38.65mm。20 世纪 50~60 年代渭河华县的径流深较为稳定，70~90 年代经历减—增—减的波动过程，90 年代减至 41.12mm，21 世纪前十年略增至 42.29mm，2010~2020 年增至 55.55mm。沁河径流深总体呈持续减少的趋势，从 20 世纪 50 年代的 123.2mm，减小至 70 年代的 47.68mm，90 年代仅为 28.93mm，21 世纪前十年增加到 41.26mm，2010~2020 年又减至 27.28mm。

（4）皇甫川、无定河、延河、泾河、北洛河和汾河的径流深多年平均值分别为 36.89mm、36.65mm、33.46mm、35.86mm、30.89mm 和 25.02mm，对应的 M-K 统计量分别为 -6.36、-6.79、-3.23、-3.83、-3.28 和 -5.18，四条支流的径流深显著减少。皇甫川径流深 20 世纪 50 年代较大，60~70 年代相对稳定，80 年代后持续减少，至 2010~2020 年仅为 8.515mm。无定河白家川站径流深 20 世纪 50~60 年代较大，70 年代开始持续下降，21 世纪前十年仅为 25.43mm，2010~2020 年略增加至 29.96mm。延河甘谷驿站的径流深变化较为稳定，2000 年前无趋势性变化，基本在多年均值上下波动，21 世纪前十年突然减小为 24.91mm，2010~2020 年为 26.64mm。泾河张家山站的径流深在 20 世纪

90 年代前较为稳定，20 世纪 90 年代后开始持续少，21 世纪前十年仅为 23.07mm，2010～2020 年略增至 28.58mm。北洛河洑头站的径流深在 20 世纪 90 年代之前变化不大，90 年代开始减小，21 世纪前十年减为 24.72mm，2010～2020 年为 22.55mm。汾河河津站的径流深在 20 世纪 50～60 年代变化不大，20 世纪 70 年代开始减小，21 世纪前十年仅为 9.024mm，2010～2020 年增至 18.26mm。

2）干流

表 8-6 为黄河干流主要水文控制站各年代径流深，图 8-4 为黄河干流主要水文控制站径流深年际变化。黄河干流主要水文控制站径流深具有如下特征[2,6]。

表 8-6　黄河干流主要水文控制站各年代径流深

水文控制站	距河口距离/km	径流深/mm								M-K 检验	
		20 世纪 50 年代	20 世纪 60 年代	20 世纪 70 年代	20 世纪 80 年代	20 世纪 90 年代	21 世纪前十年	2010～2020 年	多年均值	U 值	趋势判断
唐乃亥站	3911	154.2	177.4	167.2	197.8	144.3	143.0	184.9	167.2	-0.24	无
兰州站	3345	141.7	160.8	142.8	149.9	116.7	120.2	155.2	141.3	-1.34	无
头道拐站	2002	66.77	73.67	63.37	64.99	42.60	39.89	60.70	58.88	-3.27	显著减小
龙门站	1269	61.48	67.65	57.19	55.51	39.82	34.26	48.43	52.00	-4.46	显著减小
潼关站	1141	62.69	66.11	52.39	54.10	36.47	30.85	43.62	48.99	-5.08	显著减小
花园口站	767.7	66.53	69.31	52.26	56.40	35.19	31.72	43.86	50.66	-5.18	显著减小
高村站	579.1	64.48	67.72	49.07	50.93	30.25	28.76	39.84	46.69	-5.08	显著减小
艾山站	385.5	64.80	67.43	46.00	45.94	26.09	25.56	35.51	43.76	-5.25	显著减小
利津站	103.6	63.02	66.64	41.38	38.03	18.72	18.74	28.06	38.38	-5.68	显著减小

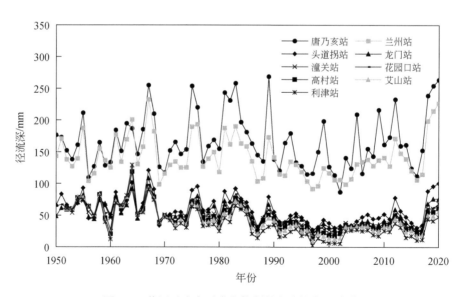

图 8-4　黄河干流主要水文控制站径流深年际变化

（1）上游唐乃亥站和兰州站的径流深较大，头道拐站及中下游各站的径流深明显较小，仅有 38.38 ~ 58.88mm，且基本沿程下降，表明上游流域产流能力强，中下游流域产流能力较弱。

（2）黄河上游人类活动较少，唐乃亥站和兰州站的径流深较大，多年平均值分别为 167.2mm 和 141.3mm。唐乃亥站的 M-K 统计量为-0.24，其绝对值小于 1.96，对应的过程线基本为水平状态，径流深略有减小，但无明显变化趋势，基本在多年平均值附近波动。兰州站的 M-K 统计量为-1.34，其绝对值小于 1.96，其过程线在 1990 年后有所减小，2000 年又有所回升，总体上无明显变化趋势。

（3）上游头道拐站和中游龙门站、潼关站的径流深的变化规律基本一致，多年平均值分别为 58.88mm、52.00mm 和 48.99mm，对应的 M-K 统计量分别为-3.27、-4.46 和 -5.08，其绝对值均大于 3.01，表明三站的径流深具有显著减少趋势。头道拐站径流深较上游兰州站明显减小，多年均值相差 82.42mm，这主要是宁蒙河段大量引水导致。

（4）黄河下游四站（花园口站、高村站、艾山站、利津站）的径流深变化过程基本一样，且与中游相近。多年平均值分别为 50.66mm、46.69mm、43.76mm 和 38.38mm，M-K 统计量分别为-5.18、-5.08、-5.25 和-5.68，其绝对值均远大于 3.01，表明黄河下游 4 站的径流深显著减少。从过程线中可以看到，黄河下游各站径流深在 1969 年、1990 年均有明显的下降现象，2003 年后开始回升。例如，利津站在 1952 ~ 1968 年、1969 ~ 1990 年、1991 ~ 2002 年和 2003 ~ 2020 年的均值分别为 66.61mm、39.43mm、14.19mm 和 26.55mm，2003 年前逐渐降低，2003 年后回升。

2. 黄河流域输沙模数的变化

1）主要支流

表 8-7 为黄河支流主要水文控制站各年代输沙模数，图 8-5 为黄河支流输沙模数年际变化，黄河支流主要水文控制站输沙模数具有以下特征[2,6]。

表 8-7 黄河支流主要水文控制站各年代输沙模数

支流	站名	输沙模数/[t/(km²·a)]								M-K 检验	
		20 世纪 50 年代	20 世纪 60 年代	20 世纪 70 年代	20 世纪 80 年代	20 世纪 90 年代	21 世纪 前十年	2010 ~ 2020 年	多年 均值	U 值	趋势判断
洮河	红旗站	1 313	1 056	1 186	996.3	835.5	377.8	199.3	814.7	-5.25	显著减小
皇甫川	皇甫站	24 394	15 768	19 547	13 386	7 974	3 007	1 023	11 260	-6.16	显著减小
窟野河	温家川站	15 666	13 705	16 178	7 757	7 490	600.3	99.9	8 245	-6.70	显著减小
无定河	白家川站	10 021	6 293	3 910	1 777	2 834	1 219	639.0	3 191	-6.36	显著减小
延河	甘谷驿站	8 888	10 791	7 948	5 418	7 275	2 879	763.7	6 125	-5.09	显著减小
泾河	张家山站	6 273	6 262	6 007	4 313	5 491	2 588	1 400	4 574	-4.82	显著减小
北洛河	洑头站	4 157	4 076	3 531	1 999	3 534	883	368	2 514	-4.83	显著减小
渭河	华县站	4 027	4 095	3 607	2 590	2 595	1 294	616.7	2 660	-6.01	显著减小
汾河	河津站	1 808	888.4	493.5	116.3	81.6	7.75	5.63	479.1	-8.39	显著减小

续表

支流	站名	输沙模数/[t/(km²·a)]								M-K 检验	
		20 世纪 50 年代	20 世纪 60 年代	20 世纪 70 年代	20 世纪 80 年代	20 世纪 90 年代	21 世纪 前十年	2010～2020 年	多年均值	U 值	趋势判断
伊洛河	黑石关站	1 938	973.7	370.6	477.2	49.5	38.9	14.2	544.2	-8.92	显著减小
沁河	武陟站	1 032	563.7	315.8	194.3	70.1	73.4	9.16	318.3	-7.55	显著减小

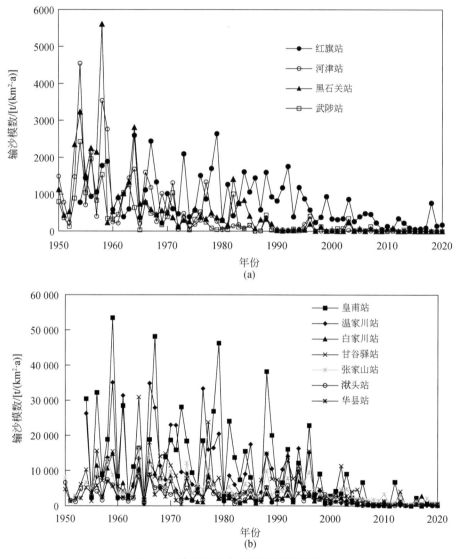

图 8-5　黄河流域主要支流输沙模数

（1）黄河流域支流输沙模数有很大的差异。上游洮河、中游左岸的汾河和沁河、中游下段右岸的伊洛河的输沙模数相对较小，多年平均值小于 1000t/（km²·a）；皇甫川、窟野河和延河的输沙模数非常大，分别高达 11 260t/（km²·a）、8245t/（km²·a）和 6125t/（km²·a）；

无定河、泾河、北洛河和渭河的多年平均输沙模数多在 2500～5000t/(km²·a)。

(2) 上游洮河红旗站、中游左岸的汾河河津站和沁河武陟站、中游下段右岸的伊洛河黑石关站输沙模数的 M-K 统计量分别为-5.25、-8.39、-7.55、-8.92，其绝对值远大于 3.01，表明输沙模数具有显著减小趋势。洮河输沙模数 20 世纪 80 年代前变化不大，90 年代后开始下降，21 世纪前十年减小为 377.8t/(km²·a)，2010～2020 年仅为 199.3t/(km²·a)；伊洛河黑石关站输沙模数在 1965 年、1990 年后明显下降了一个台阶，三个时段均值分别为 1671t/(km²·a)、464.0t/(km²·a) 和 33.6t/(km²·a)，2010～2020 年仅为 14.2t/(km²·a)，依次大幅度减小；汾河水库、文峪河水库、汾河二库分别在 1960 年、1961 年和 1996 年相继修建，使得汾河输沙模数在 1960 年、1996 年有明显的下降过程，20 世纪 80 年代水土保持工程的实施，也使得汾河输沙量持续减少，输沙模数从 20 世纪 50 年代的 1808t/(km²·a) 快速减至 80 年代的 116.3t/(km²·a)，2010～2020 年仅为 5.63t/(km²·a)；沁河输沙模数也呈持续减小趋势，从 20 世纪 50 年代的 1032t/(km²·a) 减至 80 年代 194.3t/(km²·a)，21 世纪前十年减小为 73.4t/(km²·a)，2010～2020 年仅为 9.16t/(km²·a)。

(3) 中游右岸的皇甫川、窟野河和延河的输沙模数的 M-K 统计量分别为-6.16、-6.70 和-5.09，表明这些支流输沙模数减小趋势明显。其中，皇甫川输沙模数在 20 世纪 80 年代之前变化相对稳定，而后持续减少，至 21 世纪前十年减小为 3007t/(km²·a)，2010～2020 年仅为 1023t/(km²·a)，这主要是由于 20 世纪 80 年代初该流域开始大规模实施水土保持[7]；窟野河输沙模数呈阶梯下降的变化趋势，即可分为 1954～1979 年、1980～1998 年和 1999～2020 年三个阶段，对应的输沙模数分别为 15 109t/(km²·a)、8004t/(km²·a) 和 340.7t/(km²·a)，依次大幅度减少，2010～2020 年仅为 99.9t/(km²·a)；延河输沙模数在 20 世纪 70 年代前呈波动变化，70 年代初大量淤地坝的建设和王瑶水库（1972 年建成）的运行[8]，使得输沙模数持续减少；1984～1996 年输沙模数又为增加态势，这主要是由于这段时间淤地坝的拦沙效果减弱甚至消失；1997 年国家实施了大规模的退耕还林还草工程[9]，该流域输沙模数急剧减小，2010～2020 年仅为 763.7t/(km²·a)。

(4) 无定河、泾河、北洛河和渭河的输沙模数的 M-K 统计量分别为 6.36、-4.82、-4.83 和-6.01，其绝对值都远大于 3.01，表明这四条支流输沙模数减小趋势明显。无定河白家川站输沙模数的变化过程主要与流域开展的水土保持措施相关；20 世纪 80 年代前呈波动下降的趋势，这是因为 1950 年逐步实施水土保持措施，70 年代大量建设的淤地坝导致输沙模数大幅度减小；1982 年无定河列为全国八大片重点治理区之一，无定河输沙模数得到控制，基本处在一个较低的台阶上；20 世纪 90 年代淤地坝的拦沙效益逐渐减弱，输沙模数又有所增加；由于实施退耕还林还草工程，2010～2020 年无定河输沙模数仅为 639.0t/(km²·a)。泾河张家山站的输沙模数在 20 世纪 70 年代末前较为稳定，80 年代减至 4313t/(km²·a)，90 年代有所回升，21 世纪前十年和 2010～2020 年分别减为 2588t/(km²·a) 和 1400t/(km²·a)。渭河流域从 20 世纪 70 年代开始水土流失治理，北洛河洑头站和渭河华县站的输沙模数逐渐减少。其中，洑头站的输沙模数在 20 世纪 80 年代仅为 1999t/(km²·a)，90 年代有所增加，一方面是由于水保措施失效，另一方面是人类活动造成沙量增加[10]，2000 年后大幅度减小，21 世纪前十年减为 883t/(km²·a)，2010～2020 年仅为 368t/（km² · a）。

（5）黄河支流各水文控制站输沙模数皆具有显著减小的趋势，随时间呈指数衰减趋势，仍然用式（8-1）表示，各水文控制站主要参数如表 8-8 所示。洮河红旗站、延河甘谷驿站、泾河张家山站、北洛河洑头站四站的相关系数较低，其输沙模数与时间的相关性较差；其他站相关关系较好，表现为输沙模数随时间呈指数衰减趋势。

表 8-8　黄河支流主要测站输沙模数衰减规律的相关参数

参数	洮河	皇甫川	窟野河	无定河	延河	泾河	北洛河	渭河	汾河	伊洛河	沁河
	红旗站	皇甫站	温家川站	白家川站	甘谷驿站	张家山站	洑头站	华县站	河津站	黑石关站	武陟站
$M_0/$ [t/（km² · a）]	1 602.2	31 123	36 961	7 943.9	14 825	7 319.8	6 901	5 301	213.9	2 186.8	905.48
k_1	-0.032	-0.056	-0.083	-0.047	-0.044	-0.021	-0.044	-0.029	-0.094	-0.076	-0.064
R^2	0.41	0.47	0.55	0.54	0.43	0.31	0.43	0.46	0.67	0.62	0.49

2）干流

表 8-9 为黄河干流主要水文控制站各年代输沙模数，图 8-6 为黄河干流主要水文控制站输沙模数变化过程。黄河干流主要水文控制站输沙模数的变化特征如下[2,6]。

表 8-9　黄河干流主要水文控制站各年代输沙模数

水文控制站	输沙模数/[t/（km² · a）]								M-K 检验	
	20 世纪50 年代	20 世纪60 年代	20 世纪70 年代	20 世纪80 年代	20 世纪90 年代	21 世纪前十年	2010～2020 年	多年均值	U 值	趋势判断
唐乃亥站	58.2	96.7	100.0	162.6	89.2	61.2	97.5	98.5	1.74	无
兰州站	598.9	447.4	257.8	201.0	231.8	97.6	102.5	274.3	-6.35	显著减小
头道拐站	415.5	496.5	313.2	265.8	111.4	107.7	176.3	268.2	-5.30	显著减小
龙门站	2390	2274	1745	944.6	1023	355.7	267.1	1271.3	-7.54	显著减小
潼关站	2677	2086	1932	1144	1158	454.9	268.3	1335	-7.73	显著减小
花园口站	2138	1525	1693	1061	936.7	141.1	185.9	1084.3	-7.23	显著减小
高村站	2036	1506	1479	956.4	670.6	193.5	220.8	967.7	-7.63	显著减小
艾山站	1833	1485	1300	945.4	667.4	209.0	221.8	915.4	-7.30	显著减小
利津站	1819	1448	1194	849.2	518.5	178.6	190.2	848.3	-7.22	显著减小

（1）就黄河干流而言，上游三水文控制站（唐乃亥站、兰州站、头道拐站）的输沙模数较小，多年平均值在 90～300t/（km² · a）；中游龙门站和潼关站的输沙模数非常大，多年平均值分别为 1271.3t/（km² · a）和 1335t/（km² · a）；下游四水文控制站（花园口站、高村站、艾山站、利津站）的输沙模数的多年平均值在 800～1100t/（km² · a）。黄河流域干流输沙模数呈现中游大、上下游小的局面。

（2）黄河上游源头人类活动较少，唐乃亥站输沙模数的 M-K 统计量仅为 1.74，其绝对值小于 1.96，对应的过程线基本为水平状态，表明唐乃亥站的输沙模数没有明显的变化趋势。但对于兰州站和头道拐站，两站输沙模数的 M-K 统计量分别为 -6.35 和 -5.30，其

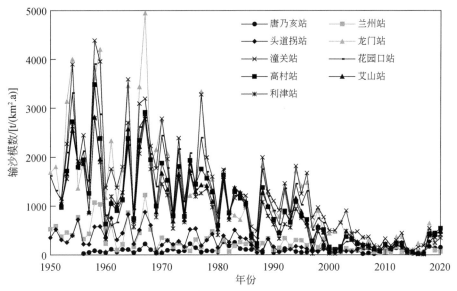

图 8-6 黄河干流主要水文控制站输沙模数变化过程

绝对值均远大于 1.96，表明两站的输沙模数具有明显的减少趋势。兰州站和头道拐站输沙模数的变化过程基本上是一致的，兰州站输沙模数在 1968 年刘家峡水库蓄水运用后明显下降一个台阶，从 1950～1968 年的 545.4t/（km²·a）减至 1969～1999 年的 226.1t/（km²·a）；1997 年李家峡水库蓄水运用后，兰州站输沙模数在 2000 年后继续减小，2000～2020 年平均值为 100.2t/（km²·a）。头道拐站输沙模数在 1969 年、1987 年均有明显的下降过程，2005 年后开始有所回升，1950～1968 年、1969～1986 年、1987～2004 年和 2005～2020 年的平均值分别为 476.7t/（km²·a）、299.5t/（km²·a）、106.7t/（km²·a）和 166.9t/（km²·a），这主要是受刘家峡水库（1968 年蓄水）和龙羊峡水库（1986 年蓄水）拦沙及引水引沙的综合影响。

（3）黄河中游龙门站和潼关站输沙模数的 M-K 统计量分别为-7.54 和-7.73，其绝对值均远大于 3.01，表明两站的输沙模数具有明显的减少趋势，实际上两站输沙模数过程线从 20 世纪 70 年代初呈持续下降趋势，分别从 60 年代的 2274t/（km²·a）和 2086t/（km²·a）持续减至 21 世纪前十年的 355.7t/（km²·a）和 454.9t/（km²·a），2010～2020 年分别为 267.1t/（km²·a）和 268.3t/（km²·a）。这主要是引水量的增加、水利水保工程的实施、上游龙羊峡水库和刘家峡水库的联合运用和气候变化等综合影响造成的。

（4）黄河下游四水文控制站（花园口站、高村站、艾山站、利津站）的输沙模数变化过程基本一样，多年平均值分别为 1084.3t/（km²·a）、967.7t/（km²·a）、915.4t/（km²·a）和 848.3t/（km²·a），其 M-K 统计量分别为-7.23、-7.63、-7.30 和-7.22，其绝对值都远大于 3.01，黄河下游四站输沙模数的减小趋势明显。从过程线可以看到，黄河下游各站输沙模数在 1960 年、1980 年和 2000 年均有明显的下降现象，如 1952～1959 年、1960～1979 年、1980～1999 年、2000～2020 年，利津站平均输沙模数分别为 1819t/（km²·a）、1321t/（km²·a）、683.8t/（km²·a）、184.9t/（km²·a），各阶段明显减小。其中，1960 年输沙模数减小是由于三门峡水库建成开始蓄水拦沙，1965 年输沙模数减小是由于三门峡水库运行方式改为滞洪排沙和蓄清排浑；1980 年输沙模数又有所减小则是由于上中游水库建设与水土保持实施的影响；1999 年小浪底水库蓄水拦沙，导致下游输沙模数进一步减小。

（5）黄河干流各站输沙模数随时间呈指数衰减趋势，仍然用式（8-1）表达，相应参数如表 8-10 所示。除唐乃亥站和头道拐站相关系数较小外，其他站输沙模数与时间的相关系数均较高，在 0.36~0.67。

表 8-10 黄河干流主要水文控制站输沙模数衰减规律的有关参数

参数	唐乃亥站	兰州	头道拐	龙门	潼关	花园口	高村	艾山	利津
$M_0/[\,t/(km^2 \cdot a)\,]$	87.75	531.07	454.26	3229.9	3452.9	3645.4	2824.5	2506.5	2535.6
k_1	−0.002	−0.029	−0.023	−0.038	−0.038	−0.051	−0.045	−0.043	−0.049
R^2	0.0033	0.48	0.36	0.63	0.67	0.57	0.63	0.59	0.54

3. 黄河流域产流产沙分布的变化

1）黄河流域产流产沙区域的分布特点

通过分析区域径流深和输沙模数的变化，进一步了解黄河流域产流产沙区域的分布特点。表 8-11 和图 8-7 分别为黄河干流各河段各年代产流产沙特征值及沿程变化，图 8-8 为黄河干流各河段不同年代径流深和输沙模数的沿程变化。

表 8-11 黄河干流各河段各年代产流产沙特征值

河段	流域面积/km²	水沙模数	20 世纪50 年代	20 世纪60 年代	20 世纪70 年代	20 世纪80 年代	20 世纪90 年代	21 世纪前十年	2010~2020 年	多年均值
唐乃亥以上	121 972	区域径流深/mm	154.2	177.4	167.2	197.8	144.3	143.0	184.9	167.2
		区域输沙模数/[t/(km²·a)]	58.2	96.7	100.0	162.6	89.2	61.2	97.5	98.5
唐乃亥—兰州	100 579	区域径流深/mm	126.5	140.7	113.3	91.8	83.3	92.6	119.2	109.7
		区域输沙模数/[t/(km²·a)]	1 255	872.8	449.1	247.6	404.6	141.7	108.5	487.4
兰州—头道拐	145 347	区域径流深/mm	−47.9	−59.8	−58.3	−65.0	−70.9	−83.1	−84.0	−67.2
		区域输沙模数/[t/(km²·a)]	134.6	571.6	398.0	365.0	−72.9	123.2	289.2	258.8
头道拐—龙门	129 654	区域径流深/mm	46.5	50.6	39.7	28.6	31.9	18.4	13.6	32.1
		区域输沙模数/[t/(km²·a)]	7 994	7 318	5 806	2 871	3 611	1 059	524.7	4 066
龙门—潼关	184 589	区域径流深/mm	66.0	62.0	39.4	50.3	27.5	21.4	30.6	41.1
		区域输沙模数/[t/(km²·a)]	3 451	1 578	2 437	1 681	1 520	731.9	271.6	1 544
潼关—花园口	47 895	区域径流深/mm	121.2	114.9	50.5	89.1	16.9	44.5	47.4	67.7
		区域输沙模数/[t/(km²·a)]	−5 549	−6 462	−1 706	−121.1	−2 211	−4 365	−9 86.9	−2 658

续表

河段	流域 面积/km²	水沙模数	20 世纪 50 年代	20 世纪 60 年代	20 世纪 70 年代	20 世纪 80 年代	20 世纪 90 年代	21 世纪 前十年	2010~ 2020 年	多年 均值
花园口—高村	4 110	区域径流深/mm	−299.6	−215.1	−518.7	−920.4	−847.2	−486.3	−674.2	−581.6
		区域输沙模数/ [t/(km²·a)]	−16 026	−1 825	−36 496	−17 640	−46 594	9 501	6 416	−17 785
高村—艾山	14 990	区域径流深/mm	80.6	53.3	−104.1	−198.3	−177.3	−131.1	−176.6	−99.6
		区域输沙模数/ [t/(km²·a)]	−8 122	433.6	−7 498	413.6	513.7	968.1	269.8	−1 648
艾山—利津	2 896	区域径流深/mm	−397.5	−137.9	−1 153	−2 010	−1 890	−1 766	−1 899	−1 354
		区域输沙模数/ [t/(km²·a)]	−1 770	−8 046	−26 105	−24 037	−38 004	−7 685	−7 857	−16 511

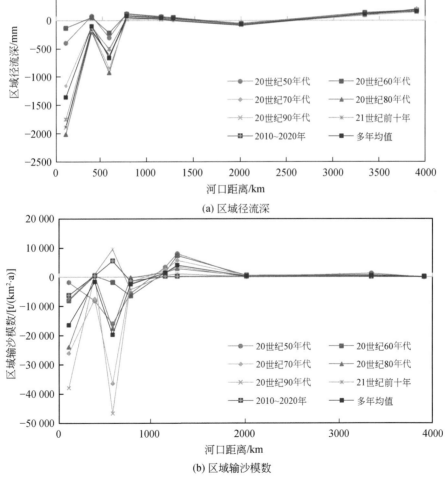

(a) 区域径流深

(b) 区域输沙模数

图 8-7 黄河干流区域径流深和区域输沙模数年代均值的沿程变化

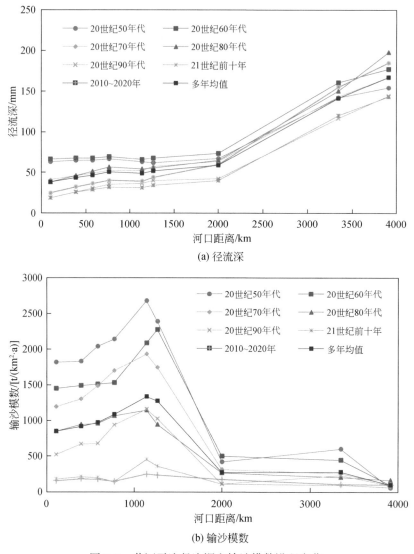

(a) 径流深

(b) 输沙模数

图 8-8　黄河干流径流深和输沙模数沿程变化

（1）黄河上游唐乃亥以上、唐乃亥—兰州和兰州—头道拐各河段多年平均区域径流深分别为 167.2mm、109.7mm 和 -67.2mm，相应的多年平均区域输沙模数分别为 98.5t/（km²·a）、487.4t/（km²·a）和 258.8t/（km²·a）。相比之下，上游河段各水文站平均径流深和各河段区域径流深相对较大（兰州—头道拐河段区域径流深除外），而各水文站输沙模数和各河段区域输沙模数较小，表明上游河段产流较多，而产沙较少，是黄河主要产流区域，特别是兰州以上区域。其中，兰州—头道拐河段区域径流深为负值，表明该河段有径流流出，这是由宁蒙河段引水灌溉造成的。

（2）黄河中游头道—龙门、龙门—潼关、潼关—花园口各河段多年平均区域径流深分别为 32.1mm、41.1mm、67.7mm，相应的多年平均区域输沙模数分别为 4066t/（km²·a）、1544t/（km²·a）、-2658t/（km²·a）。显然，中游各水文站径流深和各河段区域径流深明显小于上游河段（兰州—头道拐河段区域径流深除外），而相应的输沙模数和区域输沙模数明显大于上游河段（潼关—花园口河段区域输沙模数除外），以潼关站输沙模数和头道拐—龙门河段区域输沙模数最大，表明中游河段区域产流较少，但水土流失严重，产沙大幅度增加，是黄河主要产沙区域，特别是头道拐—潼关河段。其中，潼关—花园口河段区域输沙模数为负数，这主要是由于三门峡水库和小浪底水库修建后拦截了大量的泥沙，致使花园口站年输沙量远小于潼关站。

（3）黄河下游花园口—高村、高村—艾山、艾山—利津各河段多年平均区域径流深均为负数，分别为–581.6mm、–99.6mm、–1354mm，相应的多年平均区域输沙模数也均为负数，分别为–17 785t/（km²·a）、–1648t/（km²·a）、–16 511t/（km²·a）。这表明，一方面下游河段的集水面积较小，基本上无产流产沙；另一方面，下游河道大量的引水引沙活动和河道泥沙淤积，尤其是艾山—利津河段引水量很大，致使下游河道径流深和输沙模数小于中游河段的（20 世纪 50 年代早期和 60 年代初期无引水引沙影响的径流深除外），且下游河段的区域径流深和区域输沙模数为负数（2000 年后的区域输沙模数除外），2000 年以来小浪底水库实施调水调沙，使得下游艾山站以上河道冲刷，对应区域输沙模数大于零。

综上所述，在整个黄河流域，上游区域产流多产沙少，是产流的主要区域，特别是兰州以上区域；中游区域产流少产沙多，是黄河产沙的主要区域，特别是头道拐—潼关段流经黄土高原；下游区域基本上不产流产沙，是水沙资源量的消耗区。黄河流域水沙异源现象十分明显，这也是长期以来的共识。

2）黄河流域水沙异源的变化

黄河流域水沙异源的特征主要体现在水沙区域分布的不一致性，一般利用流域不同区域水沙量所占的比例来反映。为了有效地反映黄河流域水沙平面分布的变化，引入水沙量关系参数的变化过程来分析黄河水沙异源的变化，水沙量关系参数定义为区域产沙量与产流量的比值，简单地理解为区域产流含沙[6]。通过分析不同年代区域产流含沙量的空间分布变异系数的变化过程，研究黄河流域水沙异源的变异。为了减少干流河道水库建设、引水分流等人类活动的影响，各河段产流含沙量选取分为两种情况，若河段内有典型支流汇入，则采用支流汇入的平均含沙量；若无支流汇入，则采用河段干流的平均含沙量值。区域产流含沙量变异系数 CV 定义为

$$CV = \sqrt{\frac{1}{N}\sum_{i=1}^{N}(x_i - \mu)^2} \tag{8-2}$$

式中，x 为区域产流含沙量；$\mu = \frac{1}{N}\sum_{i=1}^{N}x_i$，为产流含沙量的均值；若 CV 越大，表明黄河流域水沙异源现象越突出；反之，黄河流域水沙异源现象越弱。表 8-12 为黄河流域水沙量分布与区域产流含沙量变异系数。黄河流域水沙量分布变化特点如下[2,6]。

（1）上游（头道拐以上）河段的产流比例从 20 世纪 50 年代的 50.6% 持续增加至 2010～2015 年的 66.5%，产沙比例在 21 世纪前十年之前一直在 10% 附近波动，2010～2015 年增至 32.0%，产沙比例的增加速率明显大于产流比例的增加速率；对应的产流含沙量从 20 世纪 50 年代 1.68kg/m³ 减至 21 世纪前十年的 0.84kg/m³，2010～2015 年仅为

0.56kg/m^3，减幅分别为 50.0% 和 66.7%，其中唐乃亥—兰州的区域产流含沙量减幅高达 87.7%。

表 8-12　黄河流域水沙量分布与区域产流含沙量变异系数

河段	参数	20 世纪 50 年代	20 世纪 60 年代	20 世纪 70 年代	20 世纪 80 年代	20 世纪 90 年代	21 世纪前十年	2010~2015 年
上游	产流比例/%	50.6	53.6	61.1	58.1	61.0	63.4	66.5
	产沙比例/%	8.4	12.9	8.7	12.5	5.2	12.7	32.0
	区域产流含沙量/(kg/m³)	1.68	1.27	1.65	1.55	1.50	0.84	0.56
中游	产流比例/%	37.5	35.6	32.6	31.6	35.9	27.5	25.6
	产沙比例/%	91.6	87.1	91.3	87.5	94.8	87.3	68.0
	区域产流含沙量/(kg/m³)	70.52	50.82	69.69	36.29	66.11	29.18	9.22
中上游区域产流含沙量变异系数		1.57	1.53	1.45	1.46	1.38	1.39	1.24

（2）黄河中游（头道拐—花园口）产流比例在 20 世纪 90 年代之前一直在 35% 附近波动，21 世纪前十年和 2010~2015 年仅为 27.5% 和 25.6%，中游产沙比例在 21 世纪前十年之前一直在 90% 附近波动，2010~2015 年减至 68.0%，2010~2015 年产流比例的减小速率明显小于产沙比例的减小速率，对应的区域产流含沙量从 20 世纪 50 年代的 70.52kg/m^3 减至 21 世纪前十年的 29.18kg/m^3，2010~2015 年仅为 9.22kg/m^3，减幅分别为 58.6% 和 86.9%，其中头道拐—龙门的区域产流含沙量减幅高达 92.3%。

（3）黄河流域中上游区域产流含沙量变异系数随时间总体上呈减小的趋势，特别是 2010~2015 年减小幅度较大，从 20 世纪 50 年代的 1.57 减至 70 年代的 1.45，21 世纪前十年减至 1.39，2010~2015 年仅为 1.24，表明黄河中上游仍然存在水沙异源的现象，但中上游区域的产流含沙量在空间分布上呈现逐步均匀的趋势，黄河流域水沙异源现象有减轻的趋势，特别是 2010~2015 年水沙异源现象减轻趋势明显。这与上游产沙比例较产流比例增加更多、中游产沙比例较产流比例减少更多的结论是一致的。

8.2　河道水沙搭配关系和输沙能力的变化

河道水沙搭配关系主要包括三方面的内容，一是双累积水沙变化关系，二是水沙变化制约关系，三是来沙系数的变化。其中，双累积水沙变化关系反映年径流量和年输沙量变化的相对关系，反映其年平均含沙量的变化态势，在第 2 章和第 3 章主要水文控制站水沙变化中都曾使用，在此就不再赘述。水沙变化制约关系主要是指年输沙量变化与年径流量变化之间遵循的制约关系，反映河道水沙变化遵循的内在规律。来沙系数主要反映河道的来沙输沙强度和水沙搭配关系[11]，若河道来沙系数较大，河道水沙搭配关系失调，河道输沙强度较大，对应的输沙潜力较小；若河道来沙系数较小，河道输沙强度较小，对应的输沙潜力较大。因此，本节通过分析典型河流水沙变化制约关系和来沙系数，来了解河道水沙搭配关系和输沙能力的变化[2,4,12]。

8.2.1 河道水沙变化制约关系

1. 水沙变化制约关系式

河道断面某时段 Δt 内的平均输沙率 Q_s 可由下式表达：

$$Q_s = KQ^\alpha S_u^\beta \tag{8-3}$$

式中，K 为系数；α 和 β 分别为流量和含沙量的指数；Q 为平均流量，$Q = \dfrac{W}{\Delta t}$，W 为时段 Δt 内的径流量；S_u 为河道上游来水含沙量。河道平均含沙量 S 为 $S = KQ^{\alpha-1} S_u^\beta = K\left(\dfrac{W}{\Delta t}\right)^{\alpha-1}$ $S_u^\beta = KW^{\alpha-1}\Delta t^{1-\alpha} S_u^\beta$。河道时段 Δt 内的输沙量 W_s 为 $W_s = WS = K\Delta t^{1-\alpha} W^\alpha S_u^\beta$。若令 $K' = K\Delta t^{1-\alpha}$，上式变为

$$W_s = K'W^\alpha S_u^\beta \tag{8-4}$$

对于像黄河这样的多沙河流，若已知年径流量与上游来水含沙量，可用上述输沙量公式估算本河段的年输沙量，文献［13］开展了相关研究。对于像长江、珠江这样的少沙河流[14]，平均输沙率公式一般为

$$Q_s = KQ^\alpha \tag{8-5}$$

对应的输沙量公式为

$$W_s = K'W^\alpha \tag{8-6}$$

式中，K' 为系数；α 和 β 分别为径流量和含沙量的指数，可由年实测水沙资料回归确定，将在有关河流中进行分析。上述关系表明，河道年输沙量随着年径流量的增加而增加，呈幂函数关系。

2. 南方主要河流

结合《中国河流泥沙公报》提供的河流水文控制站年径流量和年输沙量资料，点绘南方主要河流水文控制站年输沙量与年径流量之间的关系，如图 8-9～图 8-12 所示。南方河流主要水文控制站年输沙量与年径流量的关系一般遵循幂指数的关系［式（8-4）或式（8-6）］，对应的系数和指数参见表 8-13。对于人类活动较少或者来沙较少的河流，其水沙关系比较简单，基本上遵循式（8-6）的关系，目前这种情况较少，如珠江流域西江水系上游柳江柳州站和郁江南宁站、北江石角站，钱塘江流域兰江兰溪站，以及闽江流域沙溪沙县站和大樟溪永泰站。对于人类活动较多的河流水文站，由于人类活动的影响，河道输沙量随时间呈现减小趋势，特别是修建了控制性水库的河流，由于水库拦沙效果明显，不同时段具有不一样的水沙关系，除上述情况水文控制站外，其他水文控制站皆属于这种情况；实际上，这种情况也是式（8-4）的另外一种表现形式，因为受人类活动影响后，特别是控制性水库蓄水运用后，河道来水含沙量减少，其水沙关系点群位于上一时段的下方，甚至其趋势线是平行的，这正是式（8-4）的表现形式。

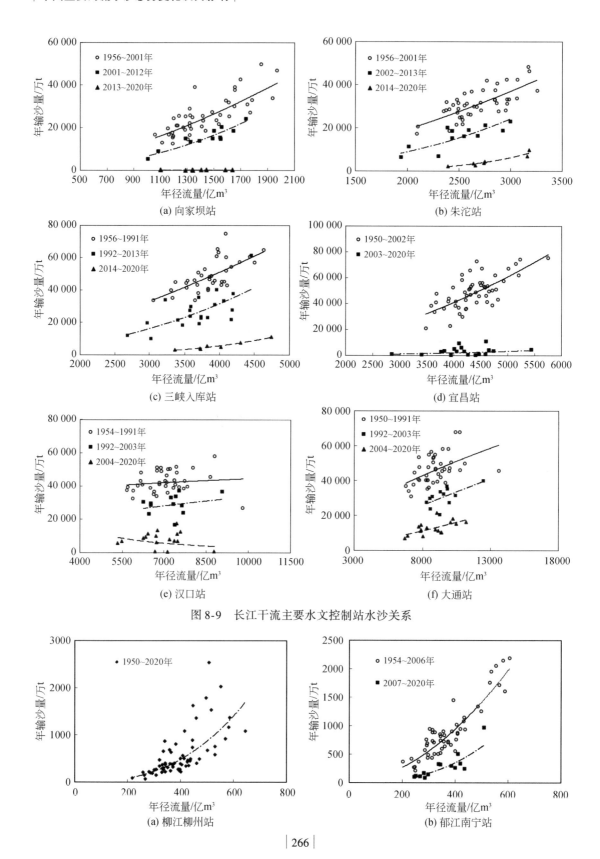

图 8-9　长江干流主要水文控制站水沙关系

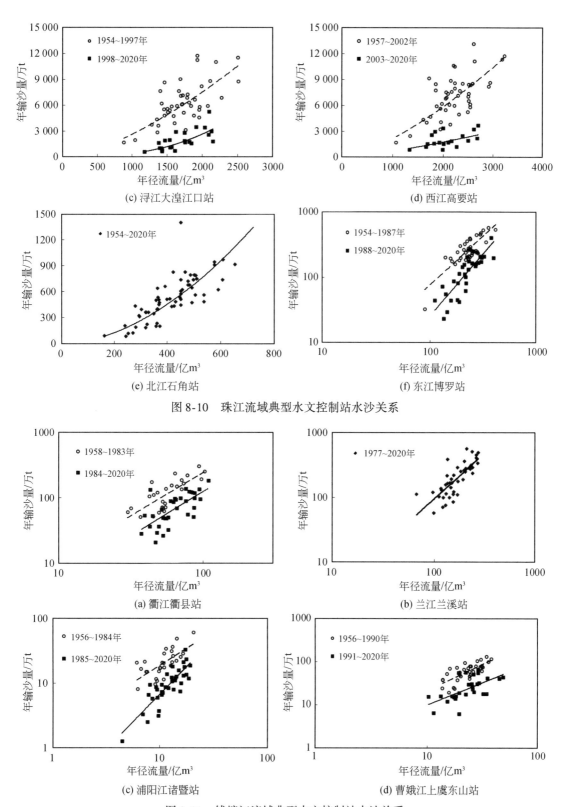

(c) 浔江大湟江口站

(d) 西江高要站

(e) 北江石角站

(f) 东江博罗站

图 8-10 珠江流域典型水文控制站水沙关系

(a) 衢江衢县站

(b) 兰江兰溪站

(c) 浦阳江诸暨站

(d) 曹娥江上虞东山站

图 8-11 钱塘江流域典型水文控制站水沙关系

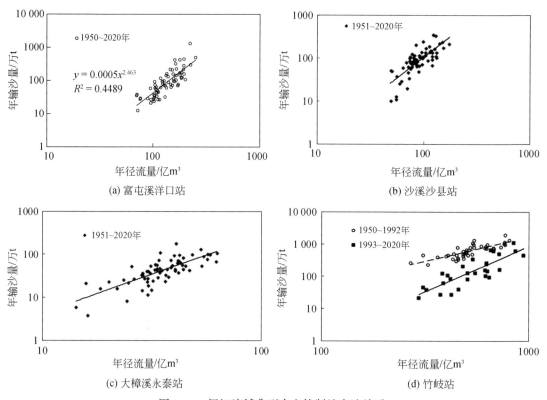

图 8-12　闽江流域典型水文控制站水沙关系

表 8-13　南方主要河流水沙关系中的系数和指数

流域	河流	水文控制站	年份	K'	α	R^2
长江	金沙江	向家坝站	1956~2001 年	0.22	1.60	0.61
			2001~2012 年	0.0011	2.25	0.86
			2013~2020 年	38.21	0.18	0.0019
	嘉陵江	北碚站	1956~1984 年	1.77	1.37	0.63
			1985~1998 年	3×10^{-5}	2.94	0.88
			1999~2020 年	0.01	1.84	0.18
	岷江	高场站	1956~2004 年	2×10^{-7}	3.49	0.67
			2005~2020 年	3×10^{-5}	2.69	0.41
	乌江	武隆站	1956~1984 年	0.084	1.69	0.54
			1985~2000 年	0.023	1.82	0.70
			2001~2020 年	0.0013	2.04	0.23
	汉江	皇庄站	1951~1973 年	0.19	1.72	0.61
			1974~2020 年	5×10^{-5}	2.73	0.71
	赣江	外洲站	1956~1990 年	0.19	1.32	0.83
			1991~2020 年	0.162	1.50	0.46

续表

流域	河流	水文控制站	年份	K'	α	R^2
长江	干流	朱沱站	1956～2001 年	0.096	1.60	0.54
			2002～2013 年	5×10^{-5}	2.49	0.61
			2014～2020 年	4×10^{-14}	4.94	0.92
	干流	三峡入库站	1956～1991 年	0.1822	1.51	0.48
			1992～2013 年	0.0002	2.31	0.53
			2014～2020 年	6×10^{-11}	3.87	0.91
	干流	宜昌站	1950～2002 年	0.0175	1.77	0.45
			2003～2020 年	1×10^{-5}	2.27	0.086
	干流	汉口站	1954～1991 年	10790	0.15	0.014
			1992～2003 年	312.85	0.51	0.052
			2004～2020 年	4×10^{10}	−1.783	0.043
	干流	大通站	1950～1991 年	131.94	0.64	0.25
			1992～2003 年	4.51	0.96	0.33
			2004～2020 年	0.065	1.34	0.43
珠江	柳江	柳州站	1955～2020 年	8×10^{-5}	2.61	0.62
	郁江	南宁站	1954～2006 年	0.0163	1.83	0.78
			2007～2020 年	5×10^{-5}	2.63	0.78
	浔江	大湟江口站	1954～1997 年	0.0762	1.51	0.54
			1998～2020 年	2×10^{-6}	2.77	0.57
	西江干流	高要站	1957～2002 年	0.112	1.42	0.53
			2003～2020 年	0.066	1.33	0.30
	北江	石角站	1954～2020 年	0.0072	1.84	0.70
	东江	博罗站	1954～1987 年	0.074	1.51	0.71
			1988～2020 年	0.0038	1.92	0.70
钱塘江	衢江	衢县站	1958～1983 年	0.53	1.33	0.58
			1984～2020 年	0.23	1.36	0.47
	兰江	兰溪站	1977～2020 年	0.14	1.41	0.60
	浦阳江	诸暨站	1956～1984 年	1.66	1.05	0.46
			1985～2020 年	0.134	1.69	0.71
	曹娥江	上虞东山站	1956～1990 年	1.31	1.21	0.56
			1991～2020 年	0.902	1.04	0.37
闽江	富屯溪	洋口站	1950～2004 年	0.0083	1.87	0.65
			2005～2020 年	3×10^{-6}	3.48	0.80
	沙溪	沙县站	1951～2020 年	0.013	1.95	0.60
	大樟溪	永泰站	1951～2020 年	0.074	1.78	0.61

流域	河流	水文控制站	年份	K'	α	R^2
闽江	干流	竹岐站	1950～1992 年	0.048	1.52	0.65
			1993～2020 年	3×10^{-6}	2.81	0.69

3. 北方主要河流

同样，点绘北方主要河流水文控制站年输沙量与年径流量之间的关系，如图 8-13 ～ 图 8-17 所示。北方河流主要水文站多处在平原河流，泥沙较细，多来多排的规律更为明显，河道年输沙量与年径流量的关系一般遵循幂指数的关系［式（8-4）或式（8-6）］，对应的系数和指数参见表 8-14 和表 8-15。对于人类活动较少的源流或上游河段，其水沙关系比较简单，基本上遵循式（8-6）的关系，如黄河上游唐乃亥站和头道拐站，淮河流域临沂站，海河流域石匣里站，辽河流域兴隆坡站，以及松花江流域扶余站。黄河流域和海河流域某些水文控制站水沙关系点群相对分散，更适合用式（8-4）进行拟合，如黄河干流主要水文控制站，其拟合系数和指数见表 7-14；而对于黄河典型支流（8.2.3 节）和海河一些水文控制站，由于未搜集到上游水文站年平均含沙量资料，未能给出其式（8-4）的拟合参数，仅给出式（8-6）的拟合参数（表 8-15）（含不同时段）。对于其他河流水文控制站，由于水土保持、水库建设等人类活动的影响，其水沙关系表现为不同时段的水沙关系不一样，可以用式（8-6）表达，对应拟合参数见表 8-15。

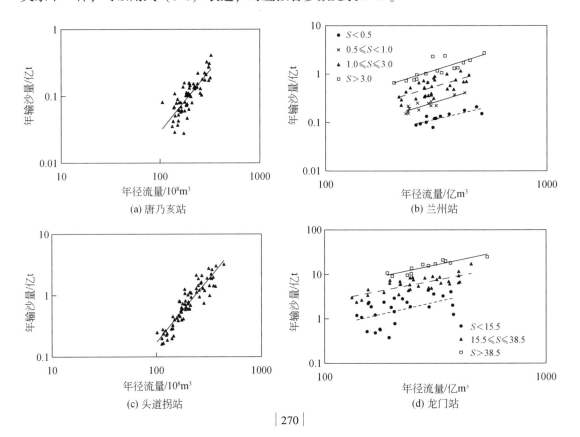

(a) 唐乃亥站　　(b) 兰州站

(c) 头道拐站　　(d) 龙门站

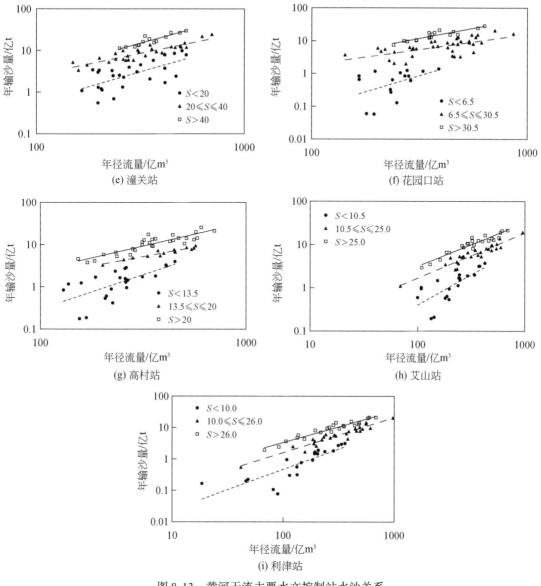

图 8-13 黄河干流主要水文控制站水沙关系

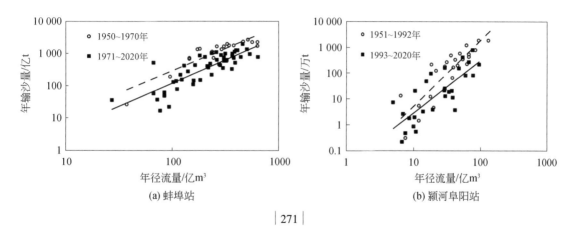

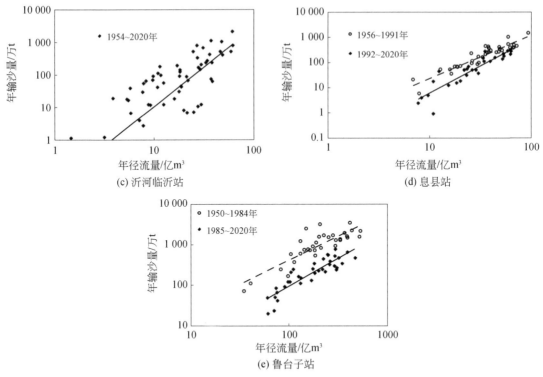

(c) 沂河临沂站

(d) 息县站

(e) 鲁台子站

图 8-14　淮河流域典型水文控制站水沙关系

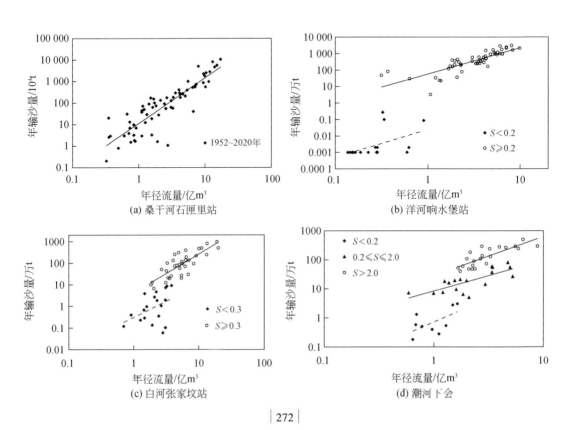

(a) 桑干河石匣里站

(b) 洋河响水堡站

(c) 白河张家坟站

(d) 潮河卜会

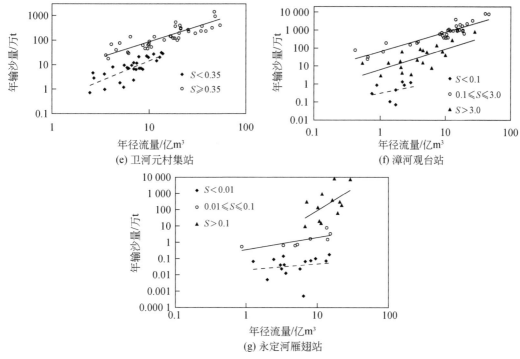

(e) 卫河元村集站　　　　　　　　　　(f) 漳河观台站

(g) 永定河雁翅站

图 8-15　海河流域典型水文控制站水沙关系

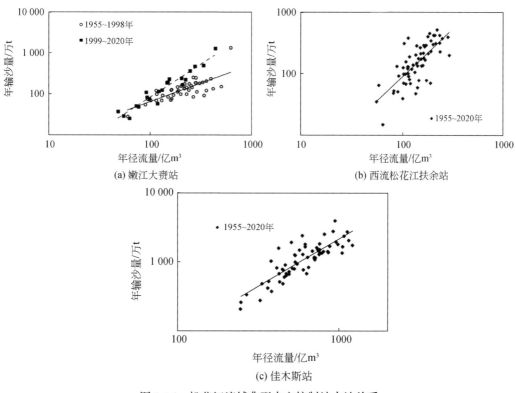

(a) 嫩江大赉站　　　　　　　　　　(b) 西流松花江扶余站

(c) 佳木斯站

图 8-16　松花江流域典型水文控制站水沙关系

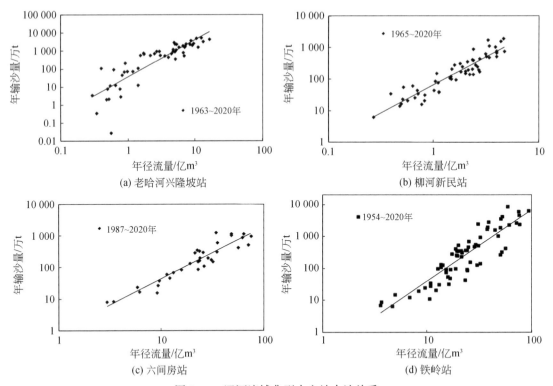

图 8-17 辽河流域典型水文站水沙关系

表 8-14 黄河干流主要水文控制站水沙关系 ［式 (8-4)］ 中的系数和指数

水文控制站	K'	α	β	R^2
唐乃亥站	7×10^{-6}	1.82	0	0.65
兰州站	0.005 03	0.811	0.43	0.12
头道拐站	10×10^{-5}	2.06	0	0.85
龙门站	0.048	0.59	0.93	0.41
潼关站	0.002 3	0.94	0.87	0.94
花园口站	5.29×10^{-6}	1.67	1.27	0.85
高村站	0.001 56	1.07	0.71	0.98
艾山站	0.001 4	0.99	0.9	0.99
利津站	0.000 64	1.07	1.02	0.98

表 8-15 北方主要河流水沙关系中的系数和指数

流域	河流	水文控制站	年份	K'	α	R^2
淮河	干流	蚌埠站	1950～1970 年	0.52	1.37	0.81
			1971～2020 年	0.16	1.44	0.69
	颍河	阜阳站	1951～1992 年	0.016	2.53	0.76
			1993～2020 年	0.028	2.01	0.62

流域	河流	水文控制站	年份	K'	α	R^2
淮河	沂河	临沂站	1954～2020 年	0.040	2.41	0.56
	干流	息县站	1956～1991 年	0.449	1.72	0.87
			1992～2020 年	0.041	2.17	0.83
	干流	鲁台子站	1950～1984 年	1.71	1.19	0.73
			1985～2020 年	0.15	1.39	0.79
海河	桑干河	石匣里站	1952～2020 年	11.13	2.11	0.77
	洋河	响水堡站	1952～1962 年	240.89	1.01	0.32
			1963～2020 年	2.73	3.99	0.82
	白河	张家坟站	1954～1974 年	15.62	1.30	0.53
			1975～2020 年	0.015	4.72	0.46
	潮河	下会站	1961～1979 年	16.26	1.29	0.34
			1980～1998 年	4.56	2.59	0.73
			1999～2020 年	0.051	3.82	0.12
	卫河	元村集站	1951～1977 年	4.91	1.25	0.60
			1978～2020 年	0.57	1.67	0.36
	漳河	观台站	1951～1977 年	6.95	1.79	0.63
			1978～2020 年	5.01	1.36	0.23
	永定河	雁翅站	1952～2020 年	0.0028	3.23	0.42
松花江	嫩江	大赉站	1955～1998 年	0.048	1.61	0.92
			1999～2020 年	0.97	0.91	0.59
	西流松花江	扶余站	1955～2020 年	0.071	1.55	0.54
	干流	佳木斯站	1955～2020 年	0.176	1.36	0.71
辽河	老哈河	兴隆坡站	1963～2020 年	37.04	2.05	0.75
	柳河	新民站	1965～2020 年	64.32	1.79	0.86
	干流	六间房站	1987～2020 年	0.97	1.65	0.88
	干流	铁岭站	1954～2020 年	0.23	2.24	0.78

4. 干旱内陆河流

图 8-18 和图 8-19 分别为塔里木河和黑河典型水文控制站水沙关系。干旱内陆河流地处广阔的干旱地区，径流主要来源于融雪，人类活动相对较少，特别是塔里木河流域典型水文控制站，其水沙关系相对单一，一般遵循式（8-6），具体参数如表 8-16 所示，如塔里木河流域的西大桥站、卡群站和同古孜洛克站。当在流域内修建了水库枢纽后，典型水文控制站的水沙关系也将发生一定的变化，表现为水文控制站不同时段的水沙关系存在一定的差异，可用式（8-4）表达，如塔里木河流域的焉耆站和阿拉尔站，以及黑河的莺落峡站和正义峡站。

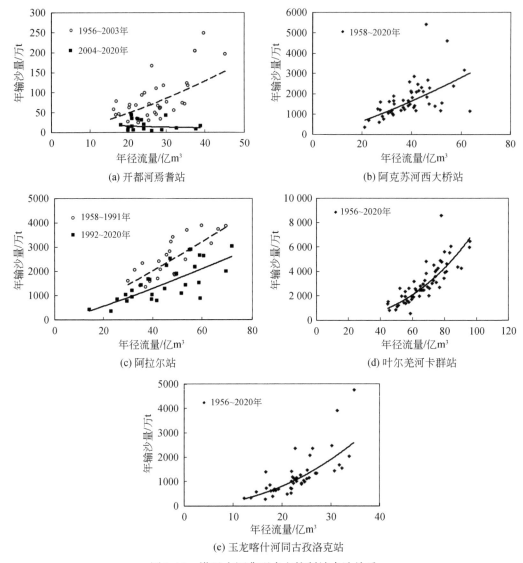

(a) 开都河焉耆站

(b) 阿克苏河西大桥站

(c) 阿拉尔站

(d) 叶尔羌河卡群站

(e) 玉龙喀什河同古孜洛克站

图 8-18 塔里木河典型水文控制站水沙关系

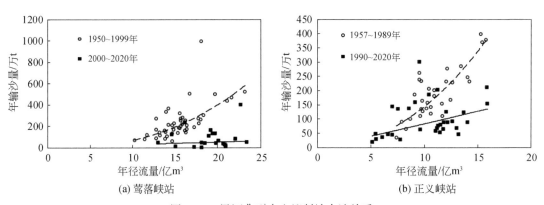

(a) 莺落峡站

(b) 正义峡站

图 8-19 黑河典型水文控制站水沙关系

表 8-16 干旱内陆河流水沙关系中的系数和指数

流域	河流	水文控制站	年份	K'	α	R²
塔里木河	开都河	焉耆站	1956～2003 年	0.69	1.414	0.38
			2004～2020 年	71.73	-0.492	0.02
	阿克苏河	西大桥站	1958～2020 年	12.16	1.328	0.44
	干流	阿拉尔站	1958～1991 年	29.11	1.148	0.58
			1992～2020 年	15.64	1.196	0.62
	叶尔羌河	卡群站	1956～2020 年	0.067	2.524	0.71
	玉龙喀什河	同古孜洛克站	1956～2020 年	1.46	2.109	0.66
黑河	干流	莺落峡站	1950～1999 年	0.18	2.572	0.51
			2000～2020 年	3.98	0.86	0.01
		正义峡站	1957～1989 年	1.09	2.11	0.61
			1990～2020 年	7.06	1.07	0.27

8.2.2 长江流域河道水沙搭配关系的变化

结合长江干支流水文控制站的水沙资料，计算和绘制长江干支流水文控制站来沙系数的变化过程，并利用 M-K 检验法进行趋势性分析。另外，在分析长江河道径流量和输沙量过程的基础上，进一步分析河道水沙变化的控制关系。

1. 主要支流（湖泊）

1）来沙系数变化过程

计算长江主要支流（湖泊）来沙系数年代平均值及 M-K 统计量，如表 8-17 所示。图 8-20 为长江典型支流水文控制站来沙系数的变化过程。主要支流（湖泊）水文控制站来沙系数具有如下的变化特点[2-5]。

表 8-17 长江主要支流（湖泊）水文控制站来沙系数及 M-K 检验变化趋势

时段		支流					两湖	
		嘉陵江	岷江	乌江	汉江	赣江	洞庭湖	鄱阳湖
		北碚站	高场站	武隆站	皇庄站	外洲站	城陵矶站	湖口站
来沙系数/ [(kg·s)/m⁶]	20 世纪 50 年代	0.001 072	0.000 221	0.000 444	0.001 511	0.000 100	0.000 018 7	0.000 022 9
	20 世纪 60 年代	0.001 063	0.000 229	0.000 335	0.001 184	0.000 097	0.000 018 4	0.000 020 8
	20 世纪 70 年代	0.000 981	0.000 159	0.000 485	0.000 518	0.000 074	0.000 018 9	0.000 018 8
	20 世纪 80 年代	0.000 687	0.000 219	0.000 325	0.000 200	0.000 079	0.000 015 4	0.000 015 3
	20 世纪 90 年代	0.000 403	0.000 174	0.000 241	0.000 145	0.000 033	0.000 010 6	0.000 006 8
	21 世纪前十年	0.000 212	0.000 154	0.000 127	0.000 123	0.000 025	0.000 009 6	0.000 022 5
	2010～2020 年	0.000 130	0.000 095	0.000 041	0.000 067	0.000 013 4	0.000 009 7	0.000 011 3
	多年平均	0.000 603	0.000 174	0.000 267	0.000 515	0.000 055	0.000 014 3	0.000 016 3

时段		支流					两湖	
		嘉陵江	岷江	乌江	汉江	赣江	洞庭湖	鄱阳湖
		北碚站	高场站	武隆站	皇庄站	外洲站	城陵矶站	湖口站
M-K 检验	U 值	-8.56	-4.67	-7.55	-9.56	-8.39	-6.17	-2.71
	趋势判断	显著减少	显著减少	显著减少	显著减少	显著减少	显著减少	减少

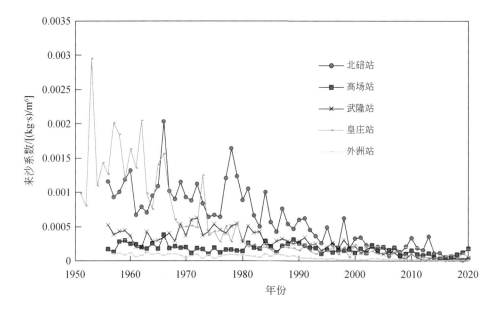

图 8-20　长江流域典型支流水文控制站来沙系数的变化过程

（1）在 20 世纪 50～60 年代水库修建初期，支流河道多处于天然状态或水电开发初期，其来沙系数主要受制于流域水土流失状态，可作为支流河道的初期来沙系数。长江主要支流水文控制站初期来沙系数具有很大的差异，嘉陵江和汉江来沙系数较大，多年平均值分别为 0.000 603（kg·s）/m^6 和 0.000 515（kg·s）/m^6；乌江和岷江次之，多年平均值分别为 0.000 267（kg·s）/m^6 和 0.000 174（kg·s）/m^6；赣江的来沙系数最小，多年平均值仅为 0.000 055（kg·s）/m^6，表明各支流初期流域特性与河道输沙特性具有较大的差异，嘉陵江和汉江的水土流失较严重，河道水沙搭配关系较差，河道输沙量较大；岷江和乌江流域水土流失不严重，河道水沙搭配关系较好，河道输沙量较小；赣江流域水土流失较轻，水沙搭配关系最好，河道输沙量最小。由于洞庭湖和鄱阳湖湖区多处于泥沙淤积状态，其通江水文站的来沙系数更小，多年平均值仅分别为 0.000 014 3（kg·s）/m^6 和 0.000 016 3（kg·s）/m^6。

（2）长江支流水文控制站来沙系数的 M-K 统计量皆为负值，其变化范围为 -9.56～-4.67，其绝对值皆大于 3.01，表明来沙系数随时间呈显著减少趋势，支流河道水沙搭配关系、输沙能力等发生较大的变化，河道输沙潜力有显著增加的趋势。支流来沙系数随时间的变化特点不仅与河道流域情况有关，而且与流域人类活动有重要关系，特别是流域开展水土保持和修建水库后，造成河道输沙量的大幅度减少，直接影响河道来沙系数的变化规律。例如，嘉陵江北碚站受水土保持与水库建设的共同影响，来沙系数在1984年之前减少幅度较小，而在1984年之后持续大幅度减小，输沙潜力大幅度增加；汉江丹江口水库1967年蓄水运用，使得来沙系数迅速减小，河道输沙潜力增加，有利于河道输沙和冲刷。

（3）支流来沙系数衰减规律遵循以下指数关系：

$$\lambda = \lambda_0 \exp k_2(t-t_0) \tag{8-7}$$

式中，λ_0 为支流初始来沙系数；t 为运行年份；t_0 为起始年份；k_2 为支流衰减系数。支流初始来沙系数和衰减系数取决于流域水土流失、河道水库建设、河道采砂等的差异，也反映了不同支流来沙系数衰减规律的差异，如表8-18所示。

表8-18 长江流域主要支流（湖泊）水文控制站来沙系数衰减规律的有关参数

参数	支流					两湖	
	嘉陵江	岷江	乌江	汉江	赣江	洞庭湖	鄱阳湖
	北碚站	高场站	武隆站	皇庄站	外洲站	城陵矶站	湖口站
$\lambda_0/[(\mathrm{kg}\cdot\mathrm{s})/\mathrm{m}^6]$	0.001 9	0.000 2	0.000 7	0.001 7	0.000 1	0.000 02	0.000 05
k_2	−0.049	−0.014	−0.042	−0.053	−0.039	−0.015	−0.011
R^2	0.72	0.33	0.67	0.87	0.81	0.45	0.09

2）水沙变化制约关系

长江支流年径流量与年输沙量在变化过程中，并不是相互独立的，而是相互联系和相互制约的，而且其制约关系将随着流域人类活动的变化而有所差异，特别是流域水库拦沙的作用。根据流域内水库的修建时间，点绘1950~2020年不同时期支流水文控制站年输沙量与年径流量间的关系，如图8-21所示。

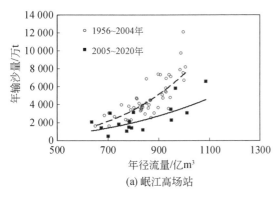

(a) 岷江高场站

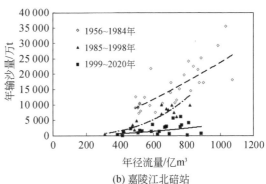

(b) 嘉陵江北碚站

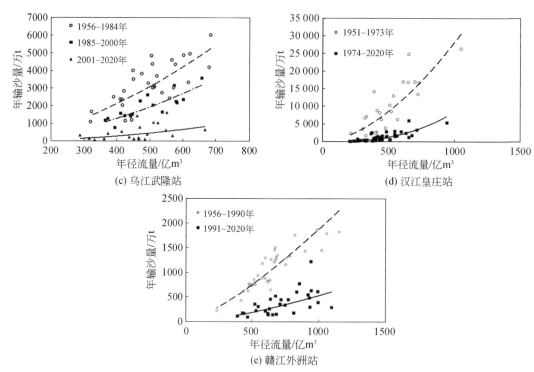

图 8-21　长江流域主要支流水文控制站年输沙量与年径流量的关系

（1）对于长江支流，骨干控制水库修建前后两个时期，水文站年输沙量与年径流量存在式（8-6）的幂指数关系，公式中的系数和指数如表 8-19 所示。

表 8-19　长江流域主要支流（湖泊）水文控制站水沙关系中的系数和指数

系数和指数	支流											湖泊	
	岷江		嘉陵江			乌江			汉江		赣江		洞庭湖	鄱阳湖
	高场站		北碚站			武隆站			皇庄站		外洲站		城陵矶站	湖口站
	1956~2004年	2005~2020年	1956~1984年	1985~1998年	1999~2020年	1956~1984年	1985~2000年	2001~2020年	1951~1973年	1974~2020年	1956~1990年	1991~2020年	1951~2015年	1956~2015年
K'	2×10^{-7}	3×10^{-5}	1.77	3×10^{-5}	0.011	0.0846	0.0228	0.0013	0.190	5×10^{-5}	0.0195	0.016	0.0126	11.94
α	3.49	2.69	1.37	2.94	1.84	1.69	1.82	2.048	1.72	2.73	1.32	1.51	1.56	0.58
R^2	0.67	0.405	0.64	0.88	0.17	0.545	0.701	0.236	0.61	0.71	0.83	0.45	0.34	0.08

（2）水库修建前后，水文控制站年输沙量与年径流量的关系虽然都遵循幂指数关系，但水库修建后的年输沙量明显小于水库修建前的年输沙量，这主要是水库拦沙所致。

2. 洞庭湖和鄱阳湖

1）来沙系数变化过程

图 8-22 为洞庭湖和鄱阳湖来沙系数变化过程。洞庭湖城陵矶站与鄱阳湖湖口站多年平均来沙系数分别为 0.000 014 3（kg·s）/m⁶ 和 0.000 016 3（kg·s）/m⁶，相差不大。洞

庭湖城陵矶站与鄱阳湖湖口站来沙系数的变化过程基本上是一致的，1979 年之前，两站来沙系数基本上在 1979 年前的平均值 0.000 018 65（kg·s）/m⁶ 和 0.000 020 31（kg·s）/ m⁶ 上下波动，无趋势性变化；1979~1998 年，两站来沙系数持续减小，分别从 1979 年的 0.000 021 86（kg·s）/m⁶ 和 0.000 035（kg·s）/m⁶ 减至 1998 年的 0.000 005 99（kg·s）/m⁶ 和 0.000 003 60（kg·s）/m⁶；1998 年以后，两站来沙系数都有所增加，其中湖口站增加迅速，其平均值为 0.000 020 79（kg·s）/m⁶，基本恢复到 1979 年前的水平，其最大值可达 0.000 050 22（kg·s）/m⁶，而城陵矶站来沙系数增加幅度较小，平均值仅为 0.000 010 25（kg·s）/m⁶；城陵矶站来沙系数总体变化为减小趋势，而湖口站总体变化趋势不明显，但其年际变化幅度远大于城陵矶站，湖口站变化幅度为 0.000 000 89~0.000 050 22（kg·s）/m⁶，而城陵矶站仅为 0.000 005 99~0.000 031 88（kg·s）/m⁶。洞庭湖城陵矶站和鄱阳湖湖口站来沙系数的 M-K 统计量分别为−6.17 和−2.71，表明城陵矶站来沙系数呈显著减小态势，湖口站来沙系数总体上呈减小趋势，与上述分析结果是一致的。

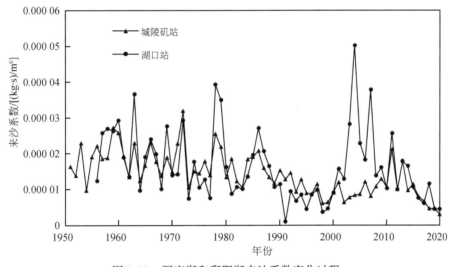

图 8-22　洞庭湖和鄱阳湖来沙系数变化过程

2）水沙变化制约关系

图 8-23 为洞庭湖和鄱阳湖年输沙量与年径流量的关系。两湖水文控制站年输沙量与年径流量仍然遵循幂指数关系，但点群相对散乱，表明两湖水文控制站年输沙量不仅与年径流量有关，而且还受到其他因素的影响，如上游来水来沙条件、湖区泥沙淤积及长江水位顶托等。其中，城陵矶站年输沙量与年径流量的关系较好，湖口站年输沙量与年径流量的关系较差，点群基本上是平的，表 8-19 所示的相关系数也说明了这一点。

3. 干流河道

1）来沙系数的变化过程

表 8-20 为长江干流主要水文控制站来沙系数变化趋势，图 8-24 为长江干流主要水文控制站来沙系数变化过程，长江干流主要水文控制站来沙系数具有如下变化特征。

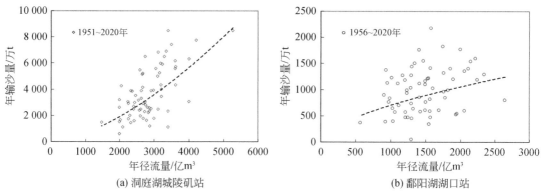

(a) 洞庭湖城陵矶站　　　　　　　　　　　(b) 鄱阳湖湖口站

图 8-23　洞庭湖和鄱阳湖出口水文控制站年径流量与年输沙量的关系

表 8-20　长江干流主要水文控制站来沙系数变化趋势

	时段	向家坝站	朱沱站	三峡入库站	宜昌站	汉口站	大通站
来沙系数/ $[(kg \cdot s)/m^6]$	20 世纪 50 年代	0.000 437	0.000 143	0.000 113	0.000 084 7	—	0.000 021 8
	20 世纪 60 年代	0.000 333	0.000 135	0.000 104	0.000 084 5	0.000 029 2	0.000 021 1
	20 世纪 70 年代	0.000 378	0.000 136	0.000 103	0.000 087 0	0.000 029 5	0.000 019 3
	20 世纪 80 年代	0.000 414	0.000 148	0.000 102	0.000 087 2	0.000 026 1	0.000 017 2
	20 世纪 90 年代	0.000 434	0.000 134	0.000 083	0.000 070 1	0.000 019 9	0.000 011 9
	21 世纪前十年	0.000 242	0.000 092	0.000 054	0.000 023 0	0.000 011 1	0.000 008 2
	2010～2020 年	0.000 059	0.000 034	0.000 022	0.000 003 3	0.000 004 2	0.000 004 6
	多年平均	0.000 314	0.000 114	0.000 079	0.000 062 0	0.000 019 7	0.000 014 0
M-K 检验	U 值	−4.99	−5.74	−8.01	−6.58	−8.08	−8.73
	趋势判断	显著减少	显著减少	显著减少	显著减少	显著减少	显著减少

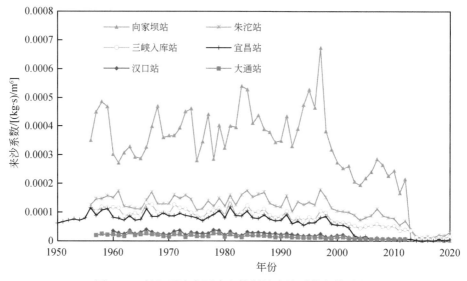

图 8-24　长江干流主要水文控制站来沙系数变化过程

（1）长江干流下游河道承载的支流多于上游河道，上下游河道的来沙系数也有很大的差异，上游来沙系数一般大于下游来沙系数，金沙江来沙系数最大，多年平均值为 0.000 314 $(kg \cdot s)/m^6$，朱沱站、三峡入库站和宜昌站依次减小，分别为 0.000 114 $(kg \cdot s)/m^6$、0.000 079 $(kg \cdot s)/m^6$ 和 0.000 062 0 $(kg \cdot s)/m^6$，汉口站和大通站更小，分别为 0.000 019 7 $(kg \cdot s)/m^6$ 和 0.000 014 0 $(kg \cdot s)/m^6$，表明干流上下游河道的输沙特性有一定的差异，上游河道的输沙强度大于下游河道。

（2）长江干流主要水文控制站来沙系数的 M-K 统计量变化于 -8.73 ~ -4.99，均大于 3.01，具有明显的减小趋势，表明干流河道输沙强度逐渐减小，而输沙潜力有增加的趋势。干流来沙系数随时间的变化特点与流域人类活动有重要关系，特别是流域开展水土保持和修建水库后，造成河道输沙量的大幅度减少，直接影响河道来沙系数的变化规律。上游各站 1998 年后来沙系数减小显著，中下游各站 2003 年三峡工程蓄水运用以来，来沙系数减小幅度明显。

（3）与支流各站来沙系数衰减特点一样，长江干流各站来沙系数衰减规律同样遵循式（8-7）的指数关系，干流初始来沙系数和衰减系数同样取决于流域水土流失、河道水库建设、河道采砂等的差异，如表 8-21 所示。由于向家坝站、朱沱站、宜昌站等的输沙量直接受上游水库（向家坝、三峡水库等）的影响，其相关关系相对较弱。

表 8-21　长江干流水文控制站来沙系数衰减规律的有关参数

参数	向家坝站	朱沱站	三峡入库站	宜昌站	汉口站	大通站
$\lambda_0/[(kg \cdot s)/m^6]$	0.001 1	0.000 2	0.000 2	0.000 2	0.000 06	0.000 03
k_2	-0.055	-0.025	-0.03	-0.052	-0.045	-0.029
R^2	0.38	0.48	0.61	0.57	0.61	0.82

2）水沙变化制约关系

长江干流主要水文控制站不同时段年输沙量与年径流量的变化关系仍然遵循幂函数公式（式 8-6），如图 8-9 所示。与支流水沙变化关系类似，早期人类活动较少的干流水文控制站水沙关系位于上方，同径流量对应的输沙量较大；当流域开展水土保持和水库建设后，水沙关系位于下方，同径流量对应的输沙量减少，水沙关系规律发生一定的变化。

8.2.3　黄河流域河道水沙搭配关系的变化

1. 支流

1）来沙系数的变化过程

表 8-22 为黄河主要支流水文控制站各年代来沙系数及变化趋势，图 8-25 为黄河主要支流来沙系数变化过程，黄河主要支流来沙系数具有如下特点。

表 8-22 黄河流域主要支流水文控制站各年代来沙系数及变化趋势

| 支流 | 站名 | 来沙系数/ [(kg·s) /m⁶] | | | | | | | M-K 检验 | |
		20 世纪 50 年代	20 世纪 60 年代	20 世纪 70 年代	20 世纪 80 年代	20 世纪 90 年代	21 世纪 前十年	2010 ～ 2020 年	多年均值	U 值	趋势判断
洮河	红旗站	0.0528	0.0202	0.0376	0.0343	0.0548	0.0250	0.0071	0.0316	-3.45	显著减小
皇甫川	皇甫站	40.57	58.47	81.94	91.61	129.8	374.2	149.9	137.9	3.34	显著增加
窟野河	温家川站	6.259	5.445	8.149	7.055	7.966	4.824	0.2643	5.595	-3.32	显著减小
无定河	白家川站	3.463	2.350	2.125	1.484	2.776	1.929	0.6540	1.964	-3.61	显著减小
延河	甘谷驿站	32.83	29.51	32.05	21.95	28.44	18.79	4.351	23.45	-5.08	显著减小
泾河	张家山站	3.098	1.801	2.674	2.116	4.022	3.861	1.425	2.696	-0.084	无
北洛河	㳇头站	5.120	3.144	4.445	1.898	5.636	1.658	0.9787	3.236	-4.40	显著减小
渭河	华县站	0.1977	0.1681	0.4224	0.1672	0.7875	0.3048	0.0665	0.2987	-1.21	无
汾河	河津站	0.6092	0.3334	0.4324	0.2633	0.2325	0.0673	0.0192	0.2760	-7.87	显著减小
伊洛河	黑石关站	0.0604	0.0600	0.0688	0.0314	0.0159	0.0031	0.0011	0.0339	-8.11	显著减小
沁河	武陟站	0.1788	0.1800	0.4393	0.2219	0.0907	0.3524	0.0147	0.2083	-5.18	显著减小

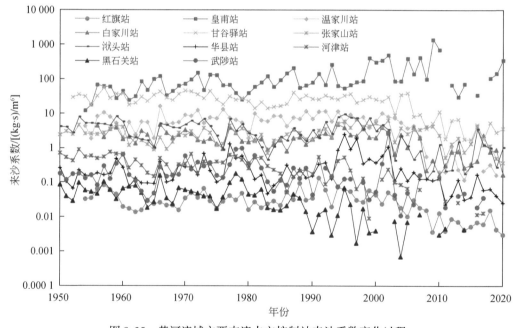

图 8-25 黄河流域主要支流水文控制站来沙系数变化过程

（1）黄河流域各支流的来沙系数具有很大的差异，上游洮河和中游伊洛河的来沙系数相对较小，多年平均值小于 0.1，分别为 0.0316（kg·s）/m⁶ 和 0.0339（kg·s）/m⁶；渭河、汾河和沁河的来沙系数值较大，介于 0.1～1（kg·s）/m⁶，分别为 0.2987（kg·s）/m⁶、0.2760（kg·s）/m⁶ 和 0.2083（kg·s）/m⁶；窟野河、无定河、泾河和北洛河的来沙系数偏大,介于 1 ~ 10 (kg·s) /m^6,分别为 5.595 (kg·s)/m^6、1.964 (kg·s)/m^6、2.696 (kg·s) /m^6 和 3.236 (kg·s) /m^6;皇甫川和延河的来沙系数则更大,分别高达 137.9 (kg·s) /m^6 和 23.45 (kg·s) /m^6。

(2) 黄河上游洮河红旗站来沙系数的 M-K 统计量为−3.45,有显著减小趋势,从 20 世纪 50 年代的 0.0528 (kg·s) /m^6,减小到 60 年代的 0.0202 (kg·s) /m^6,后逐渐增加至 90 年代 0.0548 (kg·s) /m^6,21 世纪前十年减小为 0.0250 (kg·s) /m^6,2010 ~ 2020 年仅为 0.0071 (kg·s) /m^6。中游右岸伊洛河黑石关站来沙系数的 M-K 统计量为 −8.11,有明显减少趋势,来沙系数在 20 世纪 80 年代后明显下降了一个台阶,从 80 年代前的 0.0631 (kg·s) /m^6 减至 90 年代的 0.0159 (kg·s) /m^6,2010 ~ 2020 年仅为 0.0011 (kg·s) /m^6。

(3) 渭河及左岸支流汾河、沁河来沙系数的 M-K 统计量分别为−1.21、−7.87 和 −5.18,表明渭河来沙系数无变化趋势,在 20 世纪 70 年代和 90 年代有突然增加的现象,而 80 年代和 21 世纪前十年又大幅度回落,2010 ~ 2020 年减为 0.0665 (kg·s) /m^6,长时期在多年均值上下波动;汾河河津站和沁河武陟站来沙系数总体呈现显著减小趋势,其中汾河 1960 年、1996 年有明显的下降过程,主要是水库拦沙引起的;20 世纪 80 年代水土保持工程的实施,也使得输沙量持续减少;沁河武陟站来沙系数 20 世纪 50 年代为 0.1788 (kg·s) /m^6,至 70 年代增至 0.4393 (kg·s) /m^6,90 年代减小至 0.0907 (kg·s) /m^6,21 世纪前十年又回升为 0.3524 (kg·s) /m^6,2010 ~ 2020 年大幅度减至 0.0147 (kg·s) /m^6。

(4) 窟野河、无定河、泾河和北洛河的来沙系数的 M-K 统计量分别为−3.32、−3.61、−0.084 和−4.40,泾河来沙系数的 M-K 统计量绝对值小于 1.96,窟野河、无定河和北洛河来沙系数的 M-K 统计量绝对值大于 3.01,表明泾河来沙系数没有变化趋势,窟野河、无定河和北洛河来沙系数具有显著减少趋势。其中,泾河来沙系数在 20 世纪 50 年代为 3.098 (kg·s) /m^6,70 年代减为 2.674 (kg·s)/m^6,90 年代又增至 4.022 (kg·s)/m^6,2010 ~ 2020 年为 1.425 (kg·s) /m^6,在多年均值上下波动;窟野河和无定河来沙系数分别从 20 世纪 50 年代的 6.259 (kg·s) /m^6 和 3.463 (kg·s) /m^6 减至 21 世纪前十年的 4.824 (kg·s) /m^6 和 1.929 (kg·s) /m^6,2010 ~ 2020 年仅为 0.2643 (kg·s) /m^6 和 0.6540 (kg·s) /m^6;北洛河洑头站的来沙系数从 20 世纪 50 年代的 5.120 (kg·s) /m^6 减至 70 年代的 4.445 (kg·s) /m^6,21 世纪前十年变为 1.658 (kg·s) /m^6,2010 ~ 2020 年减至为 0.9787 (kg·s) /m^6,其变化过程与流域开展的水土保持相关。

(5) 皇甫川和延河的来沙系数非常大,其 M-K 统计量分别为 3.34 和−5.08。皇甫川皇甫站的来沙系数呈明显增加的趋势,由 20 世纪 50 年代的 40.57 (kg·s) /m^6,增加至 80 年代的 91.61 (kg·s)/m^6,21 世纪前十年大幅增加至 374.2 (kg·s) /m^6,2010 ~ 2020 年减至为 149.9 (kg·s)/m^6,这主要是径流减小幅度大于输沙量减小幅度造成的。延河甘谷驿站的来沙系数则呈明显减少的趋势,从 20 世纪 50 年代的 32.83 (kg·s) /m^6 减至 80 年代的 21.95 (kg·s) /m^6,21 世纪前十年减至 18.79 (kg·s) /m^6,2010 ~ 2020 年仅为 4.351 (kg·s) /m^6。

2) 水沙变化制约关系

黄河主要支流水文控制站水沙变化基本遵循式 (8-6) 的幂函数关系,如图 8-26 所示，各站拟合参数见表 8-23。表 8-23 中拟合程度 R^2 显示，洮河红旗站、北洛河洑头站、渭河华县站、伊洛河黑石关站等各站的拟合程度较差，回归方差皆小于 0.5，相应的年输沙量与年径流量关系的点群分散，表明年输沙量不仅与年径流量有关，还与来水含沙量有关，即遵循式（8-4）的关系。根据含沙量的不同，将各站的水沙关系进行拟合，如图 8-27 所示，鉴于各支流未搜集到上游水文站年均含沙量资料，未能给出相关的拟合参数。

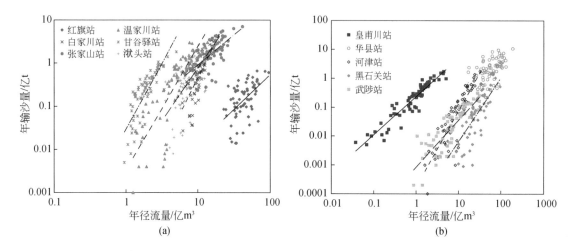

图 8-26　黄河流域主要支流水文控制站年输沙量与年径流量关系

表 8-23　黄河流域主要支流水文控制站水沙关系式的系数和指数

系数和指数	洮河	皇甫川	窟野河	无定河	延河	泾河	北洛河	渭河	汾河	伊洛河	沁河
	红旗站	皇甫站	温家川站	白家川站	甘谷驿站	张家山站	洑头站	华县站	河津站	黑石关站	武陟站
R^2	0.33	0.87	0.71	0.66	0.68	0.55	0.36	0.22	0.58	0.47	0.64
K'	0.000 3	0.232 2	0.002 4	0.000 3	0.037 3	0.036 7	0.003 6	0.083	0.000 02	2×10^{-7}	0.000 3
α	1.71	1.12	3.10	3.23	2.88	1.42	2.33	0.80	3.34	3.75	2.10

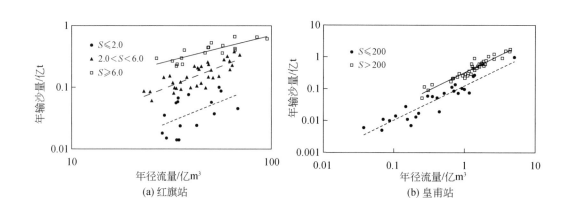

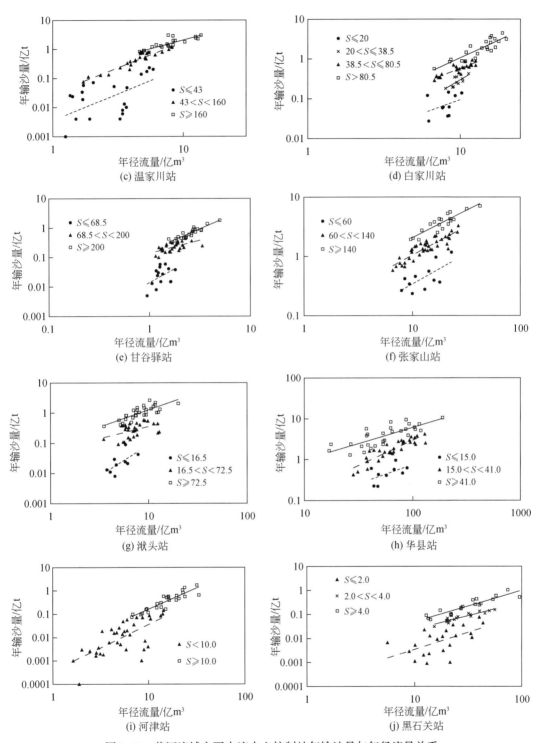

图 8-27 黄河流域主要支流水文控制站年输沙量与年径流量关系

2. 干流

1）来沙系数的变化过程

表 8-24 为黄河干流主要水文控制站各年代来沙系数，图 8-28 和图 8-29 分别为黄河干流来沙系数年际变化和沿程变化。黄河干流主要水文控制站来沙系数的变化特征如下。

表 8-24　黄河干流主要水文控制站各年代来沙系数

站名		唐乃亥站	兰州站	头道拐站	龙门站	潼关站	花园口站	高村站	艾山站	利津站
距河口距离/km		3911	3 344.6	2 002.3	1 268.6	1 141.1	767.7	579.1	385.5	103.6
来沙系数/[(kg·s)/m⁶]	20 世纪 50 年代	0.000 83	0.004 24	0.007 85	0.040 53	0.031 28	0.021 25	0.022 38	0.019 70	0.020 82
	20 世纪 60 年代	0.000 73	0.002 05	0.007 42	0.033 79	0.024 07	0.017 90	0.019 22	0.020 44	0.021 47
	20 世纪 70 年代	0.000 88	0.001 95	0.006 64	0.037 69	0.035 17	0.028 52	0.027 77	0.027 57	0.031 91
	20 世纪 80 年代	0.001 00	0.001 30	0.004 95	0.023 16	0.019 75	0.015 16	0.016 44	0.019 90	0.026 86
	20 世纪 90 年代	0.001 08	0.002 57	0.005 27	0.041 66	0.043 03	0.034 86	0.034 78	0.045 91	0.077 75
	21 世纪前十年	0.000 90	0.001 01	0.005 54	0.021 07	0.023 58	0.006 34	0.010 93	0.014 79	0.026 73
	2010 ~ 2020 年	0.000 71	0.000 56	0.003 79	0.008 03	0.007 00	0.002 92	0.004 64	0.005 97	0.007 76
	多年平均	0.000 87	0.001 94	0.005 89	0.029 12	0.025 84	0.017 92	0.019 15	0.021 87	0.030 42
M-K 检验	U 值	-0.43	-5.68	-6.17	-4.43	-3.45	-4.22	-3.67	-2.60	-1.28
	趋势判断	无	显著减小	显著减小	显著减小	显著减小	显著减小	显著减小	减小	无

（1）上游流域来水量多、输沙量较少，唐乃亥站、兰州站和头道拐站三站的来沙系数较小，多年平均值分别为 0.000 87（kg·s）/m⁶、0.001 94（kg·s）/m⁶ 和 0.005 89（kg·s）/m⁶；中游龙门站和潼关站的来沙系数较大，多年平均值分别为 0.029 12（kg·s）/m⁶ 和 0.025 84（kg·s）/m⁶；下游四水文控制站（花园口站、高村站、艾山站、利津站）的来沙系数也较大，多年平均值在 0.017 92 ~ 0.030 42（kg·s）/m⁶。

（2）上游三站（唐乃亥站、兰州站、头道拐站）来沙系数的 M-K 统计量分别为 -0.43、-5.68、-6.17，表明唐乃亥站来沙系数没有变化趋势，兰州站和头道拐站来沙系数呈显著减小趋势。其中，唐乃亥站的来沙系数从 20 世纪 60 年代 0.000 73（kg·s）/m⁶ 增加到 90 年代 0.001 08（kg·s）/m⁶，2010 ~ 2020 年又回落至 0.000 71（kg·s）/m⁶，但基本都在多年平均值附近波动；兰州站来沙系数在 20 世纪 90 年代前持续减小，20 世纪

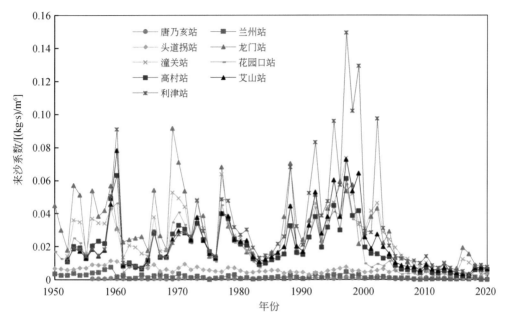

图 8-28 黄河干流主要水文控制站来沙系数变化过程

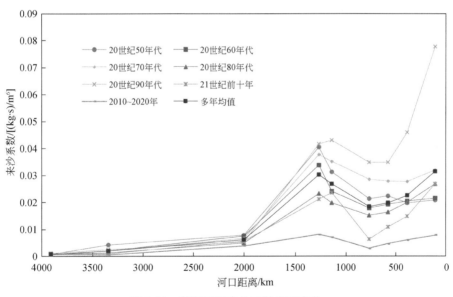

图 8-29 黄河干流来沙系数沿程变化

90 年代回升至 0.002 57（kg·s）/m⁶，2000 年后又减小，其中在 1960 年、2000 年均有明显的下降过程，这主要是受盐锅峡水库（1961 年蓄水）和李家峡水库（1997 年蓄水）蓄水运用的影响；头道拐站来沙系数的变化规律与兰州站类似，但来沙系数较兰州站大许多，这主要是宁蒙河段大量引水，导致流量减小而含沙量变化不大。

（3）中游两站（龙门站、潼关站）来沙系数的变化规律基本一致，其 M-K 统计量分别为−4.43 和−3.45，其绝对值均大于 3.01，说明龙门站和潼关站来沙系数具有明显减少趋势。例如，龙门站和潼关站来沙系数在 20 世纪 90 年代前处于大幅度波动变化过程中，分别从 20 世纪 50 年代的 0.040 53（kg·s）/m⁶ 和 0.031 28（kg·s）/m⁶ 减至 60 年代的 0.033 79（kg·s）/m⁶ 和 0.024 07（kg·s）/m⁶，70 年代又增至 0.037 69（kg·s）/m⁶ 和 0.035 17（kg·s）/m⁶，80 年代锐减至 0.023 16（kg·s）/m⁶ 和 0.019 75（kg·s）/m⁶，90 年代急增为 0.041 66（kg·s）/m⁶ 和 0.043 03（kg·s）/m⁶，21 世纪前十年又快速下降至 0.021 07（kg·s）/m⁶ 和 0.023 58（kg·s）/m⁶，2010～2020 年仅分别为 0.008 03（kg·s）/m⁶ 和 0.007 00（kg·s）/m⁶，减小趋势明显。其中，20 世纪 80 年代和 21 世纪前十年的来沙系数减小明显，这主要人类活动造成输沙量减小，而径流量减小幅度小于输沙量减小幅度。

（4）黄河下游四站（花园口站、高村站、艾山站、利津站）来沙系数的变化趋势基本近似，四站多年平均值分别为 0.017 92（kg·s）/m⁶、0.019 15（kg·s）/m⁶、0.021 87（kg·s）/m⁶ 和 0.030 42（kg·s）/m⁶，其 M-K 统计量分别为 –4.22、–3.67、–2.60、–1.28，花园口站和高村站的 M-K 统计量绝对值皆大于 3.01，两站来沙系数具有显著减少的趋势。艾山站来沙系数的 M-K 统计量绝对值大于 1.96 小于 3.01，该站来沙系数具有减少的趋势；而利津站来沙系数的 M-K 统计量绝对值小于 1.96，表明该站来沙系数无变化趋势。黄河下游各站来沙系数在 20 世纪 80 年代前变化几乎一致，呈现增减宽幅波动态势，主要受上中游水沙条件以及三门峡水库运行的影响。1990 年后，下游大量引水，导致径流量减小幅度大于输沙量减小幅度，造成下游来沙系数增大；1999 年小浪底水库建成，拦截了大量泥沙，而径流量变化不大，因而 2000 年后来沙系数回落。

（5）就整个黄河干流而言，黄河上游各站的来沙系数沿程增加，至中游龙门站和潼关站达到最大值，经过河道淤积和三门峡水库、小浪底水库的拦沙，从潼关站至花园口站逐渐减小，下游河道受引水灌溉和水库下游河道冲刷恢复的影响，各站来沙系数又呈现沿程增加的现象，至利津站达最大值。

2）水沙制约关系

黄河干流各站年径流量–年输沙量关系（图 8-13）表明，上游唐乃亥站、头道拐站年输沙量与年径流量呈幂函数关系遵循式（8-6），其他水文控制站年输沙量与年径流量的关系遵循式（8-4）的关系，表 8-14 给出黄河干流水文控制站年输沙量和年径流量关系式中的系数和指数。其中，唐乃亥站和头道拐站年输沙量主要取决于径流量的大小，其他水文站的年输沙量不仅与年径流量有关，而且还与上游来水含沙量有重要关系。

8.3 水沙变化对河道冲淤与侧向演变的影响

8.3.1 河道冲淤的影响

1. 河道冲淤影响分析

1）少沙河流

对于山区河道或者低含沙量河道，河道悬移质输沙能力与流量关系通常为幂指数关系，可用式（8-5）表示。

对于山区河道，河道输沙能力较大，对应的幂指数较大，一般大于2.0，如长江上游朱沱站和寸滩站输沙率公式的幂指数分别为3.03和2.83；对于中下游河道，河道含沙量低，其输沙能力有所减小，对应的幂指数略小于2.0或约等于2.0。根据式（8-5）可求得河段的冲淤量。河段进出口的输沙量分别为

$$W_{su} = QS_u \Delta t$$
$$W_s = Q_s \Delta t \tag{8-8}$$

对应的河段冲淤量为

$$\Delta W_s = (QS_u - Q_s)\Delta t \tag{8-9}$$

即

$$\Delta W_s = W_s(1 - KQ^{\alpha-2}\lambda_u^{-1}) \tag{8-10a}$$

也可以写成如下形式：

$$\Delta W_s = W_s(1 - KQ^m \lambda_u^{-n}) \tag{8-10b}$$

河段淤积比为

$$\eta = 1 - KQ^m \lambda_u^{-n} \tag{8-11}$$

式中，$\lambda_u = \dfrac{S_u}{Q}$，为上游来沙系数；$m$ 和 n 为幂指数，一般为正数，由实测资料确定。显然，河道淤积比取决于来沙系数和来水流量。来沙系数越大，河道淤积比越大；来沙系数越小，河道淤积比越小，甚至发生冲刷。来水流量越大，河段淤积比越小，甚至冲刷；来水流量越小，河段淤积比越大。

2）多沙河流

多沙河流的悬移质输沙能力一般可用式（8-3）表达。一般情况，$\alpha + \beta \approx 2$。按照上述同样方法，可得河段的冲淤量。

河段淤积量变为

$$\Delta W_s = W_s(1 - KQ^{\alpha-1}S_u^{\beta-1}) \tag{8-12}$$

也可以写成如下形式：

$$\Delta W_s = W_s[1 - KQ^{\alpha+\beta-2}\lambda_u^{-(1-\beta)}] \tag{8-13}$$

若考虑，$\alpha + \beta \approx 2$，河段淤积量和淤积比分别为

$$\Delta W_s = W_s[1 - K\lambda_u^{-(1-\beta)}] \tag{8-14}$$

$$\eta = 1 - K\lambda_u^{-(1-\beta)} \tag{8-15}$$

式（8-15）表明，多沙河流淤积比取决于来沙系数，来沙系数越大，河道淤积比越大；来沙系数越小，河道淤积比越小，甚至发生冲刷。

2. 上游水沙变化对长江三峡工程上下游河道冲淤的影响

第2章就长江流域的水沙变化进行了分析，长期以来，长江干流径流量没有明显的变化趋势，但由于长江上游实施水土保持措施、干支流修建水库等人类活动的影响，特别是上游干流河道修建了向家坝、溪洛渡、三峡等水库枢纽工程，使得下游河道输沙量大幅度减少，直接对下游水库淤积和河道冲淤产生重要影响。金沙江作为长江上游河道的主要沙

源，占三峡水库入库泥沙量的 56%，向家坝、溪洛渡等水库于 2012 年开始蓄水运用，使得进入三峡水库的输沙量大幅度减少。《中国河流泥沙公报》资料显示，向家坝站输沙量从 2012 年前的 2.34 亿 t 减至 2012 年后的 0.0152 亿 t，对应的三峡水库入库输沙量也从 2012 年前的 4.10 亿 t 减至 2012 年后的 0.664 亿 t，使得三峡水库的泥沙淤积也相应地减少，三峡水库年平均泥沙淤积量也从 2003~2012 年的 1.44 亿 t 减至 2012~2020 年的 0.673 亿 t。三峡水库年库区泥沙淤积量与年入库输沙量之间具有很好的对应关系，入库输沙量逐渐减少，库区泥沙淤积量也逐渐减少，如图 8-30 所示。

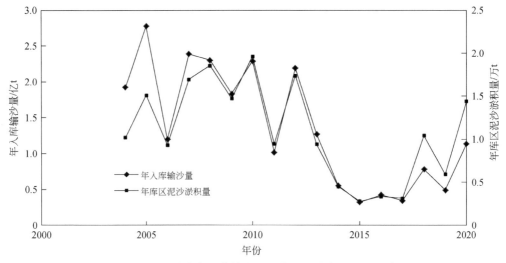

图 8-30　三峡水库入库输沙量和库区泥沙淤积量过程线

　　长江上游的人类活动造成进入中下游河道的水沙变化，特别是三峡水库蓄水运用改变了进入长江中下游河道的水沙过程，虽然进入中下游河道的年径流量变化不大，但进入中下游河道的年输沙量大幅度减少，泥沙粒径细化，导致河道的来沙系数大幅度减小。由式（8-10）和式（8-11）计算结果可以看出，三峡水库蓄水后，坝下游河道将大幅度冲刷，长江中游宜昌—湖口河段的实际冲刷情况就是如此，而且冲刷发展速度较快。长江中游按河道特性，可分为宜昌—枝城河段（近坝段，长约 60.8km）、枝城—城陵矶河段（荆江河段，长约 347.2km）和城陵矶—湖口河段（长约 546.4km）3 个河段，平滩河槽为宜昌流量 30 000m³/s 相应水面线以下的河槽，不同时期长江中游各河段平滩河槽年平均冲淤量如表 8-25 所示。

表 8-25　不同时期长江中游各河段平滩河槽冲淤特点[15,16]

项目	时段	河段（长度）				
		宜昌—枝城 (60.8km)	枝城—城陵矶 (347.2km)	城陵矶—汉口 (251km)	汉口—湖口 (295.4km)	宜昌—湖口 (954.4km)
总冲淤量 /万 m³	1966~2002 年	-14 403	-49 358	18 756	40 927	-4 078
	2002 年 10 月~2006 年 10 月	-8 140	-32 830	-7 759	-12 927	-61 650
	2006 年 10 月~2008 年 10 月	-2 230	-3 567	85	3 275	-2 437

续表

项目	时段	河段（长度）				
		宜昌—枝城 （60.8km）	枝城—城陵矶 （347.2km）	城陵矶—汉口 （251km）	汉口—湖口 （295.4km）	宜昌—湖口 （954.4km）
总冲淤量 /万 m³	2008 年 10 月～2020 年 11 月	−6 051	−86 547	−46 279	−61 394	−200 271
	2002 年 10 月～2020 年 11 月	−16 419	−122 946	−52 072	−71 380	−262 817
年平均冲淤量/ （万 m³/a）	1966～2002 年	−389	−1 334	507	1 106	−110
	2002 年 10 月～2006 年 10 月	−2 035	−8 208	−1 552	−2 585	−13 700
	2006 年 10 月～2008 年 10 月	−1 115	−1 765	43	1 638	−1 200
	2008 年 10 月～2020 年 11 月	−504	−7 212	−3 857	−5 116	−16 689
	2002 年 10 月～2020 年 11 月	−912	−6 830	−2 893	−3 966	−14 601
年平均冲 淤强度/ [万 m³/km·a)]	1966～2002 年	−6.40	−3.84	2.02	3.74	−0.12
	2002 年 10 月～2006 年 10 月	−33.47	−23.64	−6.18	−8.75	−14.35
	2006 年 10 月～2008 年 10 月	−18.34	−5.08	0.17	5.55	−1.26
	2008 年 10 月～2020 年 11 月	−8.29	−20.77	−15.36	−17.32	−17.49
	2002 年 10 月～2020 年 11 月	−15.00	−19.67	−11.53	−13.42	−15.30
河道冲深/m	深泓平均冲深	−4.10	−2.97	−2.24	−3.48	
	局部深泓最大冲深	−24.9	−20.1	−19.3	−12.8	24.9

注：负值表示冲刷，正值表示淤积

（1）三峡水库蓄水运用后，2002 年 10 月～2020 年 11 月宜昌—湖口河段总体为冲刷，平滩河槽总冲刷量为 262 817 万 m³（含河道采砂量，其中城陵矶—湖口河段为 2001 年 10 月～2013 年 10 月数据），年平均冲刷量为 14 601 万 m³，年平均冲刷强度为 15.30 万 m³/（km·a）。

（2）在三峡水库运用不同时期，坝下游河道冲刷量和冲刷强度有所差别。围堰蓄水期（2002 年 10 月～2006 年 10 月）冲刷较多，该时期宜昌—湖口河段平滩河槽总冲刷量为 61 650 万 m³，年平均冲刷量为 13 700 万 m³，年平均冲刷强度为 14.35 万 m³/（km·a）。在初期蓄水期（2006 年 10 月～2008 年 10 月），宜昌—湖口河段平滩河槽总冲刷量为 2437 万 m³，年平均冲刷量为 1200 万 m³，年平均冲刷强度为 1.26 万 m³/（km·a），冲刷量和冲刷强度均远小于围堰蓄水期和试验性蓄水后。试验性蓄水以来（2008 年 10 月后），坝下游河床冲刷强度有所增大，2008 年 10 月～2020 年 11 月宜昌—湖口河段平滩河槽总冲刷量为 200 271 万 m³，年平均冲刷量为 16 689 万 m³，年平均冲刷强度为 17.49 万 m³/（km·a）。

（3）三峡水库蓄水运用后，宜昌—湖口各河段冲刷有很大的差异。自 2003 年三峡水库蓄水以来，宜昌—枝城河段河床冲刷较严重，2002 年 10 月～2020 年 11 月平滩河槽总冲刷量为 16 419 万 m³，深泓平均冲深 4.10m，局部深泓最大冲深达 24.9m（外河坝附近）；同期荆江（枝城—城陵矶）河段平滩河槽总冲刷量为 122 946 万 m³，深泓平均冲深为 2.97m，局部深泓最大冲深为 20.1m（调关附近）；城陵矶—汉口河段有冲有淤，总体表现为冲刷，同期河段平滩河槽冲刷量为 52 072 万 m³，深泓平均冲深仅为 2.24m，局部深泓最大冲深为 19.3m（南门洲和赤壁附近）；汉口—湖口河段有冲有淤，总体为冲刷，2002 年 10 月 ~2013 年 10 月该河段平滩河槽冲刷量为 71 380 万 m³，河道深泓平均冲深为 3.48m，局部深泓最大冲深为 12.8m（西塞山附近）。

3. 中游水沙变异对黄河下游河道冲淤的影响

第 3 章分析了黄河中下游河道水沙变化态势，黄河流域受降水和人类活动的影响，进入下游河道的径流量和输沙量大幅度减少，输沙量减少幅度更大，河道水沙关系不协调，造成黄河下游河道的冲淤发生很大的变化。

1）黄河下游河道的冲淤变化过程

黄河下游河道的冲淤演变取决于来水来沙条件、河床边界条件及河口侵蚀基准面等，其中来水来沙条件是主要的影响因素。1951 年 10 月 ~2000 年 10 月共 49 年，黄河下游铁谢—利津河段泥沙淤积量达 54.41 亿 m³，年均淤积 1.11 亿 m³。2000 ~2020 年，黄河下游河段冲刷量为 -20.664 亿 m³，年均冲刷量为 -1.033 亿 m³，如表 8-26 所示。1950 年以来，黄河下游的冲淤变化与三门峡水库和小浪底水库的修建运行有重要关系，因此可以把黄河下游 1950 年以来的冲淤过程分为 1950 ~1960 年、1960 ~2000 年和 2000 年以后三个阶段。

表 8-26   2000 年以来黄河下游河道冲淤变化   （单位：亿 m³）

年份	小浪底—花园口	花园口—夹河滩	夹河滩—高村	高村—孙口	孙口—艾山	艾山—泺口	泺口—利津	小浪底—利津
2001	-0.5518	-0.2784	-0.0804	0.0616	-0.0275	0.0551	0.042	-0.7794
2002	-0.218	-0.2974	-0.0559	-0.3905	-0.0213	-0.0463	-0.1842	-1.2136
2003	-1.344	-0.474	-0.411	-0.259	-0.145	-0.398	-0.581	-3.612
2004	-0.28	-0.426	-0.281	-0.05	-0.053	-0.112	-0.135	-1.337
2005	-0.239	-0.266	-0.289	-0.194	-0.115	-0.19	-0.135	-1.428
2006	-0.395	-0.634	-0.077	-0.214	-0.001	0.074	-0.038	-1.285
2007	-0.438	-0.443	-0.159	-0.252	-0.065	-0.131	-0.161	-1.649
2008	-0.278	-0.11	-0.098	-0.165	-0.039	0.012	-0.059	-0.737
2009	-0.095	-0.271	-0.209	-0.219	-0.045	-0.038	-0.043	-0.92
2010	-0.29	-0.293	-0.125	-0.133	-0.04	-0.101	-0.095	-1.077
2011	-0.335	-0.433	-0.261	-0.126	-0.069	-0.064	-0.058	-1.346
2012	0.023	-0.442	-0.177	-0.153	-0.058	-0.093	-0.094	-0.994
2013	-0.524	-0.266	-0.143	-0.092	-0.036	-0.065	-0.154	-1.28
2014	-0.221	-0.37	-0.141	-0.125	0.006	0.014	-0.076	-0.913
2015	-0.188	-0.416	-0.134	-0.089	-0.027	-0.014	0.075	-0.793
2016	-0.169	-0.116	-0.131	-0.058	-0.014	0.019	-0.038	-0.507
2017	-0.104	-0.04	-0.108	-0.075	-0.013	-0.031	-0.087	-0.458
2018	0.491	-0.119	-0.402	-0.28	-0.056	-0.159	-0.106	-0.631
2019	0.641	0.404	0.035	-0.17	-0.045	-0.071	-0.033	0.761

续表

年份	小浪底—花园口	花园口—夹河滩	夹河滩—高村	高村—孙口	孙口—艾山	艾山—泺口	泺口—利津	小浪底—利津
2020	−0.154	−0.172	−0.051	0.063	−0.011	−0.064	−0.076	−0.465
合计	−4.6688	−5.4628	−3.2983	−2.9199	−0.8748	−1.4032	−2.0362	−20.664

第一阶段：1950～1960 年。

1950～1960 年为三门峡水库修建前时期，黄河下游河道年均淤积量 3.61 亿 t。沿程淤积分布不均，艾山以上宽河段淤积量明显大于艾山以下窄河段。同时，主槽淤积量小，滩地淤积量大，淤积厚度基本相等，滩槽同步抬高。

第二阶段：1960～2000 年。

三门峡水库 1960 年 9 月正式投入运用以来，先后经历了蓄水拦沙、滞洪排沙及蓄清排浑三种运用方式。在蓄水拦沙期，冲刷基本遍及全下游，冲刷强度沿程逐渐减小，冲刷主要发生在高村以上河段，冲刷量占全下游冲刷量的 73.0%。在滞洪排沙期，出库水沙过程发生明显变化，水库降低水位过程中大量排沙，下游河道回淤严重。该时期下游河道年均淤积 4.39 亿 t，大于水库修建前的 20 世纪 50 年代（天然情况）。在蓄清排浑期，1973～1980 年，下游河道非汛期由天然情况下的淤积转为冲刷。该时期下游河道年均淤积 1.81 亿 t，小于天然情况和滞洪排沙期；1980～1985 年，由于水丰沙少，下游河道连续五年冲刷，除三门峡水库蓄水拦沙期外，该时期为历史上少有的有利时期。

1986 年以来，黄河上游龙羊峡水库投入运用，其调蓄作用使实际来水年内分配发生了很大的变化。黄河下游河道淤积量占来沙量比例增大，河道淤积量约占来沙量的 30%，比天然情况下所占来沙量的比例增大 10%；但河道年淤积量为 2.40 亿 t，小于天然情况和滞洪排沙期。同时，因枯水历时较长，前期河槽较大，主槽严重淤积萎缩，行洪断面面积减少，黄河下游逐渐形成二级悬河，河道防洪十分严峻。

第三阶段：2000 年以后。

2000 年以来，由于小浪底水库蓄水拦沙，开展调水调沙运用，黄河下游各个河段都发生了冲刷，小浪底—利津河段泥沙冲刷量为 20.664 亿 t。高村以上河段冲刷较多，占 65.0%，高村以下河段冲刷比较少。冲刷主要发生在汛期，约占年总冲刷量的 70.0%。2000 年小浪底水库蓄水运用以来，特别是经过 2002 年以来黄河调水调沙、2017 年以来水沙调控和小浪底水库清水下泄的共同作用，黄河下游河槽快速冲刷，各水文站的平滩流量均有较大幅度的增加（2002 年汛前黄河下游各水文站的平滩流量在 1800～4100m³/s，最小值位于高村站），2003 年、2005 年、2010 年和 2014 年下游最小平滩流量分别达到 2000m³/s、3000m³/s、4000m³/s 和 4200m³/s，至 2020 年汛后，下游各水文站的平滩流量增大到 4500～8000m³/s，最小值位于艾山站，其最小平滩流量增加了 2600m³/s。

2）水沙变化对黄河下游河道冲淤的影响

根据对洪水输沙特性的分析研究[1]，式（8-14）中的系数 K 和指数取值为 $K=0.0818$，

---

[1] 黄河水利科学研究院. 黄河水沙变化趋势与水利枢纽工程建设对黄河健康的影响 [R]. 2007.

$\beta = 0.441$，式（8-14）变为

$$\Delta W_s = W_s \left[1 - 0.0818 \left(\frac{S_u}{Q} \right)^{-0.559} \right] \tag{8-16}$$

式（8-16）表明，黄河下游河段的淤积量取决于上游来沙系数和来水输沙量，上游来沙系数越大，来水输沙量越多，河段淤积量越多。若已知下游河道某河段入口（三黑小）处的来沙系数 λ 和来水输沙量 W_s，则可求得三黑小—利津河段的淤积量。利用 1977 年 7 月 7 ~ 14 日和 8 月 4 ~ 11 日两次洪水过程的实测资料进行了检验[①]，如表 8-27 所示。计算结果表明，两次洪水计算淤积量与实测淤积量分别相差 11.5% 和 3.4%，说明该计算方法是可行的。考虑水量变化和沙量变化两种情况，可作如下估算分析[①]。

表 8-27　典型洪水冲淤量计算

洪水时段	来沙系数 [(kg·s)/m⁶]	来沙量 /亿t	计算淤积量 /亿t	实测淤积量 /亿t	差值百分数 /%
1977 年 7 月 7 ~ 14 日洪水	0.0639	7.768	4.811	4.314	11.5
1977 年 8 月 4 ~ 11 日洪水	0.0824	8.767	5.872	5.679	3.4

第一种情况：来水量减少 20%，来沙量和洪水持续时间保持不变，则入口流量减小 20%，入口来沙量减少 20%。对于 1977 年 7 月 7 ~ 14 日洪水，利用式（8-16）计算下游河道（三黑小—利津）的淤积量为 4.127 亿 t，计算淤积量减少 14.2%。对于 1977 年 8 月 4 ~ 11 日洪水，下游河道（三黑—小利津）计算淤积量减少 15.4%。

第二种情况：沙量减少 20%，来水量和洪水持续时间保持不变，则入口流量不变，来沙量降低 20%。对于 1977 年 7 月 7 ~ 14 日洪水，利用式（8-16）计算下游河道（三黑小—利津）的淤积量减少 26.5%。对于 1977 年 8 月 4 ~ 11 日洪水，下游河道（三黑小—利津）淤积量减少 25.2%。

8.3.2　河道侧向崩塌的影响

河流岸滩崩塌（简称崩岸）是河道侧向演变的重要形式，在冲积河流中普遍存在。岸滩崩塌是河道水流动力与河岸土质边界结构作用的结果，其中河岸土质边界结构条件是岸滩崩塌的内因，河道水流动力条件是岸滩崩塌的外因。崩岸类型主要包括滑崩、挫崩、落崩、窝崩和洗崩[16,17]，作者在文献 [16] 中就崩岸的机理进行了深入的分析，探讨了河道冲刷对河道崩岸具有重要的影响。

1. 长江中下游冲刷引起的崩岸问题

三峡水库蓄水运用以来，坝下游河道冲刷严重，局部河床冲刷深度达 19m，如此严重的冲刷将会对河岸稳定性产生重要影响，甚至造成岸滩崩塌。三峡水库 2003 年蓄水运用

---

① 黄河水利科学研究院. 黄河水沙变化趋势与水利枢纽工程建设对黄河健康的影响 [R]. 2007.

以来，中下游河道严重冲刷，崩岸频繁发生。据不完全统计[15,16]，2003～2020 年长江中下游干流河道共发生崩岸险情 1011 次，总长度 729.6km，如表 8-28 所示。其中，三峡水库围堰蓄水期，长江中下游河道崩岸较多，2003～2006 年共发生崩岸 319 次，总长度 310.9km，平均崩岸频次约 80 次/a，平均崩岸长度为 77.7km/a；随着护岸工程的逐渐实施，崩岸强度、频次逐渐减轻，水库初期蓄水期（2007～2008 年）和试验性蓄水后（2009～2020 年）分别发生崩岸 81 次和 611 次，崩岸总长度分别为 40.4km 和 378.3km，对应的平均崩岸频次分别为 41 次/a 和 51 次/a，平均崩岸长度分别为 20.2km/a 和 31.5km/a。

表 8-28 2003～2020 年长江中下游干流河道崩岸情况统计

年份	崩岸总长度/km	崩岸/处					
		总数	湖北	湖南	江西	安徽	江苏
2003	29.2	41	18	2	8	10	3
2004	133.5	109	25	10	9	26	39
2005	108.8	96	61	9	26		
2006	39.4	73	40	9	3	12	9
2007	20.9	30					
2008	19.5	51	14	17	11	8	1
2009	45.5	105	14	43	26	12	10
2010	47.7	67	40	4	6	16	1
2011	44.8	65					
2012	6.6	18					
2013	25.5	44					
2014	101.6	79					
2015	20.6	49					
2016	31.0	53	34	6	1	7	5
2017	18.0	38	15	2	5	10	6
2018	11.8	29	8		4	11	6
2019	5.1	20	15	1	2	1	1
2020	20.1	44	31	1		9	3
2003～2020	729.6	1011					

2. 河道冲刷对崩岸的影响

影响崩岸的因素主要包括河岸形态、土壤性质等边界条件和河道水沙条件，以及河床冲刷状态等河流动力条件[16,18]。崩岸发生与否主要是河岸崩体下滑力（矩）与阻滑力（矩）的对比平衡关系，当下滑力（矩）大于阻滑力（矩）时，岸滩崩体失稳发生崩岸。对于冲积河流岸滩，一方面，河岸由于岸顶土壤的收缩及张拉应力的作用而产生裂缝[19]；

另一方面，河床冲刷下切会促使岸滩崩体内的应力发生变化，使岸滩顶部产生胀性裂隙。表面张性裂隙将会使得岸滩的稳定性降低，当河床冲刷到一定深度时，岸滩土体下部将失去支撑，使得崩塌体沿着破坏面滑落而发生挫落崩岸。

对于黏性岸滩顶面出现纵向裂隙的情况，崩体最可能沿着滑裂面 $\overline{AB}$ 崩塌，如图 8-31 所示。岸滩崩塌体作为一个整体，且假定为刚性，崩体所受的力主要包括有效重力 W，破坏面处的支撑力 N 和阻滑力 P_τ，以及渗透力 P_d 和外力 P_0。通过崩体力学平衡分析，岸滩崩体的稳定系数定义为崩体阻滑力与下滑力的比值，相应的稳定系数为[16,20]

$$K=\frac{P_\tau}{D_F}=\frac{[(W+P_0)\cos\Theta+P_d\sin(\beta-\Theta)]\tan\theta+cl}{(W+P_0)\sin\Theta+P_d\cos(\beta-\Theta)} \tag{8-17}$$

若 $P_0=0$ 时，

$$K=\frac{\{[\rho+f(\rho_{sat}-\rho_w-\rho)]g\cos\Theta+\rho_w gfJ\sin(\beta-\Theta)\}A\tan\theta+cl}{[\rho+f(\rho_{sat}-\rho_w-\rho)]gA\sin\Theta+\rho_w gfJA\cos(\beta-\Theta)} \tag{8-18}$$

式中，θ 为河岸土体的内摩擦角；c 为河岸土体的凝聚力；J 为土体内渗流梯度；l 为崩体断面的破坏长度，$l=\dfrac{H-H'}{\sin\Theta}$，其中 H 为河岸高度，H' 为河岸裂隙深度；$f=\dfrac{A_d}{A}$，为崩体渗流面积 A_d 与崩体断面面积 A 的比值；β 为渗透力与水平方向的夹角；其他符号意义见图 8-31。

整理得

$$(S_{\Theta\theta}+fn_{J\gamma})S_\Theta H^2-2S_t H+[2S_t H'-(S_{\Theta\theta}+fn_{J\gamma})S_A]=0 \tag{8-19}$$

式中，$S_{\Theta\theta}=\sin^2\Theta-\cos\Theta\sin\Theta\dfrac{\tan\theta}{K}$，为主要反映岸滩土体内摩擦角和破坏面倾角影响的参数；$S_{\beta\Theta}=\cos(\beta-\Theta)\sin\Theta-\sin(\beta-\Theta)\sin\Theta\dfrac{\tan\theta}{K}$，$n_{J\gamma}=\dfrac{(\rho_{sat}-\rho_w-\rho)S_{\Theta\theta}+\rho_w J S_{\beta\Theta}}{\rho}$，为主要反映渗透力影响的参数；$S_\Theta=\dfrac{1}{\tan\Theta}-\dfrac{1}{\tan\Theta_0}$，为主要反映河岸形态和破坏面角度影响的参数；$S_t=\dfrac{c}{K\rho g}$，为反映河岸土壤黏性与重力的对比关系的参数；$S_A=\dfrac{H_2^2-H_1^2}{\tan\Theta_2}+\dfrac{H_1^2}{\tan\Theta_1}+\dfrac{H^2}{\tan\Theta}-\dfrac{H_2^2}{\tan\Theta_0}$，为主要反映河岸崩塌体的大小和形态影响的参数。式（8-19）为岸滩崩塌体稳定分析模式方程，主要反映了河岸土壤特性、岸坡形态、河床冲刷、岸滩渗流等因素的共同作用关系，在文献［10,13］中曾得到使用。

在分析河流岸滩崩塌过程中，文献［16,20］提出了岸滩临界崩塌高度的概念，指出河床冲刷下切过程中，能够维持岸滩稳定的最大高度称为岸滩临界崩塌高度，对应的岸滩稳定系数 $K=1$。当河流岸滩高度大于岸滩临界崩塌高度时，岸滩将发生挫落崩塌。在黏性岸滩顶面出现张隙裂缝的情况下，取稳定系数 $K=1$，求解式（8-19）便得岸滩临界崩塌高度[16,20]：

$$H_{cr}=\frac{S_t}{(S_{\Theta\theta}+fn_{J\gamma})S_\Theta}+\sqrt{\left[\frac{S_t}{(S_{\Theta\theta}+fn_{J\gamma})S_\Theta}\right]^2-\frac{2S_t H'-(S_{\Theta\theta}+fn_{J\gamma})S_A}{(S_{\Theta\theta}+fn_{J\gamma})S_\Theta}} \tag{8-20}$$

式（8-20）表明，河流岸滩临界崩塌高度的主要影响因素包括河岸土壤特性、岸坡形

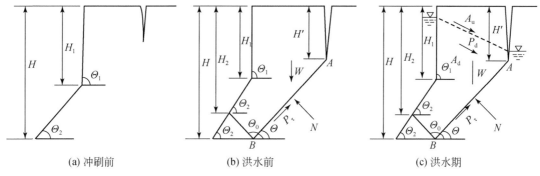

图 8-31 挫落崩塌稳定分析示意图

态、河床冲刷、岸滩渗流等。作为计算例子，文献［16，20］对洪水期的临界崩塌高度的变化过程进行了估计和分析，结果表明洪水期和洪水退落末期是河岸容易崩塌的重要时期。

在枯水期的低水位状态，河岸基本上不存在浸泡和渗流，即 $f=0$ 及 $J_s=0$，根据式（8-20）可求得枯水期的河流岸滩临界崩塌高度[16,20]为

$$H_{cr}=\frac{S_t}{S_{\Theta\theta}S_\Theta}+\sqrt{\left(\frac{S_t}{S_{\Theta\theta}S_\Theta}\right)^2-\frac{2S_tH'-S_{\Theta\theta}S_A}{S_{\Theta\theta}S_\Theta}} \tag{8-21}$$

式中，$S_{\Theta\theta}=\sin^2\Theta-\cos\Theta\sin\Theta\tan\theta$；其他参数不变。枯水期河流岸滩临界崩塌高度与河岸强度系数成正比，与河岸裂隙深度和岸滩坡度成反比，进一步说明河流岸滩纵向裂隙促进岸滩崩塌。图 8-32（a）和（b）分别为尼日尔（Niger）河和实验室模型沙崩塌高度的检验情况。分析成果表明，无论是尼日尔河的野外实测资料，还是模型沙的崩塌试验研究，岸滩实测临界崩塌高度与计算值基本一致，表明河流岸滩崩塌分析模式是可以使用的。

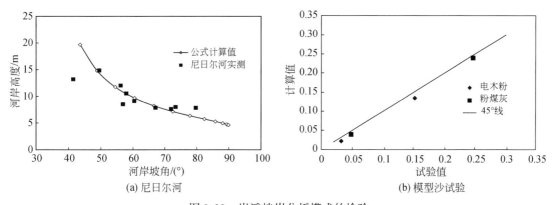

图 8-32 岸滩挫崩分析模式的检验

3. 河道侧向淘刷对崩岸的影响

1）河岸落崩形式

对于单一结构的岸滩而言，受水流的冲刷侵蚀，特别是弯道凹岸的淘刷，岸脚附近向

岸边方向侵蚀，岸边上部处于临空状态，此时在悬空崩体重力的作用下，会发生落崩[16,21,22]，如图 8-33 所示。当临空土体的重量超过土体的剪切强度时，临空土体沿垂直切面下滑，形成剪切落崩（剪崩）；当临空土体自身重力矩大于黏性土层的抗拉力矩时，临空土体产生旋转落崩（倒塌）；当临空土体的自重产生的拉应力超过土体的抗拉强度时，临空土体下方一部分土块坍落，形成拉伸落崩。所谓临界淘刷宽度就是，当河岸岸脚受到侧向淘刷后处于临空状态时，河岸发生落崩时对应的淘刷宽度。

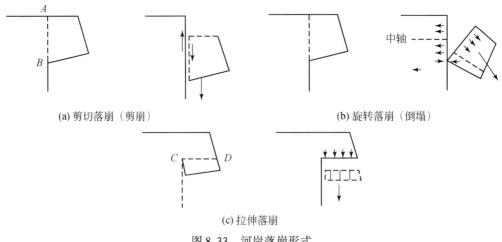

(a) 剪切落崩（剪崩）　　　　　　　　　　　　　(b) 旋转落崩（倒塌）

(c) 拉伸落崩

图 8-33　河岸落崩形式

2）剪切落崩（剪崩）的临界淘刷宽度

为方便起见，临界淘刷宽度的分析采用河深法[16]，如图 8-34（a）所示。对于剪崩，崩塌面的倾角 Θ 为 90°，崩体可能发生剪崩的稳定系数为

$$K=\frac{cl}{\gamma A}=\frac{2c(H-H')}{\gamma\left(\dfrac{H_1^2-H_2^2}{\tan\Theta_2}-\dfrac{H_1^2}{\tan\Theta_1}-\dfrac{H^2-H_2^2}{\tan\Theta_0}\right)} \tag{8-22}$$

式中，$B=-\dfrac{H-H_2}{\tan\Theta_0}$，为河岸剪崩的淘刷宽度。令 $K=1$，便得河岸剪崩临界淘刷宽度 B_{cr} 为

$$B_{cr}=\frac{2S_t(H-H')}{H+H_2}+\frac{H_1^2}{(H+H_2)\tan\Theta_1}+\frac{H_2^2-H_1^2}{(H+H_2)\tan\Theta_2} \tag{8-23}$$

式中，$S_t=\dfrac{c}{\gamma}$，为河岸强度系数。对简单边坡而言，$H_1=H_2$，河岸剪崩临界淘刷宽度 B_{cr} 为

$$B_{cr}=\frac{2S_t\tan\Theta_1(H-H')+H_1^2}{(H+H_1)\tan\Theta_1} \tag{8-24}$$

对于平行淘刷的临空崩体而言，$H=H_1$，相应的临界淘刷宽度为

$$B_{cr}=\frac{2S_t\tan\Theta_1(H-H')+H^2}{2H\tan\Theta_1} \tag{8-25}$$

上述公式表明，剪崩临界淘刷宽度主要取决于岸滩土壤特性、淘刷位置、边坡形态及河岸裂隙深度等。一般情况下，土壤强度系数越大，临空厚度越厚，边坡越小，纵向裂隙

越浅，对应的剪崩临界淘刷宽度越大。其中，在其他条件不变时，无裂隙时淘刷宽度最大；纵向裂隙越深，临界淘刷宽度越小。

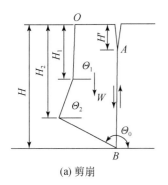 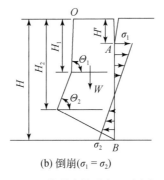 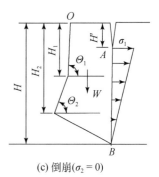

(a) 剪崩   (b) 倒崩（$\sigma_1 = \sigma_2$）   (c) 倒崩（$\sigma_2 = 0$）

图 8-34　落崩崩体分析示意图

3）旋转落崩（倒崩）的临界淘刷宽度

前已说明，当悬空崩体自身重力矩大于黏性土层的抗拉力矩时，崩体产生旋转崩塌。崩塌面上的应力分布有两种［图 8-34（b）和（c）］：①对于不同土质的岸滩，其临空破坏面上的应力分布有一定的差异，对于较硬的黏土河岸，破坏面有压应力存在，由法向合力为零可知，崩塌面上的最大压应力 σ_2 和最大张应力 σ_1 相当，即 $\sigma_1 = \sigma_2$；②对于一般的黏性土河岸，崩塌面上的应力分布可遵循无压应力的原则进行处理，即 $\sigma_2 = 0$。假设岸滩崩体稳定系数为崩体抗拉力矩与子重力矩的比值，通过分析[16,23]，可以求得简单边坡（设其坡角为 α_1）河岸发生倒崩时，崩塌面上两种应力分布情况的稳定系数 F_s 分别为

若 $\sigma_1 = \sigma_2$，

$$F_s = \frac{4c(H-H')^2}{3\gamma\left[HH_1\tan\Theta_1 + (B-H_1\tan\Theta_1)(H_1+H)\right](2B-H_1\tan\Theta_1)} \tag{8-26}$$

若 $\sigma_2 = 0$，

$$F_s = \frac{8c(H-H')^2}{3\gamma\left[HH_1\tan\Theta_1 + (B-H_1\tan\Theta_1)(H_1+H)\right](2B-H_1\tan\Theta_1)} \tag{8-27}$$

令 $F_s = 1.0$，便得简单边坡河岸的倒崩临界淘刷宽度分别为

若 $\sigma_1 = \sigma_2$ 时，

$$B_{cr} = \frac{3H_1^2+HH_1}{4(H_1+H)\tan\Theta_1} + \sqrt{\left[\frac{3H_1^2+HH_1}{4(H_1+H)\tan\Theta_1}\right]^2 + \frac{4S_t(H-H')^2\tan^2\Theta_1 - 3H_1^3}{6(H_1+H)\tan^2\Theta_1}} \tag{8-28}$$

若 $\sigma_2 = 0$ 时，

$$B_{cr} = \frac{3H_1^2+HH_1}{4(H_1+H)\tan\Theta_1} + \sqrt{\left[\frac{3H_1^2+HH_1}{4(H_1+H)\tan\Theta_1}\right]^2 + \frac{8S_t(H-H')^2\tan^2\Theta_1 - 3H_1^3}{6(H_1+H)\tan^2\Theta_1}} \tag{8-29}$$

式（8-28）和式（8-29）表明，倒崩临界淘刷宽度仍然取决于岸滩土壤系数、边坡形态、淘刷位置及河岸裂隙深度等，临界淘刷宽度与河岸强度系数、河岸临空厚度成正比，而与坡度和河岸裂隙深度成反比。

8.3.3 对黄河下游引黄灌溉的影响

1. 灌区引水保证率和引水流量减小

1）水资源紧缺加剧

黄河下游水量的不断减少及下游工农业发展对水资源需求的不断增长，使黄河下游水资源供需矛盾进一步加剧[24]。一方面，黄河流域经过长期持续的治理和开发，黄河下游来水量明显减少，影响引黄分配水量。1986年后黄河下游来水量（以下游进口水文控制站花园口站为代表）下降44%，下游灌区引水量相应缩减。另一方面，黄河下游引水量保持较高数量，黄河下游引黄复灌以来实测历年引水量资料表明（图6-10和表6-14），1970～2012年黄河下游引黄灌区多年平均实测引水量为82.5亿m³；1970年复灌以来，黄河下游引水量在初期5年总体呈现上升趋势；其后在1976～2002年年平均引水量为88.54亿m³，2003～2008年引水量明显减少，2009年以后引水量又有持续增多的现象。

鉴于黄河下游来水量减少显著，黄河下游引水量占花园口站年径流量的比例（即引水比）增大。黄河下游引黄灌区多年平均引水比为23.92%。其中，20世纪70年代黄河下游引水比为20.06%，90年代引水比增至32.95%，虽然2003～2008年引水比有所下降，但近期又有所回升，2010～2020年的引水比高达34.45%。因此，在黄河下游河道径流量减少而用水量不断增加的情况下，整个黄河下游水资源紧缺形势依然严峻。

2）引水效率降低

（1）引水水位降低。

文献［24］选取河南省人民胜利渠、三义寨及渠村三个典型灌区，就小浪底水库运行前的1998年至小浪底水库运行后的2005年闸前水位实测资料进行对比分析，其分析成果见图8-35。显然，典型灌区引黄闸前黄河水位在2000年前基本仍呈上升状态，2001年后闸前水位基本呈逐年下降态势，2005年闸前水位均低于1998年闸前水位，2003年小浪底水库实施调水调沙试验后，闸前水位下降速度明显加大。

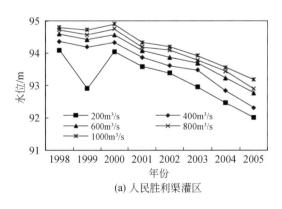

(a) 人民胜利渠灌区

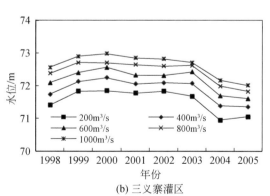

(b) 三义寨灌区

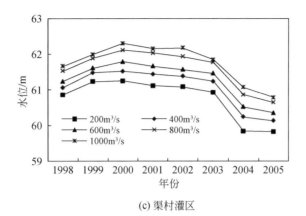

(c) 渠村灌区

图 8-35   1998~2005 年不同黄河流量级典型灌区引黄闸前水位变化过程

（2）引水流量减小。

人民胜利渠灌区、三义寨灌区和渠村灌区设计引水流量分别为 80m³/s、141m³/s 和 100m³/s。为了便于对比，当灌区引水流量超过设计流量时按设计流量计，图 8-36 为小浪底水库运用前后典型引黄灌区引水流量的变化。在黄河不同来流量状况下，1998~2005 年典型引黄灌区逐年引水流量呈现下降趋势，特别是 2003 年后，引水流量明显减少。

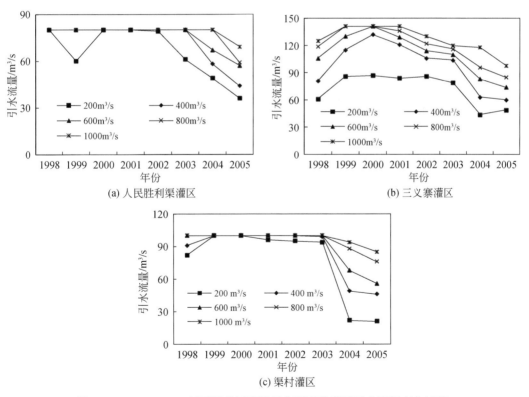

图 8-36   1998~2005 年不同黄河流量级典型引黄灌区引水流量变化过程

同水流条件下，灌区引水流量降低或大流量引水概率减小，造成黄河下游两岸引水保证率降低，为了完成灌区引水灌溉任务，需要增加灌区引水天数。以位山灌区为例（表8-29），2002年小浪底水库调水调沙试验以来，位山灌区年平均引水量减少2.34亿m³，平均引水天数增加13天，日均引水量减少305.3万m³。

表8-29　小浪底水库运行前后位山灌区引水量及引水天数对比

时段	平均引水天数/天	年平均引水量/亿 m³	日均引水量/万 m³
1970~2001 年	105	10.20	971.4
2002~2011 年	118	7.86	666.1

2. 灌区引沙量明显减少

1）引水含沙量小于黄河含沙量

对比黄河下游1987~2005年主要水文站实测月平均含沙量及其上、下游河段实测月平均引水含沙量[24]，黄河下游各河段引水含沙量与黄河含沙量较集中分布于45°线左右，表明引水含沙量与黄河含沙量较为接近，但较多的点群位于45°线的下方，表明引水含沙量略小于黄河含沙量，如图8-37所示。此外，由于黄河下游河床冲刷沿程逐渐减少，甚至下段会转为淤积，引水含沙量与黄河含沙量的相对关系沿程也有一定的差异。沿黄河从

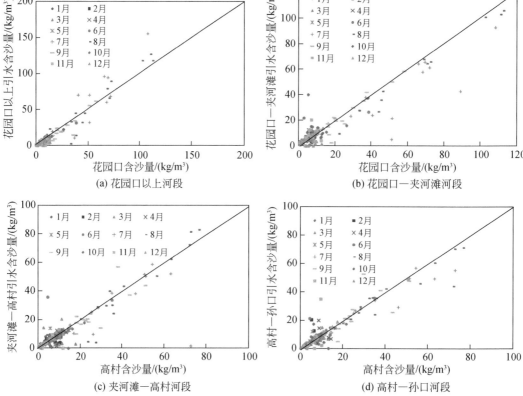

(a) 花园口以上河段　　　　　　　　　　　　(b) 花园口—夹河滩河段

(c) 夹河滩—高村河段　　　　　　　　　　　(d) 高村—孙口河段

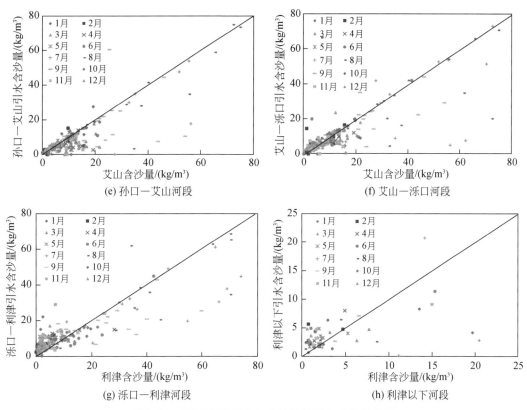

图 8-37　黄河下游引水含沙量与黄河含沙量的关系

上至河口方向，引水含沙量点群从位于 45°线偏下的位置逐渐向位于 45°线偏上的位置转移，至利津以下河段，当黄河含沙量较小时，45°线上方的数据点有所增多，表明利津河段引水含沙量明显高于利津含沙量，而其他河段点群多分布于 45°线下方，表明这些河段引水含沙量略小于对应河段含沙量。

2）引沙量逐渐减少

黄河下游历年引水引沙量统计结果表明（图 6-10），黄河下游引黄灌区总引水量变化不大，但引沙量有明显的持续减少现象，相应引水含沙量也呈现急剧减小的变化趋势，如图 8-38 所示。平均引水含沙量由 20 世纪 70 年代的 23.17kg/m³ 减至 90 年代的 15.09kg/m³，21 世纪前十年减为 4.73kg/m³，2010~2020 年仅为 1.97kg/m³。其主要原因是黄河流域实施水土保持、水库建设等人类活动的影响，使得河道输沙量持续减少，特别是小浪底水库 2000 年蓄水运用后，进入下游的来水含沙量大幅度减少。对于簸箕李典型灌区[25]，小浪底水库运行后，随黄河含沙量的减少，簸箕李灌区引沙量明显降低，1999~2012 年簸箕李灌区的平均引沙量为 164 万 m³，相比 1984~1998 年小浪底运行前的 301 万 m³，降低了 45.52%。

3）引沙粒径粗化

小浪底水库投入运行后，黄河下游河道严重冲刷，部分河床中较粗泥沙被冲起，水流中悬沙粒径明显变粗，致使引沙粒径粗化。由图 8-39 所示的黄河下游主要水文控制站历年悬沙中值粒径（D_{50}）变化可知，除花园口站 2000 年后悬沙中值粒径略有减小外，高村

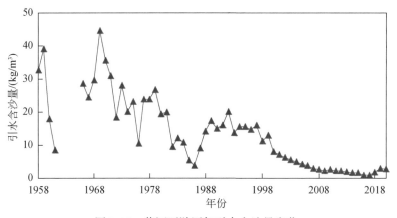

图 8-38　黄河下游历年引水含沙量变化

站、艾山站、利津站悬沙中值粒径 2000 年后均明显变粗；其中上述 4 站 2000 年后最大悬沙中值粒径分别达到 0.046mm、0.044mm、0.058mm、0.034mm。据簸箕李引水引沙资料[25]，小浪底水库运行前，1993～1999 年簸箕李灌区平均引沙中值粒径为 0.021mm；小浪底运行后，簸箕李灌区的引沙中值粒径逐年变粗，增大到 1999～2012 年的 0.0398mm，且在 2011 年、2012 年两年平均引沙中值粒径都达到了 0.05mm，引沙粒径明显增粗。

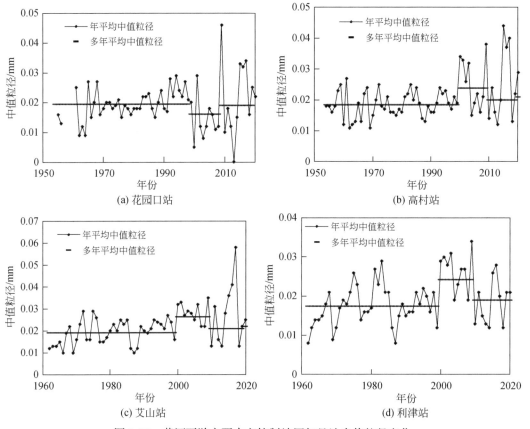

图 8-39　黄河下游主要水文控制站历年悬沙中值粒径变化

实际上，引黄灌区与黄河下游河道悬沙变化相同，非汛期引沙粒径偏粗，汛期引沙粒径偏细。由图8-40（a）可见，花园口站在引水引沙量较大的春灌期（级配曲线与非汛期接近），引水悬移质粒径大于0.05mm的泥沙约占悬沙的42%。此外，对比花园口站2008年非汛期悬沙粒径级配曲线与1962~1998年非汛期悬沙多年平均级配曲线［图8-40（b）］可见，尽管2000年以后花园口站全年中值粒径略有变细，但非汛期（黄河下游引水引沙的主要时期）粒径级配曲线大于0.025mm的部分明显变粗。

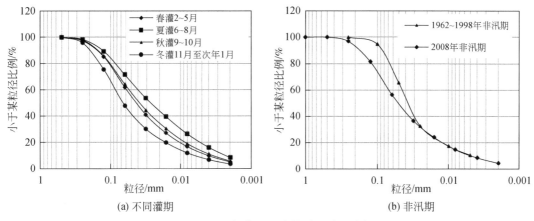

图8-40　2008年黄河下游花园口站泥沙级配

综上所述，黄河来水来沙量减少及小浪底水库的蓄水运用，对灌区运行既有有利的一面，如减少了进入引黄灌区的泥沙量，大大改善了灌区淤沙、堆沙的问题；也有不利的一面，除灌区原有引水设备及运行方式不适应外，还有水资源紧缺程度加剧、引水效率降低、引沙粒径变粗等。

8.4　对河口河势变化和滩涂塑造的影响

8.4.1　黄河口河势变化和淤滩造地的影响

1. 河口河道和河势变化

1855年黄河改道入渤海以后，由于大量泥沙堆积在陶城埠以上河段，进入河口的泥沙很少，河口比较稳定。直到1889年宁海以上两岸堤防基本形成后，输送至河口的泥沙增多，河口淤积延伸，尾闾河道开始摆动变迁。1889~1953年宁海以下尾闾河道基本处于自然演变状态，河道经常决口改道，较大的流路变迁有6次。1953年以来黄河入海流路有计划地人工改道3次，顶点下移至渔洼附近。1953年7月在神仙沟与甜水沟流路的弯顶开挖引河，8月底甜水沟与宋春荣沟断流，入海流路由神仙沟流路单股入海，尾闾河道水位降低，发生强烈的冲刷。1964年在罗家屋子附近爆破生产堤，黄河从钓口河流路入海。改道点以下河面增宽，水流散乱无力无主槽，尽管流程比神仙沟流路缩短22km，期间水沙条件较好，但河口水位降幅不大，河道冲刷效果并不明显。表 8-30 为黄河口几次大型变迁情况[2,26,27]。

表 8-30　黄河口几次大型变迁情况

项目	1953 年 7 月	1960 年春	1964 年 1 月	1976 年 5 月	1996 年
性质	并汊	劫夺改道	扒堤改道	人工改道	人工出汊
地点	小口子	四号桩	罗家屋子	西河口	
老河	三股河流	神仙沟	岔河	钓口河	
新河	神仙沟	岔河	钓口河	清水沟	

　　黄河河道的演变存在两种过程：①向外建造过程，即河口（或分流河口）有充足泥沙，建造新陆地，使三角洲不断向海增长；②向上建造（加积）过程，即通过河流的自然过程，如河水越过天然堤向两旁泛滥，以及河流的决口和两旁分汊等，把河流泥沙不断输入两旁的低地和沼泽地，使地面继续加高。由于近年黄河入海泥沙的减少，清水沟流路沙嘴前缘向海淤积的同时，其两侧海岸却出现侵蚀。以下是对人类活动影响下黄河三角洲河道演变过程的分析[2,26,27]，如图 8-41 所示。

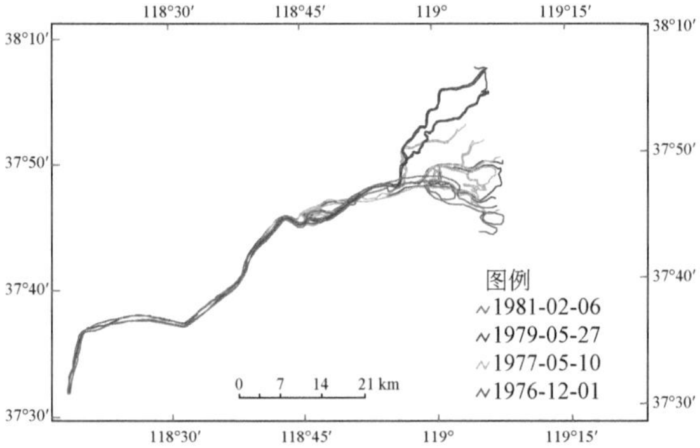

(a) 1976~1981年黄河河道演变 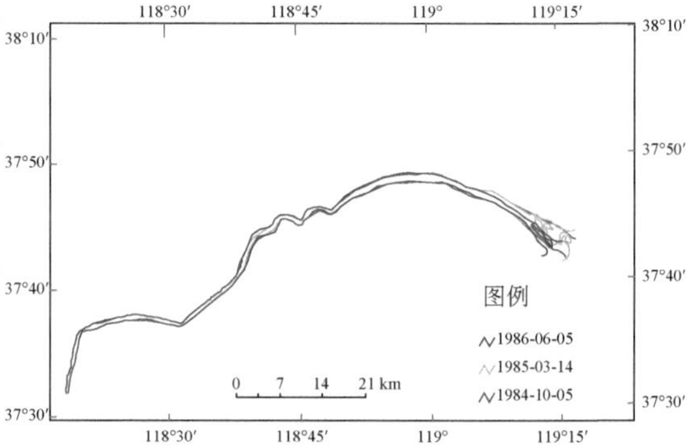　　　　　　(b) 1984~1986年黄河河道演变

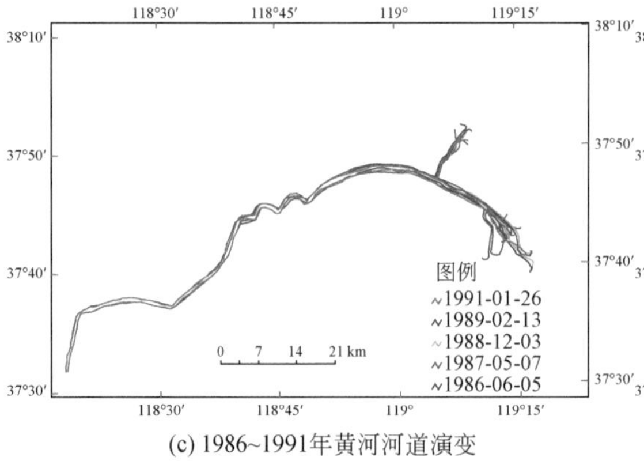

(c) 1986~1991年黄河河道演变 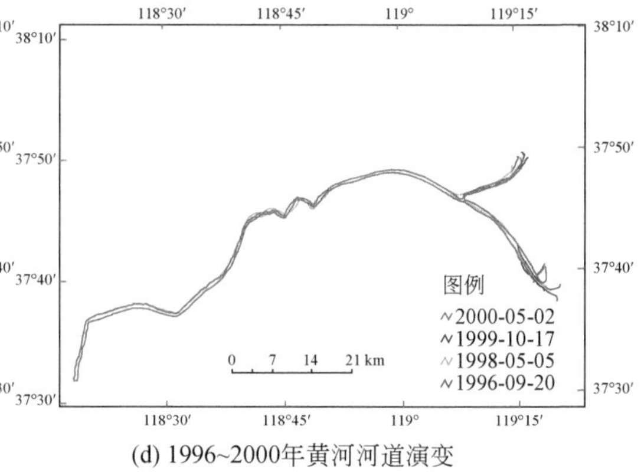　　　　　　(d) 1996~2000年黄河河道演变

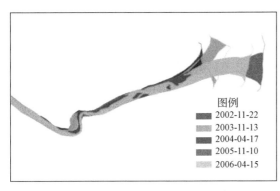
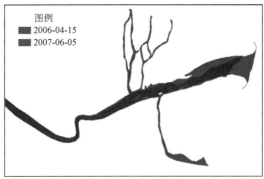

(e) 2002~2006年黄河河道口门处演变   (f) 2006~2007年黄河河道口门处演变

图 8-41　黄河口河床演变

（1）1976～1981 年淤滩造床阶段。1976～1981 年为淤滩造床阶段，最初漫流入海，而后河势游荡，不断产生汊河，主流变化不定，入海口门摆动频繁。行水时泥沙淤积，河床和水位不断抬高，水流便向地势低、比降较陡的汊道流动。1976～1981 年，较为显著的摆动发生近十次，特别是 1979 年的一次摆动，由北往南，转了近 90°的弯，摆幅达 30km。

（2）1981～1986 年自然状态下的河道单一归顺阶段。经过漫滩造床阶段后，滩槽区分明显，河道走势基本确定。1980 年以来，黄河主河道又向东移动并且形成了一个相对稳定的弯曲河道。1984 年，河口继续外延南摆。1985 年，河口段继续向南平滚，10 月口门分为三股入海，中股向东南为最大。1986 年，三股合并，水流沿中股入海。

（3）1986～1996 年淤积抬高阶段。1988～1992 年，河口疏浚工程试验包括截支强干、修建导流堤等，使西河口—清 10 断面河段主河槽基本保持单一顺直型河道。1987 年 5 月至 1992 年 4 月，黄河口主河道位置稳定在东南方向，沙嘴稳定延伸，但顶部还没有完全盈满。黄河尾闾受大堤的影响，河道顺直，1991～1995 年一直处于填洼造陆过程中，黄河口门不断向东南方推进。

（4）1996～2000 年河道变化情况。为了充分利用泥沙填海造陆，实现海上石油变陆地开采，1996 年汛前，在黄河口清 8 以上 950m 处实施了清 8 改汊工程。新汊沿东略偏北方向入海，出汊方向与原河道呈 29.5°角。清水沟前端改道岔河，人工引黄河从北汊入海，改变了泥沙淤积条件，使北汊造陆速率加快，迅速淤出一个小沙嘴，河口走向却不断向偏东方向发展；而原来的大沙嘴顶端却在被缓慢侵蚀。但由于 1996～1999 年来水非常枯，利津站年均来水量仅有 89.2 亿 m³，年来沙量为 2.54 亿 t，河道冲刷较弱，自 1996 年汛后开始，清 3 以上断面开始出现持续淤积。1999～2000 年河口沙嘴稳定延伸，1996 年清 8 出汊新河保持了良好的行水特性。

（5）2000～2007 年河道变化情况。从 2000 年开始，清水沟流路主要从汊河入海，出汊新河继续保持了良好的行水特性。2001 年河口虽比 2000 年有所蚀退，但 2002 年口门又继续延伸。从 2003 年开始，利津站年径流量与年输沙量开始出现较明显的增加趋势，成为近十几年来的一个转折点。2003 年 11 月和 2005 年 11 月口门继续延伸，但在 2004 年 4 月和 2006 年 4 月枯水时出现蚀退现象。

（6）2007～2018 年入海口继续经清 8 流路由东北向海延伸，出汉新河继续保持了良好的行水特性。地形淤积区主要位于现行入海口附近，较上个时期，淤积区整体向西北转移，强淤积区范围明显减小，甚至蚀退。

综上所述，流量和泥沙淤积的季节性变化使河口在小范围内迁移，人工改道对河流产生巨大变化。河道变化经历了 1976～1981 年淤滩造床阶段，1981～1986 年自然状态下的河道单一归顺阶段，1986～1996 年淤积抬高阶段和 1996～2007 年新的河道变化阶段 2007～2018 年出汉新河行水良好，强淤积区范围明显减小。

2. 海岸线对来水来沙条件变异的响应关系

黄河口淤滩造地的原材料为黄河泥沙，动力条件为黄河径流和海洋流的强弱对比，因此，黄河径流和输沙的变异将会影响黄河口的淤滩造地发展。根据有关资料[26-30]，绘制 20 世纪 50 年代以来河口段海岸线推移距离与利津站径流量和输沙量的关系，如图 8-42 所示。海岸线变化与来水来沙条件呈线性相关，即海岸线推移距离随径流量和输沙量的增加而增加；但 1981 年之前与 1981 年之后，海岸线与水沙之间的关系有很大的差异，在 1981 年之前，由于进入河口的水量较大，而且河口改道相对频繁，使得黄河来沙输送进入较远的海洋区域沉积下来，河口沙嘴延伸的距离相对较小，1981 年之后，由于河口相对稳定，河口沙嘴延伸的距离相对较大。1981～1984 年河口沙嘴明显向东淤积扩张，淤积速率达 5km²/a，平均每年造陆面积约 5km²；1986～1995 年，黄河口水沙过程变异，黄河口来水来沙急剧减少，此阶段黄河口海岸线整体变动较大，其间 1986 年、1987 年海岸线普遍发生蚀退，黄河口造陆过程在淤进蚀退中交错进行；1996～2006 年，河口陆地面积还是处于有增有减的波动状态，整体上呈增加趋势，但增加程度不显著；2007～2018 年总体冲淤特征为现行河沙嘴附近淤积，远离沙嘴的浅水海域冲刷。文献研究认为，2003～2015 年黄河口进入淤蚀交替时期，由于不同年份水沙配置不同，海洋动力作用与河流动力作用强弱不断交替，河口沙嘴呈现淤蚀交替状态，陆地面积变化不大。

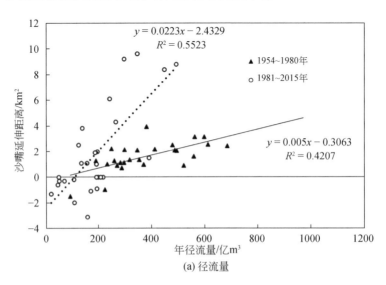

(a) 径流量

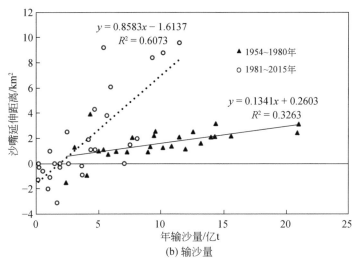

图 8-42　黄河口海岸线推移距离与径流量和输沙量的关系

3. 对河口造地的影响

黄河口造地取决于黄河来水来沙条件与海洋动力条件的对比，黄河来水来沙条件的变异也将造成河口造地面积的变化。在黄河口地区，水沙变异对河口造地的影响可从如下现象看出，土地面积变化最快的是水域的减少，这主要与 1996 ~ 2000 年来水来沙减少致使黄河三角洲淤积造陆面积减少有关，这一部分面积的减少主要发生在三角洲沿海一带；其次是盐碱地和旱地的增加，主要发生在三角洲的北部和中部地区，增加的面积约为143km²；其他用地面积在这四年变化不大。结合有关资料[28,31,32]，点绘 20 世纪 50 年代以来黄河口造地面积的变化过程，如图 8-43 所示。显然，由于黄河来水来沙量的不断减少，特别是进入河口地区的输沙量大幅度减少，黄河口造地面积随时间呈减少趋势；1965 年前后的造陆速率为 59.4km²/a，20 世纪 90 年代来水来沙的减少导致黄河口的平均造陆速率减为 10.6km²/a，一些年份陆地负增长，海岸线蚀退明显，特别是 21 世纪以来陆地负增长的年份增多，海岸线蚀退更加严重，2000 ~ 2017 年造陆速率减至 7.01km²/a。

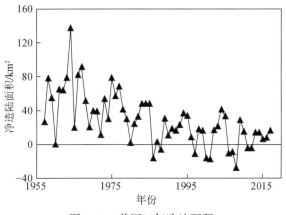

图 8-43　黄河口年造地面积

水沙过程变异必然会引起海岸的造陆速率逐渐减缓，有些岸段表现为强烈蚀退。根据有关资料[28,31,32]，点绘黄河口年净造地面积与利津站历年（1955～2017 年）年径流量、年输沙量和输沙模数的关系，如图 8-44 所示。黄河口造陆面积与相应时段的来水量和来沙量有显著的线性关系，即来水来沙是黄河口区域造地的基础，造陆面积随着水沙量的增大而增大，随水沙量的减小而减小。

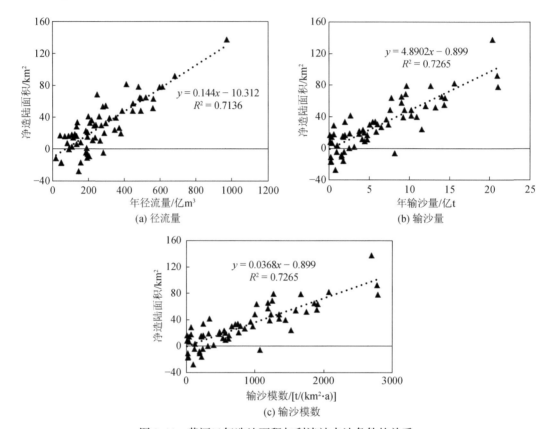

图 8-44 黄河口年造地面积与利津站水沙条件的关系

结合图 8-44 点绘的 1955～2017 年黄河三角洲净造陆面积 A 与入海年径流量 W 和年输沙量 W_s 的关系，即

$$A = 0.144W - 10.312 \tag{8-30}$$

$$A = 4.8902W_s - 0.899 \tag{8-31}$$

令 $A = 0$，可得黄河口三角洲造地的临界径流量和临界输沙量分别为 $W = 71.61$ 亿 m^3/a 和 $W_s = 0.184$ 亿 t/a，即维持黄河三角洲造陆动态平衡的临界径流量和临界输沙量。

上述结果表明，黄河口海岸带造陆速率与径流量和输沙量之间都存在较强的正相关关系，陆域来水来沙条件是影响河口海岸演变的主导因素，来水来沙量越大，河口海岸带越易发生淤进，造陆面积越大；来水来沙量越小，河口海岸带造陆速率减缓，在海洋动力的作用下，甚至会出现陆地侵蚀、海岸线蚀退现象，造成大量土地流失和生态环境恶化，严重影响黄河三角洲海岸带经济社会发展与稳定。利用 1955～2017 年利津站的水沙资料和造陆面积年系列资料，建立黄河三角洲河口海岸带造陆速率与入海水沙因子间的二元回归方程：

$$A=0.07W+2.78\ W_s-8.12 \quad (R^2=0.78) \tag{8-32}$$

同样，令 $A=0$，便得黄河口三角洲造陆平衡的水沙控制条件，即

$$0.07W+2.78\ W_s=8.12 \tag{8-33}$$

黄河入海流路自 20 世纪 70 年代改道以来，入海水沙的显著减少引起了黄河三角洲造陆速率减小，很多学者对保持黄河三角洲陆地面积持续增长的最小水沙供应量进行了研究，如表 8-31 所示，不同作者和不同研究时段的成果也有较大的差异。

表 8-31　黄河三角洲造陆平衡水沙因子

作者	研究时段	影响因子	临界径流量 /(亿 m³/a)	临界输沙量 /(亿 t/a)	综合临界水沙 条件关系式
许炯心[31]	1955~1989 年	W、W_s	76.7	2.78	$0.0856W+3.1934W_s=17.94$
刘曙光等[32]	1976~1998 年	W_s		2.45	
王随继	1953~1973 年	W_s		4.21	
	1976~1997 年	W_s		1.51	
崔步礼	1975~2005 年	W、W_s	140	3.31	
	1996~2005 年	W、W_s	85	1.63	
张志昊	1977~2000 年	W、W_s D_{50}，ρ			$0.026W+2.58W_s+1099.66$ $D_{50}+24.46\rho=29.28$
唐国中和郭文	1976~2015 年	W、W_s	105.14	1.76	$0.027W+4.699W_s=8.261$
蒋超[33]	1976~2018 年	W、W_s	102.79	1.98	

8.4.2　长江口河势和滩涂变化

1. 长江口陆地形成过程

长江口陆地很长时间以来一直在扩展，大陆部分成陆始于 6000~7000 年以前，且自西向东逐渐形成，长江每年有大量泥沙下泄入海，在自然条件和人类活动的相互作用下，几经变迁，沧海桑田，上海地域的大片陆地才从泻湖和江海的滩涂上渐渐形成[34]，特别是隋唐以后，中原地区人口大量南迁，长江流域人类活动开始频繁，开垦山地，生态环境遭到破坏，水土严重流失，致使长江每年有大量泥沙下泄入海，不断沉积在长江口和杭州湾，日积月累，江边滩涂逐步淤积扩展，江口沙洲不断淤涨变迁。距今 1200 年前，每年平均推进约 17m，近 200 年来，最大推进速率达 38m/a。其中，4~12 世纪造陆 4000km²；13~20 世纪造陆 3000km²；20 世纪长江口附近的海床淤高了 0.8m，而杭州湾的海床则淤高了 1.15m，在过去的几十年里，通过在河口和海洋造地，上海的土地面积已经增加了11%。据地方志考证，公元 1291 年上海设县时，面积仅 200km²，而在 2000 年前后，

上海陆域面积已超过了 6340km², 其中的 62% 约 3930.8km² 来自于江、海滩涂的围垦。

根据文献 [35] 提供的 1951~2002 年资料, 每年输送到长江口的泥沙约为 4.33 亿 t。其中, 0.45 亿 t 的泥沙沉积在大通与徐六泾之间的河道中; 0.28 亿 t 沉积在崇明岛北侧的北支河道, 0.04 亿 t 沉积在崇明岛南侧的南支河道; 1.38 亿 t 沉积在长江口入海口处, 抬高了入海口处的大陆架高程; 1.8 亿 t 输送并沉积在钱塘江口; 其余的泥沙则输运进入深海。长江口的造陆对于上海的发展很重要, 长江口的造陆进程一直都没有停止过, 而且根据上海的规划和需求, 将继续较快增加。文献 [35] 进一步分析指出, 长江口平衡和造陆需沙量高达 3.0 亿 t, 而三峡水库蓄水运用以来, 长江大通站的年平均输沙量约为 1.34 亿 t。因此, 长江口总的缺沙量大约为 1.66 亿 t。

2. 河道冲淤演变的影响

1) 河口河势基本稳定

长江口近十余年没有大的切滩和新沙洲生成, 三级分汊四口入海的河口河势格局至今稳定存在[15]。徐六泾以下至口门−10m 等深线之间的河槽, 近十余年来面积和容积的变化特点: 高滩 (>0m) 面积增加; 低滩 (−10~0m) 面积减小; 深槽 (<−10m) 面积增加。河口特征等深线下容积均有增大, 其中北支上段冲刷, 中下段以淤积为主; 南支河段以下河槽容积总体有所扩大, 白茆沙、白茆小沙、新浏河沙以及南港的瑞丰沙等主要江心沙洲呈冲刷缩小趋势, 上段冲刷, 中段主槽淤积; 南港全面冲刷, 北港除青草沙水库外侧淤积外, 其余部位以冲刷为主; 北槽为经过工程整治的深水航道河槽, 坝田淤积, 航槽冲刷; 南槽江亚南沙淤积下移, 拦门沙部位淤积, 口外冲刷。南汇嘴附近水域, 冲淤交替, 浅滩以淤积为主, 外侧深水区以冲刷为主; 河口口门附近 (−15~−5m) 有南北向的冲刷带开始显现。

另外, 拦门沙河槽的演变主要与径流、潮流和盐淡水混合引起的滞流点、滞沙点和区域水体的含沙量等要素有关。近期, 尤其三峡工程运行后, 流域来水总量和年内分配并没有发生根本性改变。流域来沙虽有所减小, 且长江口南支含沙量也有所下降, 但拦门沙区段水体含沙量变化因主要受控于潮汐、风浪等海洋动力因素, 近期并无明显的变化。由此可知, 决定拦门沙河槽演变的动力和泥沙条件并未发生大的改变, 近期长江流域来沙减小对拦门沙河槽演变的影响并不明显。

2) 河口冲刷初步显现

长江口总体河势虽然稳定, 但河口冲刷初步显现[15]。三峡工程蓄水运用前, 澄通河段 1977~2001 年淤积泥沙 0.698 亿 m³, 北支段 1984~2001 年淤积泥沙 4.13 亿 m³, 南支段 1978~2002 年则冲刷泥沙 3.03 亿 m³。三峡水库蓄水运用后, 随着上游来沙量的减少, 澄通河段由淤变冲, 而南支段仍为冲刷、北支段继续淤积的趋势则未发生变化。其中, 澄通河段 2001~2011 年累积冲刷泥沙约 2.06 亿 m³, 南支段 2002~2011 年冲刷泥沙 3.16 亿 m³, 北支段 2001~2011 年则淤积泥沙 2.59 亿 m³。

由于拦门沙滩长, 水下三角洲坡度平缓。历史上由于长江挟带大量泥沙入海, 河口水下三角洲缓慢向海淤涨。近期流域来沙减小后, 水下三角洲泥沙的补充来源减小, 水下三角洲向海淤涨的速率应有所减小。从大时间尺度来看, 由于海洋潮汐动力的定常性, 为满足水流挟沙能力的需要，流域进入河口的泥沙减小后，水下三角洲应会向河口水体补充泥沙，部分区域河床可能会有冲蚀发生。近期北槽口外以南区域已有所冲刷，8m 等深线明显向陆后退。

3. 长江口南部——杭州湾北岸滩涂塑造状况

表 8-32 为 1958 ~ 2004 年长江口南部——杭州湾北岸滩涂面积变化[36]。1958 年长江口南部——杭州湾北岸潮间带（0m 线以上）面积为 629.0km²，2m 以上滩涂面积为 1096.3km²，5m 以上滩涂面积为 2136.7km²。表 8-33 为长江口南部——杭州湾北岸 1958 ~ 2004 年围垦及冲淤变化，长江口南部——杭州湾北岸的滩涂变化特点如下。

表 8-32 长江口南部——杭州湾北岸滩涂面积变化

年份	0m 等深线		2m 等深线		5m 等深线	
	面积/km²	增长率/%	面积/km²	增长率/%	面积/km²	增长率/%
1958	629.0		1096.3		2136.7	
1980	617.0	−1.9	1201.2	9.6	2341.3	9.6
2004	562.7	−8.8	1126.0	−6.3	2099.9	−10.3

表 8-33 长江口南部——杭州湾北岸 1958 ~ 2004 年围垦及冲淤变化

时段	围垦		0m 潮间带滩涂		2m 以上滩涂		5m 以上滩涂	
	面积 /km²	速率/ (km²/a)	淤涨面积 /km²	淤涨速率/ (km²/a)	淤涨面积 /km²	淤涨速率/ (km²/a)	淤涨面积 /km²	淤涨速率/ (km²/a)
1958 ~ 1980 年	135.9	6.2	123.8	5.6	240.8	10.9	340.5	15.5
1980 ~ 2004 年	311.8	13.0	257.5	10.7	236.5	9.9	70.4	2.9

（1）长江口南部——杭州湾北岸的滩涂，1980 ~ 2004 年 0m 潮间带与 2m 和 5m 等深线所圈围的各滩涂总面积较 1958 ~ 1980 年不断增加，一直呈现淤涨状态。

（2）1980 ~ 2004 年 2m 以上滩涂的自然淤涨速率比 1958 ~ 1980 年稍有减小，减小了 9.2%；与 1958 ~ 1980 年对比，1980 ~ 2004 年 5m 以上滩涂的自然淤涨速率减小得更快，减小率高达 81.3%。2m 以上及 5m 以上滩涂的自然淤涨速率的减小可能与长江来沙锐减有关，长江入海泥沙量从 20 世纪 50 年代的 4.87 亿 t 降至 90 年代的 3.37 亿 t，下降了 30.8%。

（3）1980 ~ 2004 年 0m 潮间带的淤涨速率大幅度增加，为 1958 ~ 1980 年淤涨速率的 1.9 倍，而围垦速率是 1958 ~ 1980 年的 2.1 倍；0m 潮间带的淤涨速率的变化接近于围垦速率的变化，可能是围垦对 0m 潮间带起到一定的促淤作用。

4. *水沙变化对长江口造陆的影响*

长江口三角洲陆地面积同样取决于长江来水来沙条件和海洋动力条件的变化与对比。针对长江水沙变化对长江口陆地面积的影响，文献［37］选取 1989 年、2005 ~ 2009 年长江口遥感影像，通过分类处理提取海岸线，求得研究区的陆地面积，如表 8-34 所示。

1989～2005 年南支滩区淤积面积增加了 39.73km², 北支面积减少 151.16km², 崇明岛和其他岛屿面积分别增加了 105.42km² 和 46.22km², 研究区总面积（北支、南支、崇明岛、其他岛面积之和）增加 40.21km²。由于 2006 年长江的枯水期较长, 年径流量与年输沙量都较其他年份少, 研究区总面积有所减少。2006～2007 年, 研究区总面积增加显著。2007 年以后, 研究区陆地面积总体减少。总体上看, 2006～2009 年, 长兴岛和横沙岛的面积增加最为显著, 北支与南支增减交替。但是对照 1989 年数据, 发现近年来长江口南支、北支面积减少, 崇明岛的面积增加, 研究区总面积呈现减少趋势, 即处于侵蚀状态。

表 8-34　长江口各时段研究区内陆地面积　　（单位：km²）

时间	北支	南支	崇明岛	其他岛屿	总面积
1989 年 8 月	4 584.27	6 062.19	1 311.06	198.40	12 155.92
2005 年 8 月	4 433.11	6 101.92	1 416.48	244.62	12 196.13
2006 年 3 月	4 195.40	4 937.68	1 475.52	202.50	10 811.10
2006 年 7 月	4 164.50	5 032.54	1 429.29	208.73	10 835.06
2007 年 2 月	5 135.72	6 036.96	1 413.13	214.78	12 800.59
2007 年 7 月	4 044.12	5 125.31	1 404.53	218.19	10 792.15
2008 年 7 月	4 611.50	5 606.79	1 450.02	235.29	11 903.60
2009 年 4 月	4 564.24	5 253.49	1 481.03	247.43	11 546.19
2009 年 7 月	4 222.48	5 312.37	1 459.46	221.26	11 215.57

文献 [37] 根据 2005～2009 年大通站水沙资料和长江口陆地面积资料, 进一步研究了长江口陆地面积与来水来沙条件的关系, 如图 8-45 所示, 获得长江口研究区域陆地面积与年平均流量和年平均含沙量的关系, 即

（1）陆地面积（A）与年均流量（Q）的关系：

$$A=0.1964Q+6674.38(R=0.92)\qquad(8-34)$$

（2）陆地面积（A）与年均含沙量（S）的关系：

$$A=10\ 029.24S+9924.01(R=0.86)\qquad(8-35)$$

依据上述关系, 长江口面积变化与年均流量、年均含沙量变化成正比, 随年均流量、年均含沙量的增大而增大, 故丰水丰沙的水沙条件有利于长江口的发育。

8.4.3　浙江沿海滩涂塑造变化

1. 沿海滩涂演变特点

根据岸滩历史动态及演变趋向, 浙江岸滩分为淤涨型、侵蚀型和稳定型三类[19], 淤涨型滩涂的特点是岸滩处于堆积淤涨状态, 主要分布在钱塘江河口杭州湾南岸、椒江河口两侧边滩、瓯江口—鳌江口的温瑞平海岸、三门湾、乐清湾西侧的边滩, 是浙江滩涂资源的主要区域, 约占 88%。稳定型岸滩处于冲淤基本平衡状态, 主要分布在隐蔽的基岩港湾

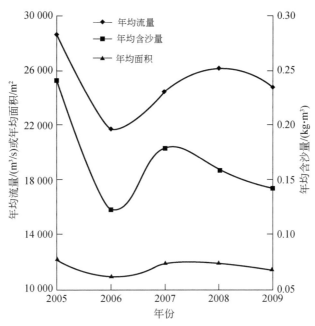

图 8-45　2005～2009 年研究区陆地面积与大通站水沙条件的关系

内，如象山港、乐清湾等，由于环境稳定，岸滩动态变化不明显，滩涂处于极缓慢的淤涨状态，约占 10%。侵蚀型岸滩处于侵蚀状态，主要分布在杭州湾北岸、苍南琵琶门以南、岛屿迎风面等区域，滩涂面积仅占总面积的 4% 以下。

在自然条件和人类活动影响下，浙江滩涂处于不断的动态演变过程中，杭州湾庵东附近的岸线、椒江河口及台州湾南侧岸线，以及瓯江、飞云江及鳌江口的岸线不断向海推进的事实说明，沿海滩涂始终处于不断淤涨的状态[38]。特别是随着经济社会的发展、对土地资源的需求日益增长及围涂技术的发展，浙江沿海滩涂淤积速度在人类活动作用下逐渐加快，海岸线平均推进速度从过去的 10～40m/a 提高到近期的 40～70m/a。但是，由于滩涂的淤涨速度跟不上围垦强度，涂面高程逐渐降低，需通过工程促淤等措施维持滩涂面积的动态平衡。浙江沿海实施围涂促淤工程后，近岸滩涂附近的潮流场、波浪场及泥沙场发生改变，主要表现为涨落潮流速的降低以及围堤的消浪作用等使水动力条件减弱，形成有利于泥沙淤积的环境。飞云江河口丁山促淤围涂工程、钱塘江河口尖山促淤围涂工程等的实测资料表明，促淤工程实施后滩涂高程的淤涨速度与自然条件相比可提高 4～7 倍[38]。

2. 长江口来沙及其作用

1) 长江口来沙是浙江滩涂塑造的主要沙源

对于浙江沿海海域的输移泥沙，由于浙江入海河流流域植被好，土壤侵蚀弱，其输沙量很小，钱塘江、瓯江、椒江等河流的输沙总量为 720 万～1040 万 t，仅占总来沙量的4%；长江口来沙量达到 2.26 亿 t，占总来沙量的 96%，是浙江沿海泥沙的主要来源。长江口来沙也是浙江沿海岸线变化和滩涂塑造的主要沙源。长江口和钱塘江河流走向（或入海水流）锐角交汇，在河流径流和海洋动力条件的共同作用下，一个潮周期内长江口和杭州湾之间存在着水沙交换，且处于长江口外海滨和杭州湾口的交汇带的南汇咀近岸水域是长江口、杭州湾泥沙交换的主要场所，存有水下沙嘴，并长期基本稳定[39]。长江口外三角洲及浙东海域存有几千年沉积下来的厚度达 40~60m 的"泥沙库"。在科氏力和沿岸流作用下，长江径流入海后，余流有一部分沿岸向南流动，挟带大量的泥沙由杭州湾湾口北部进入杭州湾，而后继续南下进入浙江南部沿岸海域，沿程不断淤积，淤积泥沙沿程分选逐渐细化，使得海岸线发生变化，滩涂逐渐形成。显然，长江口泥沙为杭州湾和浙东沿海岸线和滩涂塑造提供沙源。

2）长江口来沙量的变化

长江流域输入的大量泥沙进入长江河口后，大部分沉积在最大浑浊带区，还有一部分在潮汐、波浪和沿岸流、风力等的作用下向外海和浙闽沿岸输送。目前，关于沉积在拦门沙海域及水下三角洲的泥沙占流域来沙比例的研究成果主要包括[40-44]：DeMaster 等[40]采用沉积速率计算的结果为 40%，Milliman 等[41]的输沙分析结果是 40%，沈焕庭[42]的通量分析结果为 42%，Liu 等[43]采用沉积速率和浅地层剖面分析的结果为 47%，孙英和黄文盛[44]认为入海泥沙每年约有 2.49 亿 t，约占总量的 51%，沉积于口门附近，其余泥沙或随东海沿岸流向浙江沿岸扩散，或直接向东海陆架扩散。综合分析[45]，在长江口输沙过程中，有 40%~51%（平均为 45.5%）的泥沙在长江口地区沉积形成边滩、沙洲、河口拦门沙和水下三角洲，49%~60%（平均 54.5%）的泥沙经过东海沿岸流输移扩散进入杭州湾、浙东沿海、苏北吕四以南海域及东海陆架。据此结果，可以估计长江口进入杭州湾、浙东沿海、苏北以南海域和东海陆架的泥沙量，其中绝大部分输沙量进入浙江沿海，如表 8-35 所示。在长江口多年平均来沙量为 35 100 万 t 的情况下，长江口沉积泥沙量为 15 970 万 t，进入浙东海域泥沙量为 19 130 万 t。随着长江口来沙量的不断减少，长江口沉积泥沙量和进入浙东海域泥沙量也相应地不断减少，进入浙东海域泥沙量从 20 世纪 50 年代的 27 464 万 t，减至 70 年代的 23 130 万 t，20 世纪 90 年代减至 18 680 万 t，21 世纪前十年仅为 10 479 万 t，2010~2020 年为 6832 万 t。

表 8-35 长江口年输沙量及其分配

水沙量	20 世纪 50 年代	20 世纪 60 年代	20 世纪 70 年代	20 世纪 80 年代	20 世纪 90 年代	21 世纪 前十年	2010~ 2020 年	1950~ 2020 年	2003~ 2020 年
年径流量/亿 m³	9 373	8 765	8 511	8 988	9 595	8 429	9 202	8 983	8 782
年输沙量/万 t	50 393	50 860	42 440	43 475	34 276	19 228	12 535	35 100	13 398
长江口沉积泥沙量/万 t	22 929	23 141	19 310	19 781	15 596	8 749	5 703	15 970	6 096
进入浙东海域泥沙量/万 t	27 464	27 719	23 130	23 694	18 680	10 479	6 832	19 130	7 302

3. 长江口来沙量减少对浙江滩涂塑造的影响

浙江沿海海域泥沙输移量发生明显变化，特别是长江来沙量的大幅度减少，造成进入浙江沿海的输沙量减少。1959~1989 年进入浙江沿岸海域的年总输沙量约为 2.58 亿 t，1989~2003 年约为 1.83 亿 t，2003~2010 年约为 0.858 亿 t，依次减少。其中，1959~1989 年，长江口进入浙东海域的年输沙量约为 2.48 亿 t，1989~2003 年和 2003~2010 年分别大幅度减至 1.81 亿 t 和 0.830 亿 t。浙江省水利河口研究院的研究表明，1959~1989年、1989~2003 年和 2003~2010 年三个时段对应的滩涂泥沙年补给量分别为 2.02 亿 t、2.63 亿 t 和 2.18 亿 t。显然，1959~1989 年的年总输沙量大于滩涂泥沙年补给量，多余的泥沙将存储于长江口外三角洲的"泥沙库"内；20 世纪 90 年代以来年总输沙量少于泥沙年补给量，年输沙量差值将从长江口的"泥沙库"中掠取，以维持浙江沿岸海域滩涂没有大幅度减少。

20 世纪 90 年代后，浙江沿海滩涂围垦发展迅速，同时采取了大量的滩涂促淤工程，1989~2003 年和 2003~2010 年两个时段的海岸滩涂泥沙年补给量比 1959~1989 年的 2.02亿 t 增加 0.61 亿 t 和 0.16 亿 t，这些增加的泥沙需要从"泥沙库"获得。由于近期长江口来沙量的大幅减少，"泥沙库"存量泥沙将不断减少（表现为"泥沙库"冲刷），长期势必影响浙江沿岸滩涂的塑造速度，2003~2010 年沿海滩涂泥沙年补给量小于 1989~2003年也说明了这一点。

此外，关于理论深度基准面上的滩涂资源，中华人民共和国成立以来先后于 1953~1960 年、1977~1978 年、1980~1985 年、1997 年、2004 年进行了五次滩涂资源调查[38]。图 8-46 为浙江滩涂资源与长江口来沙量的关系，浙江滩涂面积有随调查时间减少的趋势，与长江口来沙量逐渐减少的趋势是一致的，但滩涂面积变化要比长江口来沙量变化滞后 30余年。据调查，虽然近期沿海滩涂围垦面积增加较快，但滩涂围垦高程却逐渐降低（从0m 线降至-2m 线，甚至降至-5m 线），进一步说明近期沿海滩涂塑造的速率可能在减小，这与沙源大幅减少不无关系，至于沙源减少对滩涂塑造的影响程度和滞后周期，则仍需要进一步深入研究。

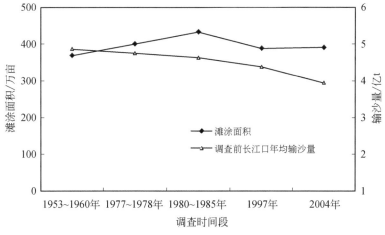

图 8-46　浙江滩涂面积与长江口来沙量的变化过程

参 考 文 献

[1] 中国水利学会泥沙专业委员会. 泥沙手册 ［M］. 北京：中国环境科学出版社，1992.

[2] 王延贵，史红玲，等. 我国江河水沙变化态势及应对策略 ［R］. 中国水利水电科学研究院，国际泥沙研究培训中心，2015.

[3] Wang Y G, Chen Y. The influence of human activity on variations in basin erosion and runoff-sediment relationship of the Yangtze River [J]. ISH Journal of Hydraulic Engineering, 2018, 26 (6): 1-10.

[4] 王延贵，刘庆涛，陈吟．长江流域侵蚀愈合祷输沙特性的变异研究 [M] //英爱文，章树安，孙龙，等．水文水资源监测与评价应用技术论文集．南京：河海大学出版社，2020.

[5] Chen Y, Wang Y G. Variations in basin sediment yield and channel sediment transport in the upper Yangtze River and influencing factors [J]. Journal of Hydrologic Engineering, 2019, 24 (7): 05019016. 1-05019016. 12.

[6] 王延贵，陈康，陈吟，等．黄河流域产流侵蚀及其分布特性的变异 [J]．中国水土保持科学，2018，16 (5)：120-128.

[7] 赵广举，穆兴民，温仲明，等．皇甫川流域降水和人类活动对水沙变化的定量分析 [J]．中国水土保持科学，2013，11 (4)：1-8.

[8] 徐学选，高朝侠，赵娇娜，等．1956～2009 年延河水沙变化特征及其驱动力研究 [J]．泥沙研究，2012，(2)：12-18.

[9] 任宗萍，张光辉，杨勤科，等．近 50 年延河流域水沙变化特征及其原因分析 [J]．水文，2012，32 (5)：81-86.

[10] 刘二佳，张晓萍，谢名礼，等．退耕背景下北洛河上游水沙变化分析 [J]．中国水土保持科学，2013，11 (1)：39-45.

[11] 吴保生，申冠卿．来沙系数物理意义的探讨 [J]．人民黄河，2008，30 (4)：15-16.

[12] 陈康，王延贵，陈吟．黄河流域水沙搭配关系变化态势及成因分析 [A]．长江水利委员会长江科学院．第十届全国泥沙基本理论研究学术讨论会论文集．北京：中国水利水电出版社，2017.

[13] 陈康，苏佳林，王延贵，等．黄河干流水沙关系变化及其成因分析 [J]．泥沙研究，2019，44 (6)：22-29.

[14] 王延贵，曾险，苏佳林，等．三峡水库蓄水后重庆河段冲淤特性研究 [J]．泥沙研究，2017，42 (4)：1-8.

[15] 泥沙评估课题专家组．三峡工程泥沙问题评估报告 [R]．中国工程院，2015.

[16] 王延贵，匡尚富，陈吟．冲积河流崩岸与防护 [M]．北京：科学出版社，2020.

[17] 王延贵，匡尚富．河岸崩塌类型与崩岸模式的研究 [J]．泥沙研究，2014，(1)：13-20.

[18] 张幸农，蒋传丰，陈长英，等．江河崩岸的影响因素分析 [J]．河海大学学报（自然科学版），2009，39 (1)：36-40.

[19] 陈希哲．土力学地基基础 [M]．北京：清华大学出版社，1984.

[20] 王延贵，匡尚富．岸滩临界崩塌高度的研究 [J]．水利学报，2007，38 (11)：1158-1165.

[21] ASCE Task Committee on Hydraulic. Bank mechanics, modeling of riverbank width adjustment, river width adjustment I: Processes and Mechanisms [J]. ASCE, Journal of Hydraulic Engineering, 1998, 124 (9): 881-902.

[22] Thorne C R, Tovey N K. Stability of Composite River banks [J]. Earth Surface Processes and Landforms, 1981, 6 (5): 469-484.

[23] 王延贵，匡尚富．冲积河流典型结构岸滩落崩临界淘刷宽度的研究 [J]．水利学报，2014，45 (7)：767-775.

[24] 史红玲，黄河下游引黄灌区水沙调控模式与优化配置研究 [D]．北京：中国水利水电科学研究院，2014.

[25] 郑乾坤，毛伟兵，孙玉霞，等．黄河水沙变化对簸箕李灌区的影响 [J]．山东农业大学学报（自然科学版），2018，49 (6)：148-151.

[26] 水利部遥感技术应用中心．黄河口海岸演变的遥感分析 [R]．2007．

[27] 尹学良．黄河口的河床演变 [M]．北京：中国铁道出版社，1996．

[28] 王恺忱．黄河河口发展影响预估计算方法 [J]．泥沙研究，1988，（3）：41-51．

[29] 赵庚星，张万清，李玉环，等．GIS 支持下的黄河口近期淤、蚀动态研究 [J]．地理科学，1999，19（5）：442-445．

[30] 郭文．基于遥感的黄河三角洲海岸带淤蚀变化及其水沙阈值研究 [D]．郑州：华北水利水电大学．

[31] 许炯心．流域人类活动与降水变化对黄河三角洲造陆过程的影响 [J]．海洋学报，2004，26（3）：68-74．

[32] 刘曙光，李从先，丁坚，等．黄河三角洲整体冲淤平衡及其地质意义 [J]．海洋地质与第四纪地质，2001，（4）：13-17．

[33] 蒋超．黄河口动力地貌过程及其对河流输入变化的响应 [D]．上海：华东师范大学，2020．

[34] 汪松年，徐建益，都国梅．长江水沙变化趋势及河口滩涂围垦策略研究 [C]．上海市湿地利用和保护研讨会论文集，2002．

[35] 王兆印，黄文典，何易平．长江的需沙量研究 [J]．泥沙研究，2008，（1）：26-34．

[36] 李明．近几十年长江口-杭州湾北岸滩涂演变分析 [D]．上海：华东师范大学，2007．

[37] 李曦尧，李梦楚．水沙变化对长江口海岸线影响的研究 [J]．水力发电学报，2014，33（3）：165-170．

[38] 中国水利水电科学研究院，等．浙江省沿海海域泥沙来源、运动规律及其对滩涂演变的影响 [R]．中国工程院咨询项目，2010．

[39] 刘红，何青，吉晓强，等．波流共同作用下潮滩剖面沉积物和地貌分异规律-以长江口崇明东滩为例 [J]．沉积学报，2008，26（5）：833-843．

[40] DeMaster D J, McKee B A, Nittrouer C A, et al. Rates of sediment accumulation and particle reworking based on radiochemical measurements from continental shelf deposits in the East China Sea [J]. Continental Shelf Research, 1985, 4 (1-2): 143-158.

[41] Milliman J D, Shen H T, Yang Z S, et al. Transport and deposition of river sediment in the Changjiang Estuary and adjacent continental shelf [J]. Continental Shelf Research, 1985, 4 (1-2): 37-45.

[42] 沈焕庭．长江河口物质通量 [M]．北京：海洋出版社，2001．

[43] Liu J P, Xu K H, Li A C, et al. Flux and fate of Yangtze River sediment delivered to the East China Sea [J]. Geomorphology, 2006, 85 (3): 208-224.

[44] 孙英，黄文盛．浙江海岸的淤涨及其泥沙来源 [J]．东海海洋，1984，（4）：34-42．

[45] 胡春宏，王延贵，陈森美，等．浙江沿海海域泥沙变化及其对滩涂变化的影响 [J]．浙江水利科技，2012，（6）：1-4．

第 9 章 水沙变异对河流功能的影响

9.1 河流功能变异及其成因

9.1.1 河流系统及主要功能

1. 河流系统及其特征

河流系统通常是指由河流源头、湿地、湖泊以及众多不同级别的支流和干流组成的流动的水网、水系或河系[1]。河流系统主要由水流、悬浮物和边界三部分组成，其中水流是河流系统的主要组成部分，也是河流系统功能的源泉；悬浮物包括泥沙、生物等，根据水流运动状态与边界条件，水流含沙量通过河道冲刷或淤积而增大或减小，水中生物则受水流状态、水中矿物组成、废污水排放物、水温等因素的影响而发生变化；边界包括河槽、河漫滩、河岸堤防工程等，是水流与悬浮物的约束体，主要由卵石、沙质、黏土和沙土与树木杂草等组成，直接影响水流和悬浮物的输送、分配和变化。

河流系统的主要特征包括水系连通性、绿色生态、资源性、水能特征、可调控性、人文特征、完整统一性等[2,3]。具体说明如下。

（1）水系连通性：水系连通性是指流域水系单元间（干流、支流、溪涧和湖库）互相连接的畅通程度，是河流系统的基本属性，对河流的生态环境、物质输送和能量循环具有重要作用。水系连通性的内涵包括边界的流畅性和稳定性、水流的连续性和流动性、泥沙的输移性和交换性以及生物的生长繁衍性与多样性[3,4]。其中，水流的流动性是至关重要的，能够顺利地把河水送入下游或大海，使得大气、地表径流和大海之间形成完整的水循环，河流如果无水或不流动，便不成为河流；其次必须具有一定的流量，也就是维持河流健康的基本流量，低于这一流量，河流处于不健康状态。

（2）绿色生态特征：处于天然状态的河流是没有人工污染的，其水流、泥沙和边界等都适合生物的正常生存，这些河流处于未开发的原生态状况，基本上没有人类活动，未修建水利工程。例如，怒江和雅鲁藏布江等一些国际河流基本上属于原生态的绿色河流。

（3）资源性：河流系统中的水流、泥沙和边界都具有资源特征，可以为人类和动植物所利用。例如，水流资源性表现为人类饮用水源、工业水源和农业灌溉，以及动植物的水应用；泥沙资源性表现为建筑材料、造地和淤临淤背等；河岸峡谷、滩地水面的联合开发可成为旅游资源、湿地资源和水产资源等，体现河流边界的资源性。

（4）水能特征：水流从高处到低处的运动过程中，蕴藏着巨大的机械能，供人类开发利用，主要包括水流运输和水电开发，其中水流运输主要是指航运和漂流，而水电是再生的绿色能源，其特点是运行成本低、利润高、循环再生、污染少，比煤油具有明显的优势。

（5）可调控性：水流是一种流体，随边界条件的改变而变化，表现为资源性和灾害性。水流具有改造河流边界的作用，发生冲刷与淤积。反过来，在河流上修建工程，进行开发调控水资源和防治水沙灾害，可达到河流改造的目的。

（6）人文特征：水流是人类生存的必要条件，而且河流虽然变化多端，但在一定历史时期内是相对稳定的，能满足人类生存与居住的需要，因此人们依水而居、疏川筑堤、趋利避害，形成了比较固定的河道和径川；人类在河流附近活动的过程中留下了活动的痕迹，河流传承着人类的文化，记载了人类创造文明历史和灿烂文化的过程。全球很多大都市都是建在河流及其附近，如北京、上海、郑州和广州分别位于永定河、长江、黄河和珠江附近，埃及开罗横跨尼罗河，以及英国伦敦坐落在泰晤士河两岸等。

（7）完整统一性：河流系统中水流、悬浮物和边界是一个有机的统一体，其间相互联系和相互作用，通过水流对边界的作用及泥沙与边界组成的相互交换，河流系统不断演变，如河床冲淤、河势变化。

2. 河流功能

在河流系统演变过程中，河流功能也在不断地发挥作用，如河流为河流生态和周边环境提供服务功能，河流侵蚀后塑造成各类自然景观。河流功能从大的方面包括自然功能、服务功能、人文景观功能和灾害性能[1-3]。

1）河流自然功能

河流是地球演化过程中的产物，其自然功能是地球环境系统不可或缺的，因此河流的自然功能总体上就是它的环境功能[3,5]，主要包括水文功能、地质功能和生态功能。

（1）河流的水文功能：河流是全球水文循环过程中液态水在陆地表面流动的主要通道，表现水流的连续性和流动性。大气降水在陆地上所形成的地表径流，沿地表低洼处汇集成河流将水输送入海或内陆湖，然后蒸发回归大气。河流的输水作用能把地面短期积水及时排掉，并在不降水时汇集源头和两岸的地下水，使河道中保持一定的径流量，也使不同地区间的水量得以调剂。

（2）河流的地质功能：河流是塑造全球地形地貌的一个重要因素，表现为边界的流畅性和稳定性以及泥沙的输移性和交换性。径流和落差组成水动力，切割地表岩石层，搬移风化物，通过泥沙冲刷、输移和沉积作用，形成并不断扩大流域内的沟壑和干支河道，也相应形成各种规模的冲积平原，并填海成陆。河流在冲积平原上蜿蜒游荡，不断变换流路，相邻河流时分时合，形成冲积平原上的特殊地貌，也不断改变与河流有关的自然环境。

（3）河流的生态功能：河流是形成和支持地球上许多生态系统的重要因素，表现为生物的生长繁衍性与多样性。在输送淡水和泥沙的同时，河流也运送由于雨水冲刷而带入河中的各种生物质和矿物盐类，为河流内以至流域内和近海地区的生物提供营养物，为它们运送种子，排走和分解废弃物，并以各种形态为它们提供栖息地，因此河流成为多种生态系统生存和演化的基本保证条件。

2）河流的服务功能

随着人类社会的不断发展，人类开发和利用自然的能力逐渐加强，河流的服务功能应运而生，河流的服务功能实际上就是服务和造福人类的功能，主要包括水源供给、运输与传播、水能（水电）供给等功能。

（1）河流的水源供给功能：水是万物的生命源泉，因此河流为人类、动物等提供饮用水源，为植物、农作物等提供灌溉水源，如引水工程、水库建设、区域调水工程等，也可以为工业用水和城市景观提供水源，如电厂冷却水和景观用水等。

（2）河流的运输与传播功能：河流中的水流由高处的源头流向低处的海洋，水流在流动过程中可以为人类和自然服务，用于人类和物资的运输，如航运；物种的传播，如种子和生物的转移；水沙资源的配置与输送等。

（3）水能（水电）供给功能：河流一般发源于高山峻岭，具有很大的落差，蕴藏着丰富的水电资源，通过水能的开发与利用，可以为人类提供能源。

3）河流的人文景观功能

人类以水而生、傍河而居，河流孕育着源远流长的河流文化，具有记载人类发展历史的功能；河流塑造了各类奇山秀川、美丽的江河湖泊、宽阔的绿色平原、物种丰富的河口湿地等，因此河流具有供人类观赏、旅游的功能，河流人文景观功能主要包括人文功能和景观功能。

（1）河流的人文功能：水资源是人类生存最重要的源泉，离开了水源生命就将终结。人类社会文明起源于河流文化，人类社会发展积淀河流文化，河流文化推动社会发展。人们将河流文化称为"大河文明"，如尼罗河文明、幼发拉底河和底格里斯河流域的两河文明、印度河文明、黄河文明。这些大河文明与人类文明息息相关，是人类文明的源泉和发祥地。

（2）河流的景观功能：河流从源头到河口，经历了高山和平原，进入海洋。大自然巧夺天工，在河流流过的地方营造出无数的美景，很多风景区都分布于河流上，如长江三峡风景区、黄河壶口瀑布风景区、桂林漓江风景区等。

4）河流的灾害性能

河流系统具有资源性和灾害性。若河流开发不合理、治理不及时，河流就会形成灾害，灾害性能包括洪水灾害和泥沙灾害。

（1）洪水灾害：洪水灾害是一种自然现象，主要是由暴雨、融雪、冰凌、溃坝等造成河流洪水泛滥或河道决口，形成灾害。洪水泛滥给人民的生命财产带来了深重的灾难，严重阻碍了中国经济的可持续发展。例如，1933 年黄河发生大水，共决口 50 多处，受灾面积达 $1.1 \times 10^4 km^2$，灾民 3.64×10^6 人，死亡 1.8×10^7 人，经济损失达 2.3×10^8 银元[6]；1998 年，长江流域发生全流域性的洪水[6]，直接经济损失达 1.66×10^{11} 元，仅湖北受灾人口就有 2.466×10^7 人，各类直接经济损失达 3.2832×10^{10} 元。

（2）泥沙灾害：所谓泥沙灾害就是由泥沙或通过泥沙诱发其他载体给人类的生存、生存环境和经济带来危害的泥沙事件[7]。由泥沙直接引起的灾害称泥沙的直接灾害，由泥沙诱发其他载体引发的灾害称为泥沙的间接灾害。泥沙灾害主要包括滑坡、崩塌、泥石流、泥沙淤积灾害、泥沙冲刷灾害、土地沙化和泥沙污染[8,9]。

综上所述，河流系统及功能可用以下框图表达[2]，如图 9-1 所示。

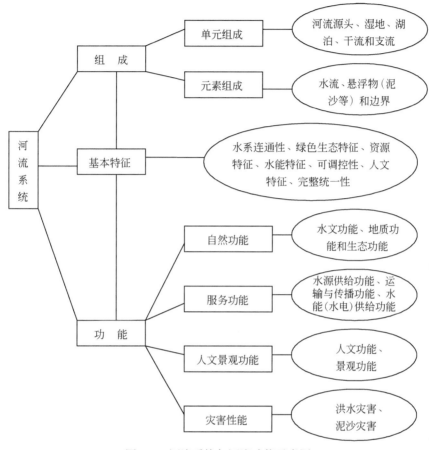

图 9-1 河流系统与河流功能示意图

9.1.2 河流系统演进与基本水问题

1. 河流系统演进与基本水问题的内在关系[10]

在河流系统中，水流、悬浮物和边界之间并不是孤立存在的，而是相互联系和相互作用的，主要表现为水流对泥沙的输送能力，水流对废污水排放物的稀释作用，泥沙对污染物和生物的吸附作用，以及废污水对水流、泥沙和生物的污染作用。河流系统组成部分间的相互作用对河流系统演进和基本水问题的发生是非常重要的。

水流、悬浮物和边界之间相互适应、相互协调时，河流系统和水生态环境处于健康状态；反之，水流、悬浮物和边界之间不适应和不协调时，河流系统和水生态环境处于不健康状态[5]。当河流系统中的水流、悬浮物等发生剧烈和大幅度变化时，河流系统将会演变，同时将伴随着水多、水少、水浑和水脏等基本水问题的发生。当河流系统中降水量和水位超过安全警戒时,河道径流量大幅度增加,河流系统就形成"水多"的洪涝灾害问题;当河流系统降水量减少到某一种临界状态或分配不合理时,河道径流量较少,河流系统就会形成"水少"的缺水干旱状态;当流域水土流失严重时,河流系统中的泥沙含量增大,"水浑"问题就出现了;流域内人类活动频繁,河流排污量增加与面源污染严重时,河流系统中的污染物超过河流的纳污承载能力,河流系统水流"变脏",水质发生污染,即"水脏"问题。

2. 中国水问题的基本特点

1)"水多"问题

"水多"问题主要是指流域洪涝灾害频繁,其表现形式主要有雨涝、洪水溃决、山洪泥石流、滑坡等。首先,受中国年降水量地域分布和年内季节分布不均匀的影响,中国洪涝灾害主要发生在春夏秋季节,特别是淮河及秦岭以南地区和辽东半岛的夏季,表现为时空分布不均匀性[11]。其次,大约2/3的国土面积上存在着不同危害程度的洪涝灾害,全国600多座城市中90%都存在防洪问题[12],中国洪涝灾害具有普遍性。再次,从较长时间尺度看,许多河流在一个时期发生大洪水的频率较高,而在另一时期频率较低,高频发期和低频发期呈阶段性的交替变化,且在高频发期内大洪水往往连年出现,具有重复性和连续性[11]。最后,由于中国主要河流流域面积较大和西高东低的地形条件,当干支流同时发生洪水,洪峰叠加累积和快速传递,中下游可形成峰高量大的暴雨洪水,对河流中下游地区造成严重危害。据统计[13],1990年以来,全国洪涝灾害导致的损失年均在1100亿元左右,约占同期全国GDP的1%。中国政府对洪涝灾害一直高度重视,特别是1998年长江流域发生特大洪水以来,加大了对防洪的投入,中国主要江河防洪工程体系已具较大规模,防洪形势得到改观[13]。

2)"水少"问题

"水少"问题是指河流系统水量不能满足生态建设和社会生产的需求时,流域将会出现干旱和缺水问题。与洪涝灾害相对应,中国流域干旱具有时空不均匀性、连发性和连片性、危害严重性等特征。流域干旱主要是降水不足引起的,中国各地降水量随季节变化相差悬殊,表现为不同地区和不同季节发生干旱的程度是不一样的,北方干旱程度一般大于南方,黄淮海地区是中国最大的干旱区。北方地区干旱连发性和连片性比南方地区更为显著,连年连片干旱会造成特别严重的灾害,如1876~1878年和1959~1961年都曾出现连续三年干旱[14,15],前者遍及河南、山西、陕西、甘肃、山东、安徽等18个省,后者遍布长江、淮河、黄河等流域的广大地区,造成粮食减产或绝产。此外,中国是一个水资源短缺的国家,人均水资源占有量低[12],其表现形式为刚性缺水、发展性缺水、季节性缺水、水质性缺水等,主要是由降雨地域不平衡、降雨季节与用水需求不一致、社会发展需水量增加和水质污染等共同造成的。在应对干旱和水资源短缺上,政府投入大量的人力和财力,采取了很多有效的工程措施,取得了显著的效果[12]。

3)"水浑"问题

中国河流的主要特点之一就是挟带大量泥沙,特别是北方河流,常形成多沙河流,如黄河、海河、辽河等,大量泥沙造成河道和水库的累积淤积,不仅给水利水电工程建设带来了许多问题，而且给河道防洪、沿河工农业发展和人民生活带来了严重的影响，即所谓"水浑"问题，"水浑"问题产生的根源是流域水土流失严重，严重的水土流失还会导致土地退化和生态恶化问题。据《第一次全国水利普查水土保持情况公报》和《中国水利统计年鉴 2020》，2011 年中国水土流失面积 294.9 万 km^2，占国土面积的 31%，其中重度侵蚀面积占水土流失面积的 33.8%[16,17]；至 2019 年[18]，中国水土流失面积为 271.1 万 km^2，其中水力侵蚀面积为 113.5 万 km^2。中国水土流失的主要特点包括水土流失分布广、面积大，水蚀、风蚀、冻融侵蚀及滑坡、泥石流等相互交错，以及土壤流失强度大、侵蚀严重区比例高等。例如，黄河中游黄土高原水土流失面积高达 45 万 km^2，土壤侵蚀严重，黄河潼关站多年平均输沙量高达 9.21 亿 t，多年平均含沙量为 27.47 kg/m^3，使得三门峡水库和小浪底水库淤积大量泥沙，黄河下游河道淤积严重[19]，主槽萎缩，形成二级悬河，防洪问题仍十分严峻。针对"水浑"问题及其影响，中国先后开展了全国范围的水土流失治理措施，2011 年水土流失治理面积为 99.2 万 km^2，每年流失的土壤总量减至 45.2 亿 t[17]；至 2019 年，中国水土流失治理面积 137 万 km^2[18]。

4）"水脏"问题

"水脏"问题就是随着工农业生产的不断发展，废污水排放量（点源）和流域面源污染增加，导致河流系统水质污染严重。中国水质污染主要是生产生活废水未经处理或处理不达标直接排入河流引起的，主要表现为有机污染、重金属污染、富营养污染以及这些污染共存的复合性污染。改革开放以来，中国工农业生产快速发展，特别是 20 世纪 90 年代发展更为迅速，废污水排放量大幅增加，2003 年全国废污水排放总量达 680 亿 t（其中工业废水占 2/3，城镇生活污水占 1/3，是 1980 年排放总量 239 亿 t 的 2.8 倍）[13]；至 2014 年，全国废污水排放总量达到 813 亿 t。大量的废污水排放使得全国各大江河湖泊的水质和生态都受到不同程度的损害与污染，不仅北方一些缺水地区曾出现"有河皆干、有水皆污"的现象，南方一些水资源丰富的地区也出现了"有水皆污"的现象，对饮用水源和生态环境危害极大。

9.1.3 河流健康与功能变异

1. 河流健康的内涵

在水资源开发与利用过程中，河流系统出现了水质污染、生态环境恶化、河道萎缩等一系列功能衰退问题，河流处于不健康状态。河流健康是指河流系统在各种环境的影响之下，其自身的结构和功能保持相对稳定状态，并具有可持续发展、不断完善的特性，满足周边环境（包括人类社会发展）的合理需求。河流健康的内涵可用图 9-2 表示，主要包括河流系统健康、流域生态环境系统健康和流域社会经济系统（含人类活动）健康三个方面的健康[2,20]。具体而言，河流系统健康主要是指在自然和人类活动的共同作用下，河流系统结构是完整的，功能是相对稳定的；流域生态环境系统健康就是河流具有自身维持与更新的能力，促使河流自然功能的正常发挥，满足河流周边生态环境的需求；流域社会经济系统（含人类活动）健康就是满足人类社会发展与人类活动的合理需求，发挥河流的服务功能和人文景观功能，避免河流的灾害性，创造更大的社会、经济与环境效益。综上所述，河流系统功能可持续发挥是河流健康的重要标志。

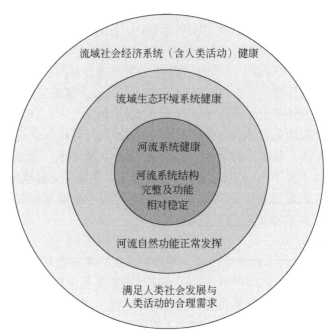

图 9-2　河流健康的内涵示意图

2. 河流健康的判别与评价思路

从河流健康的内涵来看，河流健康主要是从河流系统结构的完整性、河流功能和周边环境需求等方面来判断，关于河流系统结构和河流功能的概念、指标和价值等，国内外学者从生态学或环境学的角度对湿地的功能和价值进行研究，对河流过度开发、大型水利枢纽修建、河道淤积与萎缩、河道断流等所带来的负面效应也进行过热烈争论。但具体如何选用河流系统结构、河流功能和周边环境需求的判别指标和参数，以及选用何种判别指标和参数能够真实地判别河流处于健康状态或不健康状态，都是需要根据不同河流的具体情况进行深入研究的。针对河流系统结构、河流功能和周边环境需求状况，利用泥沙运动力学、河床演变、水文水资源学、生态环境等学科的有关理论，采用资料分析、模型计算、理论研究等手段，深入分析河流健康的主要影响因素及其灵敏度，选定河流系统结构、河流功能和周边环境需求的代表参数，确定判别河流健康的指标，这些指标是维持河流健康的临界阈值，构成了控制河流系统健康运行的指标体系[2,20]。该指标体系是河流健康的判别标准和评价基础。

由于河流位置、规模、环境等因素的差异，我国河流系统的结构与功能也有很大的不同，相应的河流健康指标体系也不同，对于多沙河流，河流健康的指标体系更为复杂[2,17]。黄河是举世闻名的多沙河流，其主要特点是水少沙多及河道淤积，因此流域产流产沙、河道稳定、河道防洪、生态环境建设等是判别黄河健康的重要内容。长江水（能）

资源丰富，具有较好的服务功能，因此合理开发水（能）资源、河道防洪、生态环境建设等将是判别长江健康的重要依据。连通性作为水系的基本属性，也是河流健康的重要评价内容，结合水系连通性的内涵，从河流边界、水流、泥沙、生态等方面，建立水系连通性的评价指标体系，并对黄河下游和长江中游荆江水系的连通性进行评价[21,22]。

3. 中国主要河流功能的变异

中国南方地区特别是西南地区，水资源丰富而开发利用程度较低，河流功能发挥相对正常，但鉴于南方河流径流量变化不大，而输沙量仍然大幅度减少，这种变化仍然会带来一些新问题，如河口造地衰竭、河道冲刷下切严重、河湖连通性衰退等；而北方地区的黄河、海河、辽河等诸流域，水资源量较少，开发利用程度高，河道径流量和输沙量都大幅度减少，河流功能衰退严重。中国水资源严重短缺与时空分布不均使得河流的自然功能、服务功能和人文景观功能的正常发挥受到一定的限制，甚至一些河流功能受到严重威胁，出现严重的断流现象，如北方河流（海河、黄河和塔里木河）的供水功能、生态功能等进一步衰退，如表 9-1 所示。

表 9-1　中国典型河流的健康状况统计

河流名称	河流位置	河流功能与现存问题	成因	备注
长江	四川、湖北、江苏等	河流功能整体发挥较好，局部存在水资源供需矛盾、水质污染、生态环境恶化、湖库泥沙淤积、河道冲刷严重、河势变化大、河湖连通性衰退、河口呈现冲刷等	水土保持，大量水库兴建，河道采砂，排污严重等	少沙河流
海滦河	河北、天津等	河流几乎成为季节性河流，长时间断流，水资源短缺，河道淤积严重，水质污染，水系连通性恶化，河流功能严重衰退等	水土流失严重，排污严重，水库修建，水资源开发过度，达95%	引黄济津
黄河	甘肃、内蒙古、陕西、山西、河南、山东等	河道水量锐减，下游河道曾多次出现断流，河道冲刷严重，河流功能萎缩，水资源短缺、河口岸线蚀退等	水土流失严重，水少沙多，河势摆动频繁，水资源的无序和过度开发等	多沙河流，二级悬河
珠江	广西、广东等	河流功能发挥较好，但全流域洪水和水资源调控措施不足，水污染形势严峻，局部地区干旱缺水，河口咸潮上溯，上中游地区土地石漠化严重等	流域大量工程兴建，曾排污严重等	少沙河流
辽河	内蒙古、吉林、辽宁等	河道水量锐减，河道或支流时有断流，河道萎缩，河流功能严重衰退，水资源短缺，水质污染、防洪严峻	水土流失严重，水少沙多，排污严重，水资源的无序和过度开发等	多沙河流
松花江	内蒙古、黑龙江等	河流功能发挥较好，但存在一定的防洪、支流断流等问题	水资源开发与防洪规划不够完善	少沙河流

河流名称	河流位置	河流功能与现存问题	成因	备注
东南河流	浙江、福建、江苏等	河流功能发挥较好,但存在水质污染、生态恶化等	曾面源排污严重,水资源开发不尽合理等	少沙河流
塔里木河	新疆	河流功能衰退,干流下游长期断流,水资源短缺,河道淤积,干流下游河道生态环境恶化等	水土流失严重,水资源的无序开发和粗放管理,干流洪水漫溢等	第一大内陆河,应急供水
黑河	甘肃、内蒙古等	河流功能衰退,水资源短缺,年均断流 200 天以上,生态环境恶化	水资源的无序和过度开发,粗放管理等	第二大内陆河

由于河流流域自然条件的影响和频繁而剧烈的人类活动,流域水土流失严重,用水量急剧增加,特别是 1978 年改革开放以来,中国经济曾以平均每年 8% 的速度持续快速增长,中国部分地区用水量已大大超过水资源可利用量,伴随着水资源的过度开发、低效利用和生态环境的严重破坏,江河来水量大幅度减少,甚至断流,污水排放超标,河道严重淤积,湖泊萎缩。不仅北方一些缺水地区曾出现"有河皆干、有水皆污、湿地消失"的问题,南方一些水资源丰富的地区也曾出现了"有水皆污"的现象。中国很多河流功能不能正常发挥,甚至河流功能衰竭,致使河流健康进一步恶化,主要症状包括洪涝灾害、水资源短缺、水质污染、生态环境恶化、水土流失、用水效率低下和河道萎缩等。但随着中国主要河流水沙变异,又出现一些新问题,如河道冲刷剧烈、河口岸线蚀退、咸潮上溯等。

9.1.4 中国水问题的发展态势与变异特征

鉴于气候变暖、人类频繁活动和社会发展的综合影响,特别是为了应对曾经的中国四大水问题,流域内开展了大量水利工程、水保工程和治污工程,"水多、水少、水浑和水脏"基本水问题也在不断发展,发生了一些新情况,甚至是变异,需要引起有关部门的足够重视[10]。

1. "水多、水少"问题

1) 河流水量发展态势

河流系统水量变化是"水多、水少"问题的直接反映,丰水年一般预示着河流系统内发生了洪涝灾害,枯水年一般属于干旱缺水年。据有关资料[23],黄河潼关站 1964 年、1967 年和 1983 年对应的年径流量分别为 699.3 亿 m^3、627.8 亿 m^3 和 526 亿 m^3,皆为大水年,发生了大洪水;而 1987 年、1997 年和 2001 年对应的年径流量分别为 200 亿 m^3、149.4 亿 m^3 和 159 亿 m^3,皆属干旱年份,黄河下游曾出现断流现象。第 2 ~ 5 章分析了中国主要河流径流量的变化态势,其具有以下特点:①中国主要河流总径流量随时间没有明显的趋势性增加或减小,在多年平均值 14 057 亿 m^3 波动;②自 1950 年以来,南方河流(包括长江、珠江、钱塘江和闽江)和淮河的年径流量没有明显增加或减少的趋势;③自 1950 年以来,除淮河外,其他北方河流年径流量呈现减少或显著减少的趋势,其中海河代表水文站年径流量减少幅度最大,2010 ~ 2020 年径流量较多年平均值偏小 60.12%;④内陆河流塔里木河无明显的变化态势,黑河呈显著增加态势。

2）洪涝灾害变异特征

（1）洪水灾害发生越来越频繁。鉴于中国多年来主要河流径流量的变化态势,洪水问题总体格局变化不大,南方河流洪水问题依然严峻,北方河流防洪问题严阵以待。但长期以来,由于人类活动和自然因素的变化,中国部分地区存在洪水灾害发生越来越频繁的趋势[24,25],如表 9-2 所示。例如,长江中下游地区公元前 185～1911 年洪灾发生的频率为9.8 年一次,其中唐代平均 18 年一次,宋元时期平均 5～6 年一次,明清时期平均 4 年一次。民国期间平均 2.5 年一次,而 20 世纪 90 年代发生频率为 1.3 年一次,几近 1 年一次。

表 9-2 中国部分地区洪灾发展变化 （单位：年/次）

地区	长江中下游地区					
年代	公元前 185～1911 年	唐代	宋元时期	明清时期	民国时期	20 世纪 90 年代
频率	9.8	18	5～6	4	2.5	1.3
地区	洞庭湖区				辽河	
年代	1525～ 1851 年	1852～ 1948 年	1949～ 1996 年	20 世纪 90 年代后	1031～ 1895 年	明代	清代
频率	20	5	3.4	1	12.3	14	8
地区	四川			云南		江西	
年代	20 世纪 50 年代	20 世纪 70 年代	20 世纪 80 年代	1949 年前	1949 年后	1949 年前	1949 年后
频率	2.5	1.25	1	16	3	2.8	1.9

（2）小水大灾现象不断发生。流域人类活动频繁增加,水土流失严重,许多河流和湖库泥沙淤积严重,20 世纪 90 年代以来黄河、渭河、长江等出现了"小水大灾"的现象[25-28],致使同频率洪水条件下洪灾加剧。黄河下游河道长期淤积严重,特别是河槽萎缩,小水大灾现象曾十分严重,如 1996 年汛前,黄河下游河道的平滩流量只有 3000m³/s,8 月发生流量为 7860m³/s（约 2～3 年一遇）的洪水,花园口站的洪水位达 94.73m,创历史最高,比 1958 年发生的洪峰流量为 22 300m³/s（约 70 年一遇）的特大洪水所造成的淹没损失还大。

（3）流域洪涝灾害治理态势不平衡。中国河流众多,流域面积 100km² 以上的河流有 5 万多条,流域面积 1000km² 以上的有 1500 多条。中华人民共和国成立以来,中国政府对防洪问题十分重视,特别是对大江大河的防洪问题投入了大量的人力和财力,中国七大江河的防洪工程体系已具较大规模,防洪形势得到改观,但中国中小河流众多,而且分布范围广,相应的投入仍显不够,中小河流河道治理相对滞后,防洪体系还不够健全,且由于河道淤积、萎缩,甚至人为侵占、缩窄行洪断面,洪涝灾害频繁发生[29],因此在维护中国大江大河防洪安全的前提下,中小河流防洪体系建设与河道治理应是下一步民生水利的工作重点。

（4）城市防洪排涝问题凸显。近年来，随着碳排放的不断增加，城市上空热岛效应增强，导致城区降雨强度和频率不断增加，加上城区不透水面积比例很大和排水不畅，造成严重的城市外洪内涝[29]。例如，北京 2012 年 7 月 21 日遭受了历史罕见的特大暴雨，城区平均降水量 215mm，造成特大城市洪水灾害，据初步统计，全市经济损失近百亿元。另外，武汉多次暴雨形成洪灾，2013 年 7 月 5 ～ 7 日遭遇 50 年一遇的暴雨过程，城区最高降水量达 337.5mm，城区部分区域积水深 1m，形成严重的城市洪水灾害。2021 年 7 月，郑州发生 7·20 特大暴雨灾害，据有关资料，2021 年 7 月 18 日 18 时至 21 日 0 时，郑州出现罕见持续强降水过程，全市普降大暴雨、特大暴雨，累积平均降水量 449mm；2021 年 7 月 20 日 8 ～ 17 时郑州二七区的尖岗水库最大降水量达到 438.0mm，16 ～ 17 时郑州一小时降水量达到 201.9mm，郑州市形成巨大的洪涝灾害。

3）缺水干旱变异特征

（1）水资源短缺问题更加突出。中国是一个水资源十分短缺的国家，人均占有量 2012 年只有 2100m³，仅为世界人均水平的 28%。中国"水少"问题十分突出，缺水问题不但没有缓解，而且随着社会经济的不断发展，需水量不断增加，水资源短缺问题更加严重，特别是中国北方河流水量进一步减少，水质污染严重，中国刚性缺水、水质缺水等更加突出。

（2）干旱缺水发生频率提高。中国幅员辽阔，地形复杂，受季风气候和全球气候变暖的影响，在全国范围内，不仅局部性或区域性干旱灾害几乎每年都会出现，重特大干旱灾害发生的频率也在提高。据统计[30]，1950 ～ 1990 年，共有 11 年发生了重特大干旱灾害，发生频次为 26.83%；而 1991 ～ 2009 年，共有 8 年发生重特大干旱；近年来，平均不到 3 年发生一次重特大旱灾，尤其经常发生区域性特大旱灾。

（3）干旱缺水区域与内涵扩展。在传统的北方旱区旱情加重的同时，南方和东部多雨区旱情也在扩展和加重，旱灾范围已遍及全国，如表 9-3 所示[31]，全国范围内作物因旱成灾面积从 20 世纪 80 年代的 17 642.7 万亩增加到 2000 ～ 2007 年的 23 290.1 万亩，增加 32.0%，其中除黄淮海地区成灾面积略有减少外，其他地区成灾面积都有 30% 以上的增加，以东北地区干旱成灾面积增幅最大，达 103.5%。与此同时，旱灾影响范围已由传统的农业扩展到工业、城市、生态等领域，工农业争水、城乡争水、超采地下水和挤占生态用水现象越来越严重。

表 9-3　不同时段不同区域作物因旱成灾面积变化

时段	项目	全国	东北	西北	黄淮海	长江中下游	西南	华南
1980 ～ 1989 年	成灾面积/万亩	17 642.7	3 809.6	1 730.6	7 765.2	1 885.8	1 560.7	790.1
	增幅/%	0.0	0.0	0.0	0.0	0.0	0.0	0.0
1990 ～ 1999 年	成灾面积/万亩	17 915	3 463.4	2 705.1	7 154.8	1 692.1	1 962.6	935.2
	增幅/%	1.5	-9.1	56.3	-7.9	-10.3	25.8	18.4
2000 ～ 2007 年	成灾面积/万亩	23 290.1	7 753.3	2 948.7	6 466.2	2 490.4	2 459.1	1 036.1
	增幅/%	32.0	103.5	70.4	-16.7	32.1	57.6	31.1

（4）干旱缺水持续时间加长。北方地区以前以冬春干旱为主，近期许多地区出现春夏连旱或夏秋连旱，有时甚至出现春夏秋三季连旱和连年连季干旱的迹象[32]。1997~2000年，北方大部分地区发生持续 3 年严重干旱，2004 年秋季至 2007 年夏季甘肃东北部发生持续 3 年干旱，2006 年夏季至 2007 年春季重庆和四川发生百年不遇的夏秋冬春四季连旱，2009 年东北部分地区夏伏期间发生严重的"卡脖子"干旱，表明中国干旱灾害持续过程有拉长的趋势。

2. "水浑、水脏"问题

1）"水浑"问题的变异特点

（1）中国主要河流输沙量大幅度减少。第 2~5 章分析了中国 11 条主要河流输沙量的变化态势，其主要特点如下[23]：中国主要河流代表水文站总输沙量具有明显的减少趋势，从 20 世纪 50 年代的 26.35 亿 t 大幅度减至 2010~2020 年的 3.73 亿 t；除松花江和钱塘江外，其他主要河流代表水文站年输沙量呈显著减小态势，以长江和北方河流（黄河、淮河、海河、辽河等）的年输沙量的减小幅度较大，如黄河代表水文站年输沙量从 20 世纪 50 年代的 18.06 亿 t 减至 2010~2020 年的 1.83 亿 t。

（2）江河"水浑"问题与流域人类活动关系密切。河流系统水流输沙量的多少直接反映流域水土流失状况、人类活动影响和河道泥沙淤积的影响。例如，黄河潼关站 1964 年和 1977 年的输沙量分别为 24.5 亿 t 和 22.4 亿 t，这些年份的大输沙量不仅反映了黄河流域黄土高原水土流失严重和过度建设活动频繁，而且对黄河下游河道及三门峡水库的泥沙淤积产生重要影响，"水浑"问题十分严重；黄河潼关站 2004 年和 2009 年的输沙量分别为 2.99 亿 t 和 1.12 亿 t，2015 年仅为 0.55 亿 t，这些年份的小输沙量反映了黄河流域黄土高原水土流失减轻，流域水土保持、水库拦沙等人类活动的效果显著，"水浑"问题和泥沙问题有所减轻。据第 6 章和第 7 章分析，中国河流输沙量大幅度减少的主要原因是受流域水土保持减沙、水库拦沙、引水引沙、河道采砂等人类活动的综合影响，其中水土保持减沙和水库拦沙效果显著[23]。

（3）"水浑"问题减轻带来新问题。河道输沙量大幅度减少，河道和水库淤积有所减少，传统意义上的"水浑"问题有所减轻，但同时又会带来新的问题。例如，河道输沙量与含沙量的大幅减少将引起河道冲刷加剧与岸滩崩塌问题，进一步影响河道采砂管理和建筑业的发展；入海沙量的大幅度减少将会带来河口滩涂塑造能力减小、河口海岸蚀退、咸潮回灌上延等问题，这些影响已在第 8 章和第 9 章中陆续分析。

2）"水脏"问题的变异特点

（1）流域水污染问题依然严重。改革开放以来，中国废污水排放量呈现持续增长的势态[24]，总废污水排放量从 1980 年的 239 亿 t 增加到 1985 年的 341.5 亿 t，2008 年增至 587.6 亿 t，2014 年达到 813 亿 t，水质污染问题依然严重。据《中国生态环境状况公报》，2010 年长江、黄河、珠江、松花江、淮河、海河和辽河七大水系总体为轻度污染，204 条河流 409 个地表水国控监测断面中，Ⅰ~Ⅲ类、Ⅳ~Ⅴ类和劣Ⅴ类水质的断面比例分别为 59.9%、23.7% 和 16.4%，其中，长江、珠江水质良好，松花江、淮河为轻度污染，黄河、辽河为中度污染，海河为重度污染。

（2）单一污染向复合型污染转变，面源污染加重。随着社会经济和工农业生产的不断发展，河流水质污染也从单一污染转向复合型污染，从一般污染物扩展到有毒有害污染物质，并已经形成点源与面源污染共存、生活污水排放和工业污水排放彼此叠加等复合型污染的态势。另外，随着城乡经济的快速发展，城乡和农村生活垃圾迅速增加，大部分没有得到妥善处置，污水渗漏问题严重，再加上农业生产施加农药化肥导致的土壤污染，面源污染比例加大，甚至成为主要的水污染源，在中国东部沿海地区，面源污染已开始超越点源污染，成为主要的水污染源。

（3）以工业污染为主向以生活污染为主转变。从废污水排放组成来看，城市生活废水排放量和工业废水排放量的排放规律是不一致的。在水环境治理过程中，结合我国工业结构的不断调整和优化，加强对工业污染的控制，使得工业废水的年排放量变化不明显，年排放量介于 153 亿 ~ 268 亿 t，但占我国总废水排放量比例由 75% 逐年下降至 41% 左右[33]。与此同时，随着城市人口的增加和生活质量的提高，生活污水的排放量从 1985 年的 84.1 亿 t 增至 2008 年的 345.9 亿 t，2014 年我国城镇生活污水排放量达到 510.3 亿 t，逐渐成为我国废污水排放的主体，其所占比例由 1985 年的 24.6% 增至 2008 年的 58.8%，2014 年占 62.8%。

3. 中国新的水问题

中国社会经济的发展过程中伴随着"水多、水少、水浑、水脏"四大基本水问题，针对中国存在的四大基本水问题，中国政府及有关部门开展了大量的防治工作，四大水问题也在不同程度地发生变化。考虑中国社会经济发展状况，结合中国基本水问题与实质、基本特点、基本发展态势、变异特征与新情况[10]，中国水利部门总结了中国目前存在的新三大水问题，包括水资源短缺、水生态损害和水环境污染，如图 9-3 所示。

9.1.5 河流功能与水问题发展变异的成因

1. 自然因素（气候、地理等）的影响

受太平洋季风和多元特殊的地理地貌结构的综合影响，中国降水与水资源时空分布具有极为不均匀的固有属性，"水多、水少"问题产生的洪涝灾害与干旱缺水灾害也表现为时空分布极度不均的特征。中国大部分地区每年汛期 4 个月的降水量占全年的 70% 以上，旱涝灾害频繁[34]，历史上曾出现过连续 13 年的枯水年，也曾出现过连年洪涝灾害，即水资源时间分布的不均匀性。在地域分布上，中国由南向北、由东向西，年降水量和水资源量总体呈减少趋势，长江流域及其以南地区降水量占全国的 80% 以上，而耕地仅占全国的 36%，淮河流域及其以北地区降水量和耕地则分别为 20% 和 64%。中国南方地区特别是西南地区，水资源丰富而开发利用程度较低，北方地区的黄河、海河等诸流域，水资源量较少，开发利用程度高。气候和地理地貌特点决定了中国降水的时空分布不均[34]，南方水多，北方水少，汛期洪涝，枯水期干旱，致使中国水资源短缺问题比较严重，水问题还远远没有得到解决。中国水资源严重短缺及时空分布不均使得河流的自然功能、服务功能

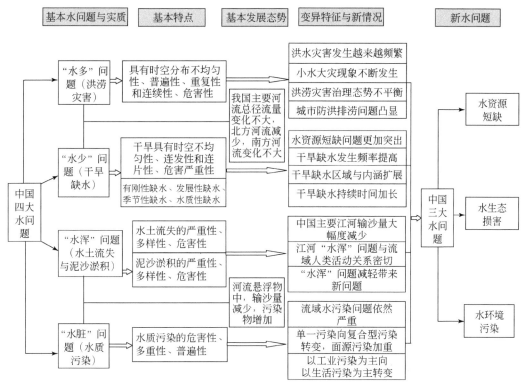

图 9-3　中国水问题变异与演变图

和人文景观功能的正常发挥受到一定的限制，甚至一些河流功能受到严重威胁，如北方河流（海河、黄河和塔里木河）的供水功能、生态功能等进一步衰退。

2. 流域实施水土保持措施的影响

在中国北方地区，一方面气候干燥少雨，水资源短缺，流域内植被条件较差；另一方面随着流域人类活动的频繁增加，包括森林砍伐、矿山开发、基础设施建设，导致流域水土流失严重。根据《2005 年中国环境状况公报》，中国水土流失面积 356 万 km^2，占土面积 37.1%，每年流失的土壤总量达 50 亿 t，严重的水土流失不仅导致土地退化、草场沙化、生态恶化等流域生态环境衰退，还会加重河道、湖泊的泥沙淤积，加剧河流下游地区的洪涝灾害，造成多沙河流的河道萎缩，如黄河及其支流、永定河、辽河等多沙河流，其来水来沙特点是年径流量小、输沙量大，这种不协调的来水来沙条件造成河道严重淤积，导致河道严重萎缩和防洪形势严峻，致使河道的水文功能、生态功能、运输功能、景观功能等都受到一定的影响，甚至衰退。20 世纪 50 年代，中国就开始了荒山秃山的治理工作，特别是 80 年代以来，主要河流开展了大面积的水土保持工作，取得了显著的效果。据《第一次全国水利普查水土保持情况公报》，中国水土流失面积为 294.91 万 km^2，其中水力侵蚀面积为 129.32 万 km^2，风蚀面积为 165.59 万 km^2；水土保持措施面积为 99.16 万 km^2，其中工程措施面积为 20.03 万 km^2，植物措施面积为 77.85 万 km^2，其他措施面积为 1.28 万 km^2。水土保持措施不仅改善了流域生态环境，而且为减少河流输沙量发挥重要作用。

3. 修建水利枢纽工程的影响

中国具有较丰富的水（能）资源[34,35]，中国水能资源理论蕴藏量达 6.89 亿 kW，其中技术可开发装机容量 4.93 亿 kW，经济可开发装机容量 3.95 亿 kW。截至 2003 年底，全国水电开发量仅占可开发量的 24% 左右。水资源总量 2.8 万亿 m³，其中河川径流量 2.7 万亿 m³，与河川径流不重复的地下水资源量约为 0.1 万亿 m³。为有效地开发河流水（能）资源，在河流上修建了大量的水利工程，包括水库和引水工程，特别是水利枢纽工程。截至 2019 年底[18]，中国共修建各类水库 98 112 座，总库容达 8983 亿 m³，调节了河流水沙过程，拦蓄了部分径流和泥沙，减少了进入下游的输沙量。水利工程修建后，河流的服务功能［水源供给、运输与传播、水能（水电）供给］得到改善，而河流的生态功能、人文景观功能等受到一定的影响。例如，三峡工程修建后，其服务功能（发电、防洪、灌溉、航运等）发挥重要作用，而三峡库区的部分自然景观、人文古迹将被淹没，人文景观功能受到一定的影响。

除了水土保持和水库建设外，河道引水工程、河道采砂等也会影响河道水沙量的变化。

4. 流域过度开发和过度建设的影响

中国是一个人口大国，2012 年人均水资源占有量仅为 2100m³，约为世界平均水平的 28%，属于水资源短缺的国家。随着人类生活水平的不断提高和工农业生产的不断发展，流域用水量大幅度增加，水（能）资源开发迅速，甚至是过度开发，加剧水资源短缺和水土流失，进入下游河道的水量大幅度减少，甚至造成河流季节性断流，导致河道演变特性发生变化，河槽萎缩，河流功能衰退。例如，20 世纪 90 年代黄河下游就是如此，由于黄河中上游水资源开发利用不合理，下游河道 1972～1996 年中有 19 年出现河干断流，对两岸与河口地区的生态环境造成不良影响[36]。河流一旦发生较长时间的断流，河流功能将衰竭，造成流域生态环境的严重恶化，最典型的例子就是海河流域永定河下游河道长期处于断流状态[37]和塔里木河下游生态环境的恶化过程[38]。

在社会、文化、经济等因素制约下，人类有时违背自然规律开展一些不合理的过度建设，主要是指大范围的荒地开垦、开矿修路、森林砍伐等活动，而后未实施生态保护和水土保持的措施，造成水土流失面积和土壤侵蚀量增加[39]。20 世纪 50 年代末的"大跃进"，全国范围开展了大炼钢铁的运动，大范围砍伐森林，如对长江上游森林进行了空前的砍伐[40]，致使四川森林覆盖率在 20 世纪 60 年代一度跌至历史时期的最低线；另外，在改革开放初期，在修路、开矿、办工厂等快速发展的同时，没有充分重视水土保持措施，造成流域水土流失加重。在 20 世纪 60 年代和 80 年代初期这两个阶段，中国许多河流都出现输沙量增加的现象，与上述的过度建设不无关系。

5. 社会经济快速发展而引起的河道排污量加大

改革开放以来，中国经济发展迅速，2020 年底 GDP 比 1978 年增长 279 倍，工农业和生活用水量大幅度增加。同时，工业废水排放量和城市生活污水排放量也在不断增加，2003 年和 2014 年中国废污水排放总量分别达 680 亿 t 和 813 亿 t，分别比 1980 年的 239 亿 t 增加了 2.8 倍和 3.4 倍，从而造成河流水质污染严重，致使中国约 70%的河流（1200 条河流中的 850 条）曾受到污染，受到严重污染的河流有 141 条，总长度为 2 万 km，其中很多污染成分（如氨氮、BOD_5、挥发酚、非离子氨、重金属含量等）都严重超标，进一步加剧了中国水资源短缺的局面。水质严重超标导致"守着水源没水喝"的局面，即所谓的水质性缺水问题，如珠江口咸潮上溯、化工产品泄漏污染松花江等都是这方面的例子。显然河流水质的严重污染，使河流的供水功能、生态功能、人文景观功能等遭到严重的破坏。

中国政府对河流水质污染十分重视，加大了河道废污水的排放限制，特别是加强了工业废污水处理力度，使得河流污染程度有所改善。据《2018 年中国生态环境状况公报》，2018 年长江、黄河、珠江、松花江、淮河、海河、辽河七大流域和浙闽片河流、西北诸河、西南诸河监测的 1613 个水质断面中，Ⅰ~Ⅲ类占 74.2%，Ⅳ~Ⅴ类和劣Ⅴ类分别为占 18.9%和 6.9%，较 2010 年水质污染有明显改善，但Ⅳ~劣Ⅴ类水仍占 25.8%，水污染问题仍需重视。

6. 水资源管理与配置不合理的影响

长期以来，中国社会经济发展走的是粗放型资源利用的模式，在用水方面，普遍存在用水浪费和利用效率不高的问题，如 2000 年，中国万元 GDP 用水量为 610m³，是世界平均水平的 4 倍左右，是美国的 8 倍左右[41]。据统计，中国工业用水重复利用率不到 55%（含农村工业），而发达国家为 75%~85%。全国农业灌溉的管理水平相对较低，很多农田灌溉仍属于粗放型的管理，灌溉用水的利用系数平均约为 0.45，而先进国家为 0.7 甚至 0.8[12]，表明中国流域用水效率较低，存在着较严重的水资源浪费现象。随着国民经济和社会的发展，水资源供给严重不足，供需矛盾日益突出，水资源短缺已经成为中国尤其是北方地区经济社会发展的严重制约因素。

水资源浪费和水资源短缺进一步加剧河流功能的衰退，导致我国湿地面积减少。与 20 世纪 50 年代初期相比，21 世纪前十年全国湖泊面积减少 15%，长江中下游的湖泊数量减少一半以上；天然湿地面积减少 26%。湖泊和天然湿地的减少和丧失，导致水资源调蓄能力和水体自净能力下降，加剧了洪涝灾害的危害和河流水质的恶化。

9.2 对水系连通性的影响

水系连通性是河流系统的基本属性，是河流系统完整和健康运行的必要条件和河流功能正常发挥的基础，对河流的生态环境、物质输送和能量循环具有重要作用。但是，流域内人类活动频繁，导致了水系连通性的变化，特别是工程建设与水资源过度开发引起我国许多北方河流时常断流，湖泊湿地萎缩，以及河道萎缩与阻塞等严重的水系连通问题，受到社会的广泛关注。一些学者在河流健康、河流生态功能发挥、典型河流系统等方面对水系连通性进行了分析，也有一些学者从水系连通性的内涵、机理、评价等方面进行了研究。本书从边界、水流、泥沙和生态四个方面详细阐述了水系连通性的内涵[3]，结合水系连通模式和连通指标[21,22]，利用泥沙运动、河床演变等理论深入研究连通通道的连通机理，并分析了水系连通的主要影响因素[3]，探讨了水沙变异对黄河下游河道连通性的影响[21]。

9.2.1　水系连通性的内涵与分析模式

1. 水系连通性的内涵[3,42]

在河流系统中，水流、悬浮物和边界三者并不是孤立存在的，而是相互联系、相互影响的；当三者相互适应协调时，河流系统的连通性就会变好，否则将会衰退。河道边界形态影响着水流的运动特征和输水能力，水流运动反过来又塑造了河道的边界形态，两者相互影响的纽带是泥沙输移与交换，且水流是泥沙运动的主要能量来源。当水流和悬浮物等发生变化时，河流系统将会演变，同时将伴随着水系连通性的变化。因此，河流系统的连通性在边界、水流、泥沙、生态等方面具有丰富的内涵，来水来沙量与河道的边界条件、生物多样性相适应，既能满足河流的自然功能，也在一定程度上满足人类社会发展的需求。

1）边界的流畅性和稳定性

（1）河流边界的流畅性是指边界具有完整的水系连通结构、通畅的输水通道、合理的通道断面形态、优良的河岸结构组成。其中，完整的水系连通结构有利于实现和维持良性水循环；通畅的输水通道是指河道纵向形态连续，无明显的突变；合理的通道断面形态和优良的河岸结构组成是实现输水输沙功能的基础，也有利于河道生物的转移并提供生物栖息地。

（2）河流边界的稳定性是指在一定的河道组成和水沙条件下，一段时间内河床处于冲淤相对平衡、河岸处于相对稳定的状态。稳定的河道边界是河道连通性的基础，当来水来沙条件发生变异，如水沙持续减少，河床冲淤将发生变化或出现崩岸等险情，甚至河势发生大幅度变化，直接影响河道连通性。河流边界的稳定性可用河道综合稳定系数（ψ）来表征：

$$\psi = \frac{QD}{B^2 H J^{1.4}} \tag{9-1}$$

式中，Q 为流量；D 为河床泥沙粒径；B 为河宽；H 为水深；J 为比降。游荡段与过渡段的分界点的 ψ 值在 0.082 ~ 0.095，过渡段与弯曲性河道的分界点的 ψ 值在 0.127 ~ 0.235。

2）水流的连续性和流动性

（1）水流的连续性是指水流在河道流动过程中，进入河段的水量（W_{in}）应该等于流出河段的水量（W_{out}），保持河道水量没有减少，即满足水流的连续方程：

$$W_{in} = W_{out} \tag{9-2}$$

河道水流的连续性表明水资源可以根据不同的需要进行配置，以维护河流功能正常发挥。水流是河流系统的重要标志之一，河流必须维持一定的基本流量，用以满足塑造和维持河道的形态、保护河道水体水质、维持河流悬浮物（泥沙）的输移交换、保护生态环境等方面的需要，保证河流自身生命和连通性的最低要求。一旦河道基流无法保证，泥沙将会淤积，河槽将会萎缩，河道甚至会断流，生态环境将恶化。

（2）水流的流动性是指水流从高处的上游流向低洼的下游，水流势能逐渐转化为动能和热能，维持水流具有一定的流速，热能逐渐耗散。水流遵循的水流运动方程可用曼宁公

式来表达:

$$U = \frac{1}{n} H^{\frac{2}{3}} J^{\frac{1}{2}} \tag{9-3}$$

式中,U 为流速;n 为糙率。水流的流动性是河流正常运行的重要标志,也是河流连通性的重要标志之一。水流通过流动,既可以达到输水输沙的效果,又可以塑造和保持河道形态,还可以保持水生物的栖息繁衍和人类的生活。

3) 泥沙的输移性与交换性

(1) 泥沙的输移性是指流域侵蚀(含河道冲刷)产生的泥沙从上游河道输移到下游河道,最后进入河口地区。河流输沙量可按照水流挟沙能力公式进行衡量:

$$S^* = K \left(\frac{U^3}{gH\omega} \right)^m \tag{9-4}$$

式中,S^* 为水流挟沙力;U 为水流流速;ω 为悬移质断面平均沉速;K 和 m 为系数和指数;g 为重力加速度。

(2) 泥沙交换性是指河流泥沙在输移过程中,随着水流边界条件的变化,发生淤积或冲刷,河流悬沙与河床泥沙不断交换。河道的长期淤积或冲刷,将会导致河床抬高和降低,河床形态也会发生变化,直接影响河道的连通性。实际上,在泥沙输移和交换过程中,河床冲刷和淤积的泥沙量与水流增加和减少的泥沙量应该是一样的,即遵循河床冲淤连续方程:

$$\frac{\partial(QS)}{\partial x} + \frac{\partial(AS)}{\partial t} = -\alpha B\omega(S - S^*) \tag{9-5}$$

式中,A 为河道横断面的面积;B 为河道宽度;S 为河道含沙量;Q 为河道流量;α 为恢复饱和系数。

4) 生物的生长繁衍性与多样性

(1) 生物的生长繁衍性是指河流系统中的生物在适宜的河流滩槽、水域环境内不断生长和繁殖,保持河流系统的生态平衡。生物的生长繁衍性与水系连通性具有重要的关系,水系连通性越好,生态系统的自我修复能力和生物的繁殖能力也就越强。例如,边界连通性丧失会导致生物连通性受阻,当修建水库后,边界连通性被破坏,鱼类将面临种群的隔离甚至灭绝的危险。当水流减少或不连通时,生物连通性将直接丧失;此外,泥沙等悬浮物为生物提供了食物和营养物质。

(2) 生物的多样性是指生物及其环境形成的生态复合体以及与此相关的各种生态过程的综合,包括动物、植物、微生物和它们所拥有的基因以及它们与其生存环境形成的复杂的生态系统。生物多样性是维护河流生态系统的重要目标,河流系统边界包括河岸、滩地、河槽、洲滩、支流等,水流深浅不一,悬浮物中包括泥沙、微生物等,它们为生物多样性创造了条件,是河流系统生物多样性的基础。河流系统之间的相互连通、河道与洪泛滩区之间的连续能够为生物提供良好的栖息地环境,同时水系连通性的提高也将增加河道作为栖息地的价值,形成丰富的生境系统,保护生物的多样性。

2. 水系连通性的分析模式[3,42]

结合水系连通性的内涵,考虑到不同的连通对象的特点,将水系连通分为河道连通、河流系统连通和跨流域水系连通三个层次，其中河道连通包括主槽纵向连通和滩槽横向连通，河流系统连通包括干支流连通以及河流与湖泊的连通，跨流域水系连通主要是通过修建人工调水工程来实现的。通过对流域及流域间的水系连通类型的分析发现，尽管连通类型很多，机理也有所不同，但它们都可以归结为纵向河道连通模式、分–汇侧向连通模式以及滩槽横向连通模式，这三种连通模式基本上涵盖各类的水系连通问题。

1）纵向河道连通模式

对于河道纵向连通、河湖连通及跨流域水系连通，其连通通道皆为一定长度和不同类型的河道或渠道，称为纵向河道连通模式，如图9-4所示，图中 L 为河道长度。对于这种河道纵向连通模式，可以采用泥沙运动力学和河流动力学的理论分析河道连通通道的连通机理，提出相应的连通指标。冲积连通通道通过泥沙淤积和冲刷进行调整，河道横断面、纵剖面与河道来水来沙因素之间存在着某种定量关系，即

$$f_1(A, \phi, J) = f_2(Q, Q_s, d) \tag{9-6}$$

式中，ϕ 为河道横断面的形态；Q_s 为河道输沙率，d 为悬沙粒径。式（9-6）的左边为河道的边界条件，右边为上游的来水来沙条件，当二者相适应时，河势基本处于平衡状态，河道能够较好地发挥其功能，对应的河道连通性较好。

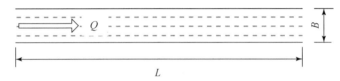

图9-4　纵向河道连通模式示意图

2）分–汇侧向连通模式

在河流系统中，分流连通和汇流连通皆为河道汇入和分出水沙的连通形式，可以采用类似的分析模式，汇入流量采用"＋"，分出流量采用"－"，如图9-5所示。分汊河道作为分汇连通的综合体，既有分流连通，又有汇流连通。对于分–汇侧向连通模式，需要研究汇入和分出水流对河流系统连通性的影响，以及汇入和分出水沙对河道冲淤演变的作用，提出相应的分–汇连通指标。例如，长江–嘉陵江交汇河口，嘉陵江汇入长江后，长江流域的连通性加强，嘉陵江汇流对重庆河段的冲淤产生一定的影响，当汇流比大于1时，嘉陵江冲刷而长江淤积；当汇流比小于0.25时，嘉陵江淤积而长江冲刷；另外，河道分流进入两岸地区，会增加河流系统的连通性，而且分流分沙对河道冲淤演变产生影响，河道分流一般会加重下游河道的泥沙淤积，黄河下游河道引水灌溉就是如此。对于分–汇侧向连通模式，需要研究的关键问题是当分（汇）流、分（汇）沙与河流的边界条件满足何种关系时，主河道和分河道处于冲淤平衡状态，即

$$f_1(\theta, B', H', n') = f_2(\eta_Q, \eta_s) \tag{9-7}$$

式中，θ 为分（汇）流角；B' 和 H' 分别为干流的河宽与水深；n' 为河道的糙率，η_Q 和 η_s 分别为河道的分（汇）流比和分（汇）沙比。

3）滩槽横向连通模式

滩槽横向连通模式与其他连通模式有明显的差异，滩槽连通通道为图9-6中的阴影部

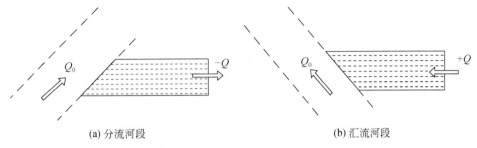

(a) 分流河段   (b) 汇流河段

图 9-5　分–汇侧向连通模式示意图

分，是一个很窄的纵向断面，在这个很短的连通通道中，$Q=0$［图 9-6（a）］。水位上涨时，水流从主槽向滩地满溢，同时将泥沙、营养物质带到滩地，实现滩槽间物质的交换。一般情况下，漫滩洪水越大，滩槽连通性越好，但是当漫滩洪水很大时可能造成危险，因此漫滩程度是滩槽连通性的关键问题。

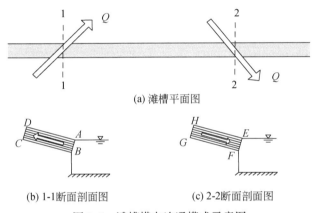

(a) 滩槽平面图

(b) 1-1断面剖面图   (c) 2-2断面剖面图

图 9-6　滩槽横向连通模式示意图

滩槽的水流连通程度可以用洪峰流量与平滩流量的比值（Q_{max}/Q_P）来表示，这是一个将洪水水沙过程与河床边界条件联系起来的参数，反映了漫滩洪水过程的漫滩程度。当水流没有漫溢河槽时，河道无滩槽横向连通，此时 $0<Q_{max}/Q_P<1.0$；当水流漫溢河槽后，河道才会有滩槽横向连通，此时 $Q_{max}/Q_P>1.0$。根据前人的研究成果，当 $1.0<Q_{max}/Q_P<1.5$ 时，称为一般漫滩洪水；当 $Q_{max}/Q_P>1.5$ 时，称为大漫滩洪水。因此，可以认为洪峰流量与平滩流量的比值在 1.0~1.5 时，滩槽的连通性较好。

9.2.2　水系连通性的机理及主要影响因素

1. 水系连通性的机理[4,43]

1）水系连通基本指标

基于水系连通性的内涵以及河流的基本功能，本书给出了河道连通的边界、水流、泥沙、生态四方面的主要指标[21,22]，如表 9-4 所示。在这些连通指标中，除采用了一些熟知的物理变量外，还根据水系纵向边界、输水输沙和生态输水特征，提出了一些新的连通参数，如纵剖面流畅系数、汛期输水协调指标、输沙协调指标、生态输水协调指标等，具体的物理意义见文献 [22]。河道边界指标、水流指标和泥沙指标之间并不是完全独立的，而是存在一定的制约关系，其中河道纵横向形态是反映河道连通性的基本指标，而来水来沙条件对河道纵横断面形态塑造具有重要作用。

表 9-4 河道连通性内涵与指标

连通指标类型	指标内涵	指标名称	指标表达式	符号意义
边界	断面形态	断面面积 A	$A = A_m + A_f = H_m B_m + H_f B_f$	A、A_m、A_f 分别为河道断面面积、主槽面积、滩地面积；B、B_m、B_f 分别为河道宽度、主槽宽度、滩地宽度；H、H_m、H_f 分别为河道水深、主槽水深、滩地水深；Z 和 J 分别为河段高差和平均比降；L 为河段长度；L_i 为第 i 河段的长度；ΔZ_j 为第 j 个凸起建物的高差；N_1 和 N_2 分别为河段数和凸起建筑物个数；Q、Q_f、Q_c 分别为河道来水流量、汛期来水流量、过流能力；D 为河床泥沙粒径；U 为水流流速；Q_0 和 S_0 分别为河段未分（汇）流时的流量和含沙量；T_i 为第 i 个时间段的时长；N 为时间段的个数；η_Q 和 η_s 为河段的分（汇）流比和分（汇）沙比；φ 为分汇区的淤积比；S^* 和 Q_{sc} 分别为挟沙能力和输沙能力；ω 为悬移质泥沙沉速；K 和 m 分别为挟沙能力公式的系数和指数。Q_{mij} 为第 i 年第 j 月的平均流量；N_0 为系列年数；Q_m 和 Q_e 分别为河道年最小月平均来流量和生态流量
		宽深比 ζ	$\zeta = \dfrac{\sqrt{B}}{H}$	
	纵剖面形态	纵剖面流畅系数 η_J	$\eta_J = J \cdot \dfrac{Z}{Z + \sum\limits_{j=1}^{N_2} \Delta Z_j} \cdot \dfrac{L}{\sum\limits_{i=1}^{N_1} L_i}$	
	稳定性	综合稳定系数 ψ	$\psi = \dfrac{QD}{B^2 H J^{1.4}}$	
水流	来水量	流量 Q 或径流量 W	$Q = Q_0 (1 - \eta_Q)$ 或 $W = \sum\limits_{i=1}^{N} Q_i T_i$	
	过流能力	过流能力 Q_c	$Q_c = AU$	
	输水协调指标	汛期输水协调指标 χ_{Q_f}	$\chi_{Q_f} = \dfrac{Q_f}{Q_c}$	
泥沙	来沙量	输沙率 Q_s 或输沙量 W_s	$Q_s = (1 - \eta_s - \varphi) Q_0 S_0$ 或 $W_s = \sum\limits_{i=1}^{N} Q_{si} T_i$	
	输沙能力	挟沙能力 S^* 或输沙能力 Q_{sc}	$S^* = K \left(\dfrac{U^3}{gH\omega} \right)^m$ 或 $Q_{sc} = Q S^*$	
	输沙协调指标	输沙协调指标 χ_s	$\chi_s = \dfrac{Q_s}{Q_{sc}}$	
生态	来水量	年最小月平均流量 Q_m	实测资料获得	
	生态需水能力	生态流量 Q_e	$Q_e = \dfrac{1}{N_0} \sum\limits_{i=1}^{N_0} \min Q_{mij}$	
	输水协调指标	生态输水协调指标 χ_{Q_e}	$\chi_{Q_e} = \dfrac{Q_m}{Q_e}$	

2）水力几何关系

河流通道的连通与稳定是河流功能正常发挥的基础，其断面形态及尺度大小直接反映河道纵向连通性的变化。一般情况下，连通通道形态的调整过程滞后于来水来沙条件的变化，且二者相互适应需要一定的时间。在连通通道形态的调整过程中，河流的纵向连通性也会发生变化。实际河流中可能存在引水分流或支流汇入的情况，若河段未分（汇）流时的流量和含沙量分别为 Q_0 和 S_0，进入分（汇）流口下游的流量和输沙率分别为 Q 和 Q_s，河道的分（汇）流流量和输沙率分别为 ΔQ 和 ΔQ_s，结合作者对分（汇）流问题的分析，长久分（汇）流后河道水沙连续运动方程如下。

水流连续方程：
$$Q = Q_0 - \Delta Q = (1-\eta_Q)Q_0 = BHU \tag{9-8}$$

水流运动方程：
$$U = \frac{1}{n}H^{\frac{2}{3}}J^{\frac{1}{2}} \tag{9-9}$$

泥沙运动方程：
$$S = S^* = K\left(\frac{U^3}{gH\omega}\right)^m \tag{9-10}$$

泥沙质量守恒（连续）方程：
$$\varphi = \frac{\Delta W_s}{Q_0 S_0} = 1-\eta_s-(1-\eta_Q)\frac{S}{S_0} \tag{9-11}$$

河相关系式：
$$\frac{B^l}{H} = \zeta \tag{9-12}$$

式中，$\eta_Q = \frac{\Delta Q}{Q_0}$，$\eta_s = \frac{\Delta Q_s}{Q_0 S_0}$，分别为河道的分（汇）流比和分（汇）沙比；分流时，$\Delta Q>0$，$\Delta Q_s>0$，分（汇）流比 $\eta_Q>0$，$\eta_s>0$；汇流时，$\Delta Q<0$，$\Delta Q_s<0$，分（汇）流比 $\eta_Q<0$，$\eta_s<0$。$\varphi = \frac{\Delta W_s}{Q_0 S_0}$，为分（汇）流区的泥沙淤积比；$\Delta W_s$ 为分（汇）流区的泥沙淤积率，长久分（汇）流后，分（汇）流区的泥沙冲淤基本平衡，$\varphi=0$。l 和 ζ 分别为河相关系式的指数和系数，若 $l=0.5$，ζ 为常数，即为一般宽深比河相关系式：$\frac{\sqrt{B}}{H} = \zeta$；若 $l=0.8$，$\zeta = \frac{\alpha'}{d^{0.065}}$，即为明宗富[44]的河相关系式：$\frac{B^{0.8}}{H} = \frac{\alpha'}{D^{0.065}}$。$D$ 为河床泥沙粒径；α' 为河床形态参数。

联合求解上述方程组，可以得到长期分（汇）流后下游河道达到稳定时的边界条件与上游来水流量、含沙量、分（汇）流比、分（汇）沙比等参数的关系：

$$\begin{cases} B = g^{-\frac{1}{3+4l}}\zeta^{\frac{4}{3+4l}}K^{\frac{1}{m(3+4l)}}\omega^{-\frac{1}{(3+4l)}}(1-\eta_Q)^{\frac{1+3m}{m(3+4l)}}(1-\eta_s)^{-\frac{1}{m(3+4l)}}Q_0^{\frac{3}{3+4l}}S_0^{-\frac{1}{m(3+4l)}} \\ H = g^{-\frac{l}{(3+4l)}}\zeta^{-\frac{3}{3+4l}}K^{\frac{l}{m(3+4l)}}\omega^{-\frac{l}{(3+4l)}}(1-\eta_Q)^{\frac{l(1+3m)}{m(3+4l)}}(1-\eta_s)^{-\frac{l}{m(3+4l)}}Q_0^{\frac{3l}{3+4l}}S_0^{-\frac{l}{m(3+4l)}} \\ J = g^{\frac{6+10l}{3(3+4l)}}\zeta^{\frac{2}{3+4l}}K^{-\frac{6+10l}{3m(3+4l)}}\omega^{\frac{6+10l}{3(3+4l)}}n^2(1-\eta_Q)^{-\frac{6+10l+6ml}{3m(3+4l)}}(1-\eta_s)^{\frac{6+10l}{3m(3+4l)}}Q_0^{-\frac{2l}{3+4l}}S_0^{\frac{6+10l}{3m(3+4l)}} \\ A = g^{-\frac{1+l}{(3+4l)}}\zeta^{\frac{1}{3+4l}}K^{\frac{1+l}{m(3+4l)}}\omega^{-\frac{1+l}{(3+4l)}}(1-\eta_Q)^{\frac{(1+3m)(1+l)}{m(3+4l)}}(1-\eta_s)^{-\frac{1+l}{m(3+4l)}}Q_0^{\frac{3(1+l)}{3+4l}}S_0^{-\frac{1+l}{m(3+4l)}} \\ U = g^{\frac{1+l}{3+4l}}\zeta^{-\frac{1}{3+4l}}K^{-\frac{1+l}{m(3+4l)}}\omega^{\frac{1+l}{3+4l}}(1-\eta_Q)^{-\frac{1+l-lm}{m(3+4l)}}(1-\eta_s)^{\frac{1+l}{m(3+4l)}}Q_0^{\frac{l}{3+4l}}S_0^{\frac{1+l}{m(3+4l)}} \end{cases} \tag{9-13}$$

式（9-13）表明，当河段发生分（汇）流以后，下游河道的河宽、水深、面积、比降等边界形态要素和流速都与来水流量、含沙量、分（汇）流比和分（汇）沙比有重要关系。当河道来水来沙条件一定时，河道分（汇）流比增大（减小），进入下游通道的流量减小（增大），河宽、水深、过水面积减小（增大），比降和流速增大（减小），河道纵向连通性减弱（增强）。

3）水系连通机理

（1）纵向河道连通性。

纵向河道连通性是指河道沿河流方向的连通。对于河道的纵向连通性而言，若河段内不存在分流或汇流的情况，即 $\eta_Q = 0$，$\eta_s = 0$。式（9-13）可以简化为

$$
\begin{cases}
B_0 = g^{-\frac{1}{3+4l}} \zeta^{\frac{4}{3+4l}} K^{\frac{1}{m(3+4l)}} \omega^{-\frac{1}{(3+4l)}} Q_0^{\frac{3}{3+4l}} S_0^{-\frac{1}{m(3+4l)}} \\
H_0 = g^{-\frac{l}{(3+4l)}} \zeta^{-\frac{3}{3+4l}} K^{\frac{l}{m(3+4l)}} \omega^{-\frac{l}{(3+4l)}} Q_0^{\frac{3l}{3+4l}} S_0^{-\frac{l}{m(3+4l)}} \\
J_0 = g^{\frac{6+10l}{3(3+4l)}} \zeta^{\frac{2}{3+4l}} K^{-\frac{6+10l}{3m(3+4l)}} \omega^{\frac{6+10l}{3(3+4l)}} n^2 Q_0^{\frac{2l}{3+4l}} S_0^{\frac{6+10l}{3m(3+4l)}} \\
A_0 = g^{-\frac{1+l}{(3+4l)}} \zeta^{\frac{1}{3+4l}} K^{\frac{1+l}{m(3+4l)}} \omega^{-\frac{1+l}{(3+4l)}} Q_0^{\frac{3(1+l)}{3+4l}} S_0^{-\frac{1+l}{m(3+4l)}} \\
U_0 = g^{\frac{1+l}{3+4l}} \zeta^{-\frac{1}{3+4l}} K^{-\frac{1+l}{m(3+4l)}} \omega^{\frac{1+l}{3+4l}} Q_0^{\frac{1+l}{3+4l}} S_0^{\frac{1+l}{m(3+4l)}}
\end{cases}
\tag{9-14}
$$

河流连通通道的断面尺度（宽度、水深、面积）以及纵向比降等边界条件能够定性地反映河道连通性状况，上述方程组可以反映来水来沙条件对河道边界连通性的影响机制。

其一，在来水含沙量不变的情况下，当上游来水流量增加时，河道的流速增加，河道输沙能力增强，河道淤积减轻或河床冲刷加重，河道比降减小，河道水深、宽度和过水断面面积增加，河道边界的连通性提高；反之，当上游的来水流量减少时，河道冲刷减轻或河床淤积加重，河道水深、宽度和断面面积减小，河道纵向连通性减弱。

其二，在来水流量变化不大的情况下，当上游来水含沙量增大时，河道淤积增加或冲刷减少，河道纵比降将会增加，以提高河道输沙能力，同时河道水深减小，河宽缩窄，过水断面面积减小，相应的河道连通性减弱，特别是当上游来水含沙量大于输沙能力时，河道将会出现泥沙淤积，河道萎缩，连通性将会变差。反之，当上游来水含沙量减小时，河道淤积减少或冲刷增加，河道水深增加，河宽拓宽，过水断面面积增加，相应的河道连通性将会提高。

其三，在河道来水来沙处于不协调状态下，当来水流量减小和含沙量增加时，河道淤积严重，水深减小，河宽缩窄，过水断面面积快速减小，河槽严重萎缩，河道连通性快速衰退，黄河下游20世纪80~90年代的水沙条件就是如此，河槽严重萎缩，河道断流，连通性严重恶化。当来水流量增加和含沙量减小时，河道冲刷严重，河槽水深增加，河宽拓宽，过水断面面积快速增加，河槽过流能力增加，河道连通性快速恢复，如小浪底水库蓄水运用后，进入下游的水量不断恢复，同时进入下游的沙量大幅度减小，造成下游河道冲刷严重，河槽过水断面面积大幅增加，平滩流量大幅度恢复，河道连通性增加。

（2）分（汇）侧向连通性。

其一，分流河段。

河道两岸修建引水工程造成河道边界不连续，河道内的水流泥沙通过引水口流向两岸，满足人类需求，使得原来的纵向连通变为纵向连通和侧向连通并存的连通形式，水系连通性有所变化。

分流区内水流流态和冲淤形态对引水分沙特性有重要影响。罗福安等[45]将分流区附近的水流流态分为8个区（图9-7），即加速区、稳速区、扩散减速区、分离减速区、潜流加速区、潜流减速区、滞流区、回流区。其中，加速区和潜流加速区的水流结构比较复

杂，水流流速有增加趋势，且伴有弯曲横向环流，此区域泥沙淤积减轻或可能冲刷；扩散减速区、分离减速区、潜流减速区等流速有所减小，回流区和滞流区的流速皆较小，这些区域会出现泥沙淤积，为增淤区域；稳速区受分流的影响较小，基本保持原有的流态与冲淤特性。分流区的泥沙淤积率 ΔW_s 可由分流区的泥沙淤积比公式获得，即

$$\Delta W_s = (1-\eta_s) Q_0 S_0 - (1-\eta_Q) Q_0 S \tag{9-15}$$

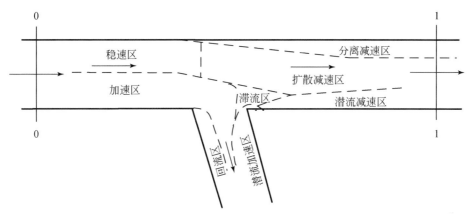

图 9-7 分流河道附近的水流流态

河道引水分沙是侧向连通的重要标志，取决于引水分流工程和两岸用水需求，一般用闸门控制引水流量，用分流比衡量；而河道分沙量不仅取决于引水量，还与引水闸平面布置、引水闸底板高程、大河含沙量等因素有关，结合引水分流和含沙量垂线分布特性，本书探讨了引水含沙量与大河含沙量的关系，引沙比与引水比的关系一般用 $\eta_s = K\eta_Q$ 表示[46]。

引水分流对下游河道冲淤演变和连通性有重要的影响。忽略分汇流前后河道糙率系数与来沙组成的变化，可得引水分流对下游河道形态的影响公式：

$$\begin{cases} \dfrac{J}{J_0} = (1-\eta_Q)^{-\frac{6ml+10l+6}{3m(3+4l)}} (1-\eta_s)^{\frac{6+10l}{3m(3+4l)}} \\[2mm] \dfrac{B}{B_0} = (1-\eta_Q)^{\frac{3m+1}{m(3+4l)}} (1-\eta_s)^{-\frac{1}{m(3+4l)}} \\[2mm] \dfrac{H}{H_0} = (1-\eta_Q)^{\frac{3ml+l}{m(3+4l)}} (1-\eta_s)^{-\frac{l}{m(3+4l)}} \\[2mm] \dfrac{A}{A_0} = (1-\eta_Q)^{\frac{(3m+1)(l+1)}{m(3+4l)}} (1-\eta_s)^{-\frac{l+1}{m(3+4l)}} \\[2mm] \dfrac{U}{U_0} = (1-\eta_Q)^{\frac{3ml-7l-3}{3m(3+4l)}} (1-\eta_s)^{\frac{7l+3}{3m(3+4l)}} \end{cases} \tag{9-16}$$

河道引水分流后，下游河道一般处于增淤或者冲刷减轻状态，对应的河道水深、河宽、过水面积减小，纵剖面比降增加，相应的连通性减弱。

其二，汇流河段。

与分流河段不同，支流在河岸一侧汇入河道，使得两股水流汇成一股，水系连通性发生变化。汇流河段的连通性取决于河道支流汇流条件、汇流区的水流流态和泥沙输移。随着汇流角或汇流比的增大，支流的水动力作用增大，对整个汇流区的水流结构和泥沙输移

的影响也增强。反之，随着汇流角或汇流比的减小，支流对汇流区的影响也减弱。有关成果表明[47]，汇流区河段水流流态可分为 6 个区域：滞流区、流速偏向区、分离区、最大流速区、水流恢复区和剪切层区，如图 9-8 所示。

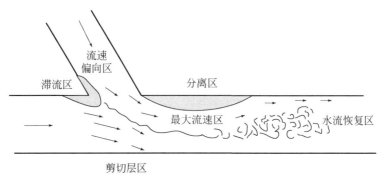

图 9-8　汇流河段的水流特性

当支流汇入主流时，其水流流态和输沙特性主要受支流来水来沙条件和主流顶托的影响，当来沙较多和汇流比较小时，受主流顶托的影响，支流汇合口区流速较小，泥沙在滞流区甚至整个河宽（偏向区）上产生淤积。当支流汇流比较大时，汇合口上游的干流将受到支流水流顶托的影响，流速减小，干流滞流区甚至整个河宽（剪切层区及上部）区域可能会发生淤积。支流汇入后，分离区的流速较小，泥沙可能会淤积；而最大流速区由于流速增加，河槽发生冲刷，即汇流区河床冲淤主要是受到水流流态的影响，汇流区河道可能会形成如下的床面形态[47]：河中间的冲刷深槽、分离区的淤积体、支流汇合口的沙垄、汇合后河道中间的沙垄、靠近上游汇流角处的细沙堆积区域。

根据水沙连续原理，汇流区河段的冲淤量等于干支流来沙量减去出口断面的输沙量，仍符合式（9-15），但式中支流汇入的流量和输沙量为负值，汇流比和汇沙比也为负值。

其三，河湖连通。

通河湖泊（长江称为通江湖泊）作为水系的重要组成单元，具有显著的调蓄功能，河湖连通对其调蓄功能发挥重要作用。通河湖泊在雨洪期洪水水位高于边滩时，河湖连通可视为横向或侧向连通；当水位未超过边滩时，河湖连通可视为侧向连通，因此把河湖连通归为分（汇）流及河湖侧向连通有分歧。根据河湖连通通道，湖泊可分为单连湖泊和多连湖泊。其中，单连湖泊在汛期涨水阶段处于大河水流分入湖泊的分流状态，在汛后降水阶段处于湖泊水流倒灌流入河流的汇流状态，如鄱阳湖的江（河）湖关系就是如此；多连湖泊有进水口和排水口，湖泊进水口即为河流的分流口，排水口则为江河的汇流口，如洞庭湖的江（河）湖关系就是如此。无论是单连湖泊，还是多连湖泊，河湖连通都可归结为河道分（汇）流河段的连通性进行分析[3,21,42]，其差异主要由于湖泊具有拦沙作用及进水口无控制闸，相应的分流比和汇沙比与一般分（汇）河段比较将会有一定的差异。

（3）滩槽横向连通性。

河道一般由河槽、滩地与河岸组成，在洪水脉冲作用下，主流横向摆动和漫滩洪水泥沙淤积的综合作用形成河槽–滩地系统，滩地通常在洪水期被水流淹没，中水或枯水时露出。河槽与滩地之间的连通性实际上是洪水周期性的涨落和滩槽水沙交换的过程，也是滩槽塑造的过程。

在洪水初中期的上涨过程中，水流随着洪水水位的抬升从主槽逐渐向滩地漫溢，在滩槽交界面附近流速梯度大，会形成复杂的次生流和螺旋流，滩槽之间的水流进行了大量的质量和动量交换[48,49]，使得滩地流速增加，主槽流速减小，但是由于滩地宽阔和水深较浅，对应的滩地流速仍远小于主槽流速，其过流能力仅占全断面的小部分，如黄河下游花园口站、高村站和孙口站等断面的滩地过流能力占全断面的比例分别为 12% ~ 21%、7% ~ 38% 和 22% ~ 40%。同时，在洪水漫滩过程中，水流将挟带大量悬浮物（包括泥沙、有机物、水生物等）进入滩地，且吸附有机微生物的泥沙沉积在流速较小的滩地上，有利于滩区植被和水生物的生长和繁衍，而且致使滩地水流含沙量大幅度减小，如图 9-9 所示。在洪水后期的退水过程中，洪水位不断回落，滩地落淤后的低含沙水流或清水带着水生物逐渐回归流向主槽，引起主槽冲刷，完成了滩槽水流悬浮物（泥沙）交换、水生物传播的过程，即洪水期涨水漫滩阶段滩地泥沙淤积，为滩地水生物提供养分和生存环境；退水归槽阶段河槽冲刷，为水生物迁移传播提供机会。

滩槽的水流连通性可以用洪水的漫滩程度来反映，即洪峰流量与平滩流量的比值[21,50]：

$$\eta = \frac{Q_{\max}}{Q_{\mathrm{p}}} \tag{9-17}$$

式中，$Q_{\max}$ 为洪峰流量，$\mathrm{m^3/s}$；Q_{p} 为平滩流量，$\mathrm{m^3/s}$。该参数将来水洪峰流量与河槽的过流能力联系起来，反映了洪水过程中水流的漫滩程度，当 $\eta>1$ 时，洪水漫滩，当 $\eta\leq1$ 时，洪峰流量小于平滩流量，洪水在河槽内流动。

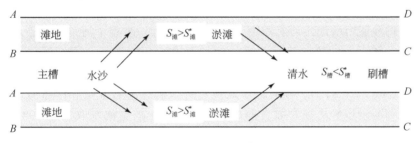

图 9-9 滩槽连通模式

综上所述，河道纵向连通性取决于河道来水来沙条件和边界形态，是通过来水来沙变化改变和塑造河道边界尺度来实现的；侧向连通性是以水系存在分流或汇流为主要特征，取决于分（汇）流比及其与分（汇）流区的水流流态和冲淤形态之间的响应关系，对下游河道纵向连通性也具有一定的影响；横向连通性是以河道滩槽并存为主要标志，其机理是通过洪水上涨漫滩和降落归槽过程中的水沙和水生植物的交换与传播，完成河道滩槽的塑造和水生植物的生长繁殖和迁移传播。

2. 水系连通性的主要影响因素[4,21,43]

从水系连通机理的分析过程中可知，影响水系连通的主要因素包括河道的来水来沙条件、分汇流状况、边界变化等，而这些因素又受到气候变化和人类活动的影响，具体包括降雨变化、河道整治与堤岸工程、水库枢纽建设、引水分流工程等。

1) 降雨变化

影响流域产流产沙量的关键因素是降水量和降雨强度，反过来流域产流产沙又会直接影响河道水流和泥沙的连通性。流域气候变化引起的降雨变化可能会导致流域产流产沙量的增加或减少，进而引起河道径流量（或流量）和输沙量（或含沙量）的变化，甚至洪水暴发，造成河道连通性的变化。黄河中游河口镇—龙门河段是黄河中游的重要产沙区，表7-3所示的资料表明，流域降雨减少造成河道径流量和输沙量的大幅度减少，这也是黄河下游河道萎缩、河道断流等连通性衰退问题的原因之一。此外，气候变化也可能引起极端洪水自然灾害，导致水系连通性的突变。1860年和1870年长江的两次特大洪水，导致荆江藕池、松滋先后决口[51]，形成了荆江四口分流入洞庭湖的局面，引起了河湖关系的调整。

2) 河道整治与堤岸工程

河道整治与堤岸工程是遵循河道演变的规律，采用一定工程措施稳定主流位置，以满足河道防洪、航运、供水等功能，主要包括河道裁弯取直、堤岸建设、护岸稳槽工程等。河道整治与堤岸工程在控制水流流动、泥沙输移和调整河床冲淤的同时，也会对水系连通性产生影响，特别是河岸堤防建设和蜿蜒性河道裁弯取直。

为了满足河道防洪、控制河势的需要，许多河道修建了大量堤岸工程，使得河道由宽浅变为窄深（ζ减小），河槽输水输沙能力增大，河势稳定性加强，相应的纵向连通性增强，但是河道堤岸工程也阻碍和限制了河槽主流和河漫滩之间的水流、泥沙和营养物质的充分交换，削弱了河道与洪泛滩地之间水生植物的栖息繁殖、养分的交换供给和物种的交换传播，河槽与滩地、堤外区域间的横（侧）向连通性减弱。

裁弯取直是蜿蜒河段常见的河道整治措施，裁弯取直后，水流流程缩短，河道阻力减小，河道输水输沙能力增加，河道冲刷，行洪水位降低，改善了河道纵向连通性，但可能会改变干支流（河湖）的侧向连通关系。例如，1966年以来下，荆江经历了三次裁弯取直，荆江三口分流比和分沙比从裁弯取直前的29.67%和36.25%分别降至裁弯取直后的18.12%和21.09%（表9-5），同时裁弯取直后进入洞庭湖的水量和沙量减少，减轻了洞庭湖的淤积，湖区淤积量从裁弯取直前的约1.7亿t/a减至裁弯取直后1981~1988年的1.1亿t/a。显然，荆江裁弯取直对长江与洞庭湖的河湖关系产生了重要影响。

表9-5　荆江河段裁弯前后三口分流分沙变化 （单位:%）

项目	荆江三口分流比			荆江三口分沙比		
	松滋口	太平口	藕池口	松滋口	太平口	藕池口
裁弯取直前（1956~1966年）	10.75	4.63	14.29	9.79	4.36	22.1
裁弯取直后（1973~1988年）	9.42	3.45	5.25	9.25	3.68	8.16

3) 水库枢纽建设

在水（能）资源的开发过程中，河流上修建了大量的水库。修建的水库枢纽阻断了河流边界的连续性，改变了下游河道的水流过程，拦截了水流中的悬浮物（泥沙、水生物等），使得河道纵向连通性发生很大的变化。

阻断了河流边界的连续性。冲积河流一般是一条由水沙运动形成的连续通道，而水坝修建使得河道高程及河道宽度都发生了变化,特别是河床高程突变,水库运行多年后,库区泥沙淤积,使得河床由天然的连续状态变成为凸起的阶梯状,纵向河床边界连通受到破坏,使得河道纵向剖面参数大幅度减小。

改变了河道的水流过程。为了实现水库防洪、发电、灌溉等目标修建的大坝阻断了水流的连续性,抬高了库区水位,增加了库区水面宽度和水深,提高了库区调蓄水能力,通过降落和抬高库区水位,调控水库泄流流量,特别是洪水期的削峰和枯水期的加大泄流,使得流量变率减小,改变了来水过程的时空分布和自然流动规律,形成了一种人为的水流过程,使得下游河道洪水漫滩机会减少,河槽与滩地间的水流、泥沙、生物的交换与连通均受到限制。此外,水库限制最小下泄流量,使下游河道能够更好地满足最小生态流量的需求,又在一定程度上增加了河道的连通性。

拦截泥沙,阻断生物连通性。水库修建运用后,抬高了库区水位,降低了库区水流的流速,大量泥沙淤积在库区,形成新的库区河床;库区泥沙淤积使得进入下游的泥沙量大幅度减少,下游河道发生冲刷,崩岸不断发生,河道过水断面和过水能力增加,下游河段连通性增加。但是,水库大坝修建不仅阻断了水库上下游边界和水流泥沙的连续性,而且阻断了水库上下游水生物的自由运动与迁移,生物连通性遭到破坏。据水库研究成果,三峡水库蓄水运行拦截了其来沙总量的88%,仅有12%的泥沙进入长江中下游,造成2003~2015年长江中游河道年均冲刷量为1.22亿 m^3。同样,黄河小浪底水库2000年底蓄水运用以来,花园口站的输沙量急剧减小,2016年输沙量仅有0.06亿t,下游河道大幅度冲刷,河槽平滩流量大幅度恢复。

4) 引水分流工程

为了实现河道供水和灌溉等功能,河道两岸修建了许多引水分流工程,特别是北方河流。从图6-10所示的黄河下游引水引沙过程可知,1958~2020年的60余年(1962~1965年停灌),黄河下游总引水量和总引沙量分别为5144亿 m^3 和64.1亿t,对应的年平均值分别为87.19亿 m^3 和1.09亿t,分别占花园口站同期年均径流量和年均输沙量的25.50%和15.33%。其中,1959~1960年、1997~2002年和2014~2017年三个时段的引水引沙比例都比较高,河道年均引水量和年均引沙量分别为104.49亿 m^3 和1.24亿t,引水引沙量占花园口站年均径流量和年均输沙量的比例分别为49.39%和33.70%。河道大量引水对两岸工农业生产发挥重要的作用,增加了水系侧向连通性的服务功能,但工程建设破坏了河道边界的连续性,同时引水分流对下游河道径流量、输沙量、冲淤量等产生影响,进而改变了下游河道的纵向连通性。

9.2.3 水沙变异对黄河下游河道连通性的影响

黄河下游河道的河南郑州桃花峪以下河段,河长786km,平均比降0.12‰。黄河下游河段按河床演变特点,可分为游荡河段、过渡河段、弯曲河段和河口河段四个河段,如图9-10所示。其中,黄河下游高村以上河段为游荡河段,主流摆动频繁,河道宽浅;高村—陶城铺(艾山附近)河段属于过渡河段;陶城铺—利津河段属于弯曲河段,其断面较为窄深;利津以下至入海口为河口河段。黄河下游主要水文控制站有花园口站、高村站、艾山站和利津站，其年径流量、年输沙量、河道宽度、平均水深等资料均来自四个水文控制站的实测资料。黄河下游河道主槽是洪水和泥沙输送的主要通道，过流和输沙能力一般分别可达全断面过流能力的 70% 以上和 90% 以上。因此，本节采用的黄河下游断面宽度、面积均指主槽断面的数据。

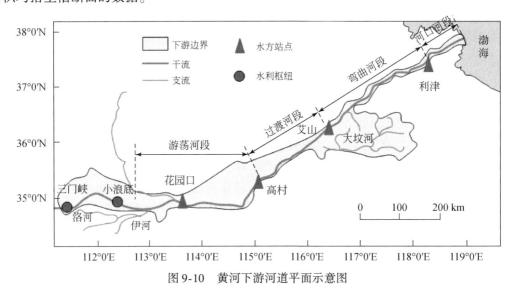

图 9-10　黄河下游河道平面示意图

1. 黄河下游河道连通指标及其变化

（1）边界连通指标

边界连通指标主要包括河道断面面积、宽深比、纵剖面流畅系数（河道纵向比降）和综合稳定系数。鉴于平滩河槽是黄河下游河道的主要输水输沙通道，且河道漫滩的机会较少，特别是三门峡、小浪底等水库蓄水运用后，洪水漫滩的时间更少，因此本节采用资料多为平滩河槽的资料。结合有关实测资料[52,53]，通过分析计算，点绘黄河下游边界连通指标的变化过程，如图 9-11 所示。结合三门峡、小浪底等水库控制下的黄河下游水沙变化过程，边界连通指标变化特点如下。

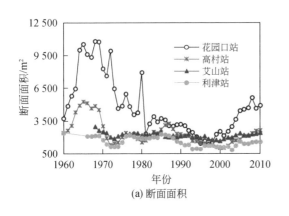

（a）断面面积

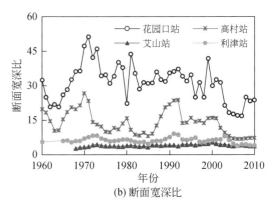

（b）断面宽深比

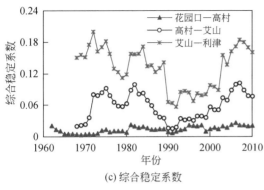
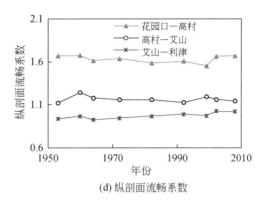

图 9-11 黄河下游河道边界连通指标的变化过程

黄河下游花园口站、高村站、艾山站和利津站断面主槽多年平均面积分别为 4807.5m²、2453.0m²、2164.0m² 和 1720.2m²，对应的多年平均宽深比分别为 31.4、14.2、4.09 和 6.24，二者从上游至下游基本上呈减小趋势，而且上游游荡河段的断面形态变化幅度大于下游弯曲河段，如图 9-11（a）、（b）所示。1960～1965 年三门峡水库蓄水运用期间，水库排沙较少，下游河道冲刷，河槽断面面积处于增加状态，其宽深比有所减小，河道连通性较好；1965～1973 年三门峡水库采用滞洪排沙运行方式，水库大量排沙，下游河道淤积，河槽萎缩，对应的宽深比增加，河道连通性萎缩；1973～1986 年，由于三门峡水库采用蓄清排浑运行方式，下游河道淤积总体有所缓和，20 世纪 80 年代初期甚至发生冲刷，除花园口断面萎缩外，其他断面有所增大，对应宽深比有所减小，河道连通性有所恢复；1986～1999 年，流域降雨偏少，再加上龙羊峡水库投入运行和两岸引水灌溉，下游河道来水量减少，甚至出现长河段长时期的断流现象，河槽严重淤积萎缩，相应的宽深比有所增大，河道连通性较差；1999 年后，由于小浪底水库蓄水运行，进入下游河道的输沙量减少，下游河道冲刷，河槽扩展，断面面积增加，宽深比减小，河道连通性恢复。

黄河下游河道综合稳定系数与来水来沙条件有重要关系，三个河段综合稳定系数的多年平均值分别为 0.013、0.057 和 0.131，说明黄河下游河道的稳定性沿程增加，由游荡河段过渡到弯曲河段 [图 9-11（c）]。在 1960～2010 年，花园口—高村河段的综合稳定系数呈增加的趋势；高村—艾山和艾山—利津河段稳定系数的变化过程类似，整体呈现先增加后减小再增加再减小的变化过程，特别是 2000 年小浪底水库蓄水运用后，黄河下游河道的稳定性显著提高。

黄河下游河道长期淤积形成了地上悬河，无大坝修建，纵剖面无凸凹形态，基本流畅，下游河道纵剖面流畅系数变化取决于纵剖面比降 [图 9-11（d）]，而且其纵剖面流畅系数（纵剖面比降）随时间变化幅度不大，不存在大幅度变化的情况。

（2）水流连通指标

结合黄河下游河道资料特点和连通性的实际情况，水流连通指标选择平滩流量（过流能力）和输水协调指标（汛期输水协调指标和最大输水协调指标），二者均为正向指标，河道连通性与平滩流量和输水协调指标成正比。图 9-12 为黄河下游河道典型水文站水流连通指标变化过程。黄河下游花园口站、高村站、艾山站和利津站平滩流量的变化过程基本一致，多年平均值分别为 5744.3m³/s、5376.7m³/s、5443.4m³/s 和 5317.6m³/s，如图 9-12（a）所示，在 20 世纪 60 年代，平滩流量相对稳定，多年平均平滩流量约为 8000m³/s；此后受水库调控和流域水沙变异的影响，平滩流量快速减小至 3900~6900m³/s，1970~1985 年平滩流量经历减小—增加—减小—增加—再减小的过程，1989 年后持续减小，2000 年减至 2200~2800m³/s，河道严重萎缩，连通性变差；2000 年后由于小浪底水库的调水调沙，平滩流量具有明显增加的趋势，河道边界连通性不断恢复。

在典型水文站输水协调指标变化过程 ［图 9-12（b）］中，各站汛期输水协调指标变化过程基本一致，总体呈减小态势，表明洪水输水协调性逐渐变差。对于典型水文站最大输水协调指标，花园口站和高村站两站最大输水协调指标在 1950~1960 年多数年份大于 1.0，说明水流时常漫滩，发生洪水，洪水输水程度较好；1960~1975 年该指标基本上小于 1.0，说明水流基本没有漫滩，基本无洪水输水情况；1976~2000 年该指标基本上在 1.0~1.5，其中个别年份大于 1.5，说明该时段水流漫滩的机会增加，但由于平滩流量的大幅度减小，以小洪水为主，洪水输水程度较好；2000 年后该指标变化不大，其值略小于 1.0，这是小浪底水库的滞洪削峰作用和主槽过流能力增加造成的。对于艾山站和利津站，历年最大输水协调指标都在 1.0 上下浮动，其中 1996 年该指标的值略大于 1.5，表明两站洪水输水程度较好。

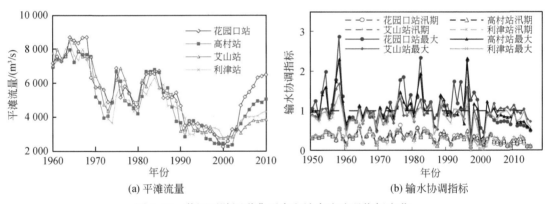

(a) 平滩流量　　　　　　　　　　　　　(b) 输水协调指标

图 9-12　黄河下游河道典型水文站水流连通指标变化

（3）泥沙连通指标

泥沙连通指标可选用河道输沙量和输沙协调指标，二者均为负向指标，即河道连通性随河道输沙量和输沙协调指标的增加而减弱。其中，河道输沙协调指标为河道来沙量与河道输沙能力的比值，反映了河道的冲淤特性[21,22]，也可由河段冲淤量求得。从 20 世纪 50 年代开始，进入黄河下游的输沙量持续大幅度减少，有利于维持和提高河道的连通性。根据黄河下游河道不同河段实测冲淤量[19,53]，计算不同河段输沙协调指标，如图 9-13 所示。对于花园口—高村游荡河段，河道输沙协调指标变化幅度较大，在 2000 年之前，平均输沙协调指标从 1952~1986 年期的 1.036 增至 1987~2000 年的 1.187，表明河道以淤积为主；2000~2015 年，河道平均输沙协调指标快速减小至 0.632，河槽冲刷。高村—艾山河段与艾山—利津河段输沙协调指标变化趋势基本一致，在 1996 年前，河道平均输沙协调指标从 1952~1987 年前的 1.039 和 1.003 减至 1988~1996 年的 0.888 和 0.962，1997~

2001 年快速增至 1.020 和 1.242，2001~2015 年快速减至 0.829 和 0.899，河段经历了淤积—略冲—严重淤积—快速冲刷的过程。

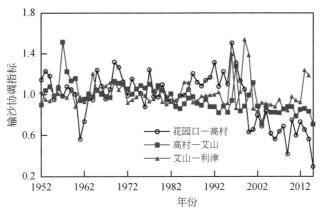

图 9-13 黄河下游输沙协调指标变化过程

（4）生态输水连通指标

生态输水连通指标可选用年最小月平均流量和月最小生态输水协调指标，皆为正向指标。结合文献［54，55］的研究成果，黄河下游花园口站、高村站、艾山站和利津站的生态基流流量分别为 231.5m³/s、234.3m³/s、158.0m³/s 和 155.6m³/s。河道生态输水流量选取年最小月平均流量，各站年最小月平均流量与生态输水协调指标的变化过程如图 9-14 所示，同时绘入利津站断流天数。河道年最小月平均流量与生态输水协调指标具有类似的变化过程，1950~1990 年，二者基本上呈现先减少后增加的变化过程，整体波动比较大，花园口站、高村站、艾山站的生态输水协调指标多大于 1.0，少数年份小于 1.0，利津站生态输水协调指标在 1971 年前多大于 1.0，在 1971 年后多小于 1.0，20 世纪 70 年代利津站开始出现断流现象；1990~2000 年受流域降雨变化、上游水库调控、引水灌溉等因素的影响，进入下游的水量减少，年最小月平均流量很小或接近于零，断流现象增多，各站的生态输水协调指标几乎接近于 0，同时该时期黄河下游利津站河段断流次数最多，说明该时期河道的连通性很差；2000 年后由于小浪底水库的调控，下游河道的年最小月平均流量增加，各站生态输水协调指标有明显的增加趋势，说明该时期水流连通性有所提高。

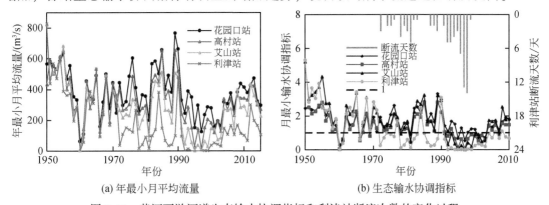

(a) 年最小月平均流量　　　　(b) 生态输水协调指标

图 9-14 黄河下游河道生态输水协调指标和利津站断流次数的变化过程

2. 黄河下游河道连通指标对水沙条件的响应关系

1）河道水力几何关系

对于黄河下游河道，河道来水来沙条件、河床边界（床沙、糙率等）都对河道形态产生重要的影响。其中，河道来水流量、含沙量等因素的变化幅度较大，对河道形态塑造将发挥更大的作用；相比之下，来沙组成、床沙组成、糙率等虽然也有变化，但与来水流量、含沙量相比，其变化幅度较小，对河道形态塑造的影响较小。为了有效地分析河道来水来沙对河道形态塑造的影响，若来沙组成、床沙组成、糙率等因素选用多年平均值，同时选用明宗富教授的河相关系式，式（9-14）中的各方程皆可表示为

$$M = \kappa \, Q^x S^y \tag{9-18}$$

式中，M 为河道宽度 B、水深 H、比降 J 和流速 U 等参数；κ 为系数，与重力加速度 g、河相系数 ζ、挟沙能力系数 K 和悬沙沉速 ω 或悬沙组成有关；x 和 y 分别为来水流量 Q 和含沙量 S 的指数，与挟沙能力公式和河相关系式的指数有关。参考有关文献的成果[44,56]，$m = 0.92$，$K = 0.029$；针对花园口—高村河段（游荡河段）和艾山—利津河段（弯曲河段）选择相应的悬移质中值粒径（d_{50}）、床沙中值粒径 D_{50} 和糙率（n）公式，进而获得河道水力几何形态公式［式（9-18）］的系数和指数，如表9-6所示。

表9-6　黄河下游河相关系的参数值

参数（M）	花园口—高村河段（游荡）$\alpha'=229.5$，$d_{50}=0.019\text{mm}$，$D_{50}=0.0001\text{m}$，$n=0.0396/Q^{0.18}$			艾山—利津河段（弯曲）$\alpha'=13.3$，$d_{50}=0.018\text{mm}$，$D_{50}=0.00006\text{m}$，$n=0.0357/Q^{0.18}$		
	κ	x	y	κ	x	y
河宽（B）	81.52	0.48	-0.18	13.25	0.48	-0.18
水深（H）	0.08	0.39	-0.14	0.32	0.39	-0.14
比降（J）	6.39×10^{-5}	-0.26	0.82	2.58×10^{-5}	-0.26	0.82
流速（U）	0.15	0.13	0.32	0.24	0.13	0.32

2）河道连通指标与水沙因子的响应关系

（1）边界连通指标

将表9-6中的参数值代入河道边界连通指标的计算公式中，便得到黄河下游典型河段连通指标与来水流量和含沙量的关系。

花园口—高村河段：

$$\begin{cases} A = 6.7 \, Q^{0.87} S^{-0.32} \\ \zeta = 109.04 \, Q^{-0.15} S^{0.05} \\ J = 6.39\times10^{-5} Q^{-0.26} S^{0.82} \\ \psi = 0.136 \, Q^{-0.07} S^{-0.65} \end{cases} \tag{9-19}$$

艾山—利津河段：

$$\begin{cases} A = 4.25\, Q^{0.87} S^{-0.32} \\ \zeta = 11.37\, Q^{-0.15} S^{0.05} \\ J = 2.58 \times 10^{-5}\, Q^{-0.26} S^{0.82} \\ \psi = 2.82\, Q^{-0.07} S^{-0.65} \end{cases} \tag{9-20}$$

式（9-19）和式（9-20）表明，花园口—高村河段和艾山—利津河段同类边界连通指标与来水来沙因子的系数虽然不同，但其指数变化规律是相同的，与实测资料基本一致，如图 9-15 所示。上述公式表明：

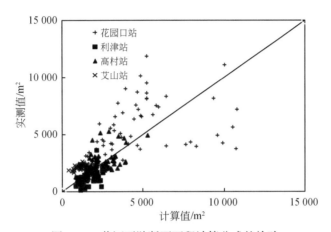

图 9-15　黄河下游断面面积计算公式的检验

①河道的过水面积与流量成正比，与来水含沙量成反比。当流量增大或含沙量减小时，河道过水面积和过流能力增大，断面宽深比减小，河道趋于窄深，连通性提高。反之，河道萎缩，过流能力降低，连通性衰退。

②鉴于黄河下游长期淤积形成地上悬河，纵剖面基本流畅，故用河道比降来反映其纵向流畅性。当上游来水含沙量不变时，河道比降随流量的增加而减小，但影响较弱。当流量恒定时，比降随来水含沙量的增加而增大，影响较强。这是因为上游的含沙量或来沙系数越大，河道为了达到输沙的目的，纵断面的比降会增加，以提高河道的边界流畅性。

③稳定的河道并非"静止"的，而是可以通过河道冲淤、河岸崩塌、洲滩演变等调整取得"动态"的平衡。根据综合稳定系数与来流流量的函数关系，河道综合稳定性随流量的增加呈减弱趋势，但影响较弱。而当上游来水流量恒定时，来水含沙量越大，河道越容易发生淤积，相应的河道稳定性也会越差，河道连通性减弱。

此外，由于黄河下游河型复杂多变，特别是花园口断面和高村断面处于游荡河段，其断面形态变化较大，特别是大流量时，其连通指标的响应关系仍存在较大的误差，仍需深入研究。

（2）水流连通指标

①平滩流量。平滩流量是反映黄河下游河槽过流能力的重要指标，平滩流量越大，表明平滩河槽的过水断面和过流能力越大，对应的连通性越好。考虑到河道冲淤调整变化主要发生在流量较大的汛期，一般说来，平滩流量与多年汛期流量成正比，与多年汛期来水

含沙量略成反比[52]。平滩流量可用下式表达：

$$Q_p = K' \frac{\overline{Q}^{x'}}{\overline{S}^{y'}} \tag{9-21}$$

式中，$\overline{Q}$ 为 4 年滑动平均的汛期径流量；$\overline{S}$ 为 4 年滑动平均的汛期含沙量；K' 和 x'、y' 分别为系数和指数，典型水文站公式中的系数和指数值如表 9-7 所示。

表 9-7　平滩流量关系式中的系数和指数

系数或指数	花园口站	高村站	艾山站	利津站
K'	340.2	175.8	212.6	517.7
x'	0.71	0.81	0.66	0.53
y'	0.28	0.27	0.08	0.12
R^2	0.75	0.84	0.87	0.84

②河槽输水协调指标。河道水流连通性不仅与河道断面的过流能力有关，还受上游实际来水量的影响。汛期输水协调指标为河道汛期来水量与河道过流能力的比值，用以反映水流的连通性，在来水流量不超过河道过流能力的前提下，汛期输水协调指标越大，河道连通性越好。输水协调指标主要包括汛期输水协调指标 χ_{Q_f} 和最大输水协调指标 χ_{Q_m}，前者反映河道汛期输水的协调性，后者既反映河道洪水输水的协调性，还反映洪水河槽的漫溢特点。其表达式为

汛期输水协调指标：

$$\chi_{Q_f} = \frac{Q_f \overline{S}^{y'}}{K' \overline{Q}^{x'}} \tag{9-22}$$

最大输水协调指标：

$$\chi_{Q_m} = \frac{Q_{max} \overline{S}^{y'}}{K' \overline{Q}^{x'}} \tag{9-23}$$

式中，Q_f 和 Q_{max} 分别为汛期流量和最大流量。显然，汛期（最大）输水协调指标与汛期（最大）流量和近四年滑动平均来水含沙量成正比，与近期四年滑动平均的汛期流量成反比。当河槽稳定时，汛期（最大）流量越大，汛期（最大）输水协调指标越大，河道连通性越好；当多年汛期的来水流量较小和来水含沙量较大时，相应的洪水塑造河槽的能力很差，河槽萎缩，相应的平滩流量和过流能力减小，相应的输水协调指标较大，此时河道萎缩后的输水协调性较好；反之，相应的输水协调指标减小，此时河道冲扩后的输水协调性相对较差。

（3）泥沙连通指标。

河道输沙量由实测来水流量和含沙量获得，与来水流量和含沙量成正比。在缺少实测资料的情况下，输沙能力 Q_{sc} 可用如下经验公式估算，即

$$Q_{sc} = K Q^\alpha S_0^\beta \tag{9-24}$$

式中，S_0 为河段未引水时的含沙量，kg/m^3；K 为系数；α 和 β 为指数，可以由实测资料拟

合求得。黄河下游河道多为饱和输沙，因此可近似地用实际输沙率代替河道的输沙能力，即河道输沙能力可用式（9-24）估算。当河道引水分流时，引水将把河段分为引水口上游段和引水口下游段两部分，引水河段的输沙协调指标 χ_s 采用上游段 χ_{su} 和下游段 χ_{sd} 的平均值，即

$$\chi_s = \frac{1}{2}(\chi_{su} + \chi_{sd}) = \frac{1}{2}\left[\frac{1}{\eta_Q K_s + K(1-\eta_Q)^\alpha Q_0^{\alpha+\beta-2}\lambda^{\beta-1}} + \frac{1-\eta_Q K_s}{K(1-\eta_Q)^\alpha Q_0^{\alpha+\beta-2}\lambda^{\beta-1}}\right] \tag{9-25}$$

式中，$\chi_{su} = \dfrac{Q_0 S_0}{\Delta Q_s + K Q^\alpha S_0^\beta} = \dfrac{1}{\eta_Q K_s + K(1-\eta_Q)^\alpha Q_0^{\alpha+\beta-2}\lambda^{\beta-1}}$；$\chi_{sd} = \dfrac{Q_0 S_0 - \Delta Q_s}{k Q^\alpha S_0^\beta} =$

$\dfrac{1-\eta_Q K_s}{K(1-\eta_Q)^\alpha Q_0^{\alpha+\beta-2}\lambda^{\beta-1}}$；$K_s$ 为引水含沙量与大河含沙量的比值；$\lambda = S_0/Q_0$，为来沙系数；η_Q 为河段引水比，即分流比；一般情况下，$\alpha+\beta\approx 2$，式（9-24）可以变为

$$\chi_s = \frac{1}{2}\left[\frac{1}{\eta_Q K_s + K(1-\eta_Q)^\alpha \lambda^{\beta-1}} + \frac{1-\eta_Q K_s}{K(1-\eta_Q)^\alpha \lambda^{\beta-1}}\right] \tag{9-26}$$

式（9-25）表明河道输沙协调指标与河道引水分沙比和来沙系数有关。当河段不考虑引水分流时，河道输沙协调指标可直接由定义求得，也可由式（9-24）和（9-25）转化为

$$\chi_s = \frac{\lambda^{1-\beta}}{K Q_0^{\alpha+\beta-2}} = \frac{W_{sy}}{W_{s-out}} + 1 \tag{9-27}$$

$$\chi_s = \frac{1}{K}\lambda^{1-\beta} \tag{9-28}$$

式中，W_{sy} 为一定时段内的河段淤积量；W_{s-out} 为一定时段内的河段出口输沙量。资料分析表明，花园口—高村河段、高村—艾山河段和艾山—利津河段的输沙协调指标与来沙系数呈乘幂关系（图9-16的点群与趋势线），这也进一步说明了上述河道输沙协调指标公式的合理性。

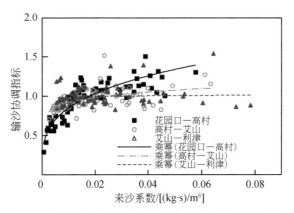

图 9-16 黄河下游河道输沙协调指标与来沙系数的关系

（4）生态输水连通指标

年最小月平均流量代表河道最小来流情况，可由实测获得，与流域降水和水库调控有关。生态输水协调指标定义为来水年最小月平均流量 Q_m 与生态基流流量 Q_e 的比值。河流最小生态环境需水量是在特定时间和空间为满足特定的河流系统功能所需的最小临界水量

的总称[55]，对应的平均流量为生态基流流量。结合文献［57］的成果分析，黄河下游非汛期生态基流流量计算公式如下：

$$Q_e = \frac{1}{N_0} \sum_{i=1}^{N_0} \min Q_{mij} \tag{9-29}$$

对应的生态输水协调指标为

$$\chi_{Q_e} = \frac{Q_m}{\dfrac{1}{N_0} \sum_{i=1}^{N_0} \min Q_{mij}} \tag{9-30}$$

河道生态输水协调指标与河道的年最小月平均流量成正比，与多年最小月平均流量成反比。当河道年最小月平均流量和生态输水协调指标很小或等于 0 时，河道水流连通性将减弱，甚至消失，难以满足生态需水要求。

9.3 对河口咸潮入侵的影响

9.3.1 重要河口的咸潮入侵问题

咸潮入侵又称咸潮上溯、盐水入侵等，是指海洋大陆架高盐水团随潮汐涨潮流沿着河口的潮汐通道向上推进，盐水扩散、咸淡水混合造成上游河道水体变咸的现象。咸潮入侵属于沿海地区一种特有的季候性自然现象，多发于枯水季节、干旱时期。咸潮入侵意味着位于河流下游的取水口在咸潮入侵期间引取上来的不是能饮用、灌溉的淡水，而是陆地生命无法赖以生存的海水。长期以来，我国沿海的三大河口（珠江口、长江口、钱塘江河口）地区屡遭咸潮侵袭[58]，近期闽江口也出现咸潮入侵问题[59]。2000 ~ 2005 年珠江口咸潮入侵经常发生，直接影响广州、中山、珠海、深圳等城市的供水，形成"守着珠江无水饮"局面。在长江口，咸潮入侵现象也不断发生，2006 年 9 月 11 日 ~ 2007 年 3 月 13 日先后发生 11 次咸潮入侵，总历时长达 66 天；2014 年 2 月长江口发生了持续时间最长的咸潮入侵事件，从 2 月 3 日至 23 日，历时 19 天。受全球气候变化影响，我国咸潮入侵情况也出现了新变化[58]，近年来全球气候起变暖，海平面逐渐上升，袭击我国沿海的台风在频次与强度上都有所增加，使得咸潮活动频繁，持续时间增加，上溯影响范围扩大，强度趋于严重。

随着河口地区社会经济的高速发展，咸潮入侵带来的损失与危害也越来越大，这也要求通过提高对咸潮入侵规律的认识和确定具体的影响因素，最后给出正确及时的应对措施。20 世纪 80 年代以来，随着城市化进程的加速发展，用水规模越来越大，用水要求越来越高，珠江河口咸潮影响范围越来越广，涉及广州、珠海、中山、东莞、佛山、江门等市以及澳门特别行政区，影响人口约 1500 万人[60]。特别是 20 世纪 90 年代以来，珠江河口区频频发生咸潮入侵，咸潮时间与强度都有越来越大的趋势，21 世纪初，珠江河口咸潮灾害连年发生，曾面临"守着珠江无水饮"的局面。据有关资料统计，2000 年广东出现中华人民共和国成立以来最严重的咸潮灾害，中山最大自来水厂关闭，数十万人依靠消防车供水；2002 年深圳受咸潮影响，街头排队买水的人随处可见；2003 年底咸潮提前袭击珠海，持续 7 个多月，影响中山、珠海、番禺供水；2004 年 10 月大旱致海水倒灌，咸潮持续超过 5 个月，影响珠江三角洲地区 1000 多万人的饮水；2005 年初广东沿海及珠江流域，出现 42 年来最强的咸潮。

对于咸潮入侵，很多学者开展了相关研究，主要通过原型观测、物理模型试验、理论分析和数值模拟等方法对咸潮入侵的机理、规律和原因开展了研究[61-64]；水利部珠江水利委员会 2005~2008 年对磨刀门水道咸潮开展了多次原型观测研究[65]。不同学者从自身的学术角度探讨了咸潮灾害活动的规律，其主要成因的结论也有所不同，部分学者认为是上游径流减少所致[62]，也有部分学者认为是近年河道下切及口门外移导致"调淡"作用消失等因素所致[63]。咸潮入侵是河口发生的一种自然现象，主要取决于海洋动力条件、河流动力条件、河口边界条件等方面的综合作用，其发生机理非常复杂，需要结合河口边界特点，通过分析海洋动力和河流动力的对比关系，深入研究河口咸潮入侵的机理以及各项影响因素的作用。

9.3.2 河口咸潮入侵机理分析

很多学者对咸潮入侵的机理进行了研究[58,61-65]，本节主要从咸潮咸度梯度变化、能量变化以及河道水位变化三个方面分析咸潮形成的机理。

1. 咸度梯度变化

在小潮期间，河口外的高盐度海水沿底部上溯，由于掺混动力不强，盐水楔不断向上游上溯，淡水从表层下泄。随着潮差逐渐增大，河道的涨落潮流速随之增加，咸淡水的掺混动力也逐渐加强；当潮动力大到一定程度时（一般在大潮之前），混合区的咸淡水在垂向上的混合趋于均匀，此时咸潮上溯距离达到最大，则上游下泄的淡水不再从表层下泄，而是积聚在咸界的上游，并与下游的咸淡水混合水体一起下泄，咸潮上溯长度随之减小；在大潮后，潮差逐渐减小，河道的流速和掺混动力也随之减小，盐水楔的作用又逐渐显现，此时高盐度海水又开始沿底部上溯，咸潮上溯距离又开始增大[62]。

2. 能量变化

所谓咸潮上溯就是河道咸水和淡水交界面的上移和后退，上移就是咸水上溯，后退就是咸水退潮，如图 9-17 所示。河流咸淡交界面的移动是由上下游的能量平衡来决定的，当上游淡水能量大时，咸水退潮；当下游咸水能量大时，咸水将上溯。因此，咸潮上溯可从能量的角度进行如下分析。河口上游水流的能量 E 主要包括势能 E_P 与动能 E_K，即

$$E_P = mgh \tag{9-31}$$

$$E_K = \frac{1}{2}mv^2 \tag{9-32}$$

由于 $m = \rho Q$，且 $v = \dfrac{Q}{A}$，故单位时间内的势能和动能可变为

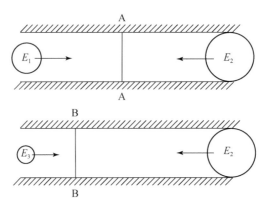

图 9-17   咸潮入侵能量示意图

$$E_P = \rho g Q h \tag{9-33}$$

$$E_K = \frac{1}{2}\rho \frac{Q^3}{A^2} \tag{9-34}$$

那么，水流的能量 E 为

$$E = E_P + E_K = \rho g Q h + \frac{1}{2}\rho \frac{Q^3}{A^2} \tag{9-35}$$

式（9-35）表明，河道水流的能量主要取决于河道流量 Q 和断面形态，河道流量越大，水位越高，水流能量越大，越有利于水流推入海洋，制衡咸潮上溯；河道断面扩大，河道水流能量变小，有利于咸潮上溯，其中河道采砂就是增加河道断面面积的例子，河道采砂不利于制衡潮流上溯。因此，通过控制河道流量和断面形态，可以预防咸潮上溯问题。

3. 河道水位变化的影响

河道水位变化将会对咸潮上溯产生直接作用，图 9-18 为水位变化对咸潮入侵影响的示意图。河道正常水位下的水面线与河口海潮面的交点为 A 点，A 点为正常水位咸淡界面的位置。当枯水流量或者河道下切造成水位降低时，河道低水位下的水面线与河口海潮面的交点为 C 点，C 点为低水位咸淡界面的位置，显然 C 点明显位于河道的上游，即低水位时河口咸潮处于上溯状态，上游来水流量越小，水位越低，咸潮上溯越严重。相反，当大水流量或者河床上升造成水位抬升时，河道高水位下的水面线与河口海潮面的交点为 B 点，B 点为高水位咸淡界面的位置，显然 B 点位于河道的下游，即高水位时河口咸潮处于下退状态，来水流量越大，水位越高，咸潮出现上溯问题的可能越小。因此，咸潮上溯问题一般出现在枯水期，河道采砂将会加重咸潮上溯问题。

9.3.3   河口咸潮入侵的影响因素

河口地区是河流与海洋的过渡区域，河口水流变化将受到河流动力和海洋动力的双重作用，而入侵河口的咸潮又主要来源于海洋咸水；河口形态和边界条件有很大的差异，对

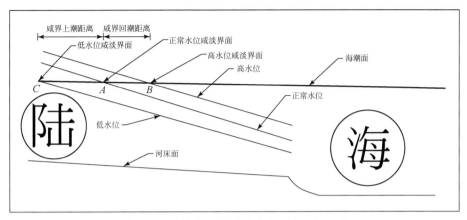

图 9-18　水位变化对咸潮入侵影响的示意图

发生咸潮入侵的频率和规模也有很大的影响；流域和河口人类活动频繁，对河道水沙条件与河口边界条件产生影响。因此，影响咸潮入侵的影响因素主要包括海洋动力条件、河流动力条件和河口边界条件与人类活动，其中河道径流与潮汐是河口咸潮入侵的两大主要影响因子[61]。

1. 海洋动力条件

1）潮汐和潮流

潮汐和潮流分别是天体引潮力引起的海面垂直方向的涨落和海水水平方向的流动，是咸淡水混合的"动力源"，对咸潮入侵的影响是至关重要的[61]。潮汐、潮流对咸潮入侵的影响包括：潮流对咸潮的对流输运、潮汐引起的紊动混合、潮汐与地形共同作用引起的"潮汐捕集"和"潮汐输送"。

2）风浪

风浪对咸潮入侵具有较大影响，风速、风向不同，河口地区涨、落潮流的强度就不同，对河口地区的咸潮入侵影响也就会有差异[61]。不同的风速和风向作用下，河口地区可以产生不同的水平环流，所产生的水平环流可能对河口地区的咸潮入侵产生一定作用。

3）海平面上升

近年来，全球变暖以及日益密集的人类活动使得海平面持续上升，这可能使得咸潮上溯的距离增加，加剧河口的咸潮入侵灾害。据文献［58，61］资料，1980～2011 年，中国沿海海平面平均上升速率为 2.7mm/a，高于全球平均海平面上升速率 1.8mm/a，海平面上升对中国河口（珠江口、长江口等）咸潮入侵的影响受到越来越多学者的关注，特别是海平面上升对咸潮入侵的上溯距离和程度的重要影响。

2. 河流动力条件

1）径流及其变化

河道径流是影响河口咸潮入侵的一个重要因素，它主要通过径流量的大小、径流的季节变化和径流量变化幅度大小等影响河口的咸潮入侵。研究成果表明，河道径流量越大，河道水流能量越大，河流咸淡交界面将会向下游移动，径流量增加使得口门内咸潮入侵减弱，口门外盐度减小，淡水扩展范围增大。河道年内径流量变化较大，汛期径流量较大，咸潮入侵较轻，甚至无咸潮入侵问题；非汛期河道径流量较小，特别是枯水期，咸潮入侵较明显，甚至造成咸潮入侵灾害，给附近工农业生活用水带来严重影响。

针对珠江口咸潮入侵问题，2009 年 12 月 10 ~ 25 日珠江水利科学研究院沿磨刀门水道开展了一次较全面的原型观测。图 9-19 给出的是 2009 年 12 月 10 ~ 25 日梧州日均流量的变化情况以及测点的水深中部盐度变化情况。梧州流量的增大会缩短咸潮上溯距离，导致测点的盐度降低；而梧州流量减小后，咸潮上溯距离又会增大，导致测点的盐度增加。

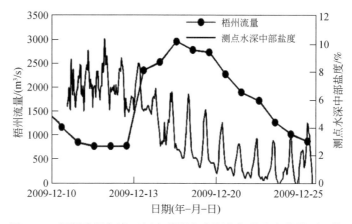

图 9-19　梧州流量与磨刀门水道测点水深中部盐度变化情况比较

表 9-8 为 1959 ~ 2004 年马口站枯季流量统计[65]，马口站枯季平均流量在 1959 ~ 2004 年没有明显增大或减少的趋势，但从咸潮上溯比较严重的年份 1999 年、2004 年来看，1999 年和 2004 年的 1 ~ 3 月平均流量与多年平均流量相比分别偏少 38.0% 和 37.3%，相当于同期流量频率的 80% ~ 90%，因此，枯季径流减少是导致这两个年份春季咸潮上溯比较严重的主要因素。

表 9-8　马口站枯季流量统计　　　　　　　　　　（单位：m³/s）

年份	1 ~ 3 月平均流量	枯季平均流量（1 ~ 3 月，10 ~ 12 月）
1959 ~ 2003	2760	3400
1999	1710	3110
2000	1990	3030
2001	2450	3150
2002	2650	3980
2003	3960	3240
2004	1730	1720

2）水位变化

河道水位不仅反映河道流量的大小，还是河道水流势能的体现。一般说来，河道水位越高，河道过水流量越大，对应的水流势能越大，河道水流能量增加使得河道咸淡交界面下移，咸水入侵减弱，甚至无咸水入侵现象。河道水位随着河道流量、河底高程等的变化而变化，枯水期，河道流量较小，对应的河道水位较低，河口容易发生咸潮入侵；洪水期，河道流量较大，对应的河道水位较高，河口一般不会发生咸潮入侵。

3）进入河口的输沙量变化

河道输沙量变化直接影响河道的冲淤变化，若来沙量减少，河道将会冲刷，过水断面增加，水位降低，进而容易发生咸潮入侵。目前，受人类活动的影响，中国主要河流输沙量大幅度减少，将会对河口咸潮入侵产生一定的影响。珠江流域水库总库容约 830 亿 m³，占流域年均径流量 2836 亿 m³ 的 29.27%。水库的建设使河流年均输沙量从 20 世纪 60 年代的 7622 万 t 减小到 2010~2020 年的 2313 万 t，减幅达到 69.65%。

图 9-20 为珠江口磨刀门水道平均水深和深泓高程沿程变化[66]，对比 1962 年和 1977 年磨刀门水道的深泓高程和平均水深变化发现，1977 年河道上段深泓高程降低 0.37m，平均水深增加 0.41m，该河段受到冲刷；中段明显发生淤积，深泓高程平均增高 0.7m，最高达 2.2m，平均水深则减小 0.49m；河道下段深泓高程增加 0.29m，但平均水深减小 0.28m。而与 1977 年相比，1999 年磨刀门水道深泓明显下切，整条河道平均下切幅度可

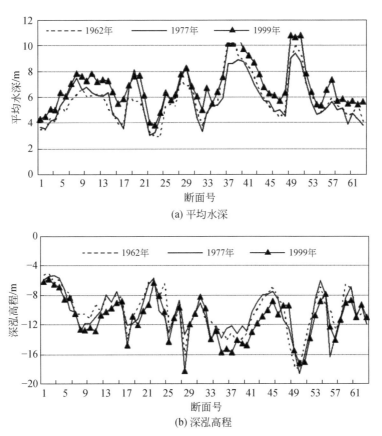

(a) 平均水深

(b) 深泓高程

图 9-20 珠江口磨刀门水道平均水深和深泓高程沿程变化

达 1.13m，平均水深也明显增加，上段、中段和下段分别增加 0.81m、2.34m 和 1.36m，可见磨刀门水道在 1977～1999 年受明显冲刷下切。显然，水库建设改变了珠江口的来沙情况，河道输沙量的减少引起了河床冲刷，而河床冲刷同采砂一样引起河道水位下降，成为影响咸潮上溯的因素之一。

3. 河口边界条件

河口边界对水沙运动有很大的约束作用，对咸潮入侵也有重要的影响。河口边界条件主要包括河口类型和形态、河道形态等因素。

1) 河口类型和形态

河口类型一般包括溺谷型、三角洲型和峡江型三大类型，其中三角洲型入海河口因三角洲的形态差异又分为扇形、鸟足形、尖形、岛屿形等[67]。中国入海河口除钱塘江河口为溺谷型或三角港外，其他入海河口皆为三角洲型。入海河口类型和形态不同，对河口水流的阻碍作用也有很大的差异，如溺谷型入海河口多为三角港，其来沙量小、潮汐强，潮流入侵快，消退也快，如钱塘江；而对于三角洲型入海河口，由于三角洲对水流的约束和阻碍，咸潮入侵和消退都需要一个过程，特别是消退过程持续时间较长，如珠江口。

2) 河道形态

河道作为河口淡水的通道，其形态将会直接影响河道水流的运动特性，特别是河道宽深比、河道比降等将会直接影响水流的流速，对于水道窄深、比降大的河口，水流动能和流速较大，形成咸潮入侵的机会较少，如闽江河口；对于水道宽浅、比降较小的河口，水流动能和流速较小，更容易形成咸潮入侵，如珠江三角洲有八大入海通道，河网发达，水道宽浅、比降小，容易形成咸潮入侵。

4. 人类活动

河口地区人类活动频繁，河道采砂、开挖深水航道、修筑挡潮闸、建造导堤、围垦等，均对河口咸潮入侵有很大影响。

1) 河道采砂及开挖深水航道

在中国一些南方河流河口附近，河道采砂是很普遍的人类活动。大规模城市化建设使得建筑用沙和围垦用沙大量增加，在巨大的经济利益驱动下，各类采砂船蜂拥而至，遍及珠江三角洲河网地区主要河段，形成大规模滥采乱挖的局面。20 世纪 80 年代开始，珠江三角洲河网区出现了大规模的无序采砂活动，90 年代采砂活动达到高潮，据中山大学河口海岸研究所人工挖砂调查研究[67]，1984～2003 年整个珠江三角洲采砂总量高达 13.36 亿 m³，年均采砂量为 6680 万 m³，而珠江三角洲的年淤积量仅为 800 万～1000 万 m³。其中，据有关部门不完全的调查统计[68]，1990～1999 年各市境内的河道采砂总量为 16 581 万 m³，其典型河段相应时期调查总采砂量为 14 680 万 m³，相应各河段平均采砂总深度为 0.69～3.14m；1985～1999 年河床容积增加的 6.02 亿 m³ 是采砂引起的，加上 15 年河道自然淤积的 1.5 亿 m³，由此估算西、北江三角洲近 15 年河道采砂总量约为 7.52 亿 m³，平均每年采砂量约为 0.5 亿 m³，可见年均采砂量约为年均来沙量的 5 倍，形成无序、无度、掠夺式的开采。珠江口同期年均来沙量约为 6600 万 t，小于 1984～2003 年河口采砂量，表明河口每年均处于超采河砂状态。连年超采河沙，使珠江上游的来沙量无法补充被挖走的河沙，造成河道生态平衡受到破坏，没有河沙河段正沿江而上，河床严重下切，水位降低，促使咸潮上溯。图 9-21 为珠江口区典型水文站断面冲淤状况，20 世纪 90 年代开始，天河站、三水站、马口站断面整体发生大幅度冲刷下切，下切幅度 10 余米，2010 年后河床基本稳定，典型断面河床下切除来沙减少造成河道冲刷外，主要原因是河道采砂。

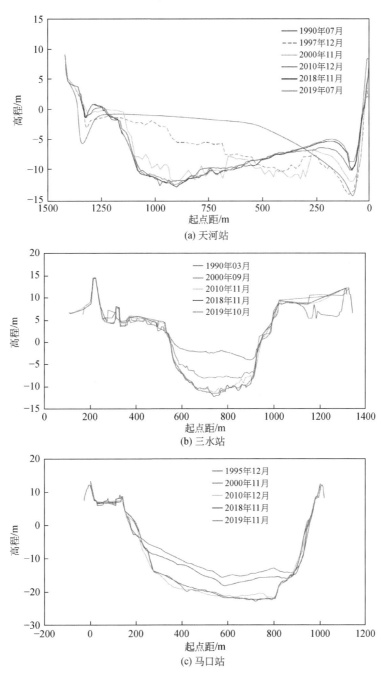

图 9-21 珠江口典型水文站断面冲淤状况

此外，为了维护长江口的航运安全，长江口加快实施了长江口深水航道治理工程，保障长江口河道的河势稳定性，改善了长江口航运条件；但是深水航道治理工程在加大航道深度的同时，也增大了长江口南槽和北槽上段的盐度[61]，增加了咸潮入侵的严重性，与河口采砂对咸潮入侵的影响机理是类似的。

2）围垦与河口整治工程

根据美国 Landsat Mss TM（部分 ETM）、法国 SPOT 卫星的遥感数据及图片等资料[69]，1978～2003 年珠江口围垦的滩涂总面积约为 5.61 万 hm^2，平均围垦强度达 0.22 万 hm^2/a。大规模围垦主要分布在蕉门、横门、磨刀门、鸡啼门西滩（连岛大堤）、崖门等处，其中伶仃洋近岸围垦 2.60 万 hm^2，磨刀门 1.50 万 hm^2，黄茅海和鸡啼门共 1.51 万 hm^2。该阶段滩涂围垦速度较快，特别是 1978～1995 年，围垦面积 4.53 万 hm^2，占围垦总量的 80.75%。口门围垦整治完成后，人为规束了河口径流入海的流路，使得过水断面面积缩小，水流集中、流速加大，径流动力相对增强，水流挟沙力增强，冲刷明显，从而加剧了 20 世纪 90 年代各门近口段的冲刷，河床下切，水位下降，对咸潮的上溯存在一定的影响。

此外，河口整治工程可能对咸潮入侵产生一定的影响，河口整治的目的一般是稳定河势或其他特定目的，河口整治后水流归顺、河道刷深，可能有利于咸潮上溯，如长江口深水航道整治工程，航道整治后有利于航运，但不利于阻止咸潮上溯；对于河口阻水整治工程，整治工程能阻止水流倒灌，可能会阻止咸潮上溯，如长江口南北支整治工程能减少北支盐水倒灌[61]，可减缓咸潮入侵现象。

3）流域人类活动的影响

流域内一般会发生水土保持、水库修建、引水工程等人类活动，这些活动将会改变河道径流和输沙过程，进而影响河口的咸潮入侵问题。对于河道修建的一些关键控制性水库工程，可通过水库调控提高枯水期的入海流量，减缓河口咸潮入侵问题。例如，三峡水库修建后，枯水期水库下泄流量增加，有利于缓解长江口水源地的咸潮入侵。

9.4 对河流泥沙资源化的影响

9.4.1 流域泥沙的资源性

一般来说，自然资源的基本属性包括有效性、可控性和稀缺性。若流域泥沙能满足自然资源的基本属性，泥沙也可以作为一种资源进行利用和配置。结合泥沙的基本特性和实际情况，就流域泥沙的有效性、可控性和稀缺性等分述如下[9,70]。

（1）流域泥沙的有效性：在社会发展的实际过程中，结合泥沙的离散性、可塑性、可搬运性、吸附性、抗剪性等，流域泥沙已经在社会经济发展和生态环境中发挥了重要的作用，体现了流域泥沙的有效性，或称泥沙的资源性，主要表现为填海造地、淤临淤背、淤改和建筑材料等。因此，流域泥沙并非均产生泥沙灾害，而是在一定范围或一定条件下可以为社会发展与人类生活服务，创造巨大的经济效益。

（2）流域泥沙的可控性：流域泥沙的离散性、可搬运性等决定了泥沙的可控性。实际上，在流域泥沙的产生、搬运、输移和分配过程中，利用工程与非工程的措施可以有效地控制泥沙输移、搬运与配置，尽可能减少泥沙的灾害性并能更有效地治理和利用泥沙，工程措施包括流域水土保持、水库拦沙、机械疏浚与挖沙等，非工程措施有调水调沙、滩槽冲淤、淤海造陆等，这也说明流域泥沙是可以配置和控制的。

（3）流域泥沙的稀缺性：我国北方地区的不少流域水土流失严重，产沙量较多，然而产沙量并不是无限的，而是受到流域土壤土质特性、地形地貌、水文气象条件、人类活动（包括农业活动、大规模基本建设）等因素的控制。随着社会经济的不断发展，当流域生态环境和水土保持完好时，流域产沙量、河流输沙量将会减少，此时河流泥沙将属于稀缺物质。例如，流域水土保持完好的西方国家，或者水库运行初期，进入河道的泥沙量大幅度减少，造成河道严重冲刷，为了改善河道冲刷带来的生态环境问题，需要进行泥沙的补给。例如，德国莱茵河来沙量减少，造成河道洪水期冲刷严重，德国工程师采用人工喂沙，每年喂沙达到 20 万 t。另外，国民经济的快速发展导致我国工程建设大量增加，河道砂石料供不应求，此时泥沙表现为一种稀缺物质，如珠江和长江干支流等就是如此；在一些土地资源比较紧缺的地区，泥沙造地就显得特别重要，如我国钱塘江河口地区。

综上所述，流域泥沙基本满足自然资源的属性，具有有效性、可控性和稀缺性的特征，因此流域泥沙属于一种特殊的自然资源，或称为泥沙资源化。

9.4.2 河流泥沙资源化途径与评价

在河流治理、引水灌溉与泥沙处理的实践过程中，人们取得了许多泥沙资源化的经验。河流泥沙资源化主要包括河道整治与防洪、引洪淤灌与改良土壤、建筑材料及泥沙转化、泥沙造地与湿地塑造 4 方面[70,71]。作为例子，文献［71］给出了黄河下游泥沙资源化途径，如图 9-22 所示。

1. 河道整治与防洪

1）堤防加固（淤临淤背），提高防洪能力

河道淤临淤背在我国黄河下游、长江洞庭湖区和海河河口都有应用，其主要目的就是利用河道泥沙提高河道防洪能力。在多沙河流上，单纯依靠水流动力冲刷难以达到河道疏通、清障的效果，利用疏浚或者放淤等手段进行堤防淤临淤背，既加固了堤防工程，又提高了河道泄洪能力，同时还达到了利用河流泥沙和疏浚泥沙的目的。

黄河下游淤筑工程大致可分淤临淤背和淤筑相对地下河。淤临淤背就是利用疏浚或者放淤等手段把河道和滩地泥沙或高含沙水流引入堤防的临河侧（淤临）或背河侧（淤背），淤临的主要目的是使滩地稍高于滩唇、截堵串沟、改善滩区横比降和滩地形态，减缓二级悬河的防洪压力，淤背的主要目的是加宽加固大堤，避免洪水期大堤出现渗水、管涌、漏洞、大堤裂缝等险情。淤筑相对地下河就是利用引黄泥沙淤填潭坑加固大堤、淤填沙洼碱地改良土壤、沉沙池与输沙渠清淤等方式抬高周边地面。有计划地在下游放淤固堤、长期开展挖河固堤、结合引黄供水沉沙淤高背河地面，淤筑相对地下河是防洪的长远战略部署[72]。黄河河务部门 20 世纪 50 年代开始淤临（淤顺提串沟、修堤取土坑塘、洼

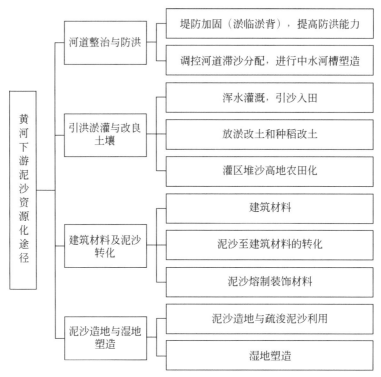

图 9-22　黄河下游泥沙资源化途径

地等）淤背（背河洼地），60 年代试验扬水沉沙固堤，70 年代以来全面开展机淤固堤，近期开展标准化堤防建设，在淤临淤背、提高防洪能力方面取得了重要成绩。截至 2007 年底，黄河下游临黄大堤通过标准化堤防建设达到设计标准的堤段长 838.4km，淤筑宽度 50～100m，完成机械淤背土方 6 亿 m³ 以上。淤临淤背大大提高了黄河大堤的抗御能力，保证了黄河下游 50 年伏秋大汛安全，取得了巨大的社会效益和经济效益，而且具有广阔的应用前景。此外，由于淤背是将沉沙池紧靠河道大堤背后布置，因此经过沉沙的水也可用于灌区的农田灌溉，达到水沙各尽其用的目的；黄河下游的小开河、刘春家、道旭等灌区在某一时段内都曾采用过这种方式，特点是不仅处理了泥沙、加固了黄河大堤，而且达到了"清水"灌溉的目的，具有显著的经济效益与社会效益；同时为黄河下游实现淤筑相对地下河与引黄灌区泥沙处理相结合提供重要的参考价值。

2）调控河道滞沙分配，进行中水河槽塑造

河道稳定是河流健康的重要指标，特别是河槽稳定是河道稳定的重要内容。对于黄河下游河道，如果认为加固黄河大堤是被动地防守，那么扼制河槽萎缩和塑造稳定中水河槽则是积极的治理措施。针对黄河下游二级悬河问题，开展扼制河槽萎缩和塑造稳定中水河槽的工作是非常必要的。胡春宏等[73]给出了黄河下游中水河槽对应的流量为 3000～3500m³/s，按照此标准进行中水河槽塑造和维护。考虑到洪水标准，把黄河下游河道断面进行扩大，形成复式断面形态。塑造中水河槽断面和复式洪水断面需要大量的泥沙，洪水断面之外的滩地都可以通过淤临抬高，使黄河下游河道断面趋于稳定。

为了减少粗沙进入下游河道，2004 年水利部黄河水利委员会在小北干流龙门下游 10 多千米的连伯滩开始实施放淤试验。经过科学规划与布置，靠水力自然力量，成功实施了 6 轮试验，共淤积粗泥沙 437.8 万 t，其中粒径>0.025mm 的泥沙占 51.2%，初步实现了"淤粗排细"的目标，为塑造中水河槽岸滩积累了丰富经验。

2. 引洪淤灌与改良土壤

1）浑水灌溉，引沙入田

多沙河流泥沙一般较细，而且挟带一定的养分，因此浑水灌溉可以引入大量的细颗粒泥沙进入田间，有利于提高肥效和改良土壤。在黄河下游，浑水灌溉就是对一些输沙条件较好的灌区，含沙水流不经过沉沙而直接顺序通过各级输水渠道进入田间，其主要特点是将引黄泥沙转化为分散于各级渠道沿程和田间，使更多的泥沙进入田间，扩大了泥沙转化利用的范围。20 世纪 80 年代中期以来，河南人民胜利渠、韩董庄、祥符朱、花园口、杨桥、柳元口等灌区通过渠道衬砌（减小糙率）、充分利用地势、加强管理等措施，取消沉沙池，改为浑水灌溉，为浑水灌溉、输沙到田积累了宝贵的经验。有关资料[74]表明，河南花园口灌区 1986～1988 年在东大坝干渠开展输沙到田试验，3 年引水总量为 2822 万 m³，引沙总量为 38.5 万 m³，灌溉面积 2733hm²；试验结果表明，灌区干渠、斗农渠和毛渠淤积泥沙分别占总引沙量的 2.25%、5.57% 和 7.19%，进入田间的泥沙占 84.8%，大部分泥沙进入田间，效果显著。在黄河下游，浑水灌溉应该是大力发展的泥沙利用形式。

2）放淤改土和种稻改土

黄河泥沙特别是汛期泥沙极具肥效，是一种优良的土壤改良原料。放淤改土和种稻改土是黄河流域洪水泥沙利用的重要形式，也是浑水灌溉的特殊表现形式和引洪淤灌的主要形式[9]，其目的就是利用泥沙改良盐碱地与坑洼地。据统计，截至 20 世纪 90 年代初期，黄河下游地区淤改土地 23.2 万 hm²，稻改土地约 12 万 hm²（其中河南约 8.7 万 hm²，山东约 3.3 万 hm²）。此外，利用汛期高含沙水流直接灌溉的情况也存在于河南部分灌区，引洪淤灌既可以缓解作物干旱缺水状况，扩大灌溉面积，还可以增加肥力，淤灌后作物增产幅度十分明显。因此，淤改、引洪灌溉不仅提高了低产盐碱荒地的生产能力，大大改善了灌区的土壤环境，还利用了大量泥沙，减轻了泥沙淤积造成的防洪压力。但是，一方面黄河上中游修建了许多水库，水库运用后形成的高含沙洪水减少；另一方面黄河下游两岸灌区的低洼盐碱地越来越少，淤改和稻改的形式在灌区内存在一定的局限性。

3）灌区堆沙高地农田化

在许多引黄灌区，渠首地区存在大量的清淤堆沙高地，如黄河下游三义寨、位山、簸箕李等灌区，渠首地区泥沙淤积严重，清淤泥沙曾堆积如山，形成大面积的堆沙高地，土地沙化严重，生态环境恶化，这些灌区在治理清淤堆沙高地和渠首土地沙化问题时取得了重要的经验，即灌区堆沙高地农田化。所谓灌区堆沙高地农田化就是引黄灌区堆沙地区农田化技术的应用，进行土地资源的开发利用。以沉沙条渠泥沙农田化和渠道两侧沙垄治理为重点，进行了堆沙高地作物品种、土壤改良、小麦灌溉、果农间作种植模式等试验研究，提出了一整套较系统的泥沙农田化技术，为引黄灌区泥沙处理和利用探索了一条新的途径[75]。

3. 建筑材料及泥沙转化

1）建筑材料

自古以来就有挖取河沙直接作为建筑材料的做法，随着社会经济发展，工程建设突飞猛进，对砂石料的需求量越来越大，如长江、珠江、钱塘江等南方河道采砂十分普遍。20世纪90年代长江上游宜宾、泸州和重庆三市辖区年均共采卵石约516万t，采砂约1014万t；21世纪10年代初期长江重庆主城区河段年均采砂可达400万t。1984~2003年珠江三角洲地区采砂总量高达13.36亿 m^3，年均采砂量为6680万 m^3。2003~2005年钱塘江一桥至三桥河段实际采砂量高达1446万t。但由于无序、大量的河道采砂将会对河道防洪、航运、河口咸潮入侵等问题产生重要影响，因此在长江、珠江、钱塘江等河流开展了采砂管理，严禁无序采砂。

2）泥沙至建筑材料的转化

我国北方的多沙河流的泥沙相对较细，难以直接用于建筑材料，仅能用于农用土或者建筑材料的转化。在黄河流域内，泥沙至建筑材料的转化主要包括洪水泥沙的转化和清淤泥沙的转化。

（1）洪水泥沙的转化，即黄河泥沙烧制建筑材料。通过对山东、河南部分灌区的调查发现[9]，灌区渠首曾建有很多大型乡办或村办砖厂，其原料大都是取用洪水泥沙，做法是规划低产田（包括盐碱地、低洼地）进行取土烧砖，次年在附近再重新另辟地用土，同时引黄河洪水放淤上一年取土坑地，泥沙沉积下来，清水用于农田灌溉，淤改后的土地既可以还耕变成丰产田，也可以继续用作第三年的取土之源；第三年或另辟新地取土，或用上一年淤地取土，同时继续引黄河洪水淤第二年的取土坑地。如此循环往复，泥沙转化成建筑材料，既提高人民的生活水平，又达到处理泥沙、清水灌溉的目的。例如，山东郓城的苏阁灌区渠首附近就曾有7个砖厂，河南黑岗口灌区沿南干渠就有10个砖窑厂。但是，由于黄河下游大含沙洪水越来越少，且农田取土烧砖受到政策的限制，这一泥沙利用形式的发展前景也受到一定的影响。

（2）清淤泥沙的转化。目前，泥沙淤积是江河湖库和黄河下游引黄灌区存在的重要问题，泥沙清淤仍是解决泥沙淤积的重要手段，清淤泥沙的利用是非常重要的。在黄河下游引黄灌区内，68.5%的引黄泥沙沉积在沉沙池和渠道内，长期的灌渠清淤使渠首附近堆积了大量的泥沙，不仅占压了大量的耕地，渠首附近沉沙和堆沙空间愈来愈少，泥沙处理负担加重，而且清淤泥沙造成渠首附近土地沙化、生态环境恶化等问题。目前引黄灌区清淤泥沙用于两个方面[9]，一方面是利用清淤泥沙转化为建筑材料，包括利用清淤粗泥沙与白灰和其他添加剂等压制灰砖、利用清淤细泥沙烧制砖瓦、生产灰沙砖和掺气水泥，山东刘庄灌区和东明县曾取得了成功的经验；另一方面是直接用于农用土和路基土，有计划地让农民搬运用作宅基、路基或其他，解决农民用土难的问题；这两个方面的目的是逐步吃掉清淤泥沙。

3）泥沙熔制装饰材料

利用黄河淤砂可熔制高级饰面玻璃，淤沙用量高，玻璃性能好。张先禹[76]对利用黄河淤沙熔制饰面玻璃进行了试验，结果表明黄河淤沙可以熔制各种颜色的饰面玻璃，玻璃的各项技术性能满足饰面材料性能要求，外观性能、装饰效果更佳，是一种高级饰面材料。测试结果表明，黄河淤沙饰面玻璃具有良好的力学性能和化学性能。黄河淤沙饰面玻璃制作工艺简单，可操作性强，淤沙利用量大，黄河淤沙用量 70%，辅助原料用量 30%。经初步成本分析，黄河淤沙饰面玻璃成本低、附加值高，有较好的经济效益，可大力推广应用。另外，泥沙还可用于其他装饰材料和建筑材料，如陶瓷和陶粒、三合土和固化土等材料的炼制[77]。目前，虽然有很多泥沙转化为装饰建筑材料的例子或途径，但由于转化技术不成熟或者成本较高，没有形成显著的市场效应，泥沙消耗量较小，因此在转化技术、降低成本等方面仍需要开展深入研究。

4. 泥沙造地与湿地塑造

1) 泥沙造地与疏浚泥沙利用

在人类出现以前，泥沙在大自然的作用下就开始了大规模的堆积造地过程，流域高处侵蚀产生的泥沙大量地堆积在流域的低洼处，形成了后人赖以生存的土地资源，至今这一过程仍在继续。例如，黄河中上游的侵蚀产沙经过泥沙搬运、沉积，塑造出河套平原、汾渭平原与华北大平原，长江中上游的侵蚀产沙塑造了肥沃的中下游平原和两湖湖滨平原。目前，中国主要河流多年平均输沙量约为 14.5 亿 t，这些泥沙大部分堆积在河口，使海岸不断向大海推进。黄河利津站多年（1952～2020 年）平均径流量为 288.6 亿 m^3，多年平均输沙量为 6.38 亿 t；这些泥沙一部分滞留在陆地上和浅海中，造成河道与三角洲的抬高，形成新的陆地，约占来沙量的 64%；一部分输送到渤海，约占来沙量的 36%，其中一些泥沙扩散很远，甚至出渤海；另外一些滞留在离河口较近的海区，使得海底淤积升高[78,79]。1954～2001 年，沉积在河口和水下三角洲的泥沙新生陆地达 990km^2，每年以 21.1km^2/a 左右的速度在河口三角洲地区塑造陆地[79]。长江大通站多年平均径流量和多年平均输沙量分别为 9674 亿 m^3 和 3.51 亿 t，长江泥沙在河口不断堆积成陆，如在唐朝出水不久的沙洲，如今已成为面积约 1269.1km^2 的崇明岛。但是，随着黄河、长江等河口来沙量的大幅度减少，造陆造地速率明显减小，近期有蚀退现象发生，需要引起重视。

另外，为了满足长江防洪与航运、黄河下游河道防洪与河口综合开发等方面的要求，长江干流、黄河干流与河口地区等进行了大量的河道疏浚工程，并针对河流疏浚泥沙进行了综合利用，主要包括吹填造地、淤临淤背、改良土地、维护海岸和填海造陆[80]。例如，2018～2020 年长江干流疏浚泥沙利用总量达到 1.37 亿 t（图 6-3）。在河道防洪与整治过程中，河道疏浚将是经常采用的措施，疏浚泥沙的处理和应用技术仍需要进一步研究。

2) 湿地塑造

湿地是水域和陆域交错而成的特殊生态系统，具有土地、水、生物和泥炭四大资源。河渠、湖泊、水库、海涂、滩地等皆为湿地的范畴，20 世纪末中国湿地面积为 7968.74 万 hm^2，其中沼泽面积为 1680 万 hm^2，水域（河渠、湖泊、水库、海涂、滩地等）面积为 2842.07 万 hm^2，稻田面积为 3446.67 万 hm^2，这些湿地占世界湿地面积 85 580 万 hm^2 的 9.31%，位居世界第三位[81]。对于东北湿地区域、长江中下游湿地区域、沿海湿地区域和西北内陆湿地区域，其中部分湿地是由河流冲积形成的，在这些湿地的形成过程中，泥沙在淤积造陆方面发挥了重要的作用，若没有泥沙的淤积，这些湿地是无法形成的。黄河口地区存在大量的湿地，这些湿地都是黄河口河槽泥沙逐渐淤积，河床抬升，河槽改道，河槽再淤积、再改道循环往复，形成的河口湿地。因此，根据黄河湿地规划需求，按照泥沙运动特点、河道和河口演变规律，塑造河道滩槽湿地、滞洪区湿地、河口湿地等。

9.4.3 黄河水沙资源量变化对泥沙资源化的影响

截至目前，中国主要河流水沙资源量的变化，特别是泥沙资源量的大幅度减少，将对泥沙资源化产生重要影响。对于南方河流，河流输沙量大幅度减少一方面造成河道采砂的来源减少，直接影响河道采砂规模；另一方面，造成河道的冲刷，使得河床泥沙发生分选，河道泥沙级配发生变化，影响河道采砂的质量，综合考虑后，许多河流实施许可采砂或禁止采砂。北方河流一般具有水少沙多、泥沙较细等特点。黄河泥沙主要来源于黄土高原，据 1952~2020 年黄河干流代表水文站潼关站的实测水文资料，黄河多年平均径流量和多年平均输沙量分别为 335.3 亿 m³ 和 9.21 亿 t，多年平均含沙量 27.47kg/m³，水少沙多是黄河流域的最大特点。从 20 世纪 50 年代开始，黄河流域开展了大量的水土保持工程、水利工程、河道整治工程、引水灌溉工程等，使得河道的水沙条件发生了很大的变化，进入下游河道的径流量和输沙量大幅度减少。黄河潼关站的年径流量和年输沙量从 20 世纪 50 年代的 425.10 亿 m³ 和 18.06 亿 t 减至 2010~2020 年的 297.5 亿 m³ 和 1.83 亿 t，减少幅度分别为 30.02% 和 89.87%。黄河干流水沙资源量的大幅减少，不仅给流域带来生态环境恶化、河口海岸线蚀退等新问题，而且给流域水沙资源配置带来一定的困难，特别是对黄河流域泥沙资源化产生影响[71]。

1. 对河道整治与防洪的影响

黄河泥沙作为一种特殊的资源，在堤防加固（淤临淤背）、稳定河槽等方面发挥了一定的积极作用。截至 2007 年，完成了标准化堤防 838.4km，淤筑宽度 50~100m，黄河形成了较完善的堤防防洪体系，大大提高了黄河大堤的洪水抗御能力，取得了巨大的社会效益和经济效益。为了积极开展河道整治和应对黄河防洪需求，21 世纪前十年又进行了扼制河槽萎缩和塑造稳定中水河槽治理措施的研究。

长期以来进入黄河下游的水沙资源量大幅度减少，使得洪水强度与频率、含沙量等减小[82,83]，如黄河花园口洪峰流量大于 5000m³/s 的洪水次数在 20 世纪 50 年代为近 40 次，在 1973~1985 年为 22 次，在 1986~1999 年仅为 4 次，2000 年后更少，洪水强度减小和漫滩机会减少。黄河水沙资源量减少虽然使得河道防洪的压力有所减小，维护和稳定黄河下游中水河槽的设想将有可能成为现实，但对河道整治与防洪方面的泥沙资源化产生一定的影响。引洪淤滩和淤临淤背仍然是加固黄河大堤和稳定滩槽的重要途径，在黄河下游河道洪水漫滩机会、洪水含沙量等减少的情况下实施引洪淤滩、淤临淤背，需要采用提水淤滩，导致泥沙资源化的成本大大增加；同时，由于汛期洪水含沙量减小，引洪淤滩、淤临淤背的效率也将会减小，实施时间将会增加。

2. 对浑水灌溉与改良土壤的影响

在长期引黄灌溉过程中，一些引黄灌区实施了浑水灌溉引沙入田、淤改和稻改等泥沙资源化途径[9]，对引黄灌区的泥沙处理和泥沙利用发挥重要作用，取得了显著的环境效益和经济效益。目前，在黄河下游径流量和输沙量大幅度减少，以及高含沙洪水发生机会越来越少的前提下，引黄灌区浑水灌溉、淤改和稻改等泥沙资源化形式也将会受到一定的影响。引黄灌区采用浑水灌溉与否主要是取决于引黄灌区的实际情况，包括沉沙条件、地形条件、灌区规模与需要等，与黄河水沙条件关系不够密切，因此黄河水沙资源量减少对浑水灌溉没有明显的影响。而灌区淤改和稻改一般需要在大含沙量的洪水期实施，大含沙量的洪水机会减少，引黄灌区实施淤改和稻改将需要较多的水量，引洪淤灌效果也将受到限制。因此，黄河下游水沙资源量减少将限制灌区淤改和稻改工程的实施，甚至难实施。

3. 对建筑材料及泥沙转化的影响

在建筑材料及泥沙转化方面，河流输沙量减少将会直接影响南方河流的采砂规模和质量，需要实施采砂管理。在黄河流域，建筑材料及泥沙转化主要包括泥沙（洪水泥沙、清淤泥沙）建筑材料、泥沙至建筑材料的转化和泥沙熔制装饰材料三个方面。黄河洪水泥沙烧制砖瓦实际上与淤改工程类似，需要大量的水量和沙量，在黄河水沙资源量减少的情况下，开展黄河洪水泥沙烧砖瓦的资源化途径将受到一定程度的限制，而且农用土烧砖也受到国家政策的限制，目前已逐渐取缔。

在黄河下游引黄灌区内，68.5%的引黄泥沙沉积在沉沙池和渠道内，长期的灌渠清淤使渠道两侧附近堆积了大量的泥沙，给灌区渠首带来严重的生态环境问题，泥沙处理负担加重。引黄灌区清淤泥沙利用主要是利用清淤泥沙转化为建筑材料和农用土与路基用土两个方面[9]，其目的是逐步"吃掉"清淤泥沙。在黄河下游引水必引沙，黄河来水来沙量大幅度减少的情况下，灌区引沙量有所减少，泥沙淤积将会减轻，清淤泥沙量也会减少，有利于清淤泥沙的资源化。

另外，黄河泥沙在高级饰面玻璃、陶瓷等装饰建筑材料的转化方面也取得重要进展，鉴于该方面的泥沙资源化正处于试验阶段，泥沙用量很少，黄河水沙量大幅度减少不会对高级饰面玻璃、陶瓷等装饰建筑材料转化造成影响。

4. 对泥沙造地与湿地塑造的影响

河流水沙变异将对河道滩槽变化、湖库淤积、河口造陆及滩涂塑造等产生重要影响，进而影响河道、湖库、河口等湿地的塑造。黄河输送到河口地区的泥沙一部分滞留在陆地上和浅海中，造成河道与三角洲的抬高，形成新的陆地；另一部分输送到渤海[49,50]。显然，河口泥沙造地的多少直接与来水来沙条件有关，来水来沙越少，其造地速率越小。近期进入河口和入海的径流量和输沙量大幅度减少，相应的河口造陆速率也大幅度减小。例如，1855～1954 年、1954～1976 年、1976～1992 年各阶段造陆速率分别为 23.6km²/a、24.9km²/a、22.8km²/a，变化不大；20 世纪 90 年代黄河水沙量进一步减少，1992～2001 年造陆速率大幅度减为 8.6km²/a，近期造陆速率继续减小，甚至有蚀退现象发生。

另外，土地、水流、泥沙等是湿地的重要组成部分，因此水沙变化也将影响湿地的质量和塑造。在河道、水库、滩涂等湿地的形成过程中，泥沙淤积发挥了重要的作用。因此，黄河下游来水来沙量的减少，将会影响河道滩槽湿地、滞洪区湿地、河口湿地等方面的塑造。

参 考 文 献

[1] 张博庭. 关于河流生态伦理问题的探讨——对"生态系统整体性与河流伦理"一文的不同看法 [J]. 水利发展研究, 2005, (2): 4-9.

[2] 王延贵, 胡春宏. 河流功能与河流健康的内在关系 [C]. 西安: 第七届全国泥沙会议, 2008.

[3] Wang Y G, Chen Y. Studie on connotation and analysis modes of river system connectivity [C]. E-proceedings of the 38th IAHR World Congress, September 1-6, 2019, Panama City, Panama.

[4] 王延贵, 陈康, 陈吟. 水系连通机理及其影响因素 [J]. 中国水利水电科学研究院学报, 19 (2): 191-200.

[5] 钱正英, 陈家琦, 冯杰. 人与河流的和谐发展 [N]. 科技日报. 2005-12-12, A3 版.

[6] 李义天, 邓金运, 孙昭华, 等. 河流水沙灾害及其防治 [M]. 武汉: 武汉大学出版社, 2004.

[7] 景可, 李风新. 泥沙灾害类型及成因机制分析 [J]. 泥沙研究, 1999, (1): 12-17.

[8] 王延贵, 胡春宏. 流域泥沙灾害与泥沙资源性的研究 [J]. 泥沙研究, 2006, (2): 65-71.

[9] 王延贵, 胡春宏. 引黄灌区水沙综合利用及渠首治理 [J]. 泥沙研究, 2000, (2): 39-43.

[10] 王延贵, 王莹. 我国四大水问题的发展与变异特征 [J]. 水利水电科技进展, 2015, (6): 1-6.

[11] 孙春鹏, 周砺, 李新红. 我国江河洪水季节性规律初步分析 [J]. 中国防汛抗旱, 2010, 20 (5): 40-41, 45.

[12] 苑希民. 中国城市水利面临着严峻形势 [J]. 中国水利, 2001, (3): 34-35.

[13] 汪恕诚. 怎样解决中国四大水问题 [J]. 水利经济, 2005, 23 (2): 1-2, 6.

[14] 张德二, 梁有叶. 1876-1878 年中国大范围持续干旱事件 [J]. 气候变化进展, 2010, 6 (2): 32-38.

[15] 徐海亮. 1959～1961 年全国干旱灾害状况研究述评 [C]. 延安: 国史研究中的重点难点问题研究述评: 第七届国史学术年会, 2007.

[16] 中华人民共和国水利部. 第一次全国水利普查水土保持情况公报 [R]. 2013.

[17] 刘宁. 加强领导, 扎实工作, 全力以赴做好坡耕地水土流失综合治理试点工作——在坡耕地水土流失综合治理试点工作视频会议上的讲话 [EB/OL]. http://www.mwr.gov.cn/slzx/slyw/201006/t20100601_215537.html [2022-10-20].

[18] 中华人民共和国水利部. 中国水利统计年鉴 2020 [M]. 北京: 中国水利水电出版社, 2020.

[19] 中华人民共和国水利部. 中国河流泥沙公报 (2005～2015) [M]. 北京: 中国水利水电出版社, 2006.

[20] 胡春宏, 陈建国, 郭庆超, 等. 论维持黄河健康生命的关键技术与调控措施 [J]. 中国水利水电科学研究院学报, 2005, (1): 1-5.

[21] 陈吟. 冲积河流水系连通性机理与预测评价模型 [D]. 北京: 中国水利水电科学研究院, 2019.

[22] 王延贵, 陈吟, 陈康. 水系连通性的指标体系及应用 [J]. 水利学报, 2020, 51 (9): 1080-1088.

[23] 王延贵, 胡春宏, 史红玲, 等. 近 60 年大陆地区主要河流水沙变化特征 [C]. 台北: 第 14 届海峡两岸水利科技交流研讨会论文集, 2010.

[24] 赵军凯, 王文彩. 20 世纪后半期中国主要江河洪灾分析 [J]. 农业考古, 2006, (6): 53-55.

[25] 吴华林. 我国洪灾频发原因解析及控制对策 [J]. 上海水利, 2000, (1): 16-19.

[26] 齐璞, 苏运启. 黄河下游"小水大灾"的成因分析及对策 [J]. 人民黄河, 2002, 24 (7): 15-16.

[27] 周建军. 渭河小水大灾的根本原因和治理途径 [C]. 黄河三门峡工程泥沙问题研讨会论文集, 2006.

[28] 李义天, 邓金运, 孙昭华, 等. 泥沙淤积与洞庭湖调蓄量变化 [J]. 水利学报, 2000, 31 (12):

49-53.

[29] 李国英. 中国水利发展中的防洪与灌溉问题 [C]. 第五届黄河国际论坛上的主旨报告, 2012.

[30] 李金桨, 张玉玲. 科学认识干旱灾害 [N]. 光明日报, 2010-04-08.

[31] 张家团, 屈艳萍. 近 30 年来中国干旱灾害演变规律及抗旱减灾对策探讨 [J]. 中国防汛抗旱, 2008, 18 (5): 47-52.

[32] 聂俊峰. 我国北方干旱灾害性分析及减灾对策研究 [D]. 杨凌: 西北农林科技大学, 2005.

[33] 吴雅琼, 吕志坚, 安斌. 1985—2008 年间我国废水排放量动态研究 [J]. 科技情报开发与经济, 2011, 21 (17): 189-191.

[34] 索丽生. 科学开发水能资源促进水资源可持续利用和经济社会的可持续发展 [J]. 水利发展研究, 2004, 4 (11): 12-15.

[35] 汪恕诚. 历史跨越世纪辉煌——祝贺中国水电装机容量突破 1 亿 kW [J]. 水力发电, 2004 (12): 1-2.

[36] 任美锷. 黄河下游断流引起的环境问题及其防治措施 [J]. 第四纪研究, 1999, 19 (2): 186-186.

[37] 胡春宏, 王延贵, 张世奇, 等. 官厅水库泥沙淤积与水沙调控 [M]. 北京: 中国水利水电出版社, 2003.

[38] 胡春宏, 王延贵, 郭庆超, 等. 塔里木河干流河道演变与整治 [M]. 北京: 科学出版社, 2005.

[39] 王延贵, 史红玲, 刘茜. 水库拦沙对长江水沙态势变化的影响 [J]. 水科学进展, 2014, 25 (4): 467-476.

[40] 蓝勇. 历史上长江上游的水土流失及其危害 [N]. 光明网, 1998-09-25.

[41] 全国节约用水办公室. 全国节水规划纲要 (2001—2010 年) [R]. 2002.

[42] 陈吟, 王延贵, 陈康. 水系连通的类型及连通模式 [J]. 泥沙研究, 2020, 45 (3): 53-60.

[43] 陈康. 黄河水沙变异及其对下游河道连通性的影响 [D]. 北京: 中国水利水电科学研究院, 2018.

[44] 明宗富. 冲积河流的河相关系 [J]. 泥沙研究, 1983, (4): 77-86.

[45] 罗福安, 梁志勇, 张德茹. 直角分水口水流形态的实验研究 [J]. 水科学进展, 1995, 6 (3): 71-74.

[46] 王延贵, 史红玲. 引黄灌区不同灌溉方式的引水分沙特性及对渠道冲淤的影响 [J]. 泥沙研究, 2011, (3): 37-43.

[47] 王春美. 交汇河道水沙运动与河床响应研究进展 [J]. 江苏水利, 2016, (8): 38-41.

[48] 侯志军, 李勇, 王卫红. 黄河漫滩洪水滩槽水沙交换模式研究 [J]. 人民黄河, 2010, 32 (10): 63-64.

[49] 吉祖稳, 胡春宏. 漫滩水流流速垂线分布规律的研究 [J]. 水利水电技术, 1997, 28 (7): 26-32.

[50] 姚文艺, 胡春宏, 张原锋, 等. 黄河下游洪水调控指标研究 [J]. 科技导报, 2007, 25 (12): 38-45.

[51] 李智杰. 长江荆江河段 1998 年洪水分析 [J]. 人民长江, 2001, 32 (2): 18-20.

[52] 吴保生, 夏军强, 张原锋. 黄河下游平滩流量对来水来沙变化的响应 [J]. 水利学报, 2007, 38 (7): 886-892.

[53] 孙高虎. 水沙变异条件下黄河下游河道纵横剖面的响应 [D]. 北京: 中国水利水电科学研究院, 2006.

[54] 唐蕴, 王浩, 陈敏建, 等. 黄河下游河道最小生态流量研究 [J]. 水土保持学报, 2004, 18 (3): 171-174.

[55] 倪晋仁, 金玲, 赵业安, 等. 黄河下游河流最小生态环境需水量初步研究 [J]. 水利学报, 2002, 33 (10): 1-7.

[56] 韩其为，关见朝. 挟沙能力多值性及黄河下游多来多排特性分析 [J]. 人民黄河，2009，31 (3)：1-4.

[57] 石伟，王光谦. 黄河下游生态需水量及其估算 [J]. 地理学报，2002，57 (5)：595-602.

[58] 左常圣，王慧，李文善，等. 海平面变化背景下三大河口咸潮入侵特征及变化浅析 [J]. 海洋通报，2021，40 (1)：37-43.

[59] 陈奔月. 闽江咸潮上溯与保障供水安全综合措施的现状与思考 [J]. 水利科技，2020，166 (1)：9-14.

[60] 杨芳，何颖清，卢陈，等. 珠江河口咸情变化形势及抑咸对策探讨 [J]. 中国水利，2021，(5)：21-23.

[61] 黄洪城，匡翠萍，顾杰，等. 河口咸潮入侵研究进展 [J]. 海洋科学，2014，38 (9)：109-115.

[62] 陈荣力，刘诚，高时友. 磨刀门水道枯季咸潮上溯规律分 [J]. 水动力学研究与进展，2011，26 (3)：312-317.

[63] 韩志远，田向平，刘峰. 珠江磨刀门水道咸潮上溯加剧的原因 [J]. 海洋学研究，2010，28 (2)：52-59.

[64] 李文善，王慧，左常圣，等. 长江口咸潮入侵变化特征及成因分析 [J]. 海洋学报，2020，42 (7)：32-40，

[65] 吕爱琴，杜文印. 磨刀门水道咸潮上溯成因分析 [J]. 广东水利水电，2006，(5)：50-53.

[66] 刘锋，田向平，韩志远，等. 近四十年西江磨刀门水道河床演变分析 [J]. 泥沙研究，2011，(1)：45-50.

[67] 袁菲，何用，吴门伍，等. 近 60 年来珠江三角洲河床演变分析 [J]. 泥沙研究，2018，43 (2)：40-46.

[68] 钱挹清. 珠江三角洲河道无序采砂影响及管理措施 [J]. 人民珠江，2004，(2)：44-46.

[69] 广东省水利电力勘测设计研究院. 珠江河口滩涂保护及开发利用规划：报批稿 [R]. 广州：广东省水利电力勘测设计研究院，2009.

[70] 王延贵，胡春宏. 流域泥沙的资源化及其实现途径 [J]. 水利学报，2006，37 (1)：21-27.

[71] 王延贵，胡春宏，史红玲. 黄河流域水沙资源量变化及其对泥沙资源化的影响 [J]. 中国水利水电研究院学报，2010，8 (4)：237-245.

[72] 洪尚池. 结合引黄供水沉沙池淤筑相对地下河的研究 [M]. 郑州：黄河水利出版社，1998.

[73] 胡春宏，陈建国，郭庆超. 黄河水沙过程调控与下游河道中水河槽塑造 [J]. 天津大学学报，2008，41 (9)：25-30.

[74] 蒋如琴，彭润泽，黄永健，等. 引黄渠系泥沙利用 [M]. 郑州：黄河水利出版社，1998.

[75] 李宁，杨宝中，林斌文. 引黄灌区泥沙农田化技术 [J]. 人民黄河，2002，(2)：33-34.

[76] 张先禹. 利用黄河淤砂熔饰面玻璃 [J]. 泥沙研究，2000，(6)：69-71.

[77] 汪欣林，马鑫，梅锐锋，等. 泥沙资源化利用技术研究进展 [J]. 化工矿物与加工，2021，50 (4)：36-44.

[78] 赵文林. 黄河泥沙 [M]. 郑州：黄河水利出版社，1996.

[79] 刘晓燕. 关于黄河河口问题的思考 [J]. 人民黄河，2003，(7)：1-4.

[80] 程义吉. 黄河口研究与研究治理实践 [M]. 郑州：黄河水利出版社，2001.

[81] 刘红玉，赵志春，吕宪国. 中国湿地资源及其保护研究 [J]. 资源科学，1999，21 (6)：34-37.

[82] 高季章，胡春宏，陈绪坚. 论黄河下游河道的改造与"二级悬河"的治理 [J]. 中国水科院学报，2004，(2)：12-22.

[83] 陈建国，邓安军，戴清，等. 黄河下游河道萎缩的特点及其水文学背景 [J]. 泥沙研究，2004，(4)：1-7.

第 10 章 | 河流水沙变异的应对策略

10.1 河道冲刷和岸滩崩塌防控技术

10.1.1 防止河道快速冲刷的调控技术

无论是多沙河流，还是少沙河流，河道冲淤量皆取决于来沙系数和来水流量 [式 (8-10) 和式 (8-11)]。由于在流域内开展了大量的人类活动，我国主要河流水沙态势发生了变异。对于中国南方河流，其径流量变化不大，但年输沙量大幅度减少，来沙系数大幅度减少，河道将会出现明显的冲刷下切现象，如长江中下游河道、珠江河段等存在河道大幅度冲刷下切的情况。河道大幅度冲刷将会带来或者引发其他问题，如长江中游河道曾发生大范围的河道崩塌现象、珠江口曾出现咸潮上溯问题等。对于北方河流，河道径流量和输沙量都出现大幅度减少趋势，特别是河道输沙量减小幅度更大，使得河道来沙系数减小，这同样会造成下游河道淤积减少或者冲刷。例如，由于黄河流域中游水土保持和下游小浪底水库调水调沙的作用，黄河中下游河道典型水文站曾出现历史最小实测输沙量，2014 年和 2015 年潼关站年输沙量分别为 6910 万 t 和 5500 万 t，花园口站年输沙量分别为 3250 万 t 和 1290 万 t，2015 年还首次出现了进入黄河下游河道的实测年输沙量为零的情况。黄河下游河道的冲刷，不仅改变了黄河下游河道的冲淤特性，还带来了一些问题，如改变了黄河下游河道的引黄条件，引水保证率降低，引沙量减少。因此，针对中国主要河流水沙变异特点，需要协调河道水沙搭配关系，防止河道快速冲刷。

水沙搭配关系直接影响河道冲淤，而影响河道水沙搭配关系的因素也是多方面的，主要包括流域降水变化、水土保持、水库调水调沙、引水引沙、河道采砂等，特别是水库调水调沙对河道来沙系数的调控是最为直接和有效的。无论是长江三峡水库，还是黄河小浪底水库，都采用蓄清排浑的运行方式，即根据水库上游来水量和来沙量年内分配很不均匀的特点，特别是汛期来水量和来沙量一般占全年的一半以上，来沙量分布更集中（如长江上游寸滩站每年主汛期 7~9 月的来水量和来沙量分别占全年的 52.3% 和 78.2%），每年汛期水库水位保持在较低的防洪限制水位运行（如三峡水库为 145m），使含沙量较大的洪水（俗称浑水）能够顺畅地排至下游，减少库区泥沙淤积；汛后上游来水含沙量小了（或称为清水），水库开始蓄水，蓄"清水"至正常蓄水位，以充分发挥发电与航运效益，直至汛前又开始降落水位，汛期继续排浑。水库汛期排出"浑水"（实际上是排沙），汛后蓄满"清水"，即所谓的"蓄清排浑"运行方式。结合下游河道冲淤规律（如黄河大水冲刷、小水淤积的特点），通过"蓄清排浑"的运行方式，可以保证在汛期大流量时排泄较大含沙量的水流，使得下游河道保持较大的来沙系数，充分发挥汛期河道挟沙能力较大的特点；非汛期小流量蓄水发电，同时几乎是清水下泄，避免小水淤积的现象出现，同时保证下游河道具有较小的来沙系数。通过水库"蓄清排浑"的运行方式，协调下游河道来沙系数，有效地遏制下游的快速冲刷或者大冲大淤现象的出现，如黄河三门峡水库蓄水初期曾出现大冲大淤的现象[1]。

10.1.2 岸滩崩塌防护技术

河流水沙变异后，无论是南方河流，还是北方河流，河道来沙量及来沙系数均大幅度减小，造成下游河道淤积减少或者严重冲刷。河道冲刷包括纵向冲刷和侧向淘刷，纵向冲刷将会导致河道挫落崩塌，侧向淘刷多发生落崩[2,3]。长江三峡水库蓄水运用后，中下游河道冲刷严重，造成河道岸滩崩塌，无论是挫落崩塌，还是落崩，都将会引起河道堤防的不稳定性，造成河道防洪问题严峻[3]。因此，在三峡水库蓄水运用后开展河岸崩塌的防护工作是非常重要的，特别要有效控制河道侧向淘刷，加强岸堤防护与崩岸治理。

岸滩崩塌实际上是水流与河岸相互作用的结果，其应对措施主要包括两大方面[3]，一方面是增加河岸对水流的抗蚀作用，防治措施以护坡和护脚为主，如干砌或现浇混凝土板、抛石等；另一方面是防止、减轻水流对河堤的冲击，达到减缓河岸侵蚀的目的，防治措施以丁坝（群）、透水构件等为代表。崩岸主要防治措施见图10-1，主要包括直接防治措施和间接防治措施，具体可参见文献 [3]。

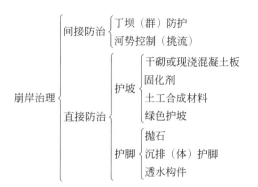

图 10-1   崩岸主要防治措施示意图

10.2   维持和加强水系连通性的主要思路

通过分析河道边界、水流、泥沙、生态输水等连通指标的变化与水沙响应关系，结合黄河下游河道连通性的评价结果[4]，黄河下游河道连通性经历了从 20 世纪 50 年代的优良状态衰退至 20 世纪 90 年代的中差状态、2000 年后恢复至优良状态的过程，其主要影响因素包括流域降水变化、河道整治与堤岸工程、水库枢纽建设和引水分流工程等[5]，特别是小浪底水库调水调沙的作用。良好的水系连通性是河流功能正常发挥的前提，需要有效维持和不断改善，因此维持和改善黄河下游河道连通性的主要建议如下。

（1）通过水库调控与河道整治，改善和促进游荡河段的边界连通条件。黄河下游游荡河段（花园口—高村河段）河势频繁变化，断面宽浅，其边界连通性较差，为了改善和促进黄河下游游荡河段的边界连通条件，一是需要继续开展河道整治，进行节点控制，稳定河势；二是继续开展小浪底水库调水调沙运用，使下游河道处于冲刷状态，河槽逐渐变得窄深，再结合河槽缩窄整治工程，逐渐由游荡河段转变为稳定的弯曲河段。

（2）继续小浪底水库调控非汛期下泄流量，改善黄河下游河道非汛期的生态输水连通条件。水流连通性是指河道既要有足够的过流能力，又要保证一定的过水水量，满足河道功能和生态需求。因此，结合黄河下游河道两岸春灌、夏灌、秋灌和冬灌用水的实际特点，加强对小浪底水库的下泄水量或流量的控制，以满足下游河道引水灌溉、生态蓄水和输沙需水的要求，特别是黄河口的需水要求，即满足最小的生态需水量，保证河道生态输水连通性。

（3）通过开展小浪底水库调水调沙，改善和维持黄河下游河道的连通性。小浪底水库 2000 年运用以来，加强了调水调沙的实施，使得下游河道河槽明显冲刷，趋向于窄深和稳定，河槽过流能力明显增加，不仅增加了河道纵向连通性，也维持了滩槽的侧向连通性。因此，需要继续实施小浪底水库调水调沙，以保持下游河道连通性的优良状态。

（4）审视黄河两岸引水工程规划与调整，维持和提高黄河下游引水分流的侧向连通性。小浪底水库调水调沙运行以来，黄河下游河道同流量的水位降低明显，致使两岸引黄闸的引水能力减小，甚至出现引水困难的现象，使得引水分流的侧向连通性降低。针对黄河下游河道冲淤、河道整治、引水分流和引黄闸设计的特点，需要对现有引黄闸重新进行审视，甚至提出规划治理和调整的意见。

荆江水系连通性评价结果表明[4]，荆江水系连通性整体上有增加的趋势，总体处于较好水平，其中干流河道的连通性逐渐增强，处于较好水平；而三口通道的连通性逐渐减弱，处于中偏差水平，其他单元变化不大，都处于较好水平。水库建设、河道整治、河道裁弯、围垦造地等活动是影响荆江水系连通性的主要因素，特别是三峡水库蓄水运用是荆江水系连通性变化的关键影响因素。因此，为了促进和维持荆江水系的整体连通性，主要建议如下。

（1）抑制荆江河段河床冲刷下切与河势变化，维持荆江干流河段连通性的稳定性。自三峡工程 2003 年蓄水运用以来，受清水下泄的影响，长江中下游干流河道荆江河段冲刷下切明显，引起河道断面扩大，过流能力增加，进而使得河段纵向连通性有所增加；但是河道冲刷造成河岸崩塌严重，局部河势变化明显，河段边界连通性受到一定的威胁。随着溪洛渡、向家坝、亭子口等上游干支流水库的投入运用，荆江河段的冲刷情势与边界连通性依然严峻。因此，加强水库群优化调度使进入下游荆江河段的水沙搭配关系合理化，减缓河道的快速冲刷，促使河道岸滩稳定与河势稳定，弱化河道边界连通性变化的内在动力；另外，加强河道岸滩整治与防护，甚至河底的抗冲刷能力，提高河岸与河床抗冲刷与抗破坏的能力，增强河道边界连通性的抵抗能力。

（2）提高上游水库（群）的调控能力，控制进入下游河道的最小下泄流量，提高荆江水系连通性的稳定性及枯水连通性。自三峡水库运行以来，荆江河段冲刷严重，枯水水位明显降低，使得同水位进入三口与洞庭湖的流量减小，三口分流比和分沙比减小，江湖横向连通性减弱，江湖连通关系不断发生变化。因此，通过三峡水库水沙调控及控制进入下游河道的流量，稳定荆江水系的河势与形态，调整江湖水沙交换的关系，特别是提高水库下泄最小流量，保持合理的荆江枯水水位，保证三口通道的过流流量，减轻通道泥沙淤积，以有效地维持三口分流流量和江湖连通关系。

（3）通过通道疏浚、节制闸建设等工程措施，提高江湖通道的连通能力和容水能力。随着长江上游来水来沙量的变化、水库拦沙、河道裁弯、湖水顶托等方面的影响，特别是三峡水库蓄水运用，荆江三口分流比大幅度减少，三口通道过流能力大幅减小，相应的连通性减弱，因此通过三口通道的泥沙疏浚，恢复通道的过流能力与连通性。另外，荆江枯水位的降低、库区泥沙淤积、湖区围垦造地等使得洞庭湖湖面萎缩，容水能力降低，防洪能力减弱，这些都是洞庭湖连通性减弱的具体表现。因此，通过湖泊局部清淤、停止围垦造田、控制湖泊进出口过水能力（修建控制闸和节制闸）等抬高湖泊水位，增加湖泊面积和容积，提高湖泊的连通性，加大湖泊的防洪能力。

10.3 河口咸潮入侵与滩涂塑造的应对思路

10.3.1 防治咸潮入侵的措施

根据河口咸潮入侵的特点和形成机理，可从以下几个方面进行工作[6-8]，以加强河道水沙综合调控，减轻或防治咸潮入侵，保证河口地区的饮用水安全。

1. 建立预警机制和系统

加强对咸潮形成机理的研究，运用先进的超声波流速剖面仪等设备和技术，对咸潮实施同步的严密监测，并建立预警机制和协调机构；在此基础上，综合运用咸情观测站、遥感、数学模型、物理模型等手段，联合海洋、气象、水利、电力等部门，建立气象、海洋、水文信息的一体化咸潮监测预警预报系统，实现近期咸情的精准预报，在咸潮危害发生之前提前防范与规避风险。例如，2004 年 9 月中旬和 10 月上旬珠江口出现历史罕见的咸潮，先后袭击了珠海、中山之后，广东省水利、水文部门因曾提前介入了咸潮的预测、预报、预警工作，对罕见的咸潮入侵应对自如、有条不紊。

2. 采取调水以淡压咸

咸潮入侵主要受潮汐活动和上游来水控制，其中潮汐活动不易调节，而上游径流是可以通过水利枢纽调控的。进入 21 世纪，调水以淡压咸是目前比较有效的应急办法，即通过水利枢纽调控来抵御咸潮入侵。例如，在珠江水系中，除西江干流天生桥一级水电站、岩滩等水库具有较大的调节库容和较强的调控能力外，西江大部分水电站的调节库容和调控能力都有限，且比较分散，因此珠江口应急调水压咸调度应以西江干流天生桥一级水电站、岩滩水库为主；鉴于北江飞来峡距离珠江三角洲较近，流程约 1 ~ 2 天，调控效果立竿见影，故飞来峡水库的调水压咸作用也应当优先考虑。因此，通过联合调控珠江水系大型水库，调水以淡压咸，遏制咸潮上溯，以充分发挥大珠江流域水资源的综合效益。在长江口咸潮入侵防治过程中，水库调控也是不可或缺的重要手段，2014 年长江口咸潮入侵事件中[8]，曾利用三峡水库提高下泄放水流量，达到以淡压咸的目的。

3. 加强河道采砂管理

河道采砂是促使咸潮上溯的重要因素之一，加强河道采砂管理，实施有序采砂，防治河道持续大幅度下切和咸潮入侵。例如，珠江三角洲河段过量滥采河砂造成河床严重下切，引发咸潮入侵，有关部门应对珠江全流域加强采砂的管理，用立法手段严厉打击违法采砂行为，珠江三角洲所有河道已于 2005 年禁止河砂的开采，最近还开展了珠江流域重要河段河道采砂管理规划[9]，珠江三角洲河床基本稳定，咸潮入侵现象也有所缓解。长江中下游河段也曾存在着采砂严重的现象，目前已加强了采砂管理，以减少咸潮入侵的发生。

4. 节约用水，提高河口蓄淡水和供水能力

节约用水也是防治咸潮入侵的重要措施之一，同时完善河口地区的供水体系，提高河口储蓄淡水资源的能力，既能减轻咸潮入侵期间的供水压力，又能保证安全渡过河口地区供水危害期。在 21 世纪前十年，中国许多省份曾存在水资源浪费严重的现象，有关报道显示，2003 年前广东全省人均综合用水量达到 584m³，年总用水量持续多年递增，年递增幅度约 5%，全省用水消耗量（即浪费量）为 167.49 亿 m³，浪费率之大占总用水量的 37.5%，其中农业是浪费大户，占总消耗量的 7 成以上；还有一些省份也曾存在与广东一样的用水浪费问题。用水浪费导致河流径流量减少，水位下降，加重咸潮的危害。因此，通过提倡节约用水，提高水的利用效率，以减轻咸潮的危害。

此外，根据河口地区水库建设情况，采取增加蓄淡库容、优化管网结构、调整取水口等措施进一步完善河口地区供水体系，提高蓄淡调咸能力，可以有效缓解河口地区咸潮入侵时期的供水压力。

5. 重视河口治理对咸潮防控的效应

河口咸潮防控、咸潮治理是一项系统工程，除了做好上游流域梯级水库群调度、河口三角洲供水系统科学调配外，河口区的治理也应加大力度。基于对咸潮运动机理和变化规律的认识，在以往泄洪、纳潮、输沙等治理目标基础上，充分考虑咸潮治理功能和需求，将抑咸列入河口治理目标。

10.3.2 可持续开发和围垦滩涂的思路

针对中国主要河流入海水沙态势的变异及其在河口地区出现的新问题和新现象，有必要未雨绸缪，充分重视水沙变异，特别是泥沙减少的影响，合理围垦滩涂，防止岸线后退。河口滩涂可持续开发利用的具体思路如下[5,10-13]。

1. 充分重视河流水沙态势的变异和输沙量的大幅度减少

在河口范围内，河道来沙是河口滩涂塑造的主要沙源，河道水沙变异将会对河口滩涂塑造产生重要影响。目前，中国河流水沙态势已经发生了明显变化，特别是入海输沙量的大幅度减少，已经或者开始促使河口滩涂塑造速率减小和岸线蚀退，如黄河入海泥沙量的大幅减少，导致黄河口滩涂塑造速率减小，甚至出现岸线蚀退的现象；而水沙变异对另外一些河口的影响还不明显或者才刚刚显现，如长江口和钱塘江口滩涂塑造和岸线变化还不明显，还有待进一步观察。不管如何，河流入海水沙态势发生变异及其会对河口滩涂塑造产生影响已是不争的事实，有关部门应充分重视这一事实，提前就河口滩涂围垦开发的规划作出响应，甚至是需要调整策略，制定新的滩涂塑造和开发利用的策略。

2. 科学合理地围垦开发滩涂资源

（1）制定河口滩涂开发利用规划。由于滩涂资源的开发利用涉及防汛、排涝、航运、港口、养殖、湿地生态环境保护、解决土地后备资源等诸多问题，且对环境的影响具有很强的滞后性，很多不良影响在多年后才能逐步显现，因此在已有各类相关滩涂规划的基础上，结合滩涂资源的自然环境状况的科学调查和社会经济发展的最新需要，通过深入研究潮汐河口水流挟沙、风浪掀沙、泥沙絮凝等复杂机理，综合考虑生态环境、湿地保护、国土资源的需求以及河势控制等各方面的因素，协调各部门之间的利益和职责，科学编制滩涂资源开发利用和保护的近期和长期总体规划，以保障滩涂资源的可持续利用。

（2）坚持开发与保护并重，切实保护滩涂资源。河口滩涂开发与保护、利用与监督是矛盾的两个方面。要高效、持久地开发利用滩涂，就必须保护好滩涂资源，保全滩涂环境。在开发利用滩涂资源的同时，要找准开发与保护的平衡点，防止掠夺性开发。要加大《中华人民共和国海洋环境保护法》《中华人民共和国渔业法》《国家海域使用管理暂行规定》等法律法规的执法力度，严肃查处各类违法行为，依法解决滩涂开发、管理过程中发生的各种矛盾和问题，根据沿海河口海岸滩涂开发具体情况，尽快制定"河口海岸滩涂开发治理与保护管理条例"作为流域重要入海河口滩涂开发治理和管理的依据。要严格保护海洋和滩涂生态环境，严格执行"谁污染、谁治理"的制度，禁止直接向海洋和内陆水域排放未经处理的工业污染物；研究海水养殖投饵量和沿海地区农药、化肥施用量，尽可能避免和减少对海洋滩涂环境的污染。要加强水利、防护林体系、交通等基础设施建设，构筑滩涂资源保护和合理利用的屏障和环境。要建立滩涂资源的有偿使用制度，实施滩涂开发治理项目的后评价，保障滩涂资源开发的可持续发展。对于长江口而言，"加快促淤、保护生态、适度圈围、有效利用"是滩涂开发利用的指导思想，以滩涂资源的动态平衡和有序开发利用来保障上海经济社会的可持续发展。目前长江口的高滩涂资源紧缺，但中低滩涂资源仍十分丰富。因此，近期应尽可能地多促围，建设一些拦沙工程拦截入海的泥沙，促使低滩向高滩转化，创造出更多更丰富的滩涂资源。

（3）加强滩涂科学研究，坚持科学促淤围垦，围垦与治理相结合。实施"科技兴海"是实现滩涂资源可持续利用的根本保证，加大河口滩涂围垦开发治理的科技投入，特别是要加强相关的基础研究，进行多专业、多领域的影响分析和有针对性的论证。根据潮流输沙和风浪掀沙的特点，充分利用河口口门区充沛的泥沙资源进行促淤围垦，提高围垦效率，充分利用河口泥沙资源。另外，河口治理也是河口开发利用中不可或缺的重要工作，在滩涂围垦促淤过程中，要充分考虑滩涂围垦与河口治理相结合的原则。对于长江口滩涂围垦而言，中华人民共和国成立以来虽然围垦了大量的滩涂，但长江每年下泄的泥沙中仅有 6.1% 用于成陆，其余绝大部分沉积在长江口和杭州湾，并在口门区形成数千平方千米的拦门沙。因此，采用生物促淤、工程促淤、堵汊促淤等行之有效的促淤方法，提高促淤工程的效率是长江口滩涂促淤围垦的主要方向，同时要与长江口的治理相结合。

（4）因地制宜开发利用。全国河口较多，而且河口类型不同，滩涂形成机制也有很大的差异，经济发展也不平衡，因此对于不同的河口，应因地制宜，综合开发利用；甚至在同一个河口，由于区域广阔，各片滩涂有其自身的特点和开发需求，同样也需要在开发利用中，因地制宜地实行不同的方针。例如，在长江口区域，崇明北沿、横沙东滩、江心沙洲、南汇和杭州湾边滩等区域实行"边促边围"，以力争全市耕地的"转补平衡"；崇明东滩、九段沙、深水航道内侧等区域实行"多促少围"或"促而不围"，以形成和保留足够的湿地，满足生态环境的需要及储备必要的滩涂资源；长兴岛青草沙区域则实行"不促不围"，以留作淡水水库的备用之地。

3. 防止河口岸线蚀退

自然环境引起的河口海岸调整通常呈规律性变化，是一个较为缓慢的过程。人类活动加剧了河口海岸滩涂的演变过程，河口地区围涂开发活动短期内改变河口海岸固有的地形地貌特征，使岸线突然外伸，潮滩突然大面积减小，引起河口冲淤状况骤变，潮间带冲淤变化明显，即圈围河口高潮位以上的滩涂持续淤积，围涂区域外的河口海岸段侵蚀作用加剧。

另外，河口来水来沙条件的变异，特别是输沙量大幅度减少，改变了河口海岸的动力水流条件，河相水动力条件减弱，使得河口滩涂塑造速率减小，甚至河口河槽发生冲刷，若泥沙补给不及时，河口岸线将会冲刷后退，河口海岸线侵蚀可能会危及陆地建筑物的安全，这需要引起有关部门的高度重视。

因此，在河口围涂开发治理的过程中，不仅要考虑围涂区域的造滩质量和造滩速率，而且还要考虑围涂区域外的海岸线侵蚀问题，根据河口岸线蚀退状况，实施必要的岸线蚀退防治措施，防治河口岸线蚀退也要作为围涂开发的考核目标之一。

4. 理顺管理体制，加强滩涂资源开发与保护的综合管理

滩涂资源在社会经济可持续发展中具有独特的地位及用途，单由一个行业部门对滩涂资源实施管理难免有其局限性，也无法科学协调各行业对滩涂资源需求的矛盾。因此，需要加强对海岸带综合管理运行机制的研究，建立综合管理部门与行业管理部门齐抓共管的体制和协调机制，以保障滩涂资源真正在经济、社会、环境可持续发展的大局下得到科学合理利用。要强化滩涂资源综合管理，加强海洋滩涂执法队伍及其软硬件设施的建设，确保各项法律法规的贯彻实施。提高全社会的海洋国土意识、海洋经济意识、海洋环保意

识、海洋法规意识，加强各级领导和有关部门的宏观管理、微观管理和综合管理，形成海洋滩涂资源开发与管理的整体合力。

10.4 河流泥沙资源化的应对思路

10.4.1 提高对流域泥沙资源化的认识

所谓泥沙灾害就是由泥沙或通过泥沙诱发给其他载体，给人类的生存、生存环境和经济带来危害的泥沙事件[13,14]。目前常见的泥沙灾害包括泥沙淤积、局部冲刷、河流崩岸、山地灾害（泥石流、滑坡、崩塌）、粗沙淤积的土地沙化、泥沙污染等。对这些泥沙灾害而言，从泥沙灾害发生的地点、时间、过程、规模等方面来看，泥沙灾害具有重要的特征，包括时空分布不均匀性、渐变性或突发性、群发性、灾害类型转化性等，如图 10-2 所示[14]。

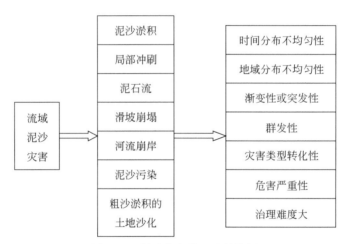

图 10-2 泥沙灾害类型及其特征

在水资源开发利用与河道治理过程中，流域泥沙虽然在河口造地、改良土壤、建筑材料等方面发挥了积极作用，但在泥沙淤积、山地灾害、河道冲刷等很多方面都是以泥沙灾害的形式出现，给河道防洪与整治带来了重要影响，对人民和社会发展造成了严重的经济损失，留下了"泥沙灾害"的烙印。

在实际中，流域泥沙在填海造陆与造地、改良土壤、堤防淤临淤背、建筑材料等方面的应用在社会发展过程中发挥了重要作用，取得了显著的经济效益和生态效益，表现了流域泥沙的资源性。流域泥沙具有灾害性和资源性，而且在一定条件下，流域泥沙可以资源化，如图 10-3 所示[15,16]。

流域泥沙灾害在没有得到有效治理之前，曾给人类生活和经济发展带来巨大的损失，给人们留下了深刻的印象。实际上，灾害性与资源性是流域泥沙在自然界中同时存在的两个属性，流域泥沙不仅具有灾害性，而且还存在资源性。目前泥沙资源化程度较低，泥沙

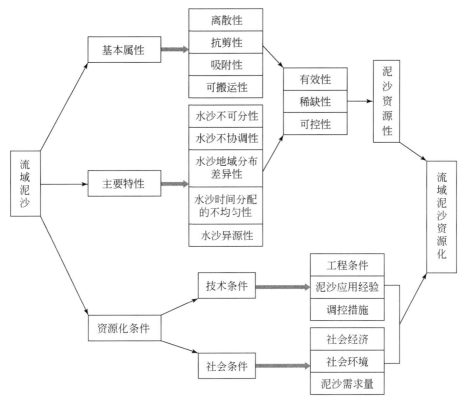

图 10-3　流域泥沙资源化过程

灾害在自然界中占主导作用，只要提到流域泥沙，人们就会联想到泥沙灾害问题。在流域泥沙的治理或利用过程中，通过工程与非工程措施对泥沙资源进行优化配置，达到利益的最大化或者灾害损失的最小化。因此，不仅要重视泥沙灾害的治理，还要充分重视泥沙的资源化，提高对流域泥沙资源化的认识。

黄河泥沙资源丰富，在黄河下游河道治理、引黄灌溉与泥沙处理的实践过程中，人们取得了许多泥沙资源化的经验。黄河下游泥沙资源化主要包括以下四个方面[17]，即河道整治与防洪、引洪淤灌与改良土壤、建筑材料及泥沙转化和泥沙造地与湿地塑造，黄河下游泥沙资源化途径如图 9-22 所示。

近年来，流域开展了大量的人类活动，再加上流域降水量的影响，河道水沙态势发生变异，特别是黄河、长江等输沙量大幅度减少，将会对河流泥沙资源化的途径产生影响，泥沙资源性的重要性将会提高和加强。黄河潼关站泥沙资源量从 20 世纪 50 年代的 18.06 亿 t，减至 2010～2020 年的 1.83 亿 t，2014 年和 2015 年输沙量仅分别为 0.691 亿 t 和 0.550 亿 t，如此大幅度的输沙量减少势必影响黄河泥沙的资源性及资源化途径，一方面黄河泥沙的资源性地位将会提高，灾害性地位将会降低，另一方面，流域泥沙资源化途径的重要性和应用前景也将随之发生变化，甚至会有一些新的资源化途径产生，在今后的工作中需要进行深入研究和探讨。

10.4.2　加大流域水沙资源优化配置的力度

流域泥沙基本上具备有效性、可控性和稀缺性的资源特征，因此属于一种特殊的自然资源。在流域泥沙资源量比较大的情况下，流域泥沙在满足可控性和稀缺性方面仍有不尽如人意之处，只能称为泥沙资源化。但是，随着流域泥沙资源量的大幅度减少，泥沙的可控性和稀缺性的属性将大大显现，泥沙可控性更加容易实现，稀缺性更加真实，流域泥沙在未来将成为实实在在的资源。因此，加大流域泥沙资源配置的优化力度将更为重要。

所谓泥沙资源优化配置是指在流域或特定的区域范围内，遵循有效性、合理性、科学性、可持续性的原则，利用各种工程与非工程措施，按照泥沙运动和分配规律、经济规律和资源配置准则，通过合理开发、有效供给、维护和改善生态环境质量等对可利用的泥沙资源在流域内不同区域或各用沙单元方面进行科学分配。流域泥沙资源化与配置是一个复杂的系统工程，与人类社会经济、水资源和生态环境系统有着相互依存与相互制约的关系，在流域泥沙资源配置过程中需要认真考虑，文献［16］对泥沙资源体系、水资源体系、社会体系和生态环境体系之间的相互关系进行了较为详细的论述，同时还给出了流域泥沙优化配置的主要任务。

流域泥沙作为独立的自然资源进行优化配置，就是要兼顾泥沙资源开发利用的当前和长远利益，兼顾不同地区与部门间的利益，兼顾泥沙资源开发利用的社会、经济和环境利益，以及兼顾效益在不同受益者之间的分配，使得泥沙资源配置的效益最大化或产生的泥沙灾害最小化[16]。显然，在优化泥沙资源配置过程中，关键问题就是要确定流域泥沙配置的度量目标函数。流域泥沙具有灾害性和资源性两方面的属性，在确定流域泥沙优化配置的目标函数时，需要从泥沙资源利益最大化和泥沙灾害损失最小化两个方面来考虑。

10.5　中国河流水沙变异问题的应对策略

10.5.1　充分重视水沙变异对中国河流的影响

泥沙资源丰富一直中国河流的特点之一，特别是中国北方河流，其输沙量更大，但由于受到流域降水和水土保持措施、水库修建、河道采砂、引水引沙等人类活动的综合影响，中国河流水沙态势发生变异，系统分析见第 1~5 章。

目前中国主要河流水沙态势发生变异已是不争的事实，特别是主要河流输沙量和北方河流径流量的大幅度减少，将会对河道演变和防洪、河口海岸滩涂塑造和咸潮上溯、河流功能发挥等产生重要影响，有的已经产生影响或者即将产生影响，应该引起有关部门的高度重视。针对主要河流水沙态势发生变异的现状，应继续跟踪和观测主要河流水沙态势变化，深入研究江河水沙变异对河道演变、河流功能、河口海岸滩涂塑造及咸水上溯等的影响机理，充分重视水沙变异对河流的影响，提早综合研究和制定相应影响的应对措施和策略。

10.5.2 重视水库群水沙联合调控与治河方略调整

在水（能）资源开发与四大水问题治理过程中，按照专项规划服从综合规划、区域规划服从流域规划的原则，统筹协调各地区、各行业对水（能）资源的综合需求，统筹考虑上下游之间的利益、当前与长远之间的利益、开发与保护之间的关系[18]，合理安排水利水电建设的工程布局和发展重点，加强水（能）资源的合理开发，开发与治理相结合，确保人口、资源、环境与经济、社会协调发展。水电资源开发的重要特点就是在河流上修建大坝，把天然河流截断为水库库区和水库下游，最直接的影响就是改变了河道的水沙过程，造成水库库区泥沙淤积，下游河道冲刷，而且对河道的连通性和生态环境产生一定的影响。截至 2019 年，全国修建大型水库工程 744 座，在河道防洪与调水调沙中发挥重要作用。水库修建要考虑防洪、发电、灌溉、航运等多种功能，同时还应结合下游河道的冲淤特征，充分发挥水库调水调沙的作用，以维持合理的水沙搭配关系，防止下游河道的剧烈冲淤，减轻对河口的影响。每一条大江大河上都修建多个大型骨干水库枢纽，形成了水库群，如长江上游的三峡水库及金沙江上的向家坝、溪洛渡、白鹤滩等水库形成的水库群。为了有效形成一个具有巨大调控能力的防洪、抗旱、减灾和保护生态环境的体系，解决分散调度中产生的种种问题，科学开展上游水库群的联合调度是非常重要的。同时要考虑上游水库对下游水库泥沙淤积、下游河道冲刷演变和河槽萎缩状况、河口演变所产生的影响，通过联合调度水库群，维持下游河道合理的水沙搭配关系，防止下游河道的剧烈冲淤，维护河口长期稳定。

河流治理基本上遵循"上游拦蓄、中游防护、下游畅泄"的基本思路，国家对大江大河的综合治理与防洪进行了系统地规划，特别是 1998 年长江流域发生大洪水以来，国家投入大量资金用于河道治理与防洪体系建设，江河防洪减灾体系已形成规模，河流得到有效控制并保持长期稳定。但是，随着河流水沙态势进一步发展与变异，某些河道的冲淤特性发生变化，河道治理方略可能是在当时的水沙条件下制定的，难以适应新的水沙条件和环境。因此，河道水沙条件变异将对中国河流的整治方略产生一定的影响，需要对长江、黄河等大江大河的整治方略进行研究，做出适当调整。

中国南方河流径流量变化不大，而输沙量大幅度减少，河道处于冲刷下切状态。在河道冲刷过程中，河道河势发生变化，岸滩崩塌时有发生，甚至十分严重，直接威胁河道防洪安全。最典型的例子就是长江中下游河道的冲刷，长江在 1998 年发生洪水以后开展了大规模的堤防建设，长江中下游干流堤防得到全面加固[19,20]，危及堤防安全的崩岸险段得到治理，长江中下游河道岸线相对稳定。但是，对长江中下游各局部河段来说，还存在一些防洪问题。例如，荆江大堤堤高势险，河岸迎流顶冲，防洪形势仍然严峻；下荆江蜿蜒曲折，河床演变剧烈，泄洪不畅；城陵矶以下至长江口汊道众多，主流摆动、河床冲淤变化频繁，江岸在水流冲刷下，崩塌严重，使有些重要堤防频频出险，防洪形势仍然严峻。三峡水库蓄水以来，中下游河道发生长距离、长历时的冲刷，使局部河段河势发生变化，导致河岸发生剧烈崩塌，出现新的险工险段，威胁堤防安全。虽然长江中下游河道在 1998 洪水后开展了大规模的堤防建设和加固，但河道冲刷十分严重，冲刷最大深度达到

24.9m，超出了原有冲刷预测，引起原有堤岸或堤防护岸工程坍塌，特别是对于适应性差的护岸工程，其在河道冲刷后处于临空状态，难以起到护岸作用。因此，针对三峡水库蓄水以来，长江中下游河道冲刷严重的实际情况，需要对长江中下游河道的堤防建设和加固标准、堤防防护形式等能否满足河道冲刷严重的新情况进行检验，甚至对岸滩治理策略作出一定的调整。

中国北方河流径流量和输沙量都有较大幅度的减小，输沙量的减少幅度更大，致使北方河流的泥沙淤积大幅度减小，甚至出现河道冲刷的现象，为多沙河流的整治创造了条件。黄河是全球闻名的多沙河流，其特点就是水少沙多、水沙搭配不协调，20 世纪 50 年代潼关站年径流量和年输沙量分别为 425.1 亿 m^3 和 18.06 亿 t，含沙量高达 42.70kg/m^3，使得黄河下游泥沙淤积严重，形成了著名的悬河，后来逐步形成二级悬河，两岸虽有堤防固守，但防洪形势仍然严峻。在黄河输沙量大、河道淤积严重的前提下，黄河下游河道一直采用宽河固堤的防洪策略[21]，即"稳定主槽、调水调沙、宽河固堤、政策补偿"的治理方略，现行河道是上宽下窄，铜瓦厢（东坝头附近）以上堤距一般宽 10km，东坝头至陶城铺一般宽 5～20km，陶城铺以上习惯上称为宽河道；而陶城铺以下堤距一般宽 1～2km，局部河段仅 0.5km，习惯上称为窄河道；宽河固堤格局对黄河下游防洪发挥了巨大作用。但是，黄河中上游流域实施水土保持措施、水库修建、引水分沙等人类活动，再加上流域降水的减少，黄河径流量和输沙量大幅度减少，2010～2020 年潼关站年径流量和年输沙量分别为 297.5 亿 m^3 和 1.83 亿 t，较 20 世纪 50 年代分别减少 30.02% 和 89.87%，2014 年潼关站、高村站、艾山站等皆出现建站以来最小年实测输沙量，年输沙量分别为 0.691 亿 t、0.535 亿 t、0.578 亿 t；2015 年输沙量持续减小，分别为 0.550 亿 t、0.417 亿 t、0.535 亿 t，且 2015 年首次出现进入黄河下游的实测输沙量为零的事件。在如此变异的水沙条件下，黄河下游宽河固堤的防洪策略是否需要调整、是否应该逐步向窄河固堤方略过渡实施，是值得考虑的。目前，关于黄河下游河道治理的方略主要包括现行的宽河方略和目前研究的窄河方略，在现有水沙条件下，窄河方略包括多种方案[22-25]，常见的有双岸整治方案、宽堤窄槽方案、三堤双槽方案、中水河槽方案等。目前，窄河方略仍处于研究过程中，与宽河方略相比，二者各有利弊。鉴于黄河下游河道治理方略的重要性，仍需要对黄河水沙变异的发展趋势、变化成因和变异影响进行跟踪研究，特别是其对黄河下游河道治理方略的影响，进而研究窄河方略的可能性和制定具体策略，确保黄河下游河道防洪的长治久安，同时又不会产生巨大浪费。

综上所述，统筹兼顾地加强水（能）资源规划，加强水库枢纽工程调水调沙，合理控制河流水沙搭配关系，开展河道整治战略调整，确保河道防洪安全。

10.5.3　加强河道管理与维持河口合理输水输沙量

中国主要河流的归宿就是流入大海，黄河、海河、辽河等皆流入渤海，淮河间接流入东海，长江、钱塘江和闽江流入东海，珠江则流入南海，并形成各自的入海河口，如黄河口、长江口、珠江口等。河流水沙变异势必对河口产生影响，河道输沙量减少将会使河口海岸滩涂塑造减弱，甚至出现岸线蚀退现象，同时河口河槽冲刷下切严重；河道径流量减少，特别是枯水流量减少，再加上河槽冲刷下切，导致河口咸潮上溯问题。

河口滩涂塑造减缓或岸线蚀退、河槽冲刷下切等造成河口地区河槽变化，河势不稳，甚至会影响河口格局的变化；咸潮上溯会改变河口地区的水质分布状态，影响河口地区的生态分布，致使河口动植物生态分布发生变化，使得河口处于不健康状态。例如，海河流域北部水系水沙量大幅度减少，几乎无径流量和输沙量进入海河口，使得海河口无滩涂塑造功能，咸潮入侵经常发生，海河口几乎成为一般的海岸线，无河口健康可言；黄河口径流量和输沙量大幅度减少，河相动力条件减弱，河口河槽萎缩，滩涂塑造减弱，甚至海岸线蚀退，直接影响黄河口的稳定性。另外，珠江枯水期径流量减少，以及河道冲刷下切严重，曾使珠江口咸潮上溯严重，不仅改变了枯水期河口地区淡咸水的分布状况，而且直接影响了广州、珠州等地区的正常生活饮用水。

针对北方河流径流量和输沙量减少造成河口滩涂塑造减弱和岸线蚀退问题，北方河流主要是通过大型骨干工程进行调水调沙，控制合理的来沙系数，保持一定量的输沙量，保持河口河势稳定和滩涂塑造，防止海岸线蚀退，黄河口就是如此。针对南方河流输沙量减少和河道采砂造成河口地区河道冲刷下切及枯水流量减少造成河口咸潮上溯问题，南方河流主要是通过上游骨干工程进行水沙调控，特别是枯水流量的调控，严格控制河道采砂和河道冲刷下切，防止河口地区咸潮上溯问题与维护滩涂稳定塑造，如长江口和珠江口。

总之，通过流域骨干水库水沙综合调控，加强河道采砂管理，保证合理水量沙量进入河口，防止咸潮入侵和滩涂蚀退，维持健康河口。

10.5.4 加强水沙资源综合利用与严格坚持三条红线

中国水资源短缺且时空分布不均，给水资源开发利用带来了一定的困难，水作为一种资源进行配置已成为不争的事实，人们开展了大量的研究工作，并取得了重要成果。主要河流输沙量大幅度减少，流域泥沙的资源性凸显重要性，就流域泥沙进行资源化的研究也取得了一定的成果[16,26]。水流和泥沙在运动过程中是不可分割的两个方面，既有独立性，可以单独进行配置，又相互制约、相互影响，因此开展水沙资源的联合配置更具有科学合理性。通过优化流域水沙资源配置，变害为利，减少损失，改善生态环境，达到人与自然的和谐相处和发展。同时，通过流域水沙配置优化江河水沙条件，控制合理的来沙系数，使河道水沙条件处于有利的河床演变状态，更有效地进行江河治理，促进河流健康发展。

中国河流水沙态势发生变异，特别是北方河流的径流量和输沙量大幅度减少，河流功能衰退，中国四大水问题依然严重，并发生一定的变异，出现了一些新问题和新情况。针对中国河流功能衰退和水问题出现的新情况，要严格坚持三条红线的原则。实行最严格的水资源管理制度，建立用水总量控制、用水效率控制和水功能区限制纳污"三项制度"，相应地划定用水总量、用水效率和水功能区限制纳污"三条红线"。通过严格实施"三条红线"，以人为本，可以有效地维护水资源可持续利用和水生态环境健康发展，维护和恢复河流功能的有效发挥。对河流生态遭受破坏的地区和河段，积极实施调水补水，以维护河流健康。例如，通过加强黄河流域水资源统一调度，实现了黄河多年不断流的目标；通过对黑河流域、塔里木河流域实施综合治理和水资源统一调度，流域下游地区生态得到一定的修复。

因此，严格坚持"三条红线"的同时，加强水沙资源综合利用，维护河流功能的持续发挥和河流健康发展。

10.5.5 加强流域水土保持和预防产流产沙变化带来的新问题

"水浑"问题产生的根源是流域水土流失严重，严重的水土流失还会导致土地退化和生态恶化问题。中国一些河流流域水土流失严重，特别是北方河流，流域生态环境恶化。2011 年中国水土流失面积 294.9 万 km²，占国土面积的 31%，其中重度侵蚀面积占 33.8%[①]。为了改善流域生态恶化和"水浑"问题，全国范围内开展了水土保持工作。流域水土保持主要包括工程措施和生态措施，其中水土保持工程措施是小流域水土保持综合治理措施体系的主要组成部分，它与水土保持生物措施及其他措施同等重要，不能互相代替。水土保持的主要目的就是控制流域内的水土流失，减少流域泥沙侵蚀量，改善流域生态环境。水土保持完好的流域，生态环境较好，如珠江流域，由于流域植被覆盖度高，其水土流失较轻，流域生态环境维护较好。2011～2020 年中国主要河流代表水文站年平均总输沙量为 35 917 万 t，比多年平均输沙量 144 058 万 t 减少 75.07%[1]，其主要原因之一就是中国主要江河的产沙区都进行了水土保持工作，如长江中上游、黄河中游和永定河上游。流域通过开展水土保持，使进入河道的泥沙大幅度减少，遏制了河流和水库的泥沙淤积，改善了流域生态环境，但可能产生泥沙资源短缺、河道冲刷、河口海岸蚀退等新问题，需引起足够重视。

参 考 文 献

[1] 胡春宏. 黄河水沙过程变异及河道的复杂响应 [M]. 北京：科学出版社，2005.
[2] 王延贵，匡尚富. 河岸崩塌类型与崩塌模式的研究 [J]. 泥沙研究，2014，(1)：13-20.
[3] 王延贵，匡尚富，陈吟. 冲积河流崩岸与防护 [M]. 北京：科学出版社，2020.
[4] 陈吟. 冲积河流水系连通性机理与预测评价模型 [D]. 北京：中国水利水电科学研究院，2019.
[5] 陆永军，侯庆志，陆彦，等. 河口海岸滩涂开发治理与管理研究进展 [J]. 水利水运工程学报，2011，(4)：1-12.
[6] 吴亚帝，闻平. 近年来珠江三角洲咸潮入侵加强原因及对策探讨 [C]. 北京：中国水利学会环境水利研究会学术年会，2005.
[7] 杨芳，何颖清，卢陈，等. 珠江河口咸情变化形势及抑咸对策探讨 [J]. 中国水利，2021，(5)：21-23.
[8] 毛兴华. 2014 年长江口咸潮入侵分析及对策 [J]. 水文，2016，36 (2)：73-77.
[9] 水利部珠江水利委员会. 珠江流域重要河段河道采砂管理规划 (2021-2025). 2021.
[10] 汪松年，徐建益，都国梅. 长江水沙变化趋势及河口滩涂围垦策略研究 [C]. 上海：上海市湿地利用和保护研讨会，2002.
[11] 刘裕民，邢同卫. 黄河口滩涂资源可持续开发利用研究 [J]. 山东理工大学学报（社会科学版），

---

① 中华人民共和国水利部. 第一次全国水利普查水土保持情况公报. 2013.

2008，24（3）：35-38.

[12] 郑敬云，陈永灿，金毅．河口地区围涂开发可持续发展的探讨［J］．水利发展研究，2010，10（7）：37-41.

[13] 常虹，杨万红．江苏入海河口海岸滩涂开发治理与管理研究［J］．人民长江，2013，44（7）：56-59.

[14] 王延贵，胡春宏．流域泥沙灾害与泥沙资源性的研究［J］．泥沙研究，2006，（2）：65-71.

[15] 王延贵，胡春宏，史红玲．黄河流域水沙资源量变化及其对泥沙资源化的影响［J］．中国水利水电科学研究院学报，2010，8（4）：237-245.

[16] 王延贵，胡春宏．流域泥沙的资源化及其实现途径［J］．水利学报，2006，37（1）：7.

[17] 王延贵，胡春宏，史红玲．黄河流域泥沙配置状况及其资源化［J］．中国水土保持科学，2010，8（4）：20-26.

[18] 索丽生．科学开发水能资源促进水资源可持续利用和经济社会的可持续发展［J］．水利发展研究，2004，（11）：12-15.

[19] 陈肃利．对长江中下游干流河道治理的几点认识［J］．人民长江，2003，34（7）：1-3.

[20] 颜国红，胡春燕．长江中下游河道崩岸整治及河势控制对策［J］．人民长江，2008，39（24）：10-13.

[21] 胡一三．略论黄河的宽河定槽防洪治河策略［J］．水利学报，2001，（3）：82-86.

[22] 胡春宏．黄河水沙变化与下游河道改造［J］．水利水电技术，2015，46（6）：10-15.

[23] 齐璞，孙赞盈，刘斌，等．黄河下游游荡性河道双岸整治方案研究［J］．水利学报，2003，（5）：98-106.

[24] 何予川，崔萌，刘生云，等．黄河下游河道治理战略研究［J］．人民黄河，2013，35（10）：51-53.

[25] 马睿，韩铠御，钟德钰，等．不同治理方案下黄河下游河道的冲淤变化研究［J］．人民黄河，2017，39（12）：37-46.

[26] 胡春宏，王延贵，陈绪坚．流域泥沙资源优化配置关键技术问题的探讨［J］．水利学报，2005，（12）：1405-1413.

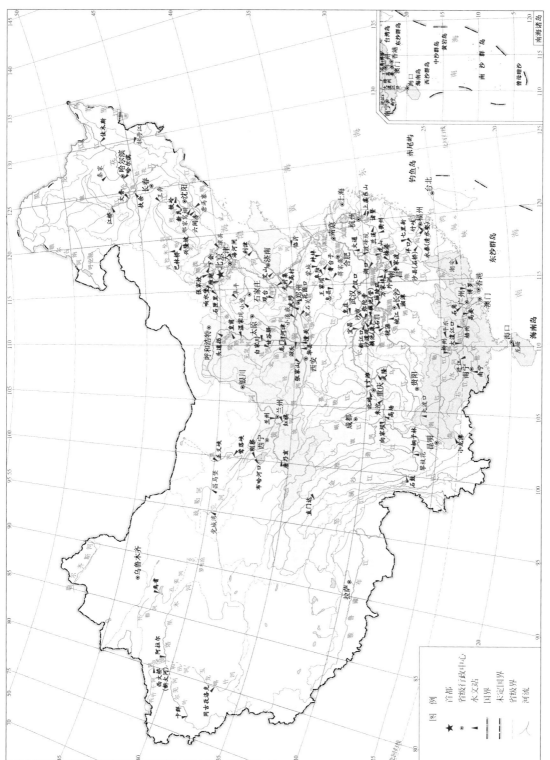

图1-1 中国主要河流水文控制站分布示意图